ポール・ロバーツ
Paul Roberts
神保哲生 訳・解説

食の終焉

グローバル経済がもたらした
もうひとつの危機

THE END OF FOOD

ダイヤモンド社

THE END OF FOOD

by

Paul Roberts

ハンナとイサクへ

食の終焉——目次

第2章　すべては利便性のために――83

第Ⅱ部　食システムの抱える問題

第5章　誰が中国を養うのか――209

第10章 新しい食システムを求めて――448

エピローグ――489

食の終焉

グローバル経済がもたらしたもうひとつの危機

本書をお読みいただくにあたって

☆為替レート・単位換算について

本文に登場する「お金」「長さ」「面積」「重量」「体積」等については、目安として、日本の標準的な単位に換算したものを（　　　）内に記しています。

※目安としての換算のため、四捨五入の際の位取り等は場面によって異なります。

※為替については、2012年1月31日時のレートを基に、1ドル＝76円、1ユーロ＝100円として換算しています。

☆人名、組織・団体名等について

人名および主な組織・団体名については、原則、各章の初出時に英語表記を添付した上で、日本語の呼称として一般的なものを使用しています。

※日本語での呼称が確立されていないものについては、人名は英語表記の読みに近い形でカタカナ表記し、組織・団体名は直訳に近い形で表記しています。

※中国語の固有名詞については、確認が可能なものは漢字表記とし、確認できないものは英語表記の読みに近い形でカタカナ表記しています。

☆そのほかの用語について

下記の用語については、以下の点をご理解の上、お読みいただけると幸いです。

・食糧と食料（food）

食べ物全般を指す「食料」も、穀物を中心とした主食物を指す「食糧」も、英文では“food”と表記されるため、本書の翻訳においては、原則「食料」を用い、文脈上明らかに「食糧」の意味合いが強いと判断される、または慣用的に使用されることの多い場合のみ、「食糧」を用いています。

・食システム（food system）

一般にまだなじみの薄い用語ですが、本書のキーワードの一つです。食料（食糧）の「生産」「流通」「消費」の各段階を切り離して捉えるのではなく、相互に影響し合いながら一つのシステムを構築しているという考え方のことを指します。現代の食料（食糧）供給は農水産業にはじまり、食品製造業、食品卸売業、食品小売業、外食産業を経て、消費者に届けられます。さらに、こうしたネットワークがグローバルに張り巡らされているため、食の問題を考えるに当たっては、食システム全体に目を向けない限り、根本的な解決を図ることができなくなっています。

・食経済（food economy）

現代の食料（食糧）は、ほかの消費財と同様に流通経路から販売戦略に至るまで、経済活動の中の「一商品」として扱われています。しかしながら、「食そのものは基本的に経済活動ではない」（23ページ参照）というのが筆者の述べるところであり、本書では「食経済」という用語を用いて、ほかの経済活動と区別しています。

プロローグ

アメリカで袋詰めホウレンソウから、腸管出血性大腸菌O157：H7が検出された事件が最初に報道されてから七週間が過ぎた二〇〇六年十月下旬、カリフォルニア州サリナス・バレーの農場を調べていた捜査員たちはある情報を掴んでいた。ハイウェイ一〇一号線の近くの牧場で捕えられた野生のイノシシの体内からも、O157が検出されていたのだ。O157に汚染されたホウレンソウによってアメリカではすでに三人が死亡し、およそ二百人が中毒症状を訴えていた。

この牧場と問題のホウレンソウが栽培された農場は二キロ近くも離れていたが、二つの地点に何らかの関連性があるのは明らかだった。牧場で飼育されている牛の糞尿や牧場内の小川からも同じ大腸菌の株が検出され、イノシシが柵を押し倒して侵入したと思われるホウレンソウ畑には、その足跡も見つかっていた。

カリフォルニア州保健サービス局のケビン・ライリー（Kevin Reilly）博士は言葉を慎重に選びながらも、「イノシシがO157を牧場から農場へと広める媒介役を果たしたことは明らかだ」と記者団に語った。その上でライリー博士は、FDA（Food and Drug Administration＝食品医薬品局）がホウレンソウに対する警告を解除した九月以降、ホウレンソウを食べ、中毒を起こした人が出ていないことにも触れ、「今回の集団食中毒事件はこれで収束した」と語った。

本来なら、これで一件落着と言いたいところだが、現代の食システムの問題を多少でも理解している人ならば、この騒ぎがこれだけで終わらないことはわかっていたはずだ。

ライリー博士自身がイノシシに全責任を押し付けることに慎重だったのを見てもわかるように、灌がい用水、農場排水、堆肥など、イノシシ以外にも考えられる感染ルートはたくさん残っていた。つまり、まだ依然として新たな集団食中毒が発生する危険性は十分にあったのだ。そして、案の定、ホウレンソウの騒動が収束しかけた頃になって、O157による新たな集団食中毒事件が発生した。今度は大手のファストフード・チェーン、タコ・ベル（Taco Bell）の客が感染し、原因はサリナス・バレー産のレタスと特定された。

それでもこうした一連の出来事は、ほんの始まりにすぎなかった。それから一年間、アメリカの消費者は、次々と発生する食の安全性を揺るがす事件に振り回された。中でも大きかったのは、サルモネラ菌に汚染されたピーナツバターによる大規模な集団食中毒事件と、中国からの輸入食品の問題だった。二〇〇七年十月には、ハンバーガーから病原性大腸菌が見つかったことをきっかけに始まったリコール運動のために、アメリカ最大の牛ひき肉加工業者が倒産に追い込まれた。

今日のアメリカでは、食中毒が起きたくらいではニュースにもならない。とりわけ、大腸菌による食中毒は日常茶飯事になっていた。ただ、そうした中で、新たな変化も起きていた。それは食品業界自身が、もはや食の安全が制御不能な状態に陥っていることを、ようやく認め始めたことだった。

二〇〇六年のホウレンソウ騒動の直後に、クローガー（Kroger）、セイフウェイ（Safeway）、コストコ（Costco）といったスーパーマーケット・チェーンは、ホウレンソウやレタスはもちろんのこと、その時点ではまだ危険性が表面化していなかった食品についても、密かに安全対策の大幅な強化を図るよう、国内の食品メーカーに求めていた。その要望書には、葉物野菜を当面の「最優先課題」とし、生産者も彼ら小売業者と危機感を共有し、彼らと同レベルの安全基準を食品に設けるとともに、「メロンやトマト、グリーンオニオンなど、ほかの作物についても同等の検査基準を定めてほしい」と記されていた。また、そこには、生鮮食品からバクテリアを根絶する方法（専門用語で言うところの「キル・ステップ」）は存在しないので、そのことを消費者に理解してもらうための努力が必要なことや、現行の食品産業の安全基準が「リスクをできるだけ最小限に抑える」ためのものにすぎないことをわかってもらう必要があるとも書かれていた。

これはつまり、汚染されていない生鮮野菜を提供することはもはや不可能なので、それが可能であるかのような誤った印象を消費者に与えるのは、そろそろやめにしましょうと呼び掛けているに等しかった。

このような業界内部のやりとりが外部の知るところとなる場合、大抵は何らかの事故で情報が外部に漏れたか、誰かによって意図的にリークされたかのいずれかだ。いずれにしても、この要望書のやりとりを見る限り、スーパーマーケットの経営者たちは、過去の食品事件の責任を取らないのと同じ様に、これから起きるであろう食中毒や食品汚染の責任も、できるだけ生産者側に押し付けようとしていたことは明らかだった。

しかし、同時にこの要望書からは、食品業界とその監督官庁がともに無力感を味わっていたことも見て取れる。食の安全の問題はすでに、業界の管理能力の限界を超えようとしていた。いや、業界が事態を把握する能力すら超えようとしていたのだ。

タコ・ベルは、病原菌がグリーンオニオンではなく、レタスから食物連鎖に混入したことを特定するまでに何週間もかかったし、連邦や州政府の調査官は、O157がホウレンソウに混入した経路について、六カ月間調査をしてもまだ「明確な結論は下せない」ことを認めていた。食の安全に対する消費者の信頼は地に堕ち、ペットフードへのメラミン混入事件で「問題を発見し、水際で阻止する我々の存在意義が証明された」と主張しようとしたFDAのアンドリュー・フォン・エッシェンバック（Andrew Von Eschenbach）長官は、記者から、アメリカが毎年輸入している三億トンの食品（国内で流通している食品のざっと七分の一）のうち、政府の検査員が検査できているのは二パーセントにも満たないことを指摘され、失笑を買うありさまだった。

食経済が抱える矛盾

何十年にもわたり、私たちは食システムの素晴らしさについて聞かされてきた。だが、そのベールが剥がれ、背後にある構造、つまり何百万トンもの食品を何億人もの消費者に届ける巨大な生産・流通・小売網の実態が露見するのとほぼ同時に、実はその構造がもはや破綻していることも明らかになってしまった。当然のことのように、食品事故のたびに、調査担当者や政治家、食品業界関係者などの口から問題を認める発言や、逆にそれをごまかすような発言が次々と飛び出した。その結果、これまで語り継がれてきた食の安全性をめぐる様々な神話は瞬く間に吹き飛び、無知と無能の物語へと変質していった。巨大な食品会社や監督官庁が、これまで食システムが機能不全に陥るのを放置してきたことも事実だが、もはや彼らにそれを食い止める能力がないことも明らかだった。私たちは、表向きはうまく機能しているかに見えていた現代の食システムと私たち消費者の間に、大きな溝ができていることを思い知らされたのだ。

これは、私たちが子供の頃から食について聞かされてきた話とは、ことごとく矛盾する。二十世紀の後半まで現代の食システムは、人類最大の成功物語として称えられてきた。食品の生産量は穀物も肉も果物も野菜も増える一方で、逆に価格はどんどん安くなり、種類の豊富さや安全性、品質の高さや簡単に手に入れられる手軽さは、古い世代が戸惑いを覚えるほど輝かしいものだった。もちろん中には、農薬の使用や搾取される移民労働者、加工食品の無味乾燥な味などについて、批判や不満を口にする人たちはいた。だが、それはごく少数で、大半の人たちはこのシステムをありがたく受け入れてきた。彼らにとって一部の人々が述べる不満は、人類が飢えと重労働の日々から解放され、有り余る豊かさを手に入れたことに比べれば、ささやかな代償にすぎなかった。

しかし、今日、私たちの勝ち取ったものが、決して完全なものではなかったことが、次第に明らかになりつつある。地球規模のスーパーマーケットを陰で支え、どんな野菜でも肉でも、季節に関係なく地球上のどこででも入手できるようにしてくれたサプライチェーンそのものが今、病原性大腸菌やサルモネラ菌のように食中毒を引き起こす病原菌や、鳥インフルエンザのように急速に変異を遂げて次の世界的疫病の蔓延を引き起こそうとしているウイルスに、格好の増殖機会を提供している。しかも、これだけ驚異的に生産能力が向上しても十億人近い人々（地球上で約七人に一人）が、ワシントン流のオブラートに包んだ言い方をすれば、「食料不安」の状態に置かれ、その数は毎年約七百五十万人ずつ増えている。

その一方で、飢餓の心配がなくなった地域では、人々は肥満や心臓病、糖尿病など、現代の食生活がもたらす負の結果と闘っている。さらに悪いことに、大規模な畜産業や化学肥料を多用する農業など、この飽食の時代を生み出した手法の多くが、自然界の生産能力を低下させたため、今世紀の半ばには百億人に達すると見られる世界の人口をどう養うか、いや、それどころか現代の食料生産レベルをいつまで維持できるかさえ、不透明になっている。

もちろん、食べるという行為がセックスに匹敵するほど、人間にとっては安価な喜びの源であることは言うまでもない。ところが、私たちの社会生活や家庭生活や心の営みの基本になっている「食べる」という行為そのものも、多くの人には、不安や戸惑いや罪悪感を覚えながら行うものとなっている。

北米やヨーロッパはもちろん、急成長するアジアにおいても、不安を抱えた何億人もの消費者が、人類史上最も豊かで文化が発達した時代に生きる住民とはとても思えないような、まるで原始時代にどこかの荒野をさまよっていた狩猟採集民のように、悪玉炭水化物や善玉脂肪や添加物やアレルギー源などを気にしながら、そして食に不安を抱きながら、健康に良いとされている食事をあれやこれやと試している。今日、食べることの意味そのものが変質しようとしているのだ。かつては、料理や食事を通じて、社会の仕組みやしきたりを維持する中心的役割を担っていた食文化が、値段や手軽さが優先され、会食の習慣がすたれ、料理本やテレビで紹介される調理法がやたらともてはやされるグローバルな食文化に取って代わられつつある。

私たちはあらゆる面で、将来〝食の黄金時代〟と呼ばれることになりそうな一つの時代の終焉に直面している。それは食べ物が、より豊かで安全で栄養価の高いものに変わっていくように思えた、ほんのつかの間の奇跡のような時代だ。そんな奇跡のような時代を生きてきてしまったせいか、私たちは今、どうして食の安全性を確保するのがこんなに難しくなったのかを理解できない。だが、安全性の問題は数多くの懸案の一つにすぎない。私たちはもっと、自分たちの食べ物がこれからどうなるのか、どうしてあれほどうまくいっていた食のシステムがここまで行き詰まったのか、あとどれくらいで破綻を迎えるのか、食システムのバランスを取り戻すために何ができるのか、といった問題について、議論していく必要がある。

豊かな先進諸国の消費者が食システムの問題を考えるとき、責任追及の矛先は一般に、何よりも利益を優先すると思われている食品会社と、その利益至上主義によってゆがめられ、腐敗した政府の監督体制に向けられる。しかし、そのように経済力学に原因を求める従来の考え方では、現代の食システムが抱える問題の一部は理解できても、本当の原因を見過ごしてしまうことが多い。今日の食の危機は基本的に経済問題だが、それはよく言われるような、経済が利益を優先する食品会社や少しでも安い商品に飛び付こうとする消費者を生み出すからではない。経済システムの常で、私たちの食システムも勝者と敗者を生み、いつも不安定で、時には大変動し、需要と供給との間に本質的に埋めることのできない溝を抱えるシステムだからである。

これは決して極論ではない。食は最も原初的な富の形態であり、食料生産は私たちに働き口や心のゆとりだけでなく、結果としてより大きな経済を構築する手段を与えてくれる、言わば最も基本的な経済的営みである。農業は人類最初の経済組織や職業分化を生み、会計や経営の概念をもたらし、取引や投機のシステムを作り、最終的には資本主義という一つの具体的な経済体制を生み出した。資本主義は十六世紀に砂糖のプランテーションで考え出されたといわれている。その後、十八世紀にヨーロッパの人口が急増したために、それまでの食料の生産方法では追い付かず、飢饉の脅威に直面したときに私たちを救ってくれたもの――無駄な労力を省く技術や、生産規模の拡大や、食品流通の広域化――が、後の産業革命に火をつけることになった。

そして、この関係は相互に作用した。食料生産がモノ作り技術に影響を与えたように（ヘンリー・フォード〔Henry Ford〕は食肉加工場で牛が手際良く解体されていくのを見て、自動車の組み立てラインを思いついた）、モノ作りの技術も食料生産に応用された。農場は種、飼料、化学肥料などの「投入資源」を仕入れて、穀物や食肉などの「産出」を生み出す工場のように経営された。精肉店、パン店、青果店などの個人商店は一つに集まり、巨大で、効率的で、一カ所で何でも手に入るスーパーマーケットになった。さらに、それらが合併して、広い地域をカバーする巨大なスーパーマーケット・チェーンができ、その圧倒的な規模とマーケットシェアを背景にして、食品会社に対して値引きを迫るようになった。ほかの大規模小売店が衣料品や化粧品などの消費財メーカーに割引を強いたのと同じ手口だ。料理や食事の過程までが、時間を節約できるキッチン用品や大量の加工食品によるビジネスライクな効率化の波にのみ込まれていった。

現に最近の食料生産の現場は、かつてそこからヒントを得て拡大していった工場の縮小版になっている。グレードの低いトウモロコシやボンレスチキンの胸肉などの原材料は、今では食品として扱われていない。コストがもっと安くなると聞けば、どこにでも生産を移し、需要があると聞けばどこへでも出荷される。契約も売買も、すべて木材や鉄鉱石と同じ仕組みで管理されている。食品加工会社もほかの工業製品の量産メーカーと同じ技術やビジネスモデルを取り入れている。自動車や家電製品の価格を押し下げてきた飽くなき技術開発や生産規模の拡大が、今では食品産業でも当然のように行われている。

衣料品や化粧品の分野で見られる絶え間ない新製品の開発もまた同様である。パック入りのサラダから電子レンジで手軽に調理できるベーコンまで、何千種類もの新しい食料品が、毎年、スーパーの棚やレストランのメニューに並ぶ。それも多くの場合は、ＤＶＤや使い捨てカミソリ、消臭剤、化粧品や玩具などの消費財と同じ流通経路を通ってきている。もはや、現代の食品産業で成功を収めるカギは、食品をほかの消費財のように動かす能力にかかっていると言っても過言ではない。

だが、これこそが現代の食経済が抱える矛盾であり、私の見るところでは、現代の食の問題の多くはここに根本的な原因がある。食システムがいくらほかの経済部門と同じように進化してきたとはいえ、食そのものは基本的に経済現象ではない。確かに食料生産は需要と供給の経済原理に支配されているかもしれない。現に雇用を創出し、売上や利潤を上げ、時にはそれが大変な額に上ることもあるだろう。だが、そこで実際に取引されている製品は私たちが食べるものであり、それは必ずしも現代の工業製品のように決まりきった枠の中に収めていいものとは限らない。

そもそも、食べ物はあまり大量生産に適していないため、大量生産を行うためには、収穫や加工がしやすくなるように、作物や家畜を品種改良しなければならなかった。品種改良だけではまだ不十分だったので、さらに、防腐剤や香料などを添加するようになった。現代の農業は、化学肥料の大量使用や低賃金労働力の不平等な扱い、カロリーの摂取過多など、表には出てこない様々な外部コストを生み、もはやこのシステムをいつまで維持できるかが疑わしくなっている。また、調理の場が家庭から工場に移行したのも、私たちを家事から解放し、ほかのことができるようにした半面、私たちは自分たちが何を食べているのかがわからなくなり、食べ物を自ら選ぶこともできなくなってしまった。

破綻の兆候

だからといって、市場原理が悪いと言っているのではない。また、生産性の向上、つまり、これまで経済成長の目安とされてきた、より少ない資源からより多くのものを生み出す能力が、世界を飢えや重労働から解放する上で必要なかったと言っているわけでもない。ただ、食品の場合、そうしたシステムと製品がうまくなじまないのではないかと言いたいのだ。より具体的に言えば、私たちの経済システムが評価できる製品の属性――たとえば、大量生産性や価格の安さ、均一性、徹底した加工管理といったもの――が、その食品を食べる人にとっても、あるいはそれを消費する文化や生産する環境のいずれにとっても、必ずしも最良のものとは言えないように思えるのだ。食品については、コストの削減や生産規模の拡大、市場の拡大といった今日のビジネスの基本的要素をあまり追求し過ぎると、思わしくない結果を生むのではないか。それはつまり、人々が求めているものと実際に供給されるものとの間にズレが生じ、それが拡大する。今日の最大の問題はそのズレ、すなわち、「食品の経済学的な価値」と「生物学的な価値」の間のズレにあるのではないかと言いたいのである。

皮肉なことに、今日の食システムの問題は、それがあまりにもうまく機能し過ぎたことに端を発している。低コストでの大量生産には様々なメリットがあるが、コストを安く抑えながら大量の食品を市場に送り出そうとすると、結果的に生産者は悪循環に陥ることが避けられない。生産量を増やせば増やすほど、価格が下がるため、さらに多くの食品を生産しなければならなくなるからだ。そして、価格競争力のある小麦を栽培するには、農家は常にそのコストを低く抑えなければならない。通常、それは収穫の手間を省く新型コンバインのように、新しい技術を導入することによって実現する。しかし、新しい機械は高くつくが(大型の収穫用コンバインで四十万ドル(約三千四十万円)ほどする)、そのコストは生産量を増やすことで回収できる。もちろん、そういう農家は一軒だけではない。近所の農家も皆そうするし、ほかの地域の農家も同じことをする。先進国のあらゆる農家がこぞって生産量を増やし、多額の設備投資を回収しようとする。そうすると、結果的に小麦の供給量はさらに増大する。そして、二十世紀後半によく見られたように、供給量の増加が需要の増加を上回り、価格が下落すると、農家はさらに生産量を増やすために新しい設備投資をしなければならなくなる。この悪循環だ。

五十年前、ミネソタ大学の経済学者ウィラード・コクラン(Willard Cochrane)は、いずれ農家がこのような〝設備投資の堂々巡り〟に陥ることを予言していた。だが、堂々巡りに陥るのは農家だけではない。肥料メーカーから小売業者に至るまで、食のサプライチェーンの構成主体すべてが皆同じような状態に陥るのだ。彼らにとって成功のカギは、いかに「設備一式当たり」のコストを安く保てるかにかかっており、そのためには、より多くの設備を作り、稼動させるしかない。そして、そこで生まれた強迫観念的な大量生産志向が、アメリカなど余剰農産物を持つ国がそれを外国市場に押し付ける強引な手法や、大量で安価な食事の氾濫、レストランや自動販売機などの絶え間ない拡大といった、現代の食に見られる様々な現象を読み解く手掛かりになる。

一九八〇年代に、安くてボリュームのあるメニューが全盛を極めたために肥満人口が急増したのも、決して偶然の一致ではないだろう。肥満は、食が経済現象の枠に収まらないことを物語る一つの好例である。消費者は、DVDやスニーカーはクレジットカードで買えるだけ買い漁ることもあるかもしれないが、食品はそうはいかない。一人の人間が食べられる量には自ずと限界があるからだ。

食べ過ぎによってだぶついたウエストは、大量生産モデルによる安価な食がもたらした意図せぬ結果の一つにすぎない。中国産玩具の大量リコールを招いた容赦ないコストの切り詰めが、中国産輸入食品にも同じような結果を招いていることは周知のとおりだ。いや、問題は中国だけではない。アメリカの食品加工会社においても、もっぱらコスト削減と生産量増大にこだわるビジネスモデルでは、食の安全性を確保するのは難しいことが、次第に明らかになってきている。そして、私たちの安全対策に綻びが生じ、病原体などの汚染物質がサプライチェーンに混入したときには（その規模と「ジャスト・イン・タイム」の物流効率によって感染が一気に拡大するのは確実だが）、私たちはもはや反撃する力を持っていない。多くの畜産業者が今も日常的に家畜に抗生物質を注射しているので、サルモネラ菌のような病原菌は抗生物質に対する耐性を獲得し、簡単には死ななくなっている。以前、FDA医務官のマイケル・ブラム（Michael Blum）が語ったように、「私たちは、もはや抗生剤が効かない感染症を作るところまで行き着いてしまった」のだ。

しかも、現代の食システムは非常にたちが悪い。なぜなら、これだけ食べ物があふれていながら、まったく飢えの根絶には近づいていないからだ。農業科学の分野では、一九六〇年代にアジアをどん底の飢餓から救ったような画期的な前進もあったが、「緑の革命」（266ページ参照）を持続的なものにすることはできなかった。サハラ以南のアフリカをはじめ、アジアや南米の各地でも、人々の想像をはるかに越える規模の食料援助が絶え間なく続いているが、状況は改善していない。毎年、飢餓が原因で死亡する人の数は全世界で三千六百万人を超え、慢性的な栄養不良は中世の時代から変わっていない。飢餓に瀕した人々は慢性的な栄養不足から常に過労状態にあり、身も心もすさんで未来への展望を持つこともできない。ある試算では、サハラ以南のアフリカでは、ビタミンＡが欠乏しているために、三百万人を越える五歳以下の子供たちが失明しているという。

もちろん、サハラ以南のアフリカ地域を悲惨な貧困に陥れている原因の中には、自然災害や政治的な人災もあり、その責任のすべてを現代の食品業界だけに押し付けることはできない。しかし、アフリカ問題は現代の食システムのもう一つの弱点をさらけ出している。大規模な技術集約型の食品生産と増大する消費者需要を背景にした現代の食システムは、もともと消費者が農産物を買う余裕のない国ではうまく機能しない。高価な加工食品の販売に頼る食品会社のターゲットは、ステーキやアイスクリーム、栄養ドリンクといった値段が高く、高カロリーな欧米風の食品を好む豊かな消費者の多いヨーロッパや北米、またアジアのような急成長中の地域の市場に集中していて、エチオピアやバングラデシュのような貧しい国はまったくといっていいほど相手にしていない。このため、食品の価格が五十年前の半値になり、世界全体の食料供給量も人口一人当たりのカロリー要求量を二十パーセントも上回っているにもかかわらず、依然としてこの地球上には、栄養過多の人とほぼ同数の栄養不良の人がいる。現代の食システムはこのような構造的な欠陥を内包しているのだ。

飢餓や食中毒や栄養に起因する健康問題は破綻の兆候の中でもわかりやすいものだが、もっと根が深く、定量化が難しい問題もある。あらゆる工業化がそうであったように現代の食システムも、急激な社会の変化を伴って築き上げられてきたものだ。第二次世界大戦後のアメリカで始まった農業と食品加工業の大きな変化は、生産性の向上や価格の低下をもたらす一方で、アメリカの基礎にあった農村文化をほとんど破壊してしまった。第二次大戦の三十年後に、ウォルマート（WalMart）のような大規模小売店が登場すると、さらに食料価格は下落し、小規模な生産者やご近所を相手に商売をしてきた零細の食料品店は押しつぶされ、食品業界はごく少数の極めて大規模で、強力な世界的チェーンに独占されるようになった。

また、中流消費者が家庭で時間やお金をかけて料理を作る手間から解放されたことも、社会基盤に重要な変化をもたらした。これまで私たちが家族関係や文化的アイデンティティ、民族多様性などと一緒に大切にしてきたものの多くは、料理や食事と深く結び付いているが、調理をレストランや食料生産工場に任せる機会が増えるにしたがって、それも変わってきた。自炊する機会が減っただけでなく、職場のデスクの前や車の中や自宅のキッチンカウンターの前に立って、一人で食事を取る機会が増えた。アメリカの平均的な家庭では、家族がそろって食事をする機会は週に五回以下しかない。サウジアラビアやメキシコ、そして伝統的な食文化の最後の砦ともいえるフランスでも、四回に一回は外食になっている。もちろんこれは、みんなで再び農業を始めようという呼び掛けではない。だが、誰も生産をしなくなり、調理をしなくなり、レストランのサラダバーでサラダを盛り付けることくらいしか料理らしいことをしなくなったとき、私たちの身の上に何か極めてよからぬことが起きるような気がしてならないのだ。

限界を迎える食料生産能力

確かに、過剰なまでの豊かさや食文化の混乱、食の安全性の低下は、現代の食システムが持つ数多くの利点を享受するためには、耐え忍ばなければならないことなのかもしれない。また、次第に豊かになり、人口が増え、人口密度も増していく世の中では、もはや食事に対しては、安くて分量の多いことくらいしか望めなくなっているのかもしれない。だが、そんな現実的な見方すら、もう成り立たなくなっている。現代の食システムがいくら過剰生産を宿命づけられているとしても、この巨大なフードマシンが、すでにその生産能力の限界に達しようとしていることは明らかなのだ。

世界の人口は増加を続けているし、成長する開発途上国もまた、肉食中心の欧米の食事形式を真似しようとするだろう。これから四十年ほどの間に、世界の食料需要は伸び続けるに違いない。そして、より多くの人がより多くの肉を食べるようになると、貧しい国々では健康問題が改善されるかもしれない。しかし、肉を生産するには大量の飼料を必要とするため、世界中に肉食文化が広まると、世界の食料需要（総体的な食料需要）は幾何級数的に増加するだろう。平均すると、肉一ポンド（約〇・四五キロ）を生産するのに八ポンド（約三・六キログラム）の穀物が必要となるため、これまで主に菜食だった南アジアやアフリカの人たちが欧米の食習慣に近づくと、飼料需要が倍以上に伸びることになる。つまり、大量の肉を生産するためには、飼料生産のためにとてつもない広さの土地が必要になるということだ。

しかし、世界の適耕地の大半がすでに農業利用されている。また、残りの土地の多くは森林かやせた土壌で、集約農業には向かないことを考えると、これは深刻な問題である。さらに、バイオ燃料の生産のための穀物需要の増加によって――バイオ燃料は、今ではアメリカ全体のトウモロコシ供給量の三分の一近くを占めている――これまで何十年にもわたって世界の市場を圧迫してきた膨大な余剰穀物が瞬く間に消えてしまった。

とはいえ、人類は以前に同様の経験をしている。十八世紀、産業革命が起こったヨーロッパで農地が不足した時、トーマス・マルサス（Thomas Malthus）という陰気な経済学者が、飢饉は避けられないと明言していた。しかし、当時の農民は労働力を節約できる機械を発明し、より良い肥料を使い、より収穫量の多い作物を栽培することで、単位面積当たりの収穫量を増やすことに成功した。だが、このような技術に依存した進歩も、今では壁にぶち当たろうとしている。開発途上国の多くでは、「緑の革命」による収穫量の増加傾向が鈍化したり、減少に転じたりしている。これは、化学肥料が不足しているためでもあるが、それと同時に、化学物質の過剰な使用によって土地が疲弊し、土壌の生産性が低下しているからでもある。アメリカ中西部のように、今のところ収穫量を維持できている地域では、その代わりに地下水や川が強力な化学物質によって汚染され、内湾や沿岸水域が魚類の生息できない死の海域となる代償を払わされている。

モンサント（Monsanto Company）やダウ（Dow）など大手化学会社の研究者たちは、遺伝子操作を中心にした新世代の農業技術が、この新しい難題を解決できると主張する。だが、仮にその主張に裏付けがあったとしても、そうした技術の安全性や効果に対する疑問は根強くあるし、それ以前の問題として、未来のハイテク農民たちは、彼らの先祖たちとはまったく違った条件の下でより多くの人に食料を提供しなければならない。それは、彼らには先祖が享受していた、安価なエネルギーと有り余るほどの水、そして安定した気候という、農業にとって最も基本的な三つの前提条件がもはやそろっていないということだ。

気温上昇、降雨パターンの変化、ハリケーンのような暴風雨の多発などにより、どう控えめに見積もっても、世界の食料生産量は頭打ちになりそうだが、その一方で、需要は増加の一途をたどっている。二〇七〇年には、現在すでに食料需給システムが崩壊の危機に瀕しているアフリカ大陸で、小麦など一部の作物が完全に生産できなくなっている可能性が高い。

また、そこに至る前に、食経済は別の面で限界を超えるだろう。現代の食料生産において、農業機械や食料輸送手段の燃料であると同時に、化学肥料や農薬の原料としてもかけがえのない資源となっている石油の埋蔵量が次第に底を打ち始めていて、石油価格が上昇しているからだ。このようにこれまで世界の食料産業の土台となっていた前提条件の多くに、疑問符が付けられているのだ。過去半世紀にわたり、私たちの食システムの発展を支えてきたもの、すなわち、肥沃な土壌を作り出す能力から輸入に依存する国々への食料輸送能力に至るまで、ほとんどすべて安価なエネルギー抜きにはあり得なかった。現在のこのシステムが、エネルギー価格が高騰した後も持ち堪えられるかは、恐ろしいことに未知数なのだ。

いや、それ以上に心配なのは、急速に水不足が進行していることだ。農業はほかのどの産業より多くの水を消費する。増え続ける水需要は世界のほとんどすべての地域で水資源を枯渇させようとしている。北アフリカや中国では急速な地下水位の低下によって、農民が何千フィートもの深さの井戸を掘らなければならなくなっている。北はサウスダコタから南はテキサス、西はコロラドから東はミズーリまで広がる世界最大の地下湖であり、アメリカの広大な地域の主要な水源となっているオガラーラ帯水層は、三十年以内に干上がる見込みだ。

食料生産の大幅な増加は、灌がいのおかげで実現できたものだといわれる。もしそれが事実だとすれば、水の供給量の低下に際し、私たちはこの先十年、二十年の間に、世界が必要とする食料をどこで、どのようにして生産すればいいのか。すでに水資源が枯渇したために、国内の農業生産が頭打ちになり、国内で食料を生産する代わりに、アメリカやヨーロッパ各国、ブラジル、アルゼンチンなどの穀物輸出国から穀物を買い取ることによって、間接的に水を輸入している国も出てきている。このような解決策はもちろん一時しのぎであり、いずれはこれらの穀物輸出国でも水資源が枯渇する。すでに多くの国が、穀物という形で水を輸入している現状の下では、それを大量に輸入する国と国との間に微妙な緊張が生まれているが、これは原油の大量輸入国間に見られる緊張関係とよく似ている。いずれは水や食料をめぐる国際的緊張が高まるだろう。また、世界の食料需給バランスが変化したことで、中国やインドに代表される大量輸入国とブラジルのように野心的な新興輸出国との間に協調関係が生まれるだろう。その一方で、アメリカのようにかつては世界の穀倉を名乗りながら、今では凋落の一途にある国は、ちょうどアメリカが三十年前に石油の支配権を失ったときのように、次第に世界の食料市場に対する影響力も失っていくだろう。

航図なき食の未来

数ある世界のシステムの中で、食システムだけがその限界にぶち当たっているとはとても思えない。今では、エネルギー産業から住宅産業や自動車産業に至るまで、あらゆる産業が制約や外部コストの影響で身動きがとれなくなっている。エネルギーや安い労働力の確保など、現代の食システムが直面している問題の多くは、経済システム全体が直面している問題の一端にすぎないのかもしれない。しかし、食経済の危機はいくつかの点でほかの産業とは異なる、より重大な問題をはらんでいる。

第一に、現代の食料生産は完全にグローバルな枠組みの中で行われている。多くの作物が最も安く生産できる場所で作られ、それを求める地域へと出荷されているが、このようなシステムはことのほか脆弱である。たとえば、エネルギー価格の高騰などで食料輸送が滞ったり、異常気象による作柄不良などをきっかけにある国の輸出能力が低下したりすると、それまで一つの作物だけに特化してきた地域は取り残され、場合によっては、その地域自身が食べる食物すら確保できない状態に陥り、結果的に輸入に依存せざるを得なくなる可能性が高い。

第二に、食経済は急激な変化に対応できない。このシステムは、巨大な経済原理で動いているが、その経済は個人農家から大手小売業者まで、現代のサプライチェーンのほとんどあらゆる構成主体が、常に生産量が右肩上がりで拡大していくことを想定し、それを前提とする構造で成り立っている。しかもこのシステムは批判をかわしたり、吸収したりするのにひどく長けている。一九四〇年代に、農作物の大量生産化に反対して始まったオーガニック農業運動も、一九九〇年代には既存のシステムに取り込まれ、今では多くのオーガニック作物が、従来の作物と同じように高収量、低価格な手法で生産され、大規模小売店で販売されている。一部の消費者は現代の食システムの危険性に気が付き、より健康的で、より持続可能な作物を求めているが、このような運動は経済的にも、構造的にも、技術的にも非常に限られた範囲内で起きているにすぎない。

食品メーカーはその時々の消費者の不安に応えて、今後は〝より良い商品〟を提供するという。だが、その〝より良い商品〟も、大抵は既存の生産、加工、流通、販売、資金調達システムの枠組みの中で生まれたものであり、消費者の希望と生産者の戦略的要請や、経済的、技術的能力の間で、慎重に計算された妥協の産物であることに変わりはない。このような自己の永続化を目的としたシステムからは、根本的な変化は期待できない。

こうした理由から、現状に批判的な人たちはシステムの外側から変化を起こさなければならないと主張し、最終的には既存の食システムをまったく新しいものに変える必要があると訴えてきた。しかし、そのような主張は、これまでの高収量、低価格モデルに多額の投資を行い、政策決定プロセスにも大きな影響力をふるっている企業などにとって、到底受け入れられるものではない。改革志向の政治家も、そのような改革を実現するためには、これまで長い年月をかけて食品業界全体が一丸となって作り上げてきた、広く、深く、複雑に絡み合った政府の規制や法律と格闘しなければならない。現にアメリカの農業補助金制度が、世界の食システムを破壊しているという認識は、かなり幅広く共有されているにもかかわらず、いまだにその問題に手を付けようという政治家は現れていない。また、今日の世界の食料貿易が、食の安全性に対するリスクを高めていることを示す証拠は十分そろっているが、それでもアメリカをはじめとする各国政府は、相変わらず自国の農産物や食品メーカーの外国市場への参入の後押しを続けている。そして今日、私たちが買える食料の値段がとても安いのは、私たち消費者が食料を安く生産するための代償を、外部コストという形で払っているからだということが明らかになってきているにもかかわらず、依然として多くの消費者は、自分たちが食べるものにより多くの代価を払おうとしない。

さらに問題なのは、現代の食システムに代わる次のシステムが、用意されているわけではないことだ。研究者も農家も新しい食料生産のアイデアをいくらでも思いつくのに、それを実用化するための公的な研究予算は急速に縮小されているし、かろうじて残った資金も新しい農業のためではなく、従来型農業のために使われている。また、仮に新しい食システムを確立するための予算があったとしても、そのシステムがどんなシステムになるかという明確なビジョンを描けない限り、何も実現はしない。食料生産に携わる人たちの中には、先人たちが過去の危機に瀕した際に行ってきたように、単純に現在の手法をより効率的で生産的なものに進化させることで、問題を解決できると主張する人もいる。だが、これまでの技術革新は持続不可能なやり方で、その場しのぎの改善策を積み重ねてきたものにすぎないのだから、今、私たちに本当に必要なことは、自分たちが食べるものをどう考え、それをどう作るのかを、もう一度根本から問い直してみることだと反論する人も多い。

そのようなシステムの再構築を唱える人たちの間でも、新しいシステムのあり方に関して一致した意見があるわけではない。私たちはオーガニック食品を食べるべきなのか、農薬を使わずに十分な量の食料を生産することは可能なのか、食品はすべて地産地消にすべきなのか、小規模農場で作られるべきなのか、大規模なアグリビジネスや遺伝子組み換え食品などの新しい技術にも活用の余地はあるのか、私たちは肉を食べるのをやめなければならないのか――こうした疑問を自分自身に一つひとつ問い直してみることは、間違いなく有意義なことだ。二十世紀の初頭、当時誕生したばかりの食料産業について、腐った肉や病気の牛の乳や有毒な化学物質の混入した缶詰食品の販売などによるコスト削減の実態を告発した『ジャングル（The Jungle）』のような暴露本が出され、警鐘が鳴らされた。しかし、それ以来、私たちは食システムやその欠陥について、十分な注意を払ってこなかったのではないだろうか。

食料は今また、私たちの重大な関心事になっている。もちろん、それは大きな事故や事件があったからではあるが、同時に、明るい展望が見えてきたからでもある。新しい食システムは次第にその姿を現し始めている。いや、見方によっては、復活しつつあると言うべきかもしれない。アメリカでは小規模農家が急増し、今ではその農家が開くファーマーズ・マーケットが、アメリカ各地で見られるようになっている。オーガニックなどのオルタナティブ農業の研究につぎ込まれる公的資金は先細りしているが、その一部は様々な基金や非政府組織、場合によっては、食料生産研究や新しいモデルの開発を支援している一部の食品メーカーによって補われている。農業を都市環境に持ち込み、学校のカフェテリアに新鮮な本物の食材を提供し、教室で調理法を教えているコミュニテイ・グループや非営利団体もある。徐々にだが、社会のあちこちで、食料が再び人間にとって重要なものとして見直されつつある。

さらに、もっと根本的な動きとして、一部の消費者や政治家や企業経営者の間では、現代の食料やその生産流通システムに重大な欠陥があり、これから深刻で不安定な危機が訪れようとしているという認識が広がっている。近年のＯ１５７やサルモネラ菌による集団食中毒の発生や中国産食品をめぐる不祥事の拡大で、食料業界や政府は否応なく現状に問題があることを認め、これらの問題にどう対処していけばいいかを考えざるを得なくなっている。穀物価格がエタノールブームによって高騰したが（エタノールブーム自体も、もともとは原油価格の高騰によって引き起こされたものだが）、穀物価格の高騰も世界の食料供給がどれだけ逼迫しているかをまざまざと物語っている。この現象は、アジアで食料需要の拡大が本格的に始まったとき、食料価格がどうなるかを予見している。

だが、このような認識を持つだけで十分なのだろうか。今から三十年ほど前、ＯＰＥＣ（Organization of the Petroleum Exporting Countries ＝石油輸出国機構）が原油価格をつり上げ、図らずもアメリカをはじめとする大量石油輸入国を、省エネと効率改善とあくなき技術革新の時代へと追い込んだ。これから数十年の間には、食料の生産流通システムにかかる圧力が大きくなることで変化を生み出す力が生まれ、これまで以上に新しいシステムを開拓しようとする機運が高まるだろう。しかし、その食料業界のパイオニアたちはエネルギー業界の先人たちよりはるかに不確実な商品を相手にしなければならない。食料品はほかの商品と違って、代替が利かない。一般に市場は一つの製品が品薄になると、より容易に手に入るほかの製品で穴埋めを図るが、食品には代わるものがない。食料生産を支えている資源――主に土壌や水や天然の動植物といった、農業の工業化によって脅かされているもの――が枯渇したとき、人類は人工的にそれに代わる食料を作り出す手段を持たない。これは、アジアなどで起きているように、いったん収量が減少し始めると、その傾向を逆転させるのがことのほか難しいことを意味する。しかし、たとえどんなにこのシステムを作り変えることが難しくても、私たちはそれを成し遂げるしかないのだ。

本書について

食経済とそれにまつわる多くの問題は、決して人類にとって未知の領域などではない。最近もこの巨大なシステムの変わりゆく姿を伝える著書が続々と出版されている。『ファストフードが世界を食いつくす（Fast Food Nation）』を書いたエリック・シュローサー（Eric Schlosser）は、現代の外食産業の裏側にある、あまり楽しくない現実を伝えている（そして、多くの食肉業者から不倶戴天の敵としてにらまれている）。『フード・ポリティクス（Food Politics）』を書いたマリオン・ネスル（Marion Nestle）は、政治的影響力を増す食品産業の実態をつぶさに伝えている。『雑食動物のジレンマ（The Omnivore's Dilemma）』では、マイケル・ポーラン（Michael Pollan）が、業務用食肉の目に見えないコストを巧みに探り出し（とりわけ、病原性大腸菌と大規模な牛肉生産との関係について書いているところは、すべての肉好きな人にとって一読の価値がある）、オーガニック農業などのオルタナティブ農業が、従来の農業を代替することの難しさも指摘している。また、レスター・ブラウン（Lester Brown）は、一九九〇年代から『プランB2・0（Plan B 2.0）』や『だれが中国を養うのか？（Who Will Feed China ?）』などの著書で、持続可能性の問題や広がりつつある需要と供給のズレに注意を喚起している。

それでもなお、私はより大きく、グローバルな視点で、この問題を考えてみる必要があると考えた。そのため本書では、読者の皆さんに、肥満や食料を介して広がる伝染病の蔓延、いつまでも根絶できない飢え、さらには、第三世界における荒地から巨大な輸出専用農場への転換といった、現在私たちが直面している一見異なる問題の多くが、実はそもそも現在の食システムを生み出したものと同じ経済的メカニズムと関連していて、またそのことがこれらの問題をより深刻なものにしていることを伝えたいと考えた。そして、そのために、昨今、食料について語られている様々な問題を吟味し、食経済全体を幅広く掘り下げてみた。

また、読者の方々に多様な視点を持ってもらうために、食経済の現状を様々な角度から取り上げた。農場経営者や畜産業者は言うまでもなく、モンサントのような原材料企業、カーギル（Cargill）のような商社、ネスレ（Nestlé）やクラフト（Kraft）のような食品加工業者、ウォルマートやマクドナルド（McDonald's）のような小売・外食サービス業者に至るまで、世界の食物連鎖の構成主体間の関係も調べた。同様に、いくつかの国内企業がグローバルな食経済を支配し、もしくはそれによって支配される現状も取材した。近代的食料産業が生まれた地であり、現在は伝統的食習慣と現代的工業化の必要性とのバランスに苦労しているヨーロッパの食システムも調査した。また、莫大な生産能力ゆえに、世界の食料市場でＯＰＥＣのような影響力をふるうようになったアメリカと、人口の急増や膨れ上がる食料需要でそのような力を蹴散らし、食システム全体を変えようとしている中国にも様々な角度から光を当てた。そして最後に、住民の大半が現代食経済の蚊帳の外に置かれ、ともすると、そのような経済の存在すら知らずにいるアフリカにも注目した。

さらに、現代の食システムは、長い時間軸の中で紆余曲折を経て出来上がったものなので、私たちを飢餓の不安から解放して人間らしい生活を与えた「食肉革命」や、農業を一つの産業にした「農業革命」、有り余るほどの食料の氾濫を招いた戦後の科学とビジネスの合体、そして一九八〇年代前半の絶頂から現在の危機へと至る壮大な破綻のプロセスなど、食の歴史についても考察した。

加えて、現代の食経済に影響力を持つ科学者や技術者、農業経営者や企業経営者、新たな食経済のあり方を提唱している人たちにも話を聞いた。と同時に、影響力を持たない人たち——家族経営の農家や商店主、消費者、また、食をめぐる変化に付いていこうとしながらも、翻弄されるばかりの現場の農民一人ひとりにも時間をかけて接した。中には喜んで話をしてくれる人もいたが、用心深く名前を伏せて話をする人もいた。

本書は、ここで明らかにしようとしている経済システムと、どこか似た構成になっている。三部構成の第一部では、食システムの起源と実情を探っていく。第1章では、肉食の起源から最初の農業革命まで、そして、十八世紀の人類滅亡の危機から食料生産の工業化による危機の回避まで、現代の食経済の背景に迫る。第2章では、食料の工業化の実態に焦点を当て、世界最大の食品加工会社ネスレの仕組みを例に、消費者が自由に使える時間は増やしたが、その分、私たちの食生活を支配するようになっている食品加工会社で、生鮮食材がいかに解体され、組み合わせられているかを紹介する。第3章では、小売革命に目を向け、大手食品小売業者がかつてない規模とマーケットシェアを利用してサプライチェーンの支配権を握り、食料生産だけでなく、食品そのものまで変質させてしまう、低価格・大量生産モデルを打ち出した過程を検証する。第4章では、栄養面から見た加工食品の質の低下に始まり、肥満や糖尿病に代表される食システムの生産過多に伴って起きた健康上の問題など、食システム変革の副産物を検証する。

第二部では、食料生産の影響について幅広く考察する。第5章では、世界規模に拡大した食品流通システムが産業革命のように多大なメリットをもたらしながら、その一方で、伝染病の急速な蔓延を招いたり、エネルギー価格の変動によって供給を停止させることになったり、アメリカやヨーロッパ各国、ブラジル、中国というひと握りの食の超大国間で農産物をめぐって緊張が高まる危険性を内包したりするなど、新たな不安要因を生んでいる実態を検証する。第6章では、豊かな世界における最大のパラドックスである慢性的な飢餓を取り上げ、この超飽食時代にアフリカのサハラ以南の住民を中心に十億人もの人々が、世界の食経済から排除されている現実を見ていく。第7章では、食システムが工業化された結果、従来の食中毒の原因となっていた菌の多くを死滅させることに成功しても、それが新しい世界的な疫病の流行の下地を作り出しているという皮肉な現状に目を向ける。第8章では、土壌汚染や土地不足からエネルギーや水資源の減少に至るまで、現代の食料生産システムを完全に再構築し、過度な肉中心の食生活を見直す必要があると考える根拠を様々な視点から紹介する。

最後の第三部では、現代の食システムのあり方を変えようとする新しい試みを取材し、第9章では、次の食システムにおいて、主役の座を狙う二つの有力候補――遺伝子組み換え作物とオーガニック農業――を比較し、どちらも一長一短であることを見ていく。第10章では、そのような比較検討作業をほかの次世代の主要食料にも拡大し、どれも良いところはあるが、同時に、経済、政治、文化の面で乗り越えなければならない課題があることを見ていく。そして最終章では、これから先、食システムに求められている改革がどのように起こっていくかについて、希望の持てるシナリオとあまり希望の持てないシナリオの両方を紹介する。

現代の食システムは、一冊の本に凝縮して述べるにはあまりにも規模が大き過ぎる。それが抱える問題や、その未来像に関する議論もあまりにも多岐にわたるため、本書の中で取り上げることができなかった問題もたくさんある。また、私が様々な食料危機に付けた優先順位や、個々の問題に割いた紙幅も、すべての読者に納得していただけるものとは思わない。良くも悪くも、食料工学や農学は今も急速に進化を続けている。しかし、私の目的は、そうした最先端の学術的な動きを紹介することではなく、現代の食経済の実態を、それによって最も影響を受ける人々、すなわち、消費者の皆さんに知っていただくことにある。そのために、本書では食経済の実態をできるだけ幅広く描き出し、なぜそれがダメになろうとしているか、また、真に永続的な変化を起こすために、今私たちにはどのような選択肢があるのかを知っていただけるよう努めたことをご理解いただければ幸いである。

第Ⅰ部　食システムの起源と発達

第1章 豊かさの飽くなき追求

一九四〇年代の終わり、ハドソン川上流にあるニューヨーク州オレンジタウンの釣り人たちは奇妙なことに気付いた。釣り上げた鱒のサイズが、年々大きくなっているのだ。普通なら釣った魚が大きくなることに文句を言う釣り人などいないものだが、その上流に薬品会社レタリー・ラボラトリーズ（Lederle Laboratories）の研究所があったために、この現象が本当に自然なものかどうかには一抹の不安を感じる者もいた。

川で釣れる魚が大きくなっている話は徐々にレタリー社の上層部にも伝わった。レタリー社でビタミン栄養学の新分野を研究していた生物物理学者のトーマス・ジュークス（Thomas Jukes）がこの問題に興味を持ち、彼が調査を行うことになった。ジュークスは、レタリー社が川の近くに大量の産業廃棄物を投棄していることを知っており、その中に、レタリー社が誇る最新のテトラサイクリン系抗生物質を製造する際の発酵過程で発生する残留マッシュ（固体を磨りつぶしてできるドロドロした粘度の高い液体）が含まれていることも把握していた。ジュークスは、川へ染み出したマッシュを魚が食べ、マッシュに含まれる何かが魚の体を大きくさせているに違いないと推測した。彼はそれを〝新型の成長因子〟と呼んだ。

ジュークスはまずその〝因子〟が、実験用動物の成長を早めることで知られる、新たに確認された栄養素、ビタミンB12ではないかと疑った。このビタミンは発酵の副産物として、マッシュの中に存在する可能性が極めて高かった。しかし、ジュークスと同僚のロバート・ストックスタッド(Robert Stokstad)が実際にマッシュの中身を調べてみると、そこにはまったく予想外の、世界を変えると言っても過言ではないほどの新発見があった。確かにB12は存在していたが、新たな成長因子はそのビタミンではなく、テトラサイクリンそのものだったのだ。その琥珀色の抗生物質をコーンミールと混ぜてひよこに与えると、ほんの少量でも、成長率は二十五パーセントも上昇したのだった。

その時のジュークスには、なぜこのようなことが起こるのかはわからなかった。彼の推測では、そしてそれは後に正しいと判明するのだが、狭い囲いの中で飼育される動物の腸内に発生する細菌の増殖をテトラサイクリンが抑えてくれるために、通常なら免疫システムを働かせるために消費されるカロリーが、代わりに鶏の筋肉と骨の増強に回っているのではないか、ということだった。少なくともこの現象はひよこに限られたものではなかった。やがてほかの研究者たちも、少量のテトラサイクリンが七面鳥や子牛、豚の成長を最大で五十パーセントまで上昇させることを確認した。また、テトラサイクリンが牛の乳量を増やし、豚の妊娠率を高め、同腹児数を増やし、出生体重を増やすこともわかった。

この発見が世間に公表された一九五〇年、ジュークスが見つけた成長因子は、将来肉が無料で手に入るようになるかもしれないという期待を抱かせるものとして、戦争で焼け野原となったヨーロッパでも、食料の需要が急速に高まる成長著しいアジアでも、大いに歓迎された。当時の『ニューヨーク・タイムズ紙（The New York Times）』は、テトラサイクリンは「資源の減少と人口増加に直面する世界における人類の存続にとても重要なもの」と報じている。

確かにジュークスの発見はニューヨーク・タイムズ紙の想像とは若干違う形ではあったが、長期的には極めて大きな意義を持っていた。二十世紀半ば、世界の食システムは大規模な変革のただ中にあった。最貧国でさえ、千年もの間続いた農法や食料の加工法を、より多くのカロリーを生み出すことのできる新しい産業モデルに切り替えていた。そして、それは長年、人類を苦しめてきた豊作と不作の循環を終結させるようにも見えた。

けれども、この大変革も完全なものではなかった。穀物などの植物の産業化は大きな成功を収めていたが、肉の大量生産については、牛、豚、鶏やその他の家畜の複雑な生態が実現の行く手を阻んでいた。人々が好んでやまない肉の供給量は、二十世紀初頭まで非常に不足していたため、アジアやヨーロッパやアメリカでは、肉の摂取不足を原因とする肉体的、精神的発育不良が後を絶たなかった。そして、第二次世界大戦が終わる頃には、世界規模の飢餓が予想されるまでになっていた。

しかし、ある日突然、状況が変わった。戦争の余波を受ける形で、ジュークスのような科学者たちが栄養学、微生物学、遺伝学などの新分野で次々と新たな発見を行ったために、トウモロコシや缶詰を生産するのと同じぐらい簡単に肉を生産できるようになったからだ。私たちは動物の体を大きくすると同時に、その成長を早める方法も習得した。動物は、牧場や納屋からより効率的な家畜小屋や飼養小屋に移され、ビタミンやアミノ酸、ホルモン剤や抗生物質によってその成長が早められた。これらの添加物が及ぼす影響を問題視する人が出てくるのは、それから何年も後のことだった。後に「食肉革命」として知られるようになったこの動きは、肉の生産に大きな波を引き起こし、その勢いは食品産業全体を変えるほどだった。ここでしばし現生人類の食生活までさかのぼって、近代までの食経済史の流れを見てみよう。

食の起源

おおよその推測では、人類の物語は三百万年前、アフリカの森に住み、果実、葉、幼虫、昆虫などを食べて暮らしていた小柄の祖先、アウストラロピテクスに始まったと考えられている。アウストラロピテクスが肉を食べていたのは間違いないようだが（狩りをするには背が低過ぎたため、動物の死骸をあさっていた可能性が高い）、大半のカロリーは植物から摂取していたとみられ、その草食性はアウストラロピテクスの体のあらゆる部分に反映されていた。彼らの脳と感覚器官は、食べられる（あるいは毒性の）植物の色と形を識別するために最適化されていたし、大きな歯、強力な顎、特大の消化器官などはすべて、植物の繊維質を噛み切り消化するために適応したものだった。身長わずか四フィート（約百二十二センチ）、体重四十ポンド（約十八キロ）という小柄な体は、茂みの中で果実を採集するのに理想的な体型だった。

アウストラロピテクスは完璧と言っていいほど草食に適応していた。しかし三百万年前から二百四十万年前にかけ、アウストラロピテクスはこの状況から追い出されることになる。地球が寒冷化し乾燥が進み、当時地球を覆っていたジャングルの中にモザイク状に森林と草地が広がり始めたので、私たちの祖先は木から下り、新たな食料戦略への変更を余儀なくされたのだった。この新しい環境の中では、果実や野菜が見つけにくくなる一方で、動物は見つけやすくなった。ここで言う動物とは、私たちの祖先を餌にする動物と、私たちの祖先が食べるようになった動物の両方を含む。もっともこれは狩りと呼べるものではなく、ほかの肉食獣が残していった動物の死骸を食べていたにすぎないが、それでも、それは重大な変化だった。我々の祖先は、ほかの肉食獣が手を付けずに残した脚の骨や頭蓋骨を石器で砕いて、高カロリーで栄養豊富な骨髄や脳を食べるようになった。こうして私たちの祖先の食料戦略は徐々に高度化していった。

約五十万年前には、より大きく、直立に近づいたホモ・エレクトスが武器のようなものを使って、ネズミ、爬虫類、小型のシカなどを捕まえるようになった。ホモ・エレクトスは依然雑食性で、野生の果実、塊茎や卵、昆虫など、手に入るものは何でも食べた。しかしこの頃には、動物性の食物（筋肉、脂肪、脳や臓器などの柔組織）が彼らの総摂取カロリーの六十五パーセントまでを占めるようになっていた。

ホモ・エレクトスにとって、植物性食物から動物性食物への移行は単なる環境への適応だった。すべての生物は最少の労力で最大のカロリーを得られる食料戦略を選択する（人類学者はこれを「最適採餌行動」と呼ぶ）。そして、植物からのカロリー摂取が次第に困難になる状況で、私たちの祖先がそれを埋め合わせる最も簡単な方法として、動物性食物に目を向けることは自然な成り行きだった。だが最も重要なのは、たとえ肉食化への動きが最初は必要に迫られたものだったとしても、それはカロリーの穴埋めを超える影響をもたらしたことだ。

動物性食物は投資に対し植物をはるかにしのぐ大量のカロリーを与えてくれる。草原で元気なアンテロープを捕まえるためには、森で果物をもぎ取るよりも多くのカロリーを必要とするかもしれないが、その肉はそれを補って余りあるだけのカロリーを与えてくれた。動物の脂肪と筋肉は植物よりもカロリー密度が高いため、一口ごとに体に吸収されるエネルギーも大きい。また、動物性食物は消化されやすく、吸収も早い。肉はより多くのカロリーを人類に供給し、そのエネルギーは、狩り、戦い、縄張り争い、そして当然のことながら生殖行為にも使われた。肉は植物よりも頼りになる食料源だった。食料源が肉食へと変化した結果、人類はアフリカからヨーロッパへ移り住むことが可能となった。ヨーロッパの冬は寒く、一年中食べられる植物が不足しているため、草食だけでは人類のヨーロッパへの移住は不可能だったと考えられている。

だが、人類の進化における肉食の本当の意味は、それが含むカロリーの量ではなく、おそらく、そこに含まれる栄養素の種類にあった。動物と人間の組織は同じ十六種のアミノ酸を持っているため、動物の肉は植物よりも容易に人の肉に転化される。肉は肉の材料に適しているのだ。ボディビルダーが肉をたくさん食べるのはこのためである。そして、それは、私たちの祖先の体が大きくなった原因の一つが、動物性食物をより多く摂取するようになったからだという説を裏付ける。アウストラロピテクスが四フィート（約百二十二センチ）しかなかったのに対し、ホモ・エレクトスは六フィート（約百八十三センチ）と大柄で力も強く、肉食獣と互角に戦えるようになると同時に、狩りの技術も向上した。[1]

同じく重要なことは、ホモ・エレクトスの頭蓋骨がアウストラロピテクスより三割以上大きくなり、中身の脳もはるかに発達していたことである。これもまた、より栄養豊富な肉食化に起因する「脳の大型化現象」として知られる適応の一つの形だった。ちょうど、肉食が筋肉を最も早く発達させるように、脳は脂肪酸、特に動物の脂肪と柔組織に豊富に含まれているオメガ3系脂肪ドコサヘキサエン酸（ＤＨＡ）とオメガ6系脂肪アラキドン酸（ＡＡ）の二つの長鎖脂肪酸を摂取すると最もよく育つ。植物にもオメガ3系とオメガ6系脂肪酸は含まれるが、いずれも短鎖であるため、肉と同じレベルの栄養効果を提供することはできない。

脂肪酸はほんの始まりにすぎない。脳が大きく育つには大量のＤＨＡを必要とし、精神活動に関わる化学的神経伝達物質の生成には多くのカロリーが必要となる。それが脳が「高価な組織」と呼ばれる所以だ。脳が大きくなれば必要なカロリー量も増えるため、大きな脳は体の大きな動物によく見られる。たとえば、マッコウクジラが二十ポンド（約九・一キロ）の脳を支えられているのは、大きな胃と心臓のおかげである。

しかし、人類はこの脳と体の法則に逆らった。アウストラロピテクスとホモ・エレクトスの間の数百万年のうちに、人間の体の大きさは辛うじて二倍になったのに対し、脳の大きさは約三倍にまで拡大した。どういう訳か人間の体は、比較的小さい体器官で非常に大きな脳に燃料補給をしていたようなのだ。なぜそれが可能だったのか？　ここでもやはり、それを支えていた可能性が高そうなのは〝肉食〟である。肉は植物よりもカロリー密度が高く、消化されやすいことを思い出してほしい。論文『高価な組織仮説（expensive-tissue theory）』の著者として知られている古代人類学者のレスリー・アイエロ（Leslie Aiello）によると、私たちの祖先の食肉消費量が増え、植物消費量が減るにつれ、霊長類に与えられていたすべての植物を消化するための大きな消化器官は必要なくなった。そのため、人類の消化器官は次第にほかの霊長類の六十パーセント程度にまで縮小していった。これは重要な進化である。なぜなら消化器官自体、エネルギー消費が激しいため、消化器官が小さくなればなるほど、脳に回せるカロリーが増えるからだ。

同様に、肉食への転換によって人類は植物をそれほどすりつぶす必要がなくなったため、顎と歯は小さくなった。これは何も食が人間の今の形を決定したと主張しているわけでもなければ、肉複雑に作用し合う複数の要素が私たちの祖先の生理学的変化に拍車を掛け、最終的に現生人類を生み出したことは間違いない。しかし、とはいえ、動物性食物の消費が増えなければ、人間の体や脳が大きくならなかったのも確かである。そして大きな体と脳がなければ、人類は巧みに道具を操る知的動物になることも、効率良く狩りを行う狩猟民になることもなかっただろうし、アフリカを出て、中東、アジア、そして最終的にヨーロッパへと短期間のうちに生息域を広げることもできなかっただろう。草食を続けたアウストラロピテクスの子孫の多くが絶滅したのも、まったくの偶然とはいえないだろう。

いずれにせよ、四つの氷期のうちの最初の氷期が始まる十八万年前頃までに、動物性食物が人類の食料戦略を支配し特徴づけるようになっていた。解剖学的に最初の現生人類と考えられているネアンデルタール人とそれに続くクロマニョン人は、主として狩人だった。彼らはそれぞれ独自の食料戦略を持っていたが、どちらもマストドン、バイソン、毛サイなど、氷河が広がるにつれて南下を続け、人間の生活圏へと追いやられた北極地域の巨大動物類を食料にしていた。先史時代の狩猟民にとって、このような大型動物は歩く精肉業者のようなものだった。狩りには危険が伴うが、その見返りは膨大だった。ある推定によると、クロマニョン人は狩猟で一時間に一万五千キロカロリーも稼いでいた。これは彼らの祖先をはるかに凌ぐ。実際、彼らは植物や塊茎、卵、昆虫、果物、蜂蜜なども採集していたが、総カロリーの三分の二は動物性食物から得ており、オックスフォード大学のマイク・リチャーズ（Mike Richards）が示したとおり、彼らの得る肉食は、クマやオオカミやそのほかの「トップレベルの肉食獣」と比べても遜色のないものだった。

最後の氷期に入る九万年前頃には、人類が行う大型動物の狩りは洞窟の壁画で称賛されるほど恐ろしく効率的な営みとなり、それは人類に一種のエリート意識を持たせるまでになっていた。とはいえ、日々の生活はまだ孤立して貧しく、不潔で野蛮、かつ人々は短命だった。乳児の死亡率は高く、仕事は危険で、怪我や感染症の治療法など存在しなかった。そのため、当時の人類の平均寿命は十八年程度しかなかった。さらに出生率も低かったため、当時の人類の総人口はほぼ横ばいだった。乳児は肉や未加工の植物を消化できないため、当時の人類の授乳期間は長く、それが妊娠のサイクルを遅らせたことも、低い出生率の原因だった。ある推測によると、世界の総人口は何万年もの間、百万人前後で推移していた。

それでも、食の経済的意義、つまり入手可能なカロリーの量と質から見れば、クロマニョン人は非常に豊かだった。彼らの食生活はライフスタイルと理想的に適合していたため、子供時代に怪我をせず、狩猟中の事故にさえ遭わなければ、彼らは現代の人間よりも健康的だったようだ。オーストラリアＲＭＩＴ大学の古代栄養学者ニール・マン（Neil Mann）によれば、この時代の化石は、当時の人類が今日私たちを苦しめている食に関連する慢性病とはまったく無縁だったことを示していると言う。

しかし、良き時代は長くは続かなかった。一万一千年前には温暖化によって寒冷地を好む大型狩猟動物が北上し、人間の居住地から遠ざかっていった。彼らの住んでいた場所にやって来たのはガゼルやカモシカなどの小型で素早い動物で、それらを捕獲するためには、新たな狩猟技術や武器を必要とした。そして私たちの祖先クロマニョン人はこの状況にも順応した――たとえば、小型で素早い獲物を射るために弓矢が発明された（これに対して、ネアンデルタール人にはおそらく狩猟戦略を改善する能力がなかったため、大型動物を追って絶滅へと向かっていった）。だが結局、新技術をもってしても、従来の狩猟生活を維持することはできなかった。現代の推測では、この時代は装備が十分な狩人であっても、小型動物の狩りをして一時間当たり千五百キロカロリー以下しか得られていなかっただろうと考えられている。これは全盛時の十分の一までの大幅な減少である。

狩りの継続が困難になると、人々には食物を採集するしか選択肢がなかった。採集の対象となったのは、木の実、木の根、ベリー、えんどう豆などの豆類や、野生の小麦や大麦などの種子植物だった。この狩猟と採集、または食料源の多極化戦略によって、私たちの祖先はかろうじて生き延びてきた。現代の調査では、当時の人々は十分な食料を見つけるために、広大な土地を何時間も歩き続けなくてはならなかったと推察されている。

その後何百年かの間に、自然が与えてくれる食料を中心とした食生活が崩壊しつつあることがはっきりしてきた。そして、ある時点で私たちの祖先は、食料の生産を開始しなくてはならなくなった。人類が農耕民とならなければならないのは時間の問題だったのだ。

農業と文明の始まり

それ自体は不本意なことだったかもしれないが、私たちの祖先が狩猟から農耕へ移行するに際して、少なくともそれを始めるタイミングだけは絶妙だった。彼らから大型動物を奪った気候の温暖化は同時に、食用植物、特に小麦と大麦の栽培可能な領域を人間の居住域にまで広げていた。過去にも同様のことが起きたことはあったが、今回はいくつかの重要な違いがあった。

第一に、私たちの祖先はその時すでに、数千年にわたる食料探しを通じて、食に対する知識を蓄積していた。たとえば、小麦や大麦が食べられることや、ゴミの山に残された果物の種から芽が出今や彼らにとって大いに魅力のあるものになっていた。

ることなどを、確実に学習していた。第二に、彼らは複雑で大掛かりな農業活動に取り組むために必要な社会組織の萌芽を持ち始めていた。第三に、そしておそらく最も重要だと思われるのが、彼らの意欲の高まりだった。かつて大型動物の狩りに成功した頃の人類が見向きもしなかった雑草は、今や彼らにとって大いに魅力のあるものになっていた。

この最初の農業革命は、中央アジア、中米、東南アジアなどの異なる地域で異なる時期に始まったが、状況はおそらく似通っていたと思われる。小麦や大麦、あるいはヤム芋などの根菜類といった野生の食べ物が所々に生えているのを見つけた人類は、同じものが翌年もまた生えてくることに気付き、その近くに定住したのだ。紀元前一万年から紀元前六千年頃、小集団がアジアと中東で小麦を、中米でトウモロコシを、アジアでコメを育てるようになった。紀元前六千年になると人類は羊や山羊、豚、牛などを家畜として飼うようになっていたが、これは肉を目的としたものではなく、主に乳と皮革を得るためだった。紀元前五千年までには、オーストラリアと南極を除くすべての大陸で農業が行われていた。

私たちの祖先が農業革命を進化と捉えていたかどうかは不明だ。農業は狩りほど危険ではなかったが、労働時間が長く、新たなリスクを伴った。不作は日常茶飯事だったし、仮に豊作が続いたとしても（たとえば、初期の農耕民は家畜を労働力として利用することを学び、少しずつ収穫量を増やすことに成功していた）、食料の問題は複雑さを増すばかりだった。収穫した穀物は傷みや害虫から守らなくてはならなかったし、加工されていない穀物は肉食に適応した人間の消化器ではほとんど消化できなかったため、食べやすく、栄養価も高い形に変えて食べる必要があった。

徐々に私たちの祖先は穀物をひいて平たいパンに加工したり、お粥にしたりすることを覚え、穀物の栄養価を高めるとともに、食べやすいものに変えていった。だが、逆説的ではあるが、この進歩が私たちの祖先の食べ物をさらに減らした可能性がある。お粥は乳児でも食べられたため、子供の離乳時期が早まり、出産の間隔が四年から二年に短縮されたのだ。その結果、食経済において特徴的な現象が生じた。人口の増加だ。これまでほとんど実質的な変化のなかった世界の総人口は、ゆっくりと増加を始め、紀元前一万年には全世界で推定五百万人だった人口が、紀元前五千年にはおそらく二千万人にまで増えたと考えられている。

この有史以来最初の人口急増は、今の基準で見れば無害なものだ。とはいえ、後の時代にも起こることだが、人口増加によって初期の食料生産能力は限界に達していた。特に肉の摂取量が減ったことで、目に見えるほど劇的な生理学的変化が起きた。狩猟が盛んだった時代の人骨化石からは、当時の人類が長身で強健で比較的病気もなかったことがうかがえるが、初期農耕時代になると、食に関する様々な問題に苦しめられた結果、より肉食性が強かった祖先と比べて身長が四インチ（約十センチ）も低くなった。そして、それ以来人類の身長は近代まで縮む一方になる。

それでも私たちの祖先は生き延びた。彼らの体はさらに多くのカロリーと、さらに多くの肉を求めていたが、農業は彼らを生かし続けるために必要な食料を辛うじて生み出していた。その間も農業技術は確実に進歩していった。彼らは新しい果物や野菜を栽培し、新しい動物を家畜化し、食料をおいしく保存する方法を開発し（たとえば、穀物をビールに変えるなど）、ゆっくりと生産量を増やしていった。また農業は人間一人ひとりのサイズは小さくしたが、初期の社会をより大きく成長させた。狩猟採集民は生きていく上で必要な食料を確保するために広大な土地が必要だったため、少人数ごとに遠く離れてばらばらに暮らさなくてはならなかったが、農耕民は狭い面積の土地を使ってより大きな集団を養うに足る食料を生産することができた。

このようなより集中的な食料生産が意味したことは、人類がもっと大きな、もっと人口密度が高い社会で生活する能力を持っているということだった。まずは村ができ、次に町ができ、それが技術革新や社会的革新の中心となり、人類に文明をもたらしたのだ。

農業は力の源でもあった。紀元前三千五百年には、エジプトの小麦農民が自分たちで食べる量以上の穀物を生産するようになり、この余剰作物、すなわち最初の〝蓄財〟が、社会を根本的に変えていった。

余剰作物は、狩猟民だった私たちの祖先が考えもしなかった食料の安全保障をもたらし、それは人々に交換する物を与え、商業の基礎を形成した。余剰作物はまた、都市に農業生産者以外の人々を登場させた。余剰作物によって手の空いた人々が農業から離れ、大工やパン職人、ビール職人、鍛冶職人、陶工、書記官、技工、芸人などの専門的な作業に従事することが可能になった。そこから、兵士になって新しい都市国家を守る人や、それを統治する指導者や王が生まれてくることになる。

ナオミ・ミラー（Naomi Miller）とウィルマ・ウェッターストロム（Wilma Wetterstrom）はやや冷ややかに言う。「余剰作物は、都市化、職業の専門化、社会的不平等といった、今日私たちが文明の産物と考えている様々な問題の発端となったのです」

マルサスの予言

しかし、農業がどれだけ文明を発達させる力を持っていたとしても、当時の新文明には人類に常につきまとってきた脆さが残っていた。都市国家では人口が集中し、もはや自給自足することなどできなかったし、だからといって原始的な技術しか持たない地方の農家が彼らを養えるはずもなかった。たとえば、初期の鋤は土を浅くしか掘り起こせられなかったため、表面の薄い層の土を耕すばかりで、表土からは栄養素がすぐに失われた。そうなると、農民はその土地を棄て、別の土地の畑へ移るしかなかった。

今日の食経済が直面する問題を予見するかのように、都市は遠く離れた土地で生産された食料にますます依存するようになり、それはより大規模な供給ネットワークを通じて輸送され、そのネットワークの維持と防衛にさらに多くの資源が必要となった。ローマ帝国の輪郭がヨーロッパ、中央アジア、北アフリカの小麦地帯の境界をたどったことも（紀元前百年頃、ローマが消費する小麦の三分の一は、約千マイル（約千六百キロ）も離れたエジプトから来ていた）、ローマの軍事力の衰退に歩調を合わせるかのようにその食システムが同時に崩壊したことも、決して偶然ではなかった。食経済が発展する過程において食料の確保は、農業の生産能力と同時に軍事力や政治力の問題でもあったのだ。この三つが同時に崩れた時、四世紀のローマ帝国崩壊がそうだったように西洋の食経済は完全に崩壊し、その後六世紀にわたって、世界人口は三億人から三億一千万人までしか増えることはなかった。

その後、農業システムは驚くべき適応力と回復力を発揮したが、一〇〇〇年頃から始まった一連の大革新をもってしても、人類は初期の農民を苦しめた豊作と不作の循環から完全に逃れることはできなかった。より土を深くまで掘り起こし、土中深くに埋まっている土壌養分への到達を可能にする新しい鋤も発明され、人類は栄養素が失われた土の地力を回復する方法を学んだ。また、単に家畜の糞尿を加えるだけでなく、小麦のように土の養分を急激に使い果たすような主要農作物と、主要養分である窒素を大気中から取り込んで、土壌へと戻してくれる豆のような被覆作物（訳者注：土壌特性の改善、土壌侵食の防止、肥沃度向上などのために、主作物の前後に栽培されるもの）を交互に作るようになった。

さらに我々は、種まき用の種子を選ぶときには最も丈夫な植物だけから採種することを学び、徐々に種子の品質を向上させていった。そして、当初は偶然と試行錯誤の産物だったのに対し、生物学と化学という専門分野が形成されてくると、科学者は自然の体系、特に土壌の生産性や植物と動物の品種改良など食料生産が依存している体系を理解し、それを操作するようになっていった。

これらの科学技術の革新と密接に関連し、さらに強力に生産量の増加を後押ししたのが商業だった。都市が拡大するにつれ、新しい鋤や転作が産み出した余剰作物の需要ができ、やがて農民はこの儲かる新市場向けに生産物を適応させるようになった。何をどのぐらい栽培するかは、個人単位の需要よりも、市場によって決定されるようになっていった。かつては毎年同じ作物を作っていた農民が、今では最も高い利益を得られるものなら何でも作るようになった。価格が十分高ければ、農民は生産を拡大し、チャンスを最大限に利用しようとした。

東ヨーロッパの土地所有者は小麦を育てて余剰分を西ヨーロッパに売り始めた。牛と羊の農家はスコットランド、デンマーク、ポーランドに巨大な家畜の群れを作り、国を横断しながら最も高い値段で売れる都市の大手食肉処理業者を見つけて売るようになった。企業精神の旺盛な商人は、急成長するヨーロッパ市場向けに砂糖やコーヒーや紅茶の巨大なプランテーションを熱帯地方に作った。

食料は必需品から商品へと変わり、生産は生きるためというより、利益競争によって突き動かされるようになっていった。農業が土地と深く関わっているのは事実だが、同時に景気の循環が自然の循環と同じぐらいの重要性を持つようになった。

このような、食料生産のさらなる近代的様式への移行は容易でも自然発生的でもなかった。商業化の進んだ食料事業は大規模化しただけでなく複雑さも増し、種、飼料、労働力、そして新しい技術などの投資を注意深く管理する必要が生まれたために、新しい経営技術が必要になった。また多額の資金援助に頼っていた砂糖農園には、熱帯地方の広大な土地や大型の工業機器、熟練した職人に加えて、何百人もの奴隷が必要だった。そのため、生産者は投資家の支援が必要となる一方、見返りを期待する投資家から生産性の向上、つまりより少ないコストでより生産量を増やすよう、強く求められるようになった。その結果、農場主と商人は市況を分析する精巧なシステムを開発した。彼らはコストを広く分散させるために新しい技術を利用したり事業規模を拡大したりして、先を争って生産量の増加やコスト削減に取り組んだ。

その見返りは大きかった。西暦一三〇〇年から一六〇〇年の間に穀物の収量は約二倍に増えた。さらに重要なのは、増えた穀物を家畜の餌に充てられるようになったことで肉の生産量が増え、食肉革命の前触れを予感させるかのように、肉の消費量が急増した。十六世紀には平均的なドイツ人が一日に食べる肉の量は〇・五ポンド（約〇・二三キロ／現代のアメリカ人とほぼ同じ量！）となり、ヨーロッパ全域で農民ですら一日に一度は肉を食べる生活を送るようになっていた。

しかしこの繁栄は一時的なものでしかなかった。当時、この豊かさが資本主義や技術から生じたものでも、神の恵みによるものでもなく、人口学的な偶然によるものだという認識を持つことができたヨーロッパ人はほとんどいなかった。栄養失調や戦争、病気（特に一三四七年の黒死病はヨーロッパ人の三人に一人の命を奪った）が何世紀も続いたため、これまで人口が食経済の生産能力を超えることはなかった。しかし一六〇〇年代に入り、その経済があまりに大量の余剰カロリーを産出するようになったため、人口は再び増え始めた。一五〇〇年から一七五〇年の間に世界人口はおよそ五億人から八億人まで急増したが、その間、農地面積はほとんど増えていないのだった。

農業の生産能力をパンクさせたのは、単に人口の問題だけではなかった。実は肉の再発見もその一因だった。家畜の飼育は食料を作る方法としては非効率なのだ。たとえば、牛の場合、重量を一ポンド（約〇・四五キロ）増やすには七ポンド（約三・一八キロ）の飼料を与えなくてはならないし、豚や鶏も似たようなものだった。つまり、肉の消費が増えるにつれ、穀物やわら、牧草などの飼料需要がそれ以上のペースで増えていった。それでも、ヨーロッパの人口密度が低く、使用されていない土地がたくさんあるうちはまだ耐えられたが、いったん人口が急増し、未使用の土地がすべて農地に変わると、食システムは強い圧力を受け始めた。一六〇〇年にはすでにイタリア、フランスそしてオランダの人口密度が、各国の農地で養える限度を越えてしまい、中国やインドもすぐその後を追った。

歴史学者のフェルナンド・ブローデル（Fernand Braudel）が言うところの「人口学的緊張」の結果は悲惨だった。[2] 一六〇〇年から一八〇〇年の間、フランスは二十六回の大飢饉に見舞われ、小規模な飢饉や地方での食料不足に及んでは数え切れぬほどだった。フィレンツェでは四年に一度、不作の年が巡ってきた。一六九六年、フィンランドの総人口の約三分の一が餓死し、スカンジナビア半島のほかの地域では、飼い葉不足で歩けないほど弱った家畜を、農民が抱きかかえて運ばなければならないほどだった。アジアも似たような状況にあった。中国とインドでは一五五五年と一五九六年の飢饉で数百万人が死亡し、全滅した地域すらあった。飢えた人々の群れが、食べ物を求めてヨーロッパとアジアを横断した。飢えた人々はナッツ、根、草、葉、そして時には人間をも食べた。彼らは食べられる物なら何でもよかったのだ。こうした状況を受けて、各地では厳しい「貧民救済法」が制定されるようになっていった。

フランスの歴史学者ガストン・ループネル（Gaston Roupnel）はこう記している。「十六世紀まで、物乞いや浮浪者は追い払われる前に食べ物や世話の施しを受けたものだった。しかし、十七世紀初めになると、物乞いは頭を刈り込まれたりムチで打たれるようになった。そして、十七世紀の終わりには、彼らは囚人扱いされるまでになった」

飢饉に見舞われずに済んだ年でも、大半の人々は栄養不足に苦しむ生活を送った。体の発育不全は至る所で起きていた。当時の家屋の狭い戸口や低い天井、小さな甲冑などがどれも子供向けに作られたように見えるのはこの発育不良のためだ。

しかし栄養失調の本当の代償は、少なくとも最初のうちは、もっと目に見えにくい所にあった。体の構造そのものが形成途中にある胎児や新生児において、栄養失調は極めて残酷な被害を引き起こす。それは脳の発達や神経形成を阻害し、学習障害や精神分裂症の発生率を引き上げるほか、ホルモン生成を混乱させ、消化器、心臓、肺など生命維持に必要な器官の発達に干渉し、それらの器官の働きを弱らせ、彼らが成長した後も様々な異常を引き起こす。その中には、幼少期以降に十分な栄養を取れば回復できるものもあるが、今もそうであるように、幼児期の栄養失調はほぼ例外なく成人になった後まで影響を及ぼし、様々な二次的そして恒久的な苦痛を引き起こす。それは呼吸機能の低下、消化器官の不全、感染症リスクの増加、関節炎など関節の病気、不整脈や心臓発作などだ。シカゴ大学の経済学者で古代栄養学を専門とするロバート・フォーゲル（Robert Fogel）は、栄養失調の人間は「消耗がより早く、どの年齢においてもより能率が低い」と表現している。端的に言えば、何世紀もの間、飢えは人類の精神的、社会的な生産能力を低下させたのだった。

一七九八年、『人口論（An Essay on the Principle of Population）』と題する論文の中で、イギリス教会牧師から経済学者に転身したトーマス・マルサス（Thomas Malthus）はこれらの傾向を集めて一つの悲観的な予想を打ち立てた。それは、人類が破滅する運命にある、というものだった。人間は食料生産を増やす方法を見つけることにかけては驚くほど賢く、食料が不足すればするほど賢くなっていったが、マルサスはこの世から飢えがなくなることはないと考えた。なぜならば、食料供給が増えるとその分人口が増え、増えた人口は常に食料供給量を上回るため、人類を飢餓と争いに陥れ、貧困が再び次の生産性増加を誘発し、それがまた人口急増を引き起こすからだった。

ある意味でマルサスは、最初の農業革命以来、人間が繰り返してきた発見と再発見に形式的な説明をつけただけともいえるが、そこには従来の考え方とは決定的な違いが一つあった。それは先人たちが豊作と不作の循環を人類存続の永続的な状態と考えたのに対し、マルサスはこの循環が近いうちに終結すると考えていたことだった。なぜなら作物の収穫は直線的に（つまり毎年同じ割合で）しか増えないのに対し、人口増加は幾何学級数的に（たとえば、数百年ごとに倍増して）増えるため、そのうち人口増加が自分たち自身の食料を調達する能力を追い越すことが避けられないからである。そしてその時人口学的な均衡は崩れ、それを復活させる手立ては天変地異のような大飢饉しかなくなる。マルサスはこう書いている。「人口の力は、地球が人間のために食料をもたらす力に対してあまりに優勢であるため、何らかの形で人類には早死の機会の訪れがなくてはならない」。彼自身の計算ではその〝訪れ〟は十九世紀半ばだった。

マルサスの恐ろしい予言の後の数十年間、人類はその予測が誤りであることを証明することに努めた。各国政府は穀物輸出を禁じ、農家に対しては、探検家が新世界から持ち帰ったトウモロコシやジャガイモなど生産性の高い新しい作物を植えるよう奨励したり、時にはそれを強制した。さらに劇的な変化は、森や沼地やなどの「未開の土地」が開拓され、新たな農地が作られたことだった。イタリアの貴族は大枚をはたいて、自分たちが所有する沼や川を埋め立てた。一八五〇年にはイギリスに中世の頃、存在していた森の半分が切り倒されて農地に変えられた。農地の拡大が限界に近づくにつれ、食料価格は上昇し（一七五〇年から一八〇〇年までの間にヨーロッパの小麦の販売価格は約三倍になった）、生産者は生産性を高めるために、新しい技術など収穫量の増加に役立ちそうなものなら何でも利用して、一層の努力を行った。

その甲斐あって、一六〇〇年から一八六〇年の間にイギリスの小麦の収穫量は三倍となった。しかし、それだけ見事な成果も、まだ不十分だった。マルサスの予言どおり、農民が何とか余分なカロリーを生み出しても、それは幼い子供たちや病人、高齢者など本来なら飢え死にしていたであろう者たちを生き長らえさせた。結果としてヨーロッパとアジアでは食べさせなくてはならない人間の数が増え、すべての人に行き渡るだけの食料は残っていなかった。

一八〇〇年代半ば、ドイツ人一人当たりの肉の消費量は一日二オンス（約五十六グラム）にまで下がり、イギリスの労働者階級は食料のほぼすべてをでん粉に頼っていた。多くの家庭では一日のカロリーの五分の一はジャムか紅茶の白砂糖が占め、多くの労働者階級の家庭では収入の約半分がパン代に消えていった。十九世紀には平均的なイギリス人男性の背丈は五フィート五インチ（約百六十五センチ）、体重はわずか百三十四ポンド（約六十一キロ）、フランスにおいては平均的な男性の身長は五フィート三インチ（約百六十センチ）、体重は百十ポンド（約五十キロ）だった。

平均寿命も恐ろしく短かった。大英帝国の最盛期だった一八八〇年、平均的なイギリス人男性の寿命は四十年だったのに対し、貧困労働者層のそれは二十年だった。これは旧石器時代と同程度だ。比較的に食料に恵まれた十九世紀のアメリカでも、人々は現代よりもはるかに病弱で、心臓病を患う確率は約三倍、胃腸に異常が生じる確率は約五倍だった。

前出のシカゴ大学フォーゲルは、この時代の人口の五分の一が栄養不足に苦しんでいて、かろうじて飢餓から逃れられる程度のカロリーは取れていたが、仕事はできず、「数時間歩き回るだけのエネルギーさえなかった」と推測する。

しかし、栄養不足の兆候がこれだけ広まっていても、ヨーロッパ政界のエリートたちはそれを認めようとしなかった。特権階級は一般大衆の食や栄養面の現実をほとんど知らず、また彼ら自身は十分栄養を取り平均的な市民よりも体が大きく健康だったため、栄養不足からくる極度の疲労を、貧困層の道徳的な脆弱さのせいにし続けた。しかし、一九〇一年にはその特権階級も現実と向き合うことを余儀なくされた。イギリスが第二次ボーア戦争に備える中で、陸軍新兵の三分の一があまりに弱くて基礎訓練に耐えられない上に、陸軍の最低身長である五フィート（約百五十二センチ）という条件さえ満たせないことが判明したからだ。

一万二千年にも及ぶ文明と進化の歴史を経て人類が行き着いた先は、発育不良の肉体と短い寿命、そして飢饉による大規模な人口の減少だった。

人口増加と食のグローバリズム

その後、何が私たちの運命を変えたのだろうか。マルサスの示した限界を乗り越え、有り余る豊かさの時代の到来をもたらした原因は何だったのか。それは一言で言えば、グローバリズムということになるだろう。ハルマゲドンの回避を可能にしたのは、鉄道や航路、そして新しい保存技術の上に成り立つ国際的な食料流通システムの出現であり、それが自由貿易というイデオロギーに駆り立てられ、ヨーロッパという飢えの中心地と、遠く離れたオーストラリア、アルゼンチン、アメリカのような土地が有り余っていて人口が少なく、何よりもまだ食料生産システムの転換途上にあった供給者を確実につなぎ始めたことにある。

中でもアメリカは、豊かさに満ちあふれた国だった。広大な土地は非常に肥沃だった。中西部の表土は厚く、数千年にわたる植物の腐敗により、窒素を始めとする栄養素にも富んでいた。比較的穏やかな気候と頻繁な降雨に恵まれた広大な土地は、穀物栽培に理想的な条件を兼ね備えていた。加えて、急速な経済開発と西部への拡大を推し進めたい（そして南部の奴隷制プランテーション・システムの痕跡を消し去りたい）連邦政府は、広い土地をわずかな金額で、時には無償で農民に与えた。ヨーロッパでは狭い土地を輪作や肥やしで丹念に回復させていたが、アメリカではあまりに土地が広いため、ある畑の土壌が疲弊すると、別の畑を耕したほうが手っ取り早かった。

さらにアメリカの農場はヨーロッパの農場よりも広く、また農場労働力が不足していたため、アメリカ人はヨーロッパ人よりも、機械式脱穀機やそのほかの労力を節約できる技術をいち早く取り入れた。その結果、アメリカの農民は急激に生産性を向上させた。一八三七年には一エーカー（約四千平方メートル）分の小麦を生産するのに必要な労働時間は百四十八時間だったが、一八九〇年には三十七時間まで短縮した。ローテクの革新も革命的な影響をもたらした。有刺鉄線は広大な草原を広大な牧場に変え、一八八四年にはアメリカの畜牛が四千万頭を越えるまでになった。これはアメリカ人三人に対して牛二頭の割合である。

急速な機械化と次々に進む農地拡大によって、アメリカの食料生産は需要を上回り始め、アメリカの食習慣と食文化に劇的な変化をもたらした。食料価格が下がるにつれ、食べ物がたくさん並べられた食卓がアメリカの象徴となった。主婦とホテルのレストランは、食事のたびに出せるお皿の数を競い合った。食物史学者ローレル・ダイソン（Lowell Dyson）によると、当時のアメリカ人の典型的な朝食は「ビーフステーキ、ローストポークに、山盛りのカキ、魚のグリル、フライドポテト、それにスクランブルエッグと、ビスケットにパンを添え、何杯ものコーヒーでこれらを流し込む」というものだった。このような有り余る豊かさにヨーロッパ人は困惑した。「アメリカでは毎日、毎食、どう考えても食べ切れない量のさらに二倍、三倍を注文している」と、あるヨーロッパ人旅行者はアメリカの宿で食事をした時に感じた驚きを綴っている。

実際、アメリカ国民が国内の農場で生産される食物をすべて食べ尽くすことは不可能だった。一八五〇年以降、アメリカの農場主と牧場主は余剰分の出荷先として、国外の顧客に目を向けざるを得なくなった。もちろん、飢えに苦しむヨーロッパ人たちはこれを歓迎した。十九世紀の終わりには、アメリカからヨーロッパへの食料の流れは大きなうねりにまで成長した。穀物はもちろんのこと、肉の輸出量も次第に増えていった。アメリカは膨大な牛と羊の群れを所有していただけでなく、缶詰などの保存技術、特に冷蔵技術が進歩を遂げ、余剰肉を安く、比較的安全に、世界中に出荷できるようになっていた。こうしたアメリカからの船積みに南米とオーストラリアからの余剰分も加わり、ヨーロッパが飢餓に陥る危険性はひとまず軽減された。

そして、今度は逆に、発展著しいヨーロッパという産業の中心地が、肉と穀物を世界中の生産者から取り寄せられるようになったため、ヨーロッパの需要拡大が地球上のあらゆる場所での食料生産を促進するようになった。食物は今や紛れもなくグローバルな商品だった。航路の安全確保と公正な取引の仲裁など、まだ政府の出番は多少残されていたが、食料貿易そのものは、もはや軍事力よりも価格によって左右される、ほぼ完全に営利目的のものとなっていた。

食料貿易はあまりに巨大化し（一九〇〇年にイギリスでは摂取カロリーのほぼ半分を輸入していた）、食に対する私たちの政治的認識も変化していった。何世紀もの間、世界の国々は自分たちの食料はできる限り自分たちで生産するものであり、必要なときのみ、やむを得ず輸入するものだと考えていた。しかし人口が膨れ上がり、多くの場合、同じ大陸上で需要と供給の釣り合いがとれなくなると、食料自給という観念は時代遅れで不合理なものであり、さらに言えば、当時芽生え始めていた国際主義と世界友愛の概念に反するものとさえ思われ始めていた。ある新聞の論説委員は、ロンドンやアントワープに陸揚げされる食料を積んだ多様な荷物を見てこう記している。「遠い国々への興味が深く織り合わされ、溶け込んでいく。それは共通の目的と素晴らしく複雑な相互依存を伴って、ますます人類を一つの巨大な共同体へと導く」。いささか地味な表現ながら、この思いは二十世紀から二十一世紀にかけて、たびたびよみがえることになる。

しかし、食料不足を完全に押さえ込むには、まだ最後のステップが残っていた。ヨーロッパに出荷される莫大な量の余剰作物は、農業の生産性が向上した結果ではなく、単に生産量を増やしたおかげだった。南米、北米、オーストラリアで次々と食物を安定的に大量生産できたのは、広い土地に次々と穀物を安定的に植えることができたからにほかならない。生産性という意味では、一エーカー当たりの収穫量は南北戦争以降ほとんど増えていなかった。肥沃なアメリカの土地でさえ、一エーカーから産出できる総量は物理的な限界に達していた。

人類が真にマルサスを打ち負かすためには、土地の広さに縛られることなく、人口増加に負けない速さで生産量を伸ばせるような、新しい方法でこの限界を超えなくてはならない。そのためには、農業はさらに集約化を進めなくてはならなかった。そしてそれを実現するためには、新型の鋤や国際貿易の発展だけではなく、議会の介入や法律の整備、そして化学の分野における躍進などという、これまでとは異なる新たな挑戦が必要となっていた。

化学肥料の登場

一八〇〇年代後半、アメリカの農産物の収穫量が横ばいとなったことで、アメリカの首都ワシントンはパニックに陥っていた。安価で豊富な食料供給の見通しが立たなければ、国内の新しい工場も、町の発展も、中流階級の上昇気運も維持することができなくなるのではないかと、多くの政治家は恐れた。と同時に彼らは、民間の食料部門が単独で国の経済目標を達成することが難しいことにも気付いていた。それを実現するためには、法律を整備し新たな政府機関を創設した上で、食料消費量の管理などを通じて、政府がこれまで以上に大規模に介入することが必要になっていた。

このような新しい形の食経済を実現するために、十九世紀終わりから二十世紀初めにかけて、連邦議会はアメリカの食料生産を支える巨大なシステムを作り上げた。それが米農務省である。その使命には、妥当な価格での食料供給や、凶作や相場の暴落から農場主を守りながら生産量を最大限に引き上げるための公的資金の投入、農家への農業計画の提供、砂漠地帯や半砂漠地帯での農業を可能にするためのダム建設、灌がい用水路およびそのほかの干拓事業、中西部のコーンベルト（訳者注：トウモロコシ栽培が盛んなイリノイ州、アイオワ州などアメリカ中西部の温帯草原地帯）、カリフォルニアの〝サラダボウル（訳者注：多種多様な民族がそれぞれの居住区を中心に生活を営み、共立共存の状態を保っている様子）〟、そして西部の大牧場やシカゴの家畜飼育場などの新しい生産拠点から大きな都市部や輸出施設まで、大量の収穫物を輸送する壮大な鉄道網の整備などが含まれていた。近代食経済の整備には政府の存在があまりにも大きかったため、後年、ハーバード大学の経済学者レイ・ゴールドバーグ（Ray Goldberg）はこの食システムを「世界最大の公共事業」と表現している。

だが、こうしたインフラ整備はアメリカ農業革命のほんの始まりにすぎなかった。その時アメリカ政府が求めていたものは、食そのものの作り方を根本的に変える食料生産システムの革命だった。連邦政府や州政府下にある研究所や政府から研究補助を受けた大学では、研究者たちが急速に発達する科学的な知識を使って、より早く、より大きく成長する植物の新種や動物の交配種開発に取り組んでいた。一九二〇年代、一九三〇年代に科学者たちは、穂が大きく数も多いだけでなく、密集して育つトウモロコシの交雑種の開発に成功した。これは単収（一エーカー当たりの収穫量）の増加に多いに貢献した。その結果、一九三〇年から一九四〇年の間にトウモロコシの単収は倍増し、その後も年々増え続けた。

しかし、作物の交配技術と並んで、もう一つより重要ともいえる進歩があった。化学肥料の発明である。土壌の肥沃力の回復のためには、もはや有機肥料と転作という伝統的な方法では、成長の早い新種の作物が栄養素を吸い取る速さに栄養素の補給が追い付かなくなっていた。たとえば、新種のトウモロコシが五カ月の成育期間中に一エーカーの土壌から吸い取る窒素およびそのほかの栄養素は、〇・五トンにも及ぶ。外部からの養分補給がなければ、土壌は完全に疲弊し、その生産能力だけでなく物質としての安定性まで失われてしまう。結果として、土はぼろぼろと崩れやすくなり、風や雨による侵食に極めて弱くなる。これが、〝ダストボウル（訳者注：一九三一年から一九三九年にかけてロッキー山脈東麓からミシシッピ川にかけて広がる北米大陸中西部の大平原、グレートプレーンズ広域で断続的に発生した砂嵐）〟と呼ばれる大災害を引き起こす原因だった。そしてその解決策として登場したのが、二人の開発者の名を冠したハーバー・ボッシュ法と呼ばれるものだった。これは、大気中にほぼ限りなく存在する窒素を固定し、アンモニアという扱いやすい形に合成した上で、それを農場でただ土に混ぜるだけの新しい手法だった。

カナダのマニトバ大学の環境経済学者で、栄養経済学を専門とするバクラフ・スミル（Vaclav Smil）教授は、ハーバー・ボッシュ法は二十世紀の最も重要な発明であり、その登場が食料生産の転換点になったと説く。昔から窒素供給量は、植物が生成できる量に限られていた。農場では窒素を土壌に直接補給できる被覆作物を栽培するか、あるいは作物を餌として家畜に与えることで、窒素を糞尿に凝縮させてきた。しかし、いずれの場合も窒素供給量は、農場主がどれだけの土地を転作用作物や飼料作物に割り当てられるかにかかっていた。一九〇〇年までは、農場の総面積の半分くらいが飼料作物や被覆作物の栽培に充てられ、換金作物は残り半分の土地でしか栽培できなかった。これは非常に大きな制約だった。しかし、ハーバー・ボッシュ法を使えば、もうこのような自然の制約を受けずに済むと思われた。大気中の窒素は事実上無限に存在するため、生成できる窒素量にも限りがなかった。無論これはアンモニア精製所を稼動するエネルギーさえあればの話だが、石油産業の急成長のおかげで、エネルギー確保にも問題はなかった。以前よりも早く成長する植物が吸収した窒素はいくらでもまた補充できた。

このように、実際に穀物生産の爆発的増加を可能にしたのは化学肥料だった。スミルの推定によると、一九五〇年以降に生産された食物の約半分は、合成窒素の供給がもたらしたものだった。

アグリカルチャーからアグリビジネスへ

農業用原材料に革命をもたらした科学は、ほどなくその影響を生産にも及ぼすようになった。育種家はサイズや成長速度だけでなく、均一性も含めて植物の設計を行うようになった。作物を機械を使って収穫したり、加工し易くするためである。たとえば、旧式のトウモロコシ畑では、トウモロコシが成熟する時期にばらつきがあり、柄のどのあたりに穂が付くかもばらばらだったため、多くの人手を使って手作業で収穫せざるを得なかった。一方、新しく開発されたトウモロコシは、すべての穂が同時期に熟し、また穂が機械での収穫が可能な高い位置に付くため、畑にはほぼ同じトウモロコシが均等に並ぶようになった。こうした改良により、農家はより多くのトウモロコシを、より低いコストで生産できるようになった。

ほどなく均一性は植物育種と農業の産業化における基本理念となった。トマトは不規則に生え広がる茂みの中でゆっくりと熟す柔らかい果実から、密集した低木に同じような大きさと形、そして機械による収穫と長期保存に耐えられるだけの硬さを持つ果実へと変えられた。キュウリは収穫と酢漬け処理を容易にするために、真っ直ぐなものに育種された。当時のある農業雑誌が、称賛を込めて以下のような文章を載せている。「機械収穫に合わせて植物を育種するほうが、不ぞろいな植物に合わせて収穫機を設計するよりも安く済むのだから、やがてすべての商業用農産物は〝収穫機に合わせた位置に収穫部分が配置される〟ように人工的に作り変えられるであろう」と。その雑誌はまた、「作物を収穫するために機械を作るのではない。実際は、機械で収穫できるような形に作物を設計するのだ」とも記していた。

しかし個々の作物の効率を向上させるだけでは、まだ不十分だった。すでにその頃には、農場経営全体で近代化への機が熟していた。科学者が自然界を分子や細胞などの構成要素に分解することによって自然科学に大変革をもたらしたように、農業経済学者は従来の農業システムをその構成要素に分解し、それぞれの要素をよく調べ、より集約的生産とより効率的経営に変える合理化方法を考えたのだ。かつて農場では、多様な要素がすべて一カ所で営まれ、食用作物および家畜用飼料作物が数多く生産され、家畜は労働のほか、肉や肥料として利用されたものだが、現代の農場主は作物や家畜を一種に限定し、飼料などを他所から購入するよう推奨された。資源と専門知識を一つの農産物に集約することで、農場主は生産量を増やすと同時にコストを抑えることができる。複数ある作物や家畜の一つひとつに必要な道具を買いそろえるのではなく、同じものを生産することで、一連の技術にかかったコストを、より多くの生産量に分散して回収することができるようにしようというわけだ。

言うまでもなく、合理化の進んだ農業は他業界への依存度がとても高い。たとえば、合成窒素は何千キロも離れた巨大な石油化学工場で石油から生成された。同様に、これらの新しい効率的農場経営では、農家はもはや自分たちの生産物を自ら加工することはなかった。家畜の食肉処理や穀物の製粉、果物や野菜の加工などはいずれもほかの場所で行われた。第二次世界大戦の終わり頃には、農産物のバイヤーと加工業者の間に広大なネットワークが構築され、食品業界向けに穀物や家畜そのほかの農作物を肥料や飼料に変える仕組みが出来上がっていた。

このような農場機能のアウトソーシング化によって、食システム全体の効率は飛躍的に向上した。この頃登場し始めた専門家たちは、たとえば、トウモロコシの製粉や化学肥料の合成といった一つの業務に集中できたため、伝統的な農場主よりもはるかに効率良く仕事をこなすことができたし、技術の向上にも熱心に取り組むことができたため、結果として農場の収穫量はますます増えていった。

石油化学産業が窒素の大量生産方法を確立すると、窒素の供給価格は急落したため、農場での使用量はますます増えていった。一九五〇年から一九八〇年の間に、農場での窒素使用量は十七倍まで跳ね上がっていた。ここで重要なのは、農業における「投入」とそれがもたらす「産出」の二つの機能の区分けがはっきりと生じてきたことであり、これによって農業における新たな投資の可能性が生まれたことである。農業そのものへの投資はリスクが高いが、ウォール街はそのような農場主に化学肥料やそのほかの「投入」を売る成長産業や、農場主から農作物を買う大きな穀物会社や食品加工業者に投資する機会を待ち望んでいた。

その間に伝統的な農場はほぼ姿を消した。農場では業務は分断され、それは資本家、育種や種苗会社、肥料や飼料などの投入企業に始まり、穀物商社や食品加工業者で完結する大規模なサプライチェーンのシステム中に組み込まれた。これは、いったん原材料が投入されれば、後は自動的に作物が出てくる巨大なブラックボックスのようなものだった。そしてそのシステムの中に組み込まれた個々の専門家たちは、一昔前の農場主とは、自動車と馬車ほどの違いのあるものとなった。このあまりに見事なまでの転換に、一九五七年、前出のハーバード大学のゴールドバーグと彼の同僚ジョン・デイビス（John Davis）は、農業を意味する「アグリカルチャー」という言葉を、もっと現実と合致した「アグリビジネス」に変えることを提案した。

食料生産の近代化が変える社会

呼び方はどうであれ、二十世紀末期までにその完全な姿を現わした、統一化、合理化、集約化を遂げた新しい食システムは、驚くほどの力を発揮した。産業化が進むヨーロッパでは、農民が百年ごとに収穫量を倍増させたことを誇りとしていたが、アメリカでは今や、その半分の期間で収穫量が四倍に増えていた。一九八〇年代半ばにはアメリカは世界のトウモロコシの四十パーセントを生産し、その四分の一はアイオワ州一州が産出していた。しかも、重要なことは、そのすべてを少ない人手で実現していたことだった。一八八五年、アメリカの総人口の約半数以上が農業に携わっていたが、一九八五年、その割合は三パーセント未満まで下がっていた。

だが科学的な交配技術がもたらした真価は、肉の生産において発揮された。牛や豚、鶏は、穀物を餌とすることで成長が早まっただけでなく、自分たちで餌を探し回る放牧生活をさせていた頃よりも、はるかに効率的に管理できるようになった。伝統的な畜産業では、動物が十分なカロリーを摂取できるように、餌を探し回れるだけの時間と空間を与えなければならなかったが、穀物で飼養する畜産業では、囲いの中や家畜小屋や納屋などの集中家畜飼養施設（ＣＡＦＯ＝Concentrated Animal Feeding Operation）と呼ばれる施設の中で飼育できるため、より厳しい生産管理が可能になった。そして食肉生産業の生産段階が合理化されると、飼料工場から飼料肥育、さらに食肉解体工場までの一連のプロセスが一つの企業の管理下で、一つの効率的なサプライチェーンに統合された。

工場式畜産場にもそれなりの問題はあった。まず、家畜の餌をでん粉質の多い穀物に変えたことで、栄養上の問題が生じた。たとえば、タンパク質に飢えた鶏が十分なタンパク質を得るために互いの羽を食べたり、時として共食いまでしたりするようなひどいことが起きていた。そこで農場主は、高タンパク質の大豆やアミノ酸とともに、食肉解体工場から出る骨粉、血液、内臓といったタンパク質を豊富に含む廃棄物を、穀物に補充して家畜に与えるようになった。

また、集中家畜飼養施設での密集状態は、病気が容易に集団発生しやすい環境でもあった。事業主はその問題に対処するために、家畜に抗生物質を与えるようになった。本章の冒頭で魚の巨大化事件を解明したトーマス・ジュークスが示したとおり、それは成長促進作用も伴った。一つひとつの障害が新たな科学的解決策によって取り除かれていくたびに、農場ではさらに低コスト、省スペースでより多くの食肉を生産できるようになっていった。

現在、家畜生産性の標準指標は「ポンド／平方フィート」、つまり面積当たりの食肉生産量で表されるようになっている。つまり、どれだけ少ないスペースでどれだけ多くの肉を生産したかが問われているわけだ。生産が増えて価格が下がると、消費は急増した。一九四五年、平均的なアメリカ人が一年間に食べる肉の量は約百二十五ポンド（約五十七キロ）だったが、一九八〇年、一人当たりの消費量は約六十パーセント増の百九十五ポンド（約八十八キロ）になっていた。

この新しい低コスト大量生産モデルの影響は、さざ波のように社会全体に広がった。タンパク質の摂取量が増えるにつれ、人間は、ロバート・フォーゲルが呼ぶところの〝生理学的資本（physiological capital）〟、すなわち、病気に抵抗できる強い肉体や臓器を獲得していった。一九八〇年には平均的な西洋人男性の寿命は六十八歳前後、身長は五フィート十インチ（約百七十八センチ）になった。これは南北戦争からわずかの間に三インチ（約七・六センチ）も伸びている。平均的な女性の身長も六十三・五インチ（約百六十一センチ）から六十五インチ（約百六十五センチ）に伸びた。平均的なイギリス人男性の身長も約五フィート九インチ（約百七十五センチ）になった。

そして、私たちはずっと豊かになった。必要な労働が減るにつれ、農民はより賃金の高い工場の仕事を求めて都市へ移り住むようになり、食費は年々下がっていった。一九〇〇年、平均的なアメリカの家族は世帯収入の約半分を食費に充てていたが、一九八〇年にはその割合が十五パーセント未満まで下がった。食費が下がるということは、ほかのことに使えるお金が増えるということだ。その結果、大きな家、高級車、教育、医療などがアメリカン・ドリームには欠かせないものとなった。

これは食料生産の近代化が人類史上最大の富の転換の一つであったことを意味している。そして、その恩恵を受けたのは産業化の進んだ西洋諸国だけではなかった。一九五〇年から一九九〇年代後半に世界のトウモロコシや小麦などの穀類（こくるい）の生産量が三倍以上に増えたおかげで、世界人口は二十五億人から六十億人へと二倍以上に膨れ上がっているが、にもかかわらず、一人ひとりに行き渡る食物の量は一日二千四百キロカロリー未満から、二千七百キロカロリー以上に増えている。

こうした豊かな状況の中で、二十世紀の終わり頃には、欧米の先進工業諸国で農業や食料生産に対して、独善的な姿勢が見え始めたのも無理はない。食の需要に限界など存在しないというのが、当時の農学者や農業経済学者の支配的な意見となっていた。

新しいアグリビジネスモデルの下、農業は極めて合理的な事業へと発展した。種子、肥料、除草剤、機械、燃料、研究などへの資本投入がどれだけ大規模なものになろうとも、予測どおりの産出と利益がもたらされた。新しい食経済の下では、人類の運命はもはや長年人類を苦しめた豊作・不作の恐怖に振り回されることなく、「農業を含むすべての自然資源が近代科学の合理的な管理下に導かれ、産業経済としての国民国家の強力な展望に突き動かされる」と経済学者ジョン・パーキンズ（John Perkins）は語っている。

そして誰もが認めるこのシステムのリーダーは、人口が世界人口のわずか五パーセントでありながら、世界の食肉の六分の一、大豆とトウモロコシの約半分を産出し、世界の穀物と食物の市場を支配下におき、一九八〇年代までに、ある外国人外交官の言葉を借りると、「エネルギー界のＯＰＥＣ（Organization of the Petroleum Exporting Countries ＝石油輸出国機構）と同じような立場」を確立した国、アメリカ合衆国だった。

勝利の代償

効率の良さとよく管理された繁栄を享受しながらも、現代の食経済は矛盾に満ちていた。世界の大半で生産量は増加し続けたが、アフリカなどの地域では人口増加のペースに旧式の農業ではとても追い付かず、またアメリカにも貧困地域が残っていた。食料生産に必要な仕事量は減っていたが、労力節約のための機械化と多量の科学薬品類の使用のために、農業を含む食料生産に関わる職業は世界でも最も危険な仕事の一つに挙げられるようになっていた。世界貿易は豊かな食料輸入国の食料安全保障には役立っていたが、より安い商品のあくなき追求はブラジルやパナマ、インド、マレーシアなどの国々を、コーヒーや茶、砂糖、バナナの広大なプランテーションに変えていった。それらの商品はいずれも、ヨーロッパや日本、アメリカの中流階級に向けられたものだった。

しかし、このシステムが制御不能な状態に陥っているとの認識も次第に広がり始めていた。そしてその中には農産物の生産者も含まれていた。トレッドミル現象（踏み車現象）と呼ばれる悪循環もより顕著になっていた。これは単位面積当たりの収穫量が増えれば増えるほど、市場に出る穀物量も増え、結果として穀物価格が下がってしまう現象のことだ。消費者にはありがたいことだが、農場主や生産者にとっては、悲惨な結末を予感させるものだった。本来は、価格の下落は生産量を減らせという警告である。産出を制限すれば供給が減り、価格は上昇する。しかし、農業はいつの時代もそういうわけにはいかなかった。農業においては最大かつ最も高コストの投資対象が常に土地であるため、生産の融通がほとんど利かないのだ。工場主であれば価格の下落に際し、たとえば、最大のコストを占める労働力の半分を解雇することもできるかもしれないが、農場主は土地を解雇することはできない。農場主は借金や地代の支払いのために、ひたすらその土地で生産を続けるしかないのだ。

土地は農場主の自由になりにくい固定費だ。農産物の価格が下落すると、固定費を抱える農家は単位面積当たりの生産量を増やすことで穴埋めしようとする。そのためには通常、新しい種子か優れた化学肥料や大型トラクター、あるいは何かしらかほかの新技術を購入することになる。そうして生産量が増加すれば短期的には彼らは収入を維持することができるが、同時に彼らは、それらの新技術にかかったコストを回収するためにさらに多くの生産をしなければならなくなり、すでに供給過多の市場ではさらなる価格の下落を招く。こうした悪循環の中で、農場主たちはただ破綻を免れるために、毎年収穫量を増やし続けなければならないことになる。

いつしか、このトレッドミル現象はきしみ始めた。商品価格が下がり続けると、新技術の購入コストや資本を分散させ続けるだけの規模を持たない小・中規模の農場は押し出され、そこに、価格面でのマイナスを量と効率で穴埋めする巨大な工業的農業が参入してきた。一九八〇年代半ばになると、アメリカの農場システムは統合が進むあまり、国の総農作物生産量の三分の二が、全体の三分の一の農場で生産されるようになっていた。

評論家たちはこれを「農場危機」と呼んだが、一昔前に価格主導の統合を引き起こした時と同じ力が、食経済全体を動かし始めていた。サプライチェーンの至る所で、小規模で効率の低い生産者が押し出されたり丸ごとのみ込まれたりする中で、食経済は利益を保てるだけの規模を持つ巨大企業の手に委ねられていった。一九八〇年代までに、一握りの石油化学会社と医薬品会社が種子、肥料、除草剤の各産業の大部分を支配し、わずか数社の食肉加工業者が食肉業の半分以上を牛耳るようになっていた。

同様に、アメリカの穀物市場ではカーギル、コンチネンタル（後に合併）、アーチャー・ダニエル・ミッドランドの三社による支配が進んでいた。買い手がこの三社しかないため、穀物の販売先はこの三社に限られ、農場主は買い手が示した低い料金設定を受け入れる以外に選択肢がなかった。これらすべてが、トレッドミル現象に拍車を掛けていた。

農家は市場が支払わんとする価格を受け入れるしかない立場に置かれ、大手バイヤーが価格決定者としての力を次第に強めていった。食経済が再び異常な方向へ向かい始めた。農業は経済学者が呼ぶところの「完全競争」状態となり、隣人同士が互いに相手より一セントでも安く売ろうと競争しなければならない状態に置かれる一方で、市場は「完全独占」状態に向かって進んでいた。均一化と専門化が初期の近代食経済の特徴だったが、そこに残されたものは、統合と不公平だった。

そしてほかにも、計測し難い形ではあったが、大量・低コストモデルの影響が表れているところがあった。社会が物質的、経済的な健全性を取り戻すのに大いに貢献してきた安価な食品の洪水が、マイナス作用として表れてきたのだった。政府はうまくいき過ぎた農業計画が生み出す余剰作物の対処に苦しんだ。アメリカとヨーロッパでは、農作物の生産を減らすために、議会が農場主に毎年何十億ドルも支払うようになっていた。そして農作物の価格が下落するにつれ、食品加工業者もまた自分たちの利益を維持するために、そこに「付加価値」をつける努力を惜しまず続けなくてはならなかった。

また一九八〇年代になると、かつて十分なカロリーを得るために必死だった人々の多くは、カロリーの取り過ぎを防ぐのに必死になっていた。アメリカでは、職業の肉体的な負担が減る一方で、各個人に行き渡るエネルギーの量は一九五〇年の約三千百キロカロリーから二〇〇〇年の約四千キロカロリーに膨れ上がった。そしてその余剰分の大半は、とてつもなく無駄の多い外食産業が毎日排出するゴミとして埋立地の造成などに使われたほか、その一部は私たちのだぶついたウエストに蓄積されていった。

奇妙なことに、膨大な生産量と慢性的な供給過剰が続いていたにもかかわらず、私たちの生産能力の限界を示す困った兆候が表れていた。生産に新たな躍進があるたびにマルサス学説的に人口急増に拍車がかかるため、需要はとどまる兆しが見えなかったが、大量生産の増加ペースはもはや維持が困難になりつつあった。新しいスーパー作物は雑草や害虫に弱いことが判明し、除草剤の使用量はこれまでになく増え、それが大量に河川や農耕地域の井戸へと流れ込んだ。一九七〇年代の終わりには、連邦政府は農業を最悪の水質汚染源に特定していた。また地域によっては過度の耕作による影響で、収穫量を維持するために毎年土壌に与える化学肥料を増やし続けても収穫量が減り続けるところが出てきた。この傾向は、私たちが肉食の食習慣を考え直す必要性があることを示唆していた。

食経済のほぼすべての部門で、私たちの過去の成功が、今や私たちを破綻へと導いているようだった。何世紀もかけて、人類を食料不足から救うことを可能にする食経済を築き上げた私たちを待ち受けていたものは、何十年にもわたってその勝利の代償を支払うことになる苦しい年月だった。

第２章　すべては利便性のために

　スイスのローザンヌ市民が仕事に向かういつもの朝、町の郊外にあるネスレ（Nestlé）の研究センターに周辺住民が集まってきた。そのほとんどは新しい物好きで、子供が学校から帰宅するまで暇な主婦だ。正門で受け付けを済ませ、セキュリティーチェックを受けると、そのまま「感覚ラボ」へと案内される。フル装備のテスト用キッチンと十二の感覚を伝えるためのブースを備えた、広く、明るく、埃一つない部屋だ。一つひとつのブースは小さく、それぞれに椅子とコンピュータのキーボード、そして口をゆすぐためのステンレスの洗面台が付いている。いずれも被験者の気を散らさないように配慮の行き届いた作りだ。キッチンから臭いが入り込むのを防ぐために、室内の気圧はコントロールされている。頭上にあるカラー照明を点灯すると、試食者の食体験に影響を与える食品の色をぼかすこともできるようになっている。

　あらかじめ決められた間隔で、壁のハッチが開き、そこから手袋をした手がその日の試食品の一つを置いていく。それはインスタントのソースの場合もあるし、コーヒー飲料の場合もある。すでにネスレの商品として発売されているものもあれば、売上低迷のために改良中の商品だったり、企業秘密の新製品だったりする場合もある。たとえば、温めればいつでもパリッとした食感を楽しめる冷凍ピザ生地とか、消化器官の病気の予防を目的としたバクテリア入りのプロビオティック・ヨーグルトやクリーミーな舌触りを残した低脂肪アイスクリームなどだ。

試食者はサンプルを一口食べるごとに、自分自身がどう感じたかをキーボードで入力する。そのデータは製品の香ばしさやサクサク感といった様々な感覚の度合いを詳細に表した感覚マップに表示される。マップが完成すると、ネスレの製品開発担当者は、新製品のどの要素がうまく機能し、どの要素がうまく機能していないかを、詳しく知ることができる。また、新製品の五つのうち四つは失敗するという情け容赦ない競争産業において、消費者から反射的に拒絶されることなく、どこまで味や質感を押し出せるかなどの貴重な情報を得ることができる。ネスレの消費者担当部長ピーター・リースウッド（Peter Leathwood）はこう語る。「人間はこと食べ物のことになると、昔からとても保守的にできています。かつて狩猟採集民だった頃から、何か急な味の変化を感じ取ったとき、それを何かの警告として受け取る習性が身に付いているからです」

そして、その点でネスレはめったに判断を誤らない。ネスレは年間売上七百十億ドル（五兆三千九百六十億）、世界のあらゆる地域の市場で圧倒的な存在感を放つ世界最大の食品・飲料メーカーだ。その地位は、消費者の欲求を特定し、それを薬理学で使われるような技術をもって、脱工業化時代のすべての料理を象徴するような何万種類もの製品へと変えていく中で築き上げられたものだ。同社の主要ブランドは、まさに現代の便利帳と呼んでも過言ではない。『リーン・クイジン（Lean Cuisine）』に『ホットポケッツ（Hot Pockets）』、『コーヒーメイト（Coffee-Mate）』に『ネスティー（Nestea）』『パワーバー（PowerBar）』『ハーゲンダッツ（Häagen-Dazs）』『ガーバー（Gerber）』などの商品群に加えて、『コカ・コーラ（Coca-Cola）』と『ペプシ・コーラ

（Pepsi-Cola）』に次ぐ世界第三位の知名度を誇り、ターゲット層に合わせて二百種以上の異なる配合で販売されている『ネスカフェ（Nescafé）』がある。ローザンヌからほど近いヴェヴェーにあるネスレ本社の広々とした従業員食堂で、広報係のハンス・ヨルグ・レンク（Hans-Jorg Renk）は私にカプセルタイプの新しいエスプレッソ飲料、『ネスプレッソ（Nespresso）』を手渡し、壁に取り付けられた大きなデジタルカウンターを指差した。「あそこに一年間に何杯のネスカフェが飲まれているかが表示されます。一杯につきコーヒーが十グラムだとすると、一秒に約四千杯ということになります」。数字があまりにも速く切り替わるため正確には読み取れないが、今年の合計は四百四十三億九千五百九十九万九千杯前後になる。これは地球上のすべての男性、女性、子供に七杯ずつは行き渡る量だ。しかも今はまだ五月初旬である。

ネスレの戦略

低コスト大規模農業の誕生が近代食経済の始まりを示すものだとしたら、ネスレが支配する食品製造業は、食経済の次の発展段階を象徴するものだ。アグリビジネスの隆盛によって消費者が食べ物にお金を使わなくなったように、利便性の高い食品の出現は消費者が食べるという行為に費やす時間そのものを短縮した。急速に工業化が進む社会では、時間が何よりも貴重な商品となりつつあった。ネスレが創立された一八六七年当時、世界の食事のほぼすべてが家庭か地元の商店で作られ、平均的な家庭における労働時間の半分は食事の準備のために費やされていた。その後消費者はネスレのほか、ユニリーバ（Unilever）、クラフト（Kraft）、タイソン（Tyson）、ケロッグ（Kellogg）、ダノン（Danone）など世界各地に何万とある企業に料理という作業を委ねることによって、その時間を劇的に短縮してきた。

しかし、ネスレとその競合他社の成功は、もう一つ目には見えにくい進化をもたらした。消費者がインスタント食品に頼るようになったのと同じように、食品業界もそうした製品に依存するようになったのだ。食品の価格の低下が進む中、便利さを売ることこそが、利益を上げるための最も重要な手段となっていった。利便性は経済の金脈となったが（食品業界は毎年約三・一兆ドル〔二百三十五・六兆円〕の収益を上げており、大手食品企業の利幅はほかの業界と比べてもはるかに大きい）、ここでもまた、食経済特有の不合理な経済現象が顔をのぞかせていた。

たとえば、食品会社が食品を加工する場合、通常、その前段階として、より加工しやすくするために材料をかなり変質させる必要があるが、それは必ずしも消費者にとって好ましいことではなかった。

また、農業が過剰生産サイクルに陥っていたのと同様に、ネスレのような企業は新商品や改良商品を絶えず送り出すために利便性を売り続けなければならず、これを維持することは非常に難しかった。加工と包装に膨大なコストがかかる上、利便性を売りつけるためには、攻めの販売促進戦略（学校でのジャンクフードの宣伝や、第三世界向けに粉ミルクを販売するなど）を展開するだけでは不十分で、消費者の自炊する能力や食材に対する理解力の継続的な低下に依存するところが大きかった。

もし人間が本当に生まれながらにして「食べ物に対して保守的」であるのなら、ネスレのような会社の成功は、食経済の歴史の中では最も革新的な出来事ではあるとしても、同時に、潜在的に厄介な問題を創り出すことになる。ネスレが独占する食品加工業界の隆盛は、主として二十世紀の現象といえるものだが、利便性に対する潜在的な欲望は私たちの祖先の時代からあった。昔は大量の肉や根菜や、穀物を手に入れるだけでも大変だったが、さらに、それを切ったり、つぶしたり、茹でたり、炙ったり、これらの材料を食べられる形に作り替えるにはさらに大きな苦労を伴った。料理は確かに社会構造や伝統が生まれる重要な要素ではあったが、もしそれをもっと楽に行える選択肢があれば、誰もがそれにあやかっていたに違いない。大都市にはわずかながら〝調理済み〟食品業界というものがあることはあったが（たとえば、古代ローマの公共広場では、蜂蜜ケーキやソーセージが売られていた）、市民の大半は農業生活者で、店まで行く交通手段や自らを農作業から解放できるほどのお金も余裕も持っていなかった。近所の職人から入手したパンやビール、チーズ、ソーセージなどを除けば、食品の加工は依然として主に家庭内の仕事であり、食品〝産業〟は実際には農場システムの延長線上で、小規模農場主が未加工の余剰作物を町の市場で地元住民に売る程度のものだった。[1]

しかし、この状況が産業革命による経済的、社会的激動の中で一変する。労力を削減する機械化によって、アメリカ、ヨーロッパ、そしてそれより小規模ながら日本でも農業改革が進み、手の空いた農業労働者の大群が男女を問わず都市部に押し寄せ、店や工場で長時間働くようになった。自ら作物を育てる手段を失い、料理をする時間もない中で、この初期の中流階級が求めていたものは、簡単に手に入り、調理が楽で、すぐに食べられる食品だった（そして彼らはそれを買うための賃金も得ていた）。いつの時代も人間はすぐに食べられるファストフードを求めていたが、その頃までにはその要求に応えられる本物の食品産業がすでに存在していた。人々を田園地帯から一掃した産業革命が、食品製造業も一変させていた。組立ラインや缶詰や瓶詰めの技術、機械式冷蔵技術、そして拡張を続ける鉄道やトラック輸送網、船会社のネットワークによって、大量に、かつ素早く、低コストで、しかも比較的品質を保ったまま食品を加工し、遠く離れた市場に出荷することが可能になった。

これらの新技術という武器を手にした、ゲイル・ボーデン（Gail Borden）、ヘンリー・ジョン・ハインツ（Henry John Heinz）、ジョゼフ・キャンベル（Joseph Campbell）、ウィリアム・ケロッグ（William Kellogg）といったアメリカの企業家たちは、最新産業への投資に意欲を燃やす新興資本市場にも支えられて、缶詰入りの牛乳やピクルスからスープや朝食シリアルまで、多種多様な製品を市場に投入することに成功した。もちろん家で手作りした食品よりも多少味は劣るかもしれないが、消費者にとって、それらの商品の安さ、均一性、それなりの安全性、そして大きな利便性はとてもありがたいものだった。

調理済み食品の普及はアメリカだけにとどまらなかった。産業化が急激に押し寄せたヨーロッパでは、企業家が時間に追われる工場労働者向けに、ポテトフレーク（粉末ポテト）から固形スープに至るまで様々なファストフードを提供するようになっていた。スイスのヴェヴェーという町で、化学者であり化学肥料の製造者でもあったアンリ・ネスレ（Henri Nestlé）は、小麦粉や砂糖と「健康な牛乳」を混ぜたキンダーミール（Kindermehl）と呼ばれる幼児用シリアルを作り、工場の仕事に追われて赤ん坊の世話ができないスイスの労働者階級の母親向けに販売した。「私の発見には素晴らしい未来がある。一度試した母親は必ずまた買いに来る」――発売当初の好感触に気を良くしたネスレはそう書き残している。

ふたを開けてみれば、ネスレが想像した以上のことが起きた。調理済み食品の需要は増大し、ネスレ、ハインツ（Heinz）、ゼネラルフーズ（General Foods）、ケロッグ、ポスト（Post）、アーマー（Armour）、スイフト（Swift）などの企業が、家庭料理に代わり、調理時間をさらに短縮できる新商品を次々に投入した。一九三七年にはすでにクラフトが「九分で四人分の食事を作ろう」の売り文句で、『マカロニ・アンド・チーズ・ディナー（Macaroni and Cheese Dinner）』を売り出した。二年後にはネスレのネスカフェが登場し、それまではコーヒーを自分で沸かすだけでなく、豆を炒ってひく作業まで強いられていた何百万人ものコーヒーファンたちをその労苦から解放した。第二次世界大戦中、安全で持ち運びやすくかつ食べやすい軍用食の需要は、新たな保存技術や包装技術の革新を生み出し、一九五〇年代になると、忙しい主婦たちは、充実する一方の缶詰や乾燥食品、冷凍食品などだけですべての食事の献立を立てられるようになっていた。[2]

加工食品をめぐる競争が激化し、利便性食品の需要が世界中で広まると、野心的なメーカーは「チョコレートやチーズといった一つの製品、あるいは一つの国の市場を独占するだけでは物足りない。成長するビジネスの中で自分たちのシェアを守り、収益の増加を維持するには、すべての主要な食品カテゴリーとすべての地域の市場で競争力のある地位を獲得する必要がある」と考え始めた。ヨーロッパ企業と同じように、ゼネラルフーズやクラフトなどのアメリカ企業も、ヨーロッパやアジア、中南米市場への進出を始めていた。ネスレは何百ものヨーロッパの小規模な食品会社を買収し、取り扱い品目を、チョコレートから乳製品、コーヒー、スープ、ソース、冷凍魚、野菜などにまで広げていった。

しかし、世界ブランドを目指したこれらの企業も、当初は相当苦労をした。ほとんどの国が食品安全や衛生、包装容器の大きさに至るまで、独自の基準や規則を持っていたからだ。そればかりか、外国企業の国内企業への出資を禁止している国も多かった。こうした障害を一つひとつ取り除き、真にグローバルな加工食品事業の発展を促進するために、大手食品会社は普遍的かつ調和的な緩い基準を求めてロビー活動を展開し、コーデックス規格として知られる国連が管轄する国際食品規格の制定を実現させた。また、国家間の資本移動に対する規制の緩和を各国政府に要求し、ネスレのような利益追求型企業が外国企業を買収しやすい環境を整えた。

そして彼らは買収に明け暮れた。ネスレは特に世界最大の加工食品市場であるアメリカ市場に食い込むことに情熱を傾けた（今日もアメリカは世界人口の五パーセントにも満たない国ながら、全世界の冷凍食品、調理済み食品、スープの四十パーセントを消費している）。一九七〇年からネスレは一連の高額買収に乗り出した。買収リストにはリビー（Libby）、ストーファー（Stouffer）、カーネーション（Carnation）などの企業が名を連ねた。こうしてネスレは即座に何十もの製品カテゴリーで主導権を握った結果、世界市場を金で支配することを辞さない会社というイメージが定着した。プルデンシャル保険で食品業界を担当するベテランアナリストのジョン・マクミリン（John McMillin）はネスレのビジネスモデルをこう評する。「ネスレの戦略は、競争力で優位に立てそうなすべての市場で事業を展開し、そのすべてで勝つことだ。それはまるで各地で最高の選手を買い集めるニューヨーク・ヤンキースのようだ」と。

今日、ネスレはネスカフェ、ネスティー、ストーファーズ・リーン・キュイジーン（Stouffer's Lean Cuisine）、パワーバーといった主力ブランドのほかに、八十カ国以上で約八千五百ものナショナルブランドやローカルブランドを保有している。「日本人の九十五パーセントはネスレが日本の会社だと思い込んでいます」と、ネスレ社公認の会社紹介の中でフリードヘルム・シュワルツ

（Friedhelm Schwarz）は語っている。「ブランドの裏にあるものを知らないまま、世界中で人々がネスレの製品を買って消費しているのです」

一九九〇年代にはネスレは世界中に満遍なく広がる巨大国際企業に成長していた。何万もの従業員と何百もの工場を抱え、一年間に何十億という食品を作っていた。ネスレが使うコーヒー、ココア、砂糖、牛乳、油、小麦、トウモロコシ、塩などの量はあまりに膨大で、すべてを生産するにはスイス全土の広さに相当する一万五千平方マイル（約三万八千八百平方キロ）もの農地と牧草地が必要なほどだった。しかし、これは重荷となるどころか、その規模こそがネスレの巨大な力の源となった。ネスレは大量の原材料を購入するので、原材料の供給者に対しては、絶大な力を持つ。農場主に値下げを迫るだけでなく（多くの農場主にとってはネスレが唯一のバイヤーであることが多い）、その世界的な地位のおかげで、牛乳、ココア、コーヒー、砂糖などの原材料を、最も安く生産できる地域で仕入れることができるのだ。

また、その規模の大きさゆえに、ネスレやそのライバルの大規模食品加工業者は、サプライチェーンの下流にある小売業者に対しても絶大な力を持った。ブランド力のある商品の唯一の供給元として、ネスレ、クラフト、ゼネラルフーズなどの企業は食料品店に対して、自社製品の陳列方法や売り込み方、さらには、値付けにまで指示を出すことができた。「二十世紀後半には、製品設計、広告、販売促進に関する重要な事柄は、ほぼすべてメーカーが決めるようになっていた」とパデュー大学の農業経済学者ジョン・コナー（John Connor）は言う。食品会社は事実上、農場主から消費者、言い換えれば「土から食卓」に至るまでの、消費カロリーの九十五パーセントが通過するサプライチェーンの覇者となったのだ。

こうした変化に農場主や食料品店の店主のほか、食通や健康食ファンなどの一部の人々は脅威を感じたが、ネスレの論理は時代にぴったりとはまっていた。大規模農場のほうが何万もの小さな農場を寄せ集めるよりも、効率良く食料を生産できるのと同じように、食品加工の工程でも、作業の大半を集中化された工場で効率良く、はるかに安いコストで食品を処理できれば、個々の家庭が食事の準備や調理を個別に行う理由などなかった。評論家が新しい加工食品をどう思おうと、大半の消費者はその変化を積極的に、あるいは少なくとも必要悪として受け入れていた。

戦後の高度経済成長がますます女性たちを台所から労働の場へと引っ張り出すにつれ、各家庭が毎日の食事にかけられる時間は減っていった。今や時間はお金よりも貴重な資源となり、女性の賃金労働者としての価値が高まると、女性にとっても、外で働いて得た収入を支払って人に調理してもらうほうが理にかなっているように思えた（その収入のおかげで冷蔵庫や冷凍庫、オーブン、そして後には電子レンジなど調理済み食品に必要なものも購入できるようになった）。確かにこれは家庭料理と呼べるようなものではないかもしれない。だが、ある食品メーカーの幹部はこう言い切った。便利な食品を届けることで、食品メーカーは「ゲームなどの娯楽や園芸のほか、精神を満たしてくれる趣味に再投資できる〝時間〟という贈り物をアメリカ女性に与えているのだ」と。

付加価値による差別化

もちろん、消費者の時間不足だけが食品メーカーをインスタントコーヒーなどのお手軽食品の開発に駆り立てたわけではない。そもそも、ネスレがインスタントコーヒーを考案したのは、消費者が手軽に入れられるコーヒーを望んでいたからではなく、コーヒー豆の価格が生の状態で売るには安くなり過ぎたからだった。一九三〇年代、ブラジルのコーヒー農園はアメリカの穀物農場のように非常に広大になったため生産効率が高くなり、コーヒー豆の市場はだぶついていた。コーヒー相場は大幅に下落し、ブラジル人はコーヒー豆を機関車の燃料として燃やすほど持て余していた。困ったコーヒー産業の関係者たちは、需要喚起を願って、もっと消費者に手軽なコーヒー製品を開発するようネスレに懇願した。コーヒーの加工は初めてだったが（当時ネスレは主に牛乳を扱う会社だった）、その時のネスレの幹部らの推測は正しかった。余った豆をもっと手軽に使えるような形に変えることができれば、消費者はより多くのコーヒーを飲むだけでなく、喜んで生の豆の相場よりも高い金額を支払うだろうと考えたのだ。

このように未加工の農産物を加工して利益をもたらすような製品に変換することを「付加価値」と呼ぶが、この程度のことは今日、あらゆる商品を対象に当たり前のように行われているため、それが食品加工産業の成功とその特性に、どれほど中心的な役割を果たしてきたかをついつい見逃しがちである。穀物相場の下落は農場主の首を絞めていたかもしれないが、安い穀物をコーンフレークやキンダーミールに変えることで加工費を原材料費に上乗せして受け取っていたケロッグやネスレなどの加工業者には、逆の効果があった。確かに千年以上前から職人たちは穀物や牛乳、肉に付加価値を付けてきた。ワインから発酵という付加価値をなくせばただのブドウである。しかし大量生産と市場出荷という新しい手段のおかげで、付加価値は、未加工農産物の生産者が手に入れられなかった潜在的利益を食品会社にもたらした。

ここでカギを握るのは、経済学者たちが言うところの「差別化」である。小麦や大豆を売る農場主は自分の商品を差別化することが難しいため、ほとんど粗利を乗せることができない。ほんのわずかでも単価を相場より上げようものなら、買主は同じ種と、同じ化学肥料、同じ除草剤、同じ機械を使って、事実上まったく同じ物を生産する別の生産者から買うだけだ。彼らが利益を増やす唯一の方法は、経営規模を拡大するなどして運営コストを削減することで売値を下げ、販売量を増やすことである。この薄利多売ビジネスの現実は商品売買に携わる人であれば、誰にでも当てはまる。穀物を取引する会社も穀物を小麦粉に加工する会社も、大豆から油とタンパク質を精製する会社も、その最終製品は競合他社のものと実質的には区別がつかないため、利益マージンは非常に小さい。労働コストと原料費にせいぜい数パーセントの粗利を乗せるのが、やっとだろう。

しかし、冷凍食や朝食用シリアルなどの加工食品メーカーの経済原理はまったく異なる。農場主がコスト削減ばかりに固執するのに対し、シリアルの製造会社は加工前の穀物に価値を付加するためにあらゆる手を尽くす。それはたとえば、味を足すとかパリパリした食感を高めるとか、使いやすい包装にするなど、価格の上乗せを正当化できる新しい価値なら何でも構わないのだ。

今や食品加工業者は価値上乗せの達人になっていて、加工が完了する頃には、穀物やそのほかの原料の原価は小売価格のほんの一部を占めるのみになっている。たとえば、十二オンス（約三百四十グラム）入りシリアルのスーパーマーケットでの商品価格三・五ドル（約二百六十六円）のうち、原材料となる穀物そのもののコストは二十五セント（約十九円）以下でしかない。スーパーマーケットの取り分（小売価格の二十パーセント）と、シリアルのやや高価な生産方法と包装代（さらに三十六パーセント）を計算に入れても、シリアル会社は自分たちの取り分として約四十四パーセントもの粗利を上乗せしているのだ。

食品会社がなり振り構わずに食品への加工の度合を上げていったのは、加工がこれだけ大きな利益を生み出す力を持っていたからにほかならない。食品というものは、原料に加工処理をすればするほど、消費者からより多くの代価を請求できる。一九五〇年には、食品の小売価格の約半分が原料を提供した農家や生産者の取り分だったが、二〇〇〇年にはこれが二十パーセント以下に下がっていた。農家や生産者の儲けを減らしながら、食品加工業者と食品メーカーは付加価値を増やすことで常に自分たちの利益は維持してきたのだ。二十世紀を通じて加工食品の価格は安定していたし、時には上昇してきたが、一定の周期で穀物市場が供給過剰に陥り、穀物価格が急落したときも、食品加工業者が製品の価格を引き下げることはめったになかった。事実、一九九〇年代後半に小麦の価格が四十パーセントも下がった時、パン製造業者は値上げをしているのだ。

確かに加工業者の粗利は純利益とは違う。作物を単に単位量当たりの固定価格で穀物倉庫に売る農場主と違い、食品メーカーは配送費や販売費など数々のコストを負担し、それらはかなり高額となる。たとえば、ほとんどの食品会社が似たような製造工程で製品を作っているため、表向きは競争しているように見える製品でも、本質的にはまったく同じものも実は多い。コーンフレークは誰が作ろうとコーンフレークで、そう大差はない。それに、そもそもコーンフレークはその原材料に毛が生えただけの簡単なものだ。同様に、車などの耐久消費財と比較すると、朝食用シリアルなどの食品に対する消費者の投資額は微々たるものなので、どのメーカーの製品を買うかによって消費者に経済的な不利益が生じることはほとんどない。言い換えれば、食品会社はクーポンや割引など直接的な金銭的誘因で消費者を抱き込むか、あるいは製品そのものと関係なくても、「高品質」「健康」「子育てに良い」のような説得力と魅力を持った言葉を巧みに使って、製品のブランドイメージを上げるなどして、熱心に販売促進活動を行う必要がある。

すでに認知されているブランドも、楽にその地位を築いたわけではない。消費者が食品に支払う代金一ドル（約七十六円）につき二十セント（約十五円）が販売促進やパッケージ、著名人による推薦の言葉、イベントの後援、クーポン、そしてブランドの強さと消費者の忠誠心を保つための新聞、ラジオ、テレビなどのマス・メディアや、インターネットを使った絶え間ない広告の費用に充てられている。清涼飲料水メーカーだけでも、年間七億ドル（約五百三十二億円）以上の広告費を使っている。集中豪雨的な広告キャンペーンと子供を標的にしたキャラクターの先駆者として知られるアメリカの朝食用シリアル会社は、広告費に年間約八億ドル（約六百八億円）、クーポンやそのほかの販売促進にさらに何億ドルも使っている。朝食用シリアルの新商品発売の際の広告費は大抵、そのシリアルの年間売上高の半分に相当する。新商品の発売後、三年目までは広告費が売上高の五分の一を吸い上げる。[3] 業界全体ではアメリカ食品産業はマーケティング活動に年間三百三十億ドル（約二兆五千八十億円）を投じており、これは自動車業界に次ぐ金額である。さらに、消費者の支出のうち食品購入費が占める割合は十パーセントであるのに対し、食品広告は全広告の十六パーセントを占めている。「広告宣伝費集約度」の名で知られるこの不均衡な支出の度合いは、食品業界がたばこ、市販薬、化粧品に続いて高い。

しかし、食品会社は〝喜んで〟このようなコストを支払っている。なぜならマーケティングへの高額の投資は、巨大な利益を生み出す可能性があるからだ。歴史的に見ると、食品会社がある製品の広告量を増やせば増やすほど、その製品の売上数は増える。製造業にとって数は常に多ければ多いほど良いが広告もその例外ではない。売上数が増えると固定費をより広く分散できるため、工場などの設備投資をより早く回収できる。しかも、不合理な食経済の世界では、売上数が増えると、なぜか食品会社は価格を引き上げることができるのだ。ほとんどの加工食品において（ついでに言えば、ほとんどあらゆる消費者製品についてもこれはいえる）、消費者は首位のブランドをあたかもそれがより高い価値を持つ製品であるかのように扱い、その価値を手に入れるためであれば、消費者は喜んで割高の代金を支払ってくれる。具体的には、消費者は売上トップのブランドには二位のブランドよりも最大四パーセントまでの割高な代金を、三位のブランドよりも七パーセント余分な代金を支払う意思がある。その三つの製品が本質的に同一のものであったとしてもだ。「一九七〇年代、ゼラチンデザートの首位にあった三オンス（約八十五グラム）箱の『ジェロー（Jell-O）』を、二位の『ロイヤル・ゼラチン（Royal Gelatin）』よりも二セント高くして売っても、七十パーセントの市場シェアを維持することができた。私たちはそれを知っていたし、私たちの競争相手もそれを知っていた」と、コナグラ・フローズン・フーズ（ConAgra Frozen Foods）社のスティーブ・シルク（Steve Silk）元副社長は当時を振り返る。

これが俗に言う価格支配力というもので、それこそが食品会社が毎年、広告に何十億ドルもの金額をつぎ込む意欲を裏付けるものだ。広告に費やす金額が多いほど、売れる商品の個数も増える。売上数が増えれば、一つ当たりの生産コストが低くなると同時に、先に挙げたような理由から製品一つ当たりの粗利も大きくなり、結果として利益が増え、それをさらに広告に再投資することが可能となる。

ニューバーガー・バーマン（Neuberger Berman）社の食品業界アナリストのウィリアム・リーチ（William Leach）はこう説明する。「人気ブランドは一貫して収益を生み続けるので、そのようなブランドを所有する会社は、さらなるマーケティング活動を行う余裕ができ、それによって自社のブランド力を一層高めることができるようになるため、それがまたさらなる収益増加につながります。古典的な好循環です」

この好循環の追求は食品業界の慣行に大きな、そして時に異様な影響を及ぼしてきた。ブランド力はマーケティングに頼るところが非常に大きいため、大手食品メーカー各社は自社のブランドと市場シェアを守るために、競って宣伝活動を展開している。その世界では広告費をほんの少し削るだけでも、著しい売上低下につながる危険性がある。また、より多くの加工を施した製品ほど大きな利幅が見込めるため、広告にも力が入る。菓子、スナック、調理済み食品、シリアル、清涼飲料水は、すべての売上を合わせても消費者の全食料支出の五分の一にすぎないが、それにかかる広告費は全産業の総広告費の約半分を占める。この数値は今日の経済活動の現状について、多くを物語っている。付加価値が少なく、ブランド化の可能性も低いゆえに潜在的な利幅も少ない果物や野菜、肉、鶏、魚などは、消費者食料支出の四十一パーセントを占めながら、広告費は総広告費の六パーセントにも満たないのだ。

しかし、何といっても加工食品に多額の広告費をつぎ込める食品会社への経済的見返りは大きかった。これは現代の食品業界では定番の方程式だが、食品メーカーは規模の大きさを利用して原材料費を抑え、マーケティング予算を使ってブランド力を確立し、そのブランド力を利用して高めの小売価格を正当化し、大きな差額を手にしてきた。こうして卸売りやあまり加工されていない製品の利幅が二パーセントから三パーセントにすぎないのに対し、ネスレ、ゼネラルミルズ（General Mills）、ケロッグ、ユニリーバなどの食品メーカーは八パーセントから十パーセントの利幅を誇ってきた。世界最強のブランドでマーケティング費も莫大なコカ・コーラ社に至っては二十一パーセントもの利幅を享受している。

このような形で食品メーカーが食経済における成功というものの定義を根本から変えたことには、重要な意味がある。何世紀もの間、食品の生産者たちは小麦粉やトウモロコシなど加工していない農産物の「既存需要」をめぐって競争してきた。この需要は人口が増加するペース以上に増えることはない。だが、付加価値を付けることによって、食品の生産者たちはただカロリーを売るだけでなく、利便性やそのほかの特性も商品にするようになった。付加し得る価値を見つけ出せる限り、収益源と成長にほとんど限界が存在しない世界を作ることに成功したのだった。

市場を支える新製品

ネスレの感覚ラボにほど近い会議室で、研究部長のピーター・ヴァン・ブラーデレン（Peter van Bladeren）が、近年の食品加工技術の中でも最も画期的なものの一つといわれているクリーミーな舌触りの低脂肪アイスクリームについて解説してくれた。「脂肪を取り出すだけではシャーベットに仕上がってしまい、口の中の感触がまったく違うのです。また、脂肪を砂糖などのほかの材料に置き換えれば、消費者は必ず気付きます」。ブロンドでスリムなルックスのブラーデレンは、相手がジャーナリストであっても、食品科学については楽しげに話す。ネスレの研究者は、アイスクリームの舌触りが脂肪だけでなく、その脂肪と氷の結晶や砂糖、タンパク質などとの間の化学的な分子配列によって決まることを発見した。

そこで研究チームはアイスクリームの攪拌方法を変えることで微妙に分子構造を変え、脂肪分を半分に減らしても舌触りは脂肪分の高いアイスクリームを超えることに成功したのだ。この技術的な躍進も安くはなかった。構想から市場出荷までに、ネスレのアメリカ子会社ドレイヤーズ（Dreyer's）は五年の歳月と一億ドル（約七十六億円）ともいわれる費用をつぎ込んでいる。しかし、その結果、肥満への懸念が高まっていた二〇〇三年に市場に投入されたドレイヤーズのスロー・チャーンド・ライト（Slow Churned Light／訳者注：ゆっくり撹拌された低カロリーアイスクリームの意）は、記録的な大ヒットとなった。この発売から一年でネスレは三・五億ドル（約二百六十六億円）のアメリカの低カロリーアイスクリーム市場の半分を、多くは最大のライバル企業、ユニリーバのシェアを奪う形で獲得し、今では全世界のアイスクリーム市場を支配する勢いだ。

このような成功例は、現代の食ビジネスの新しい現実を浮き彫りにする。どんなに広告に効果があったとしても、マーケティング活動は、ある時点で必ず効果がなくなる。どんなに人気のある製品も遅かれ早かれ勢いを失うのだ。そのパターンは容易に予測できる。新製品が導入されると、当初は売上が上昇するが、その後横這いとなり、最終的には緩やかに下がり始める。このため、食品会社は売上を維持し高収益を保つために、絶え間ない宣伝活動に加え、次々と新製品を出し続けなくてはならないのだ。

新製品にはいくつかのカテゴリーがある。「新型」や「改良型」製品は主に新しい味やパッケージングによって従来の製品を活性化することを意図している。これは競合他社の製品を模倣していることが多い。製品の技術革新の最高峰は「キラー」と呼ばれる、今までにない斬新さゆえ、それ自体が新カテゴリーとなる製品である。ネスカフェはキラーだった。一九三七年以前はこの世にインスタントコーヒーなどというものは存在しなかったのだ。一九六三年のケロッグの『ポップタルト（Pop-Tarts）』（訳者注：トースターや電子レンジで温める小麦粉を使ったパイ風の焼き菓子）、一九八八年のオスカー・メイヤー（Oscar Mayer）社の『ランチャブル（Oscar Mayer's Lunchables）』（訳者注：スライスハム＆チーズ、クラッカー、クッキーなどがケースに小分けされて入っている「ハム＆チェダースタッカー」に代表されるスナック風のランチセット。ほかにナチョス、タコス、ピザなどいろいろなシリーズがある）もそうだった。

キラーが重要である理由はいくつかある。キラー製品が市場に登場すると、ライバル会社が模倣品で対応できるようになるまでは、消費者の関心も売上も事実上独占できる。ライバル会社の追走を受けても、キラーは最初の参入者として売上およびシェア、ひいては価格決定力で優位性を持ち続ける傾向にある。「最初の参入者には新カテゴリーに名前をつける権利が与えられます。考えてみてください。今日、トースターで温めるパイ菓子には三つの主要ブランドがあるのに、人々はいまだにそれらを総称してポップタルトと呼んでいます」と、アメリカの食品小売業を熟知するボストン大学経営学部のロナルド・カーハン（Ronald Curhan）名誉教授は説明する。一九九〇年代後半、食品業界の総収益の三分の一が新製品からの収益だったことを見ても、新製品は食品メーカーにとって極めて重要で、しかも発売から三年間生き残れるものは三つに一つしかないというほど予測不能な市場であるため、食品メーカーはヒット商品が出てくるわずかの可能性を祈りつつ、その間も絶え間なく新製品を発売し続けなくてはならない。その数は現在、一カ月当たりおよそ千五百点に上る。

途方もない数の目新しい商品を次々と提供していくために、食品会社は消費者の欲求を高利益率商品に変えていくだけの恒久的な生産マシーンと化した。ローザンヌにあるネスレの研究センターのような最新施設では、科学者が感覚マップをじっくりと調べ、売上データをふるいにかけ、ライバル会社の製品を分析する。アナリストは人類学者のように現場に散らばって、消費者が家庭や仕事場、台所、食堂などでどのような食べ物をどのように食べているかを調査する。何十年にもわたる徹底的な研究を経て、ネスレ、クラフト、ハインツなどの会社は、味と嗜好の謎をデータ化することに成功した。それだけでなく、私たちが何を好んで食べるか、そしてそれをなぜ好むのか、その理由まで、私たち自身が認識している以上に、彼らは私たちのことをよく理解している。彼らは塩味やカリカリ感への嗜好性が性別、年齢、民族性、国民性によってどう変わるかも、正確に把握している。年長者は味蕾の衰えもあって濃い味を好み、アジア人は塩気のあるパリッとしたスナックに目がなく、アメリカ人は新しい味に夢中になりやすいが、マカロニやミートローフのような「郷愁を感じさせる味」にも弱く、これまで慣れ親しんだ味からそう簡単には離れられないことも、彼らはすべてお見通しなのだ。

食品メーカーはまた、消費者と食の関係がいかに激しく変化したか、そして自分たちはこの変化をどのように生かすべきかも、よく理解している。飽食と際限ない選択肢が食料難に取って代わった先進国では、消費者はもはや動物的なカロリー計算のみに基づいて食品を購入しない。かといって味を最優先しているわけでもない。彼らにとっては、製品が特定の価値を提案しているかどうかが、購入の決め手になるのだ。それは、便利であるとか、健康に良いとか、特定のライフスタイルや個性を後押ししているかなどだ。たとえば、最近よく話題に上る「フーディ（Foodie／訳者注：美食家・グルメ）」は、食を趣味や人との交流を楽しむ手段と捉える都会の高所得者層の消費者にとって、自己主張の一つの手段になっている。

食品を楽しむという概念は、色彩豊かで遊びのきっかけを作る食品に引きつけられる子供向け商品の開発においても重要だった。子供向けの朝食シリアルや栄養ドリンク、キャンディ、ランチセットから調味料に至るまで、あらゆる食品が蛍光色やおもちゃっぽい特性を持つのはそのためだ。二〇〇〇年にハインツはケチャップの売上増加を狙って明るい緑と紫に着色したケチャップを発売したところ、ケチャップの消費量はあっという間に十二パーセントも跳ね上がった。「現代の子供たちはたくさんの鮮やかな色とアニメにさらされており、食卓でも同じことを求めます。子供にとって食物は食べるという行為以上のものを与えてくれます。色、味、手触りは差別化の重要な要素です。これは、まず子供たちを喜ばせることができれば、食物が食物としての地位を超えられることを示す格好の事例といえるでしょう」と、小売業界の専門家ジーン・グラボウスキ（Gene Grabowski）はややあきれ顔で説明する。

フレックス・イーティングがもたらす変化

食品メーカーは、私たち消費者と食の関わりにおける〝負〟の部分をうまく利用することにかけても達人だった。働く母親が子供や家族に対して感じているある種の罪悪感は、子供向けに調理された食品の開発へと各社を導いた。いわゆる「家庭風」食品は、母親が家で料理を作れない状況を補った。また肥満への恐れは低脂肪食品の安定供給を支えた。メーカーは周産期につきものの不安感さえ、利益につなげようとする。新米パパやママは時間に追われていると同時に、食の安全にも敏感な時期であるため、食品メーカーにとっては、様々な新しい商品との「係わり合い」を持たせる絶好の機会なのだ。市場アナリストのニール・ブルーム（Neil Broome）は業界誌『ジャスト・フード（Just Food）』のインタビューの中でこう説明している。「新たに始まる子育て中心のライフスタイルへの適応期間は、メーカーや小売業者にとっての好機です。若い家族をターゲットにした戦略が成功すれば、この層からの直接的な売上という見返りだけでなく、親としての長い歳月を通じて、これらの消費者を取り込む上でも有利に働きます」

事実、食の安全性への懸念の高まりは、結果的に大手食品加工会社に大いなる恵みをもたらしている。ネスレのリースウッドは「自ら食物を生産しない人が増える中で、人々は食の安全性や品質、味への信頼を失い続けていています」と言う。こうした不安のせいで、消費者は不正開封防止包装や常温保存可能食品などの最新加工技術や有名ブランドの知名度にますますありがたみを感じるようになっていると、ネスレは考えているのだ。

しかし、これだけ複雑な戦術と戦略があるにもかかわらず、今日の新製品の多くは、最終的には昔ながらの消費者欲求を満たすことだけを目標にしている。ほかでもない、利便性である。食品会社は、平均的な家庭が料理に費やせる時間を正確に把握している。今日、それは一九七〇年から一時間短くなり、一日約三十分だ。そして彼らは、それがこの先どのくらいのペースで短縮されていくかも予測ができているそうで、それによると二〇三〇年には、それは五分から十五分の間になるという。食品会社は料理をする頻度の減少を調査し（家庭で食事をするときに、食卓に一品でも手作り料理が並ぶ機会は半分にも満たない）、人々の調理知識の衰退を明らかにし（最近の料理本はレシピを大胆に簡略化している）、食卓を囲む伝統的な家庭料理がすでに終焉していることを証明してみせた。

多くの家庭では、家族一人ひとりが学校や仕事などで忙しく、別々に、そして多くは中身の異なる食事をする機会が増えている。これは業界用語で「フレックス・イーティング」と呼ぶ。コナグラ・

フローズン・フードの元副社長でゼネラルフーズの役員を務めたこともある前出スティーブ・シルクが解説する。「現代の平均的な主婦は五人分の食事を料理しているのではありません。異なる食事を五食作っているのです」。ここで「食事」という言葉を使うのはあまりに寛大過ぎるかもしれない。最近アメリカで行われたある調査によると、牛肉料理と鶏肉料理を抜き、サンドイッチが夕食に最もよく登場する主菜になっているという。

世の評論家たちは短くなった食事時間や料理回数の減少、そしてバラバラになった家族の食事などは家族制度衰退の原因であると主張し、それを嘆き悲しむが、加工食品メーカーにとってそれは、期せずして訪れたチャンスだった。それが加工食品の需要拡大をもたらしただけでなく、短時間で食べられることに特別な付加価値が付き、消費者がたった数分で食べられるように食品のレシピと包装を刷新する機会を与えてくれたからだ。ネスレの最近の大ヒット製品『リーン・キュイジーン・フローズン・パニーニ（Lean Cuisine Frozen Panini）』用に特別にデザインされた包装パッケージは、電子レンジで三分間温めるだけでサンドイッチを「グリル」できるようになっている。いや近い将来、三分でも長過ぎると感じられるようになるかもしれない。現在何百万人という会社員がほぼ毎食自分の席で昼食を取っており（最近、昼食の時間はブレックファストならぬ「デスクファスト」と呼ばれるようになった）、食品メーカーはすぐに食べられる自動販売機用の食品の品ぞろえを急いでいる。

すでに加工食品メーカーは私たちの知る食事というものの終焉を予見している。食卓に座って食事を取る行為を省く人の数が、日に日に増えているからだ。世界中の食品販売を分析しているイギリスのデータモニター（Datamonitor）社は、平均的なアメリカ人が三日に一回は朝食を抜いていて、さらに昼食と夕食を抜く回数も増え始めていると分析している。このような傾向は消費者の健康には恐ろしく悪いことだが、食品会社にとってみればまた新たなチャンスの訪れを意味している。消費者が日常の食事の回数を減らせば、それを補完するために、利益率の高い食物カテゴリーであるスナック菓子を多く食べるようになるからだ。データモニター社によると、現在アメリカでは、スナック菓子がすべての食事の約半分を占めるまでになっているという。

最も加工度の高い食品であり、それゆえに利益率が最も高いスナック菓子は、食品の技術革新の対象としてますます注目されている。加工食品メーカーはキャンディ、チップス、クッキーなどの伝統的なスナック菓子だけでなく、いつでも、どこでも、手をかけずに食べられる、新世代の「携帯型」食品に賭けている。たとえば、スキッピー『(Skippy／訳者注:ピーナツバターの代表的ブランド)』の研究者は、ピーナツバターの伝統的な食べ方であるサンドイッチは、時間のない家族や子供たちにとって手間がかかり過ぎることに気付き、スクイーズ・スティックス(Squeeze Stix)と名付けられた一回分のピーナツバターが入ったチューブから直接口で吸い出すタイプの新製品を投入した。一方、ケロッグは、朝食シリアルを持ち運びしやすい「袋入り方式」に包装し、携帯用スナックに作り変えることに成功した。

データモニター社は、これからの加工食品メーカーが、たとえば「共働きの両親」や「ｉＰｏｄや携帯電話で手がふさがっている十代の子供」のように、スナックの販売対象を特定の層に絞り込んでぶつけてくるため、「片手で食べられるかどうか」「包みが散らからないかどうか」の二点が、開発段階での重要な課題になるとみている。このままいくと未来の食は、食べ物というよりもむしろアクセサリーか何かになりそうだ。

添加物が可能にした大量生産

ドイツにあるライン川沿いの小さな工業都市ジンゲンでは、ランゲ通りを走る自動車から食品産業の最新の姿を垣間見ることができる。そこにはネスレ製品技術センターがある。二〇〇三年に建設費二千七百万ドル（約二十億五千二百万円）をかけて建てられたこのだだっ広い複合施設では、急速に拡大するヨーロッパ市場に向けて冷凍食品やチルド食品、パスタから〝水分を含む〟調味料（ソース、マヨネーズ、ベビーフード）まで、ありとあらゆる食品が開発されている。ここジンゲンの施設にも、ローザンヌの研究センターと同じように広大な研究室のほか、テストキッチンや試食室などが備わっているが、それに加えてここにはローザンヌにはないものが一つある。それがパイロット（試作品）工場だ。ここでは技術者たちが小型の生産設備を使って、新製品ごとに大量生産が可能か、簡単に入手できる材料で品質をそれほど犠牲にせずにコスト効率良く生産できるかなどを、テストしている。「誰でも台所で素晴らしいアイデアを思いつくことはできます。ところが、フル生産まで規模を拡大していくと、小規模ではうまくいったことがうまくいかなかったり、同じようにはいかなかったりします」と、ネスレのリースウッド（消費者担当部長）は話す。

実のところ、現代の食品ビジネスでは、伝統的な食に対する認識はほとんど通用しない。ほぼ全面的にオートメーション化された生産工程では、野菜の角切りも、肉のすりつぶしも、バターのミックスも、生地の押し出しや形成も、すべて機械が行っている。レトルト食品はコンピュータによって制御されたロボットが一分当たり何千という単位で製造している。こうした工程に耐えるためには、多くの場合、食材自体が大幅に改良される必要が出てくる。

たとえば、牛乳のような生鮮食料品は濃縮されたり、脂肪分を均質化されたりといった加工が行われる。肉は冷凍にされ、野菜は缶詰にされる（缶やそのほかの包装は現代の食システムにおいて、重大な一部分を成すものだが、その存在は見逃されがちである。しかし、そのコストは業界内でも人件費に次いで二番目に大きい）。そして、ここでの新しい食品加工の工程では、まったく新しい機能を果たす人が新たに必要になった。食物の分子構造を変える食品エンジニアである。食品メーカーは植物油に水素原子を注入する「水素添加」によって油の濃度を上げ、植物油の長期保存を可能にした。小麦粉などの粉末は凝固防止剤の使用によって凝固を防げるようになった。グリセリンやソルビトールなどの保湿剤は、水分を含む食品の乾燥を防ぎ、乳化剤油脂が分離しなくなった。

食品メーカーはまた、製造工程で食物が受けた損傷を補修するために、食品添加物を使用するようになった。小麦粉を漂白する際に損なわれるビタミンとミネラルは、食品メーカーが「要塞化」と呼ぶ工程によって補填された。加熱や粉砕によって薄くなった野菜や肉の色を元に戻すためには着色が必要だった。クロロフィルは缶詰のグリンピースを緑色に戻し、カラメルは圧力調理をされた肉に、健康的で家庭料理のように見える茶色を与えてくれた。

風味もよみがえらせる必要があった。自然の風味は加熱やそのほかの過酷な工程によって簡単に損なわれてしまう。クッキーの風味は焼いた後にはわずか三パーセントしか残らず、しかもそのほとんどが包装に吸収されてしまう。製造工程を変えることで風味が失われるのを最小限にとどめられる場合もあるが、実際はパンやクッキーは焼く際に熱で臭いが消えてしまうので、焼き終わった後に香料を振りかけている。

だが、そんな面倒なことをするよりも、人工的に風味を加えてしまうほうがずっと簡単だ。自然の風味は何百という分子から構成されているが、どんな風味であっても、食べ物を支配している味は、一つか二つの分子から生じている。それを「特性影響化合物」(character impact compounds) と呼ぶが、それは簡単に合成できることが多い。バニラの最大の特色は単一の化合物、4－ヘドロキシ－3－メトキシベンゼンアルデハイド、通称バニリンから引き出される。チキンスープのエキスはアミノ酸Ｌシステインより合成される。そしてこれらは風味の主たる特色にすぎないのだが、ジボダン (Givaudan)、ＩＦＦ (International Flavors and Fragrances)、フィルメニッヒ (Firmenich)、シムライズ (Symrise) など、年間百八十億ドル（約一兆三千六百八十億円）規模の世界香料産業における大手企業は、化学の力のおかげで考えられるありとあらゆる香りを再現できる。それを加えれば、パンはパン以上にパンらしくなり、オレンジジュースはオレンジよりもオレンジらしい風味を持ち、缶詰肉は本物の肉より本物らしく、豚肉はもっと豚肉らしい味になるのだ。

香料やそのほかの添加物は加工の影響を和らげる作用のほかに、食品メーカーにとってとても価値ある効果を提供してくれる。それはコストの削減だ。添加物は普通、工業的に調達可能な材料から作られるため（たとえば、バニリンは製紙の製造工程で発生する残留物から合成される)、天然のものよりもずっと安い。ストロベリーソーダを人工的に香り付けした場合、天然のイチゴを使った場合と比べて飲料メーカーは費用を五分の一に抑えられる。ペクチンやキサンタンガムなどの増粘安定剤は、安価に重厚な食感を与えてくれる。

食品メーカーが風味を再現するために、どれだけの安い農産物が使われているかを知れば、きっと誰もが驚くはずだ。たとえば、トウモロコシはパンやクラッカーの量を大きくするために活用されているし、でん粉は加工肉やハンバーグの増量に、水素添加油は焼き菓子などのバター代わりに（チョコレートにはココアバターを使って）、ブドウ糖果糖液糖（HFCS＝High Fructose Corn Syrup）は砂糖の安価な代替品として数々の加工食品に使われている。[4] これらも添加物の一種と言っていいだろう。

こうした添加物は、食品メーカーを天然の素材にかかるコスト負担から解放してくれるだけでなく、安定的な供給が可能という利点もある。香料技術士でミネソタ大学食品科学栄養学部教授のゲリー・ライネシウス（Gary Reineccius）によると、食品メーカーがブドウ風味のソーダ、ガム、キャンディなどに使用する人工のブドウ香料は、本物のブドウから作られる自然のブドウ香料の十倍も流通しているという。同様のことがほかの香料についてもいえる。食品と化粧品の両方に使われるバニラやココナッツなどもその一例である。天然素材だけでは出せない質感もある。クリーミー感やパリパリ感が求められる食品の需要は、動物性脂肪とラードの供給量を上回るため、水素化植物油やヤシ油などのトロピカル油を使って人工的に複製されることが多くなっている。

より複雑な食体験を求める消費者欲求も、すでにメーカー側が天然材料だけで供給できる量を上回っている。グレイビーソースを例にしよう。伝統的にはグレイビーソースは小麦粉、バター、牛乳、それにフライパンに残ったローストビーフの肉汁から作るものだ。「しかし、もしある会社が一度に一万ガロン（約三万八千リットル）のグレイビーソースを作らなければならないとしたら、どうやって風味付けをしたらよいと思いますか？」とライネシウスは問う。「小麦粉、バター、牛乳を大量に混ぜ合わせるところまではできるかもしれない。けれども、フライパンに残った肉汁など、とても一万ガロン分はないし、それだけのローストビーフをこれから作るわけにもいきません。

そのためには香料を使うしか選択肢がないのです」。そこで、人間の口が肉の味を認識するもとになるグルタミン酸ナトリウム（ＭＳＧ）などの添加物が登場するのだ。

食品添加物や食品工学によって、食品メーカーはかつてとても複雑だった「料理」という作業を劇的に簡略化することに成功した。そして、その結果、コストの大部分をコントロールすることが可能になった。手作りの料理（業界ではこれを古典的食品と呼ぶ）は、風味や食感などの特性がすべて伝統的であり、材料や料理手順まで決まっていた。たとえば、伝統的なアップルパイは、リンゴ、砂糖、バター、小麦粉、ショートニング、塩そして香料からしか作れず、オーブンで焼かなければならない。しかし、この工程を工場で再現して大量生産を実現するには、あまりにも費用がかかる。反対に、工業的に作られるアップルパイは、消費者を満足させながら、企業のコストと工場を操業する上での制約が許す範囲で、自由に材料や加工処理を用いて味や食感を作り出せばいい。これはほかの食品についても同じことがいえる。人工香料を毛嫌いする消費者がいる一方で、私たちの多くは合成された味にすっかりなじんでしまい、本来の味よりもむしろ人工の味を好むようになってさえいる。チェリー味を作り出すベンズアルデヒドは、私たちにとって今では、天然のチェリーよりもなじみ深いものになっているし、ジアセチル化合物は、電子レンジでポップコーンを作り慣れた消費者にとっては「バター」以外の何物でもない。もちろんそれは、二〇〇七年にジアセチル化合物が肺がんの原因となる危険性があるという理由で、市場から撤廃されるまでの話だが。

実際、食品工学の発展によって、食品の原材料を食品添加物と置き換えることが当たり前になり、消費者も合成食品や加工食品を進んで受け入れるようになったことで、食品メーカーは食品加工に伴うリスクをほとんど排除することに成功している。食品メーカーにとって、加工という工程自体がより簡略化され合理化されている上に、原料や供給者をより手軽に切り替えられるようになり、ひいては値上げや不作など従来の食料生産に付き物だった様々なリスクから自分たちの身を守れるようになった。今や当たり前となった「以下のうち、一つまたはそれ以上を含むことがある……」と書かれた免責条項を利用して、食品会社は製品の甘みを増進するために、アイオワ州産のコーンシロップでもブラジル産の砂糖でも、より安いほうを使えばよいのだ。そうして彼らは綿実油を大豆油に、コーンスターチをジャガイモでん粉に、大豆タンパクを小麦タンパクかホエーにと、調達のしやすさや価格や消費者側のこだわりに沿って、好きなだけ原材料を置き換えながら、経験知と一つの統合されたブランドに守られながら、あちこちに分散する原材料の原産地や材料の中身や本当の製造方法を覆い隠すことに成功している。ネスレの『クランチ（Crunch）』は、砂糖やココアがどこ産のものであろうとネスレの『クランチ』なのだ。ブランドが力を持ち続け、製品そのものが味や質感、利便性、ステータス、健康、清潔さ、コストなど無数にある付加価値を明示的もしくは暗示的に提供し続けることを約束する限り、食品メーカーはそれらの製品を最も経済的かつ最も多くの利益が出る方法で自由に生産し続けることができるのだ。

外食産業との戦い

しかし、飽くなき市場拡大ととどまることを知らない新製品開発、そして新しい付加価値の飽くなき追求は、食品メーカーを危うい領域へと導いている。かつて食品会社はお決まりの手順として、食用に向かない、時として有毒な素材（小麦粉をチョークで増量し、キャンディの発色に亜鉛を使うなど）を使って自社の製品の商品価値をつり上げたり、不正なうたい文句で製品を売り込んだりしていた。そして、これらのとんでもない習慣は二十世紀初頭の法改正によって、少なくとも今日のアメリカとヨーロッパでは規制されている（中国の食品業界はようやく自国の食品安全の闇の中に足を踏み入れたところのようだ）。しかし、それでも食品に添加できる添加物の種類や、またそれをどう表示しなければならないかについて、食品会社は依然として自分たちの権益を広げるために、様々な工作を続けている。

たとえば、一九八〇年代にネスレをはじめとする食品メーカーは、開発途上国で積極的に粉ミルクを売り込んだことを激しく非難された。彼らは開発途上国の母親たちを、母乳から粉ミルクに切り替えるよう根気良く説得し続けていたが、実はその頃、途上国で母乳から粉ミルクへ転換することは大きなリスクを伴うことが明らかになりつつあった。にもかかわらず、食品メーカーは粉ミルクの無料サンプルを配布し、地域の医師を金銭で買収して粉ミルクを推奨させたり、母乳の価値を過小評価するような宣伝を行い、粉ミルクへの転換を働きかけたのだった。

その結果、アフリカでは、多くの母親が粉ミルクを汚い水と混ぜたり、節約のために粉ミルクを薄め過ぎたりして、子供を餓死させてしまうような事故が起きてしまった。それ以降、ネスレを含む粉ミルク製造メーカー各社はアフリカでの積極的な販売活動を自粛し、声高に母乳を推奨するようになった。しかし、この粉ミルク問題の悪い印象が、いつまでたってもネスレのイメージに付きまとうのは、ネスレやその競合他社が母乳推進を公言する一方で、依然としてアジアの新興市場における粉ミルク販売で年間何十億ドルもの売上を上げていることと無関係ではないだろう。

さらに食品会社は、法的にはまったく問題がない合法的な原料の使用についても、批判を受けている。食品会社は化学添加物だけでなく、加工の過程で弱まった味を引き立たせるために、おびただしい量の油脂や塩や甘味料を使用している(二〇〇五年、ある業界幹部は『ビジネス・ウィーク〈Business Week〉』誌にこう語っている。「食品技術開発者なら誰でも、油脂とナトリウムを足せば足すほど味が向上していくことを知っている。食品に油脂と塩を入れることは、多くの専門技術を投入するよりはるかに安上がりだ」)。甘味料は味と食感を向上させるために、クッキーやクラッカー、キャンディ、朝食シリアル(今やシリアルでも、キャンディと同じ量の甘味料を含んでいる)、そしてパン、ソース、缶詰野菜にさえ、ごく当たり前に使われているので、多くの消費者にとって甘味料を加えていない食品はあまりにも味気なくて、もはや受け入れられないものになっている。しかし、甘味料の使用は肥満率の上昇を含む様々な健康問題の一因の可能性が指摘されるようになり、一九八〇年代に詳しく調査されていた。また加工食品の大量のエネルギーを使う過剰包装など、この業界がほかの領域に与える影響についても社会から問題視されるようになっていた。

当然、食品会社側も、包装方法や販促戦略を変えようと試み、また常に、より健康的な食品を開発し、持続可能性を高めるための努力を続けていると主張する。しかし、仮に業界がそれらの行為を見直そうとしても、現実には、別の方向から圧力がかかっている。何十年にもわたって食ビジネスを独占的に支配してきた大手食品会社は、経済戦争の真っ只中にあり、そうした問題行為をさらに推進していかざるを得ないのだ。

食品会社はレストラン、特にファストフード・チェーンとの競争において、消費者が使う食費を着実に奪われてきた。ファストフードは、これまで食品メーカーが大切にしてきた利便性という概念を、従来の食品メーカーではとても真似ができないほどのレベルまで高めていた。

マクドナルドに代表されるファストフード・チェーンは、時間短縮と利用のしやすさという概念を、商品と販売プロセスの細部にまで盛り込んだ。一つひとつのメニューは手早く調理できるだけでなく、食べやすいように計算し尽くされていて、その多くは運転しながら片手で食べられるようになっている。店の場所もアクセスしやすいように注意深く選んである。郊外型店舗の場合、消費者は車で店まで行き、食事をし、帰宅するまでの時間を、一回分の食事を作る時間以内で済ますことができる。同様に、ガソリンスタンド内にファストフード店が開店するようになったおかげで、家族に食事を与えることが、車にガソリンを補給するのと同じぐらい簡単なことになった。この利便性戦略についてマクドナルドは一九九四年の年次報告で、「消費者のライフスタイルの変化を観察し、変化があるたびにそこに割って入る。消費者にとっての利便性が高まるにつれ、私たちはマーケットシェアを広げられる」と豪語している。確かに一九六二年、アメリカの消費者がレストランで使う金額は、食費一ドル（約七十六円）に対してわずか二十八セント（約二十一円）だった。現在、アメリカ人の年間食料支出八千四百億ドル（約六十三兆八千四百億円）のおよそ半分が「家庭の外」で費やされており、そのうちの半分以上はファストフードに使われている。ＮＰＤグループの市場アナリスト、ハリー・バルザー（Harry Balzer）がファストフード店のドライブスルーで開け閉めされる自動車のパワーウィンドウを「今日のアメリカで最も成長している食料器具」と呼ぶのもあながち冗談とはいえない状況だ。

食品メーカーも指をくわえて見ていたわけではない。それはスーパーマーケットの中を歩き回ればよくわかる。冷凍ピザ、小分けのヨーグルト、スナックバー、エネルギーバー、朝食バー、ペーストリー、インスタント・オートミール、インスタント・スープ、インスタント・ヌードル、割けるチーズ、電子レンジ用ポップコーン、ランチセット、缶詰入りカフェラテなど、利便性を訴える食品で店の棚はあふれ返っている。しかし、そこからほんの数メートルも歩けばデリ（訳者注：デリカテッセン。アメリカの街中に多くある、サンドイッチやスープ、サラダなどをその場で注文してテークアウトできる食品店）があり、そこには、サラダ、麺類、グリルチキンなどすぐに食べられる料理が並んでいる。アメリカの伝統的な食品店であるデリカテッセンまでが、利便性を求めた外食ブームの恩恵に浴し、新たな利便性競争に参入していたのだ。

今では誰もが利便性市場の一画を占めたがる。ガソリンスタンドやコンビニエンスストアはジョージョーズ（訳者：ジャガイモ料理の一種）やブリトー（訳者注：メキシコ料理。小麦からできた柔らかい皮に肉や野菜を包んだもの）を売り、スターバックス（Starbucks）では朝食が売られている。大手穀物会社でさえ、利益率の低い農産物取引にうんざりして、サプライチェーンを少しずつ消費者領域へと広げ、自分たちが所有する原材料を自らの手で付加価値食品にするために加工し始めている。大豆やブドウ糖果糖液糖の生産者として有名なアーチャー・ダニエルズ・ミッドランド（Archer Daniels Midland）は、現在、それらの材料を混ぜ合わせてレストラン向けの出来合い食品を作っているし、やはり、巨大農産物業者のコナグラ（ConAgra）は、農産物を消費者向けに調理済み食品に加工し、バターボール（Butterball）やシェフ・ボヤルディ（Chef Boyardee）といった親しみのあるブランド名で販売している。

ブランド価値の下落

さらに厳しいことに、食品メーカーに大きな利益をもたらしたブランドという概念が、食料品店によって希薄化され、侵食され始めている。今では多くの食料品店チェーンが、ラルコープ

（Ralcorp）などのプライベートブランドを手掛けるメーカーと手を組み、インスタントコーヒーや朝食シリアルから調理済み冷凍食品まで、品質面ではメーカー品に劣らず価格面ではずっと安いノーブランド商品をあらゆる分野で提供し、かつては有名ブランドが支配していた価格競争力に深刻な打撃を与えている。前出のボストン大学のカーハン教授はこう解説する。「食品メーカーは自身のブランドをコントロールできなくなってしまいました。彼らはこの百年間ブランドの価値を高めることに力を注いできましたが、ここに来て、有名ブランドであっても、そのほか多勢の商品の一つとして、ほかの商品と何ら区別されることなく販売されるようになってしまったからです」

この問題を過小評価するのは間違いである。今日、食品メーカーは食経済全体の中で非常に重要な地位を占めているため、彼らが打撃を受ければ、食システム全体にも大きな影響が及ぶことになるからだ。メーカーがブランド力のみによって製品を差別化する力を失い、かつてのブランド品からプレミアム性（希少性）という価値が消えて、まるで日用品のようになっていくにつれ、メーカー自身も日用品メーカーのように振る舞い始めた。農場主が価格の下落に対して規模の拡大で対応したように、多くの食品メーカーが市場シェアの拡大とスケールメリットの獲得のために、躍起になって他社の買収に乗り出したのだ。

一九八九年に行われたたばこ会社のフィリップモリス（Philip Morris）と、クラフト、ゼネラルフーズ、ポストの巨大合併によって、オスカー・メイヤー、フィラデルフィア（Philadelphia）、ナビスコ（Nabisco）、マックスウェルハウス（Maxwell House）といった有名ブランドが、一つの巨大な屋根の下に置かれることになった。これは後に、少数の大企業が食ビジネスを支配する状況をもたらす業界統合の始まりにすぎなかった。その後、すべての分野がほぼ一社によって独占されるようになった。ネスレが二〇〇二年にアメリカを拠点とするドレイヤーズ・アイスクリーム（Dreyer's Ice Cream）の買収に成功したことにより、ネスレは世界最大のアイスクリーム・メーカーとなったのみならず（世界市場の十七パーセント、アメリカ市場の約四分の一を占める）、アメリカの高級アイスクリーム市場の半分を占有するに至った。

さらに重要なのは、農場主が価格の下落に際して出荷数を増やしたように、食品メーカーもこれまで以上の大量生産という戦略をとったことだった。彼らは広告を増やし、販促キャンペーンを拡大し、そしてもちろん新製品を続々投入した。今では食品会社はあまりにも巨大化し、多くの製品分野に事業を広げているため、年間一つや二つのヒット製品を出すだけでは生き延びられなくなっている。右肩上がりの成長を続けるためには、毎年何十というヒット製品が必要だとあるアナリストは語っている。

これが、近年、各社の新製品の投入数が急増した原因の一つだった。結果として一九九五年には年間一万四千だった新製品の数は、二〇〇五年には一万九千に跳ね上がっている。

しかし、新製品の数が増えたにもかかわらず、それがヒットする可能性は以前にも増して低くなっている。従来からの食品カテゴリーはすでに飽和状態にあるため、たとえば、一時流行った新鮮食品ブームのように、新しい食品トレンドを食品メーカーが新たに開拓するのは難しい状況にある。もちろんメーカーは懸命な努力を続けている。たとえば、食品業界は最近ではヒスパニック（ラテン系アメリカ人）市場の開拓に躍起になっている。ヒスパニックは比較的家庭での調理が盛んな人種のため、それを何とか取り込もうと、どちらかというと加工の度合いの低い新製品を次々と出しているのだ。

また、ほとんどの食品メーカーは商売敵であるレストランとの敵対関係をやめ、今ではレストランにも様々な調理済み食品を供給するようになっている（もちろん、そこでは出来たての料理として消費者に出される）。同時に食品メーカーは高まる肥満、高血圧など栄養に関連した病気への恐怖を利用して、より健康的でより低カロリーな製品を提供し始めている。たとえば、ネスレ社は「健康と健全」をうたう企業として企業イメージの一新を図り、減塩・低脂肪製品や、医薬品的価値を持たせた、いわゆる栄養補助素材も提供し始めている。

このような健康路線を取る一方で、食品メーカーは「あまり低カロリーではない」食事の需要にも目を付け、ミートローフやラザニア、チーズ、マカロニのほか、今までに発明された調理済み食品の中で最も人気の高いピザなどの〝コンフォートフード（心地良い食品）〟なる製品群も打ち出している（業界のある研究者によればアメリカ人は「こよなくチーズを愛するあまり、チーズを心地良く思う」のだそうだ）。食品メーカーの多くは商品ラインを家庭風製品から、より量が多く、贅沢な材料を使っているレストランスタイルに切り替えている。高級デザートも依然として重要な市場だ。二〇〇〇年、ユニリーバはウェイト・ウォッチャーズ（Weight Watchers）を買収したのと同じ日に、ベン・アンド・ジェリーズ（Ben & Jerry's／訳者注：アイスクリームブランド。濃厚な味が人気）も買収している。

食品メーカーはアメリカ、西ヨーロッパ、日本などの成熟した市場にわずかな成長の機会が残されているといわれるスナック菓子の市場にも、次々と進出していった。スナック以外の食品の売上は毎年一パーセントほどしか伸びていないが、キャンディやポテトチップス、クッキー、クラッカーなどのスナック食品の売上は毎年五パーセントほど増加しており、アメリカだけで年間売上高は六百五十億ドル（約四兆九千四百億円）に上る。さらにスナック菓子は加工食品の中でも最も加工度が高い食品の一つで、付加価値の大きさとそれに伴う大きな利益率が、ほかの分野での売上低迷を補うのに役立っている。

先進国の成熟市場ではスナック菓子が、食品メーカーに残された最後の利益を上げる手段となっている。それは詰まるところ、ネスレのような会社がこの先も成功を収め続けるためには、食卓での食事という西洋の食文化が継続的に衰退していくことが不可欠となっていることを意味している。

成長の可能性を秘める新興市場

今日、アメリカのような成熟した消費者市場で、大手食品メーカーが利益を上げるのは難しいが、東ヨーロッパや南米、アジアの新興市場となると話は違う。そこでは、百年前に西欧で利便性を世に送り出したのと同じ経済と社会的風潮が今まさに根付き始めているところで、大手食品メーカーも積極的に動いている。特にその奮闘ぶりは中国で著しい。都市部に住む五億人の消費者は日々豊かさを増し、労働時間はますます長くなり、料理をしなくなってきている。中国における調理済み食品の売上は、現時点ではまだアメリカの五分の一にすぎないが、市場はアメリカの約十倍のペースで拡大しており、中国の調理済み食品市場は二〇〇九年には六十億ドル（約四千五百六十億円）を超えると予想されている。

上海や北京など繁栄している都市中心部の消費者は、朝食シリアル（『レーズン・ブラン（Raisin Bran）』『フルーティ・ペブルス（Fruity Pebbles）』『オレオ・エキストリーム（Oreo Extreme）』『スペシャルK（Special K）』が特に人気）からエネルギー飲料、香料を添加した食品、そして驚くべきことにコーヒー飲料まで西洋の食品をすべて受け入れた。ネスレも中国市場では非常に好調で、ある調査で中国消費者はインスタントのミルクティも買うであろうという結果が出ると、ネスレはすぐさま新製品を作り、試験期間を経てわずか七週間でそれを食料品店に並べた。ネスレの中国事業を率いるジョゼフ・ミューラー（Josef Mueller）はこう話す。「これは消費者ルネサンスです。中国は国家頼みの社会主義経済から、アメリカ以上に競争の激しい一人前の資本主義経済へと進化しています」

このルネサンスにネスレは賭けていて、上海の虹橋空港近くに研究センターまで設立した。そこには試食ブース、新しいレシピをテストする試作品工場、そして市場調査のためにその土地の食事を詳しく調査する食の専門スタッフまでそろえている。私がセンターを訪ねた時、所長のクリス・ブリムロー（Chris Brimlow）は一枚の中国の地図を見せてくれた。それは政治地図でも地形図でもなく、味の好みによって国が区分けされた地図だった。それによると、西方の州の消費者は、香料を多用した肉料理を好む傾向にあり、北京の消費者は濃い味付けや小麦を主とした食品、そして塩辛さを好むそうだ。また別の図には中国の漢方薬の体系が記されていて、この国の消費者が食物を単なる栄養分としてではなく、病気の治療と精神的なバランス回復の手段としてみてきたことを示していた。

このような調査のおかげで、ネスレは西洋と中国の味をかけ合わせた商品を生み出すことに成功した。たとえば、ネスレは携帯が可能であると同時に、まだ、伝統的な味を好む新興の消費者に『Yo』という黒胡椒味のスナックバーが好まれると考えている。ブリムローは言う。「私たちは料理を分解しています。まず基本的なものを描き出し、その上で、どこに付加価値を与えられるかを考えているのです」。実際、ネスレは中国での十億ドル（約七十六億円）の初期投資に対し、二〇〇四年には十三億ドル（約九百八十八億円）の売上を記録し、しかも、年間成長率は約二十パーセントに達している。

しかし、中国の伝統的な食文化はそう簡単には、西洋の食品メーカーの市場支配を許してはくれない。中国では西洋型のオーブンを持つ家庭は少ないし（パンやケーキを焼くという行為は中国の伝統料理に存在しなかった）、電子レンジはまだ普及していない。もともと中華料理の嗜好と習慣は、ある意味でパッケージ化された利便性食品とはまったく対極にあるものだった。若い消費者はハイテク食品を受け入れているが、中高年層には今でも生鮮食品と地元生産者を重んじる人が多い。農場から届いたばかりの穀物や地元の農産物、地域で作られた肉や新鮮な魚が取引される生鮮市場が依然として人気を集め、食事のたびに一日に何度も市場に足を運ぶ主婦も多い。

成長の可能性を秘めた新興市場は、多種多様な市場の集合体のようなところだ。そこはいろいろな地方文化や言語、習慣、料理などが集まった場所なので、一つの製品を一つの販促キャンペーンで全国隅々まで到達させることは難しい。そして、食品メーカーにとっておそらく最も困難なハードルは、多くの新興経済国ではまだ多くの人々が自分たちの手で料理を作っていることだろう。インドでは収入が増え、中流階級の人口がアメリカよりも多くなっているのに、包装済み加工食品の普及率は非常に低い。インド料理の九十パーセント以上が家庭の中か、地元の商店で作られているからだ。

それでもネスレのような会社は、このような障壁さえ乗り越える機会を見つけ出している。アジアには、もともと乳製品に対する耐性を持たない民族が多いが、そうした人たちの間で、今、アイスクリームが驚くほどの人気を得ている。ネスレの研究者たちは、アジア人の乳糖に対する耐性はもはやほかの民族と変わらない程度になっていると主張する。問題は中国では歴史的に牛乳が非常に珍しく高価だったため、中国人の大半は乳製品の消化に必要な酵素を持っていないことだった。しかし、中国の子供たちを早い段階から乳製品に触れさせておけば、彼らが大人になる頃には乳糖の耐性に問題はなくなっていることにネスレはいち早く気付いたのだ。そして、それはネスレの中国事業が若者市場に向けて幅広く乳製品を発売する動きに拍車を掛けた。

「大人でも三カ月あれば乳糖を分解する酵素を作り出せるようになります。最初のうちは少々気分が悪いかもしれませんが、すぐに慣れます。ヨーグルトは市場に乳製品を紹介する方法としては最適です」とブリムローは言う。そして乳製品は利益を上げる最適な方法でもある。ネスレは特に、高価なプレミアム商品の需要が伸びることを非常に喜ぶ。ネスレが二〇〇六年に発売した製品の半分以上は、高い利益率が原料コストの高騰をカバーしてくれるようなプレミアム商品だった。「利幅が大きく、衝動買いの対象となるアイスクリームのような商品に、少し割り増しされた代金を払ってもらえるよう消費者を説得できれば、高騰するコストにも対応できます」と、ネスレの中国アイスクリーム事業のマーケティング部長のフランク・リー（Frank Li）は言う。

そして中国でもほかの場所と同様に、西洋の食品会社は食品の安全性に対する消費者の恐怖心を利用することにも抜け目はなかった。この恐怖心は今や中国ではちょっとした国民共通の感情となっている。牛乳へのメラミン混入事件によって西洋の消費者の目が中国に向けられるずっと前から、中国の消費者は、何十人もの赤ん坊に脳障害を残した闇取引の粉ミルクをはじめとする汚染食品に絡んだ数々の食品事故を経験してきた。その結果、今日、多くの中国人が有名なブランド名の付いた包装済み加工食品を買い求めるようになっている。「中国人はネスレが高品質と安全性を提供していると考えています。その点について私たちは、非常に確かなイメージを確立できていると思います」とミューラーは言う。

開発途上国の人々にとって、ネスレのそのイメージはとても強力だ。そしてアジアの各国政府もこれまで西洋の食品メーカーの参入を、直接投資の源として公式に歓迎してきた。しかし中国政府の役人の中には、これまで西洋で指摘されてきた西洋の食品業界の問題点に気付き始めている人もいる。中国だけでなく、アジアやほかの開発途上国でも、保健当局の役人の中には、調理済みの利便性食品やスナック菓子、甘味飲料（今日、世界全体で消費される炭酸飲料十本につき一本は中国が消費している）の到来が、肥満と栄養不良の傾向を助長していることに気付いている者がいるのだ。先進国の保健当局と民間の監視団体は、西洋の食品業界が昔ながらの道徳的に好ましくない販売促進戦略を完全に捨て去っていないとみている。

国連によると、粉ミルクの大手メーカーの中には、アジア諸国での販売活動を強めるあまり、医師を買収して、若い母親に粉ミルクが母乳よりも優れているとか、母乳だけでは乳児に必要な栄養が満たされないといった嘘の情報を吹き込む、悪徳企業があると指摘している。『クリスチャン・サイエンス・モニター紙（The Christian Science Monitor）』のインタビューを受けたネスレの元従業員によると、あるケースではネスレ社自らが主催する産後講習に参加していた中国人従業員に、ネスレの粉ミルク『グッドスタート（Good Start）』は母乳よりも優れていると言って、それを薦めていたという。その従業員ディン・ビン（Ding Bing）は「会社が粉ミルクのほうが良いと言っていました。会社は母乳だけで十分だとは言いませんでした」と、『モニター（Monitor）』誌に話している。

しかし、結局のところ、こうした苦情や新興市場への参入に伴うそのほかのいかなる障害も、食品産業の拡大を阻むことはない。自国の市場での売上が下がる中、ネスレやペプシ、クラフトなどの大手は、どんな代償を払ってでも、開発途上国でのビジネスチャンスを逃すわけにいかないのだ。そしてゆっくりと、容赦なく、その障害は崩れ始めている。

一九九〇年代、グローバルな食品会社は無秩序状態にあったアジアや東ヨーロッパ、中南米の新興市場で企業買収を進め、何百もの地元食品会社や飲料会社を傘下に収めた。消費者もその流れを助けた。ある食品業界のコンサルタントが最近中南米についてこう話してくれた。「成熟する人口、進む都市化、そして共働き家庭の増加など、中南米の人々が家庭料理の伝統を捨て、ファストフードや便利な調理済み食品を求めるようになるための条件はそろってきています。次の十年でこの傾向は加速するでしょう」

フランス北西部のとある精肉工場で、解体処理中の豚肉に囲まれた灰色のゴム床の上、M氏が私に脱工業化時代の豚の解剖学を即興で講義してくれている。M氏は富裕層向けのプレミアムチルド肉を製造する会社の社長だが、恥ずかしがって名前を公表したがらない。私を工場見学に招待してくれた彼は、生産ラインの傍らに立ち、二人の従業員がバラバラになった豚の肉片から豚の脚の形を模した肉製品を組み上げる作業を眺めている。骨を取り除き、脂肪をきれいに削ぎ落とし、塩水に二十四時間漬けられた肉片は、工場の組立ラインで扱われる一部品のように、今は従業員の手元の小さな金属容器の中で自分の順番が来るのを待っている。数秒ごとに従業員がそこから肉を一切れ取って、外見を確認した上で、一辺が一メートルほどの四角いステンレスの鋳型の中に丁寧に詰めていく。そして、これが完成すると、豚の脚の筋肉層とそっくりの肉の塊が出来上がる。年齢は四十そこそこ、白い作業服の下にスタイリッシュなスーツで身を包んだM氏が言う。「本物の豚の脚には六本の筋肉がありますが、ここではできるだけ自然な形を保つために、筋肉は五本にしています。本物よりもこっちのほうが良い形をしているかもしれません」

M氏の言葉はあながち冗談ではない。型ごとに圧力調理すると、ばらばらだった肉片が結着して一つの塊となり、輪切りにすれば見た目は本物のハムそっくりになる。ただし骨はないし、何よりもフランス人が嫌がる脂肪やすじや色むらがない。「困ったことに消費者はハムに濃淡のないピンク色と均質性を求めますが、本来、豚の脚の筋肉は色が濃かったり薄かったり、脂肪と隣り合わせだったりするものです。にもかかわらず、消費者も小売店もそれを歓迎しないのです。だから私たちはこうやってハムを均質に仕上げなくてはならないのです」

料理のメッカとして知られるフランスで、消費者が本物の豚肉を嫌がるようになっているという現実は、食通のＭ氏には皮肉で済まされることかもしれない。しかし、フランスの食肉産業を取り巻くほかの様々な変化については、さすがのＭ氏も心配せずにはいられない。

彼が一九九〇年代初めに、アメリカを本拠地とするスミスフィールド・フーズ（Smithfield Foods）との合弁会社を設立した時、フランスの食肉加工業は活況を呈し、利幅も大きかった。しかし、その後、食経済における力関係はひっくり返った。イギリス、ドイツ、そしてアメリカと同じようにフランスでも、大手スーパーマーケットや外食チェーンが強大な力を持つようになり、今ではＭ氏から仕入れる製品について、肉の見た目から値段まで、あらゆることに口出しをするようになった。今や彼らは「均質」のハムを求めるだけでなく、決まって十五パーセント以上の値下げを強要し、Ｍ氏の利益を骨の髄まで削っていく。しかし、現在の市場における力関係では、「自分の儲けが奪われていくのを黙って眺めているしかない」とＭ氏は悲しげに話す。

Ｍ氏の置かれた状況は、今やフランスでもどこでも珍しいことではない。ネスレ（Nestlé）やクラフト（Kraft）などのメーカーが一世紀にわたって、自分たちの戦略条件に合った製品と価格を無理強いできた時代はとうに終わりを告げ、今は市場の需要が食経済を引っ張る時代に移っている。

重要なのは、より良い食品をより安く購入したいという消費者の声であり、それを満たすための小売業者からの要求だった。つまり、今日、食経済を牽引しているのは、従来のような食品の「生産者」ではなく、アメリカのウォルマート（Wal-Mart）、フランスを拠点とするカルフール（Carrefour）、イギリスのテスコ（Tesco）などのメガ・スーパーマーケットや、マクドナルド（McDonald's）、バーガー・キング（Burger King）、ウェンディーズ（Wendy's）など、消費者の期待をうまく方向づけ、フード・チェーンの確固たる管理者となった「販売者」の巨大企業群だった。

消費者にとって、この〝小売革命〟は、より便利で、より種類が豊富で、より安い食品への歴史的な移行を加速するありがたいものだった。スーパーマーケットの店内では、一月なのに山のように盛られた新鮮な農作物やチリ産の鮮魚、特大の骨なし鶏胸肉を詰め込んだ徳用パックなどが、どれも呆れるほどの低価格で売られている。その様は、今日の食経済がわずか十年前と比べても、大きく変化していることを物語っている。

しかし、減り続けるM氏の利益が物語っているように、小売レベルでのこうした変化は、サプライチェーンのより上流に位置する者たちの大きな犠牲の上に成り立っている。この変化と比べれば、二十世紀の食品添加物の登場さえ、それほど大した出来事ではないように思えるくらい、小売革命は激しく食経済全体を変えていったのだった。

かつては食品メーカーや食品加工業者が、利便性や娯楽性などの付加価値への対価として値段を上乗せして利益を上げていた。しかし、今は小売業者がそこにさらに新鮮さや、年中入手できる便利さ、品ぞろえの豊富さなどの価値を上乗せして利益を得るようになった。しかも、消費者に請求できる代価は以前より少ない。このような矛盾した命題を満たすためには、世界中に広がるサプライチェーンの利幅を限りなくゼロに近づけなければならない。

容赦ない値下げ圧力を乗り越えるために食品メーカー側は、生産設備の一層の大規模化や、より安い原料の追求だけでは足りず、それ以上の効率化が必要になった。その答えは、より効率的な設備、より効率的な労働者、そしてついにはより効率的な食品（特に新鮮な農作物と肉）までを執念深く追い求めるなどの徹底的なコスト削減策だった。そして、育種や生産、輸送などの技術が急激に進歩したおかげで、今ではハムやチキンが、それらが最終的に行き着く冷凍ピザやファストフードのブリトーと同じように、寸分違わず画一的に製造できるようになっていた。

今や食品は、どんな高級食品でもただの一商品にすぎなくなり、これが価格の下落に拍車を掛けてきたが、この傾向はその一方で、目に見えないコストも発生させていた。現在の私たちの超効率的、成長依存型システムは、かつてないほどの過剰生産によって、食経済を不要なカロリーであふれ返らせている。その上、低価格への執着は、品質と栄養価が低下した食品を次々と生み出したため、現代の食文化はお買い得感のある価格設定と分量のみに依存したものになってしまった。そして、この食経済はあまりに無駄を省いたジャスト・イン・タイム方式（訳者注：指定した時間どおりに指定した数の注文品が納品されるシステム）の上に成り立っているため、ちょっとしたことで大混乱に陥ってしまう。これでは、とてもではないが、食物が媒介する病気の蔓延や燃料費の高騰などの混乱を吸収することはできない。にもかかわらず、初期の農業と加工技術の変革がそうだったように、この小売主導型システムに対する消費者の信頼が崩れ始めていても、いまだにその変化の勢いは衰えを知らない。

フランスのM氏の工場から西へ一万マイル（約一万六千キロ）ほど離れたアメリカ・ワシントン

州ウェナッチにあるスーパーマーケット、アルバートソンズ（Albertsons）の店内をしばらく歩き回れば、食品メーカーを打ち負かした小売革命の現実を見つけることができるだろう。アルバートソンズはウォルマート、クローガー（Kroger）、セイフウェイ（Safeway）に続いてアメリカで四番目に大きいスーパーマーケット・チェーンだ。広大な店の床面積と膨大な品ぞろえ、そして丁重な対応で知られる従業員からは、暴力的な小売革命というよりも、むしろ宗教的な祈りや安らぎのようなものが伝わってくるようだ。

そこでは、お腹を空かせた買い物客が欲しがりそうな、あるいは必要としそうなありとあらゆる物が、すべて手を伸ばせば届く所にある。ここには畑一エーカー（約四千平方メートル）分以上の農産物が並ぶ。小玉スイカからサラダ用にカット野菜を詰めたビニール袋まで何百もの品々が取りそろえられ、何千マイルも離れた農地から届いたとは思えないほど、どれもが新鮮で、素晴らしい見栄えをしている。そしてもちろん、驚くほど安い。ここには巨大な精肉売り場や鮮魚売り場もある。品ぞろえは農産物と同じく膨大だ。完璧な形をしたハムはもちろんのこと、山積みにされたステーキ肉や骨なしローストチキンを乗せた特大トレー、タイ産のエビ、中国産ティラピアのフィレなどが所狭しと並んでいる。何十種類ものスープやサイドディッシュや出来たてのメインディッシュが並ぶデリカテッセンのコーナーもある。店の中央には、加工食品と包装済み食品の棚が並ぶ通路が何重にも連なり、そのほとんどがいつも大安売りをしているように見える。

あまりの豊かさに、しばらくの間、自分がここに来たのは食品を購入するためではなく、何かお祭りにでも参加しているような気にさせられてしまう。だがこの店にしても、ほかのスーパーマーケットにしても、めでたいものなど何もない。従業員の快活な接客から、きれいに積み重ねられた製品の山、壁の色、ショッピングカートの大きさ、棚に並ぶ製品の配置に至るまで、私たちがここで味わう経験のすべてが売上を最大化し、コストを最小化するように注意深く計算されたものなのだ。それもこれもすべてはここ十年の間に、最も過酷な競争市場の一つとなった小売食品市場で、自社のシェアを死守するためのものにほかならない。

スーパーマーケットの反乱

小売店の反乱は、二十年前に始まった。当時、食品メーカーは、消費者の賃金が横ばいだったにもかかわらず、値上げを繰り返し、消費者が望む食品の価値を提供できるのは自分たち以外にいないのだと、傲り高ぶっていた。この過信は小売業者に絶好のチャンスをもたらした。

小売業者はより消費者に近いため、実際に食品の価値を提供するためには、食品メーカーよりもずっと有利な立場にいた。ヨーロッパでは、新参のカルフールやアルディ（Aldi）といった食料品店が大幅な値引きを始めていた。その超低価格と自社ブランドへのこだわりは、フランス実業界からは反資本主義者などと揶揄されたが、フランスの消費者には愛された。アメリカでは、消費者のインフレに対する不安を敏感に察知したサムズクラブ（Sam's Club）、コストコ（Costco）、プライスクラブ（Price Club）などの倉庫型店舗が同じように極端な値下げを行っていた。そして一九八九年、低価格モデルの王者とも呼ぶべきウォルマートが、スーパーセンターという従来型スーパーマーケットとホームセンターを組み合わせた新しいタイプの店舗の第一号店をミズーリ州ワシントンにオープンした時、小売業者の反乱は頂点に達した。

ウォルマートは非食料品事業に行ったのと同じように、食料品においても、従来の価格設定モデルを根底から覆した。それまで食料品店は、高い利幅と時折開催するセールだけで十分に利益を上げることができていたが、ウォルマートは毎日セールを行い、大幅に利幅を縮めた上で、それを埋めるのに十分な量を売りさばく戦略をとった。さらに、毎日の価格を低く抑えるために組織的に、サプライチェーンのすべての工程で容赦ないコストと無駄の削減を断行した。従来の食料品店はコストのかかる店内在庫に大きく依存していたが、ウォルマートは在庫を最小限に抑え、すでにほかの業界で広まっていた、必要なときだけあらゆる商品を調達するジャスト・イン・タイム方式を食品においても初めて採用した。また、従来の食料品店には労働組合があったが、従業員数でアメリカの全労働力の約一パーセントを占めるウォルマートは労働組合をつぶして、人件費を競合他社の約三分の一に抑え込んだ。ただし、ウォルマートのこの行動は報道を含めかなりの批判を受けた。実際、ウォルマートは毎週一万二千人の従業員を新たに雇用しているが、その大半は退職者の補充要員というのが実情だ。

一方、ウォルマートが、スケールメリットを有効利用する名人であることは、世間にもよく知られている。ウォルマートの食料品売り場のフロア面積は従来の食料品店の二倍もあり（従来の食料品店が三万五千平方フィート〈約三千二百五十平方メートル〉だったのに対し、ウォルマートの食品売り場は六万一千平方フィート〈約五千六百七十平方メートル〉）、これはつまり、運営をさらに効率化すれば、二倍のコストをかけることなく、買い物客の数と売上を二倍に増やせることを意味していた。加えて、従来の食料品店は主に食品で収益を上げていたが、ウォルマートはそれよりもずっと幅広い分野で儲けを上げていた。ウォルマートの売り場の床面積の約三分の二は、衣料品や家庭用品、化粧品などの非食料品が占領していた。こうした品々は食料品よりも利幅が大きいため、そのおかげでウォルマートは食品をさらに低価格で販売することができた。また、値札をスキャンすることで自動的に売上を管理できるPOSシステムやそのほかのITシステムをいち早く取り入れ、各店舗でどの商品がどのぐらいの速さで「回転」しているかを、常に正確に把握できるようにし、店の棚には最大の収益を生み出す商品以外は一切置かせないように徹底した。

食料品市場に占めるウォルマートのシェアは非常に高い。何と、アメリカで食料品購入に使われる一ドル（約七十六円）につき二十一セント（約十六円）はウォルマートで使われている。二〇一〇年には、これが一ドル当たり五十セント（約三十八円）になるともいわれている。その規模ゆえに、ウォルマートは商品のサプライヤーに対して、無敵の交渉力を持つ。サプライヤーにとってウォルマートとビジネスを続けるためには、価格を保つか、下げるかのいずれかしかないのだ。プルデンシャル証券（Prudential Investment）のジョン・マクミリン（John McMillin）はこう説明する。「ウォルマートが食料品の小売を始めた当時は、クラフトやハインツ（Heinz）、ゼネラルミルズ（General Mills）などに大幅値下げを迫ることはできませんでした。しかし、今やゼネラルミルズの売上の二十二パーセントはウォルマートが占めています。ここまでウォルマートのシェアが大きくなると、相手の承諾を得ずに値上げをすることをできません。十五年前なら、ゼネラルミルズが値上げをするときに小売店の了解を得る必要などまったくありませんでした」

要するに、ウォルマートは競合他社よりもはるかに低コストで、売上を生み出すことができるということだ。そしてウォルマートはそのコスト削減分の大半を、値下げという形で消費者に還元しているため、売上はさらに増え、それがさらなるコスト削減をもたらし、ウォルマート自身が「終わりのない好循環」と呼ぶ状態となる。すでにアメリカのGDPの約二・五パーセントを占める世界最大の商業組織となったウォルマートの薄利多売方式は完璧な自己増殖方式でもあるため、年間二百店という驚異的なペースで新しい店舗を開くことができ、それがさらに市場シェアを拡大させ、サプライヤーとの交渉力をより一層強めている。

近年ウォルマートは自社のビジネスモデルを海外に持ち出し、メキシコやイギリス、中国、インドなどで店舗を開店したり、他社を買収したりしている。また、東ヨーロッパとロシアでも新たな進出機会を模索している。新興市場の支配を目指したウォルマートのこうした動きは、フランスのカルフールやイギリスのテスコらのライバルも後を追っている。

小売業界を変革したウォルマートの功績

ウォルマートがサプライヤーに対して発揮できる権力には目覚ましいものがあるが、ウォルマートが食システムに与えた影響の中で、より重要性が高いことは、その成功が食品小売業界全体を変革したことだ。ウォルマートの徹底した低コスト構造に対抗できない昔ながらの食料品店の多くは廃業に追い込まれるか、もしくはほかのチェーン店との合併を余儀なくされ、結果的にアメリカの食料品小売市場全体の半分をウォルマート、クローガー、アルバートソンズ、セイフウェイ、コストコ、オランダのアーホルド（Ahold）の六社が支配する状況を生んだ（二十年前、上位六社のシェアは市場全体の五分の一にすぎなかった）。都市部では全食料品売上の四分の三をたった四つのスーパーマーケット・チェーンが支配している。

これらのメガ・チェーンストアは最も小さいものでも、食品メーカーとの価格交渉において、ウォルマートばりの影響力を振るうだけのシェアを持っていた。その結果、単に自社の製品を店に置いてもらうだけのために、食品メーカーは大手小売店チェーンに対し一店舗ごとに一品目につき最低七十五ドル（約五千七百円）から最高三百ドル（約二万二千八百円）を支払わなくてはならなくなっていた。さらに、人の目線と同じ高さの陳列棚やレジカウンター横の棚などのプレミアム・スポットに商品を配置してもらうためには、プラスαの費用が必要になる。ある概算では、こうした販売奨励金やリベート料は一社につき一店舗当たり年間二百万ドル（約一億五千二百万円）にも上り、それが食品メーカーの新製品の開発能力を圧迫し始めているという。こうしたコストが食品業界全体で年間約百六十億ドル（約一兆二千百六十億円）の負担になっているとの推計もある。しかも、これだけの費用をかけてもどうにもならないこともある。小売店は商品棚のスペースを人気のある商品にしか割り当てないため、売れ行きの悪い製品は棚に並べてもらうことすらできないのだ。そのため、食品メーカーは常にキラー商品を開発しなければならないプレッシャーにさらされている。ネスレのレンク（Renk）は「ある分野で三、四位の位置にいるような商品は、消費者から必要とされていないと小売店に見なされ、棚から蹴落とされてしまうのです」と話す。

小売店から値下げを迫られた大手食品メーカーは効率化とコスト削減のために、労働力の削減や生産ラインの自動化、旧施設の閉鎖、中国産などのより安い原材料への切り換え、買収による生産規模の拡大など、様々な形で事業の合理化を余儀なくされた。実際、過去十年間の食品業界の合併状況を見ると、大企業が何十億ドルという大金をはたいて中小企業を買収するケースのほとんどは、小売店からの執拗な値下げ圧力に耐え抜くためのコスト削減を目的としたものだった（現在、朝食用シリアル、スナック、ビールの各カテゴリーにおいて、全製品の四分の三は上位四社によって製造されている）。

結局、ウォルマートの購買力とウォルマートに触発された競合他社の購買力が徹底的にサプライチェーンを絞り上げたため、アメリカの食料品価格は一九八五年以降何と九・一パーセントも下がっている。つまり、ウォルマートは目に見える形で多大な利益を消費者にもたらしたことになる。これは、ウォルマートがどこかの小さな町や、哀れなサプライヤーや、西洋文化を荒廃させていると批判されるたびに、ウォルマートとその擁護者たちがいつも主張することだ。しかし、輝かしい数字の裏側にある現実を知る人は少ない。この価格の下落は、大半がウォルマートによる人件費削減の成果なのだ。同じ調査によると、ウォルマートの人件費削減によって、一九八五年以降のアメリカの平均賃金は二・二パーセントも下がっている。

一方で、小売店はサプライチェーンにまた別の、そして恐らくより重要な変化をもたらしている。価格面でウォルマートに太刀打ちできない多くの新興メガストアは、価格以外の部分で差別化を図ろうとしている。たとえば、ウォルマートは在庫品目を最小限に抑えるために商品の在庫数をできるだけ少なくしているが、新興の小売店の中には反対に品ぞろえを劇的に拡充させるところが出てきた。選択肢が多ければ多いほど、消費者は一度の買い物でより多くの品目を購入する傾向があるという調査結果があるからだ。「店が大きいほど、買い物カゴのサイズも最大で二十パーセントまで大きくなります」と、メリーランド大学で小売業を専門とするロジャー・ベタンコート（Roger Betancourt）教授は言う。

アメリカの平均的なスーパーマーケットにおける商品の品目数が、一九八〇年の約一万品から現在の四万五千品まで急上昇した理由の一つはここにある。当然食品メーカーには、新製品開発の圧力がより重くのし掛かる。

また、ウォルマートが世帯収入三万ドル（約二百二十八万円）未満の下位中産階級層をターゲットとし、店にブルーカラー向けの装飾を施しているのに対し、老舗スーパーマーケットの多くはより裕福な客層をターゲットとし、落ち着いた照明やフローリングを採用し、スタッフには笑顔での接客を義務付けるなどの工夫を行っている。また、スーパーマーケットの中には、客の行き来が激しいエリアの周辺でパンやカフェ、デリなどの高付加価値商品を販売するサービスを行うところも多い。このようなアメニティは小売店の売上の中でますます大きな比重を占めるようになり（温かいテイクアウト用食品の利幅は約四十一パーセントで、化粧品類の約二倍にもなる）、小売のサプライチェーンを変革へと駆り立てる主な要因の一つとなっている。

農作物に見るサプライチェーンの変革

最近の農産物部門での革命を思い出してほしい。新鮮な果物や野菜に対する消費者の高い需要（そして消費者が相応の割増額を支払う意思）に乗じて、小売店は今や膨大な品ぞろえを提供するようになった。今日、農産物部門の最小在庫管理単位（ＳＫＵ＝Stock Keeping Unit）は平均で三百五十もあり、これは一九八七年の約二倍である。前述のとおり、豊富な品ぞろえが売上増加につながるからだ。棚在庫は見栄えを保つために絶えず補充されるが、これはつまり店側が十分な量を仕入れているため、最終的に廃棄される量も多いことを意味している。同様に、消費者はいったんある物を買うと、購買パターンが固定されて、入手できる限り同じ品目を買い続けることが多いため、小売店は季節による品ぞろえのばらつきを減らすよう努力を続けてきた。今日の新鮮な農産物のサプライチェーンは、途切れることなく常に新しい作物が収穫できるように、異なる地域の（つまり気候帯の異なる地域の）複数の農家から仕入れるようになっている。入念に設計された物流システムのおかげで、今日チリ産のラズベリーが収穫されてから、包装、輸送されてアメリカ国内のスーパーの棚に並ぶまでに、四日しかかからない。

この進歩は大きな恩恵をもたらした。農産物部門は大きな利益を生むようになり、今では平均してスーパーマーケットの一店舗の利益の六分の一を占めている。[1] 消費者もまた選択肢が格段に広がったことで、農産物の消費量が一九八〇年と比べて三十パーセントも増えた。農産物革命はチリなどの国々にとっても朗報だった。地形に恵まれ何百通りもの微妙な気候差があるチリは、あらゆる生産物を世界中のどの市場へも（北米でもヨーロッパでもアジアでも）、そしてほぼ一年中供給できる農業大国として、頭角を現している。ほかのもっと小さな国々も、グローバルな農産物の流れのすき間を狙って、狭い農業地帯を有効活用している。たとえば、グアテマラの農家は、ベリーの栽培を、チリからの収穫がやや減少してカリフォルニアの農家がまだ稼動し始めていない春の一時期と、カリフォルニアでの収穫がピークを過ぎた秋を狙ってアメリカに輸出することで、しっかりと儲けている。

しかし、そこに至るまでに多大なコストがかかるのも事実だ。まず、農家は野菜でもベリーでも、より硬い品種を開発しなければならない。長い輸送時間と最新の流通システムに耐えるためだ。しかし、それは大抵の場合、味が大きく落ちる上、栄養価も下がる。鮮度を保証するためにサプライヤーはより多くの農産物を空輸しなければならず、温度と空気が調節できるコンテナには多額の費用がかかる。長距離の空輸や冷蔵コンテナの導入によって運送費は膨れ上がるが、小売店が支配する新しい食料品ビジネスの世界では、小売店にこのコストを転嫁することなどできない。サプライヤーは、何とか自分たちでコストを削る方法を見つけるしかなかった。その典型的な方法は、気候的に恵まれ、なおかつ土地と人件費が安い所へ栽培場所を移すことだった。チリが巨大な農産物大国として浮上したのは、その幅広い気候もそうだが、安い労働力の宝庫だったことも大いに関係している。

このグローバルな農産物の流通モデルには、ほかにも様々な問題があった。消費者は農産物に対しても、加工食品と同レベルの画一性と傷一つない完璧さを求めるようになったため、小売店は果物や野菜に、品質や見た目の良さ、大きさ、重さが規格にぴったりと合うことなどを要求するようになった。イギリスに出荷されるアボカドは目標重量との誤差が〇・五オンス（約十四グラム）以内でなくてはならないし、フランス行きのグリーンビーンズは真っ直ぐで、長さはぴったり百ミリでなくてはならない。しかも、小売店は高額な農産物の在庫を手元に置くことを嫌う一方で、必要な時にはすぐに欲しがるため、一万マイル以上離れた場所からであろうとサプライヤーはひっきりなしに配送を行い、通常は一晩で顧客の在庫を補充しなければならない。そして約束の量と品質を守れなかったサプライヤーにはとんだ災難が待ち受けている。

アフリカのある輸出業者が教えてくれた。「目標どおりに配送ができなければ、買主はあなたの代わりに競争相手と取引を始め、あなたの会社をもう二度と使わなくなるだろう」と。そうでなくても今日、農家が農産物を生産するために巨額の投資を行わなくてはならないことを考えると、これはもう経済的災難としか言いようがない。それでも、失敗の代償があまりに大きいので、輸出用農産物を作る大規模な生産農家では、規格に合った製品を約束の時間に配送できるようにするために、必要以上の量を植えるのが常態化している。そうすることで供給量は満たせるが、同時にこれは恐ろしいほどの無駄を生む。ヨーロッパの小売店と取引のある熱帯地方の輸出業者はこう打ち明けてくれた。「私たちが廃棄する量は、時に常識を外れています。常時十五トンの豆を収穫し、輸出できるのは八トンのみで、残りは曲がっているため対象外となります。そのうち三十パーセントは薄切りにして加工されますが、残りはただ廃棄されます」

しかも、これだけの無理をしていても、生き残れないかもしれない。小売店が値下げを迫り続けると、サプライヤーの中でもスケールメリットを享受できる大規模サプライヤーしか生き残れなくなってくるというのだ。たとえば、現在国際的なバナナ取引の半分以上はアメリカのチキータ（Chiquita）とドール（Dole Food Company）の二社が取り仕切っているが、この要因の一つは、ヨーロッパでバナナの卸売価格が三十パーセント以上も下がり、小規模サプライヤーを廃業へ追い込んでしまったからだ。生き残ったサプライヤーにも、これまでにないほど少ない利幅と容赦ないコスト削減要求が待ち受けている。ある農場主は幾分恨みを込めて言った。「気が滅入ることばかりですよ。農業はもはや生産や品質とはほとんど関係がありません。すべては価格を下げて、下げて、下げることに尽きます。ほかのことに関心を向けても一切無意味です」

鶏肉産業の犠牲者

M氏が経営する豚肉の工場から徒歩で数分の所に、調理肉を専門に扱う別の工場があるが、そこでは小売革命の影響をはっきりと目にすることができる。ここには、長さ約三フィート（約九十一センチ）、幅約三インチ（約七・六センチ）のチューブ状に加工されたたくさんの豚肉が棚に置かれている。これをスライスすると、某世界的ファストフード・チェーンで販売されているサンドイッチに挟むのにぴったりな円型をしたピンク色の肉のパテができる。フランスにあるこのファストフード・チェーンは、数年前の狂牛病騒動の時、牛肉の人気が下がり、代替品を開発する必要性に迫られたため、このハムサンドを売り始めた。M氏は巨大な顧客との取引機会に飛び付き、ほどなく豚肉のチューブを大量生産するようになった。しかし、その後そのファストフード・チェーンから大幅な値下げを迫られるようになり、M氏は今ではこの投資が賢明なものだったかどうかを疑い始めている。生産ラインの最適化でコストを削減しようと試みたところ、今度はそのチェーン店から品質に対する苦情が出てしまった。このエピソードは肉ビジネスで利益を上げることがますます困難となっている不条理さを浮き彫りにしている。「十五パーセントの値引きを企業努力でカバーすることなどもはや不可能です」とM氏は言う。

ある意味で、食肉加工業者は小売店による搾取の最初の犠牲者であり、あまり語られることのない小売革命の陰の存在と見ることができる。しかし、一九七〇年代半ば、ウォルマートが大手食品メーカーに戦いを挑むはるか以前から、独自にコスト削減を目指して改革運動に取り組んでいたもう一つの巨大な小売食品セクターがあった。外食産業だ。その改革の主唱者は、当時からすでに必死で新しい肉を捜し求めていたマクドナルドだった。当時アメリカ人は、まだ牛肉を愛していた。一九七六年のアメリカ人一人当たりの牛肉消費量は何と年間九十二ポンド（約四十二キロ）もあり、それは鶏肉の二倍以上だった。しかし、その頃の牛肉市場では、以前のような活気は失われ始めていた。医学界は肉の赤身が心臓の血管に悪影響を及ぼすと批判していたし、世界的な穀物不足によって牛の餌となるトウモロコシの費用がかさんだため、牛肉価格は高騰していた。価格上昇と健康問題の狭間で、牛肉消費量は減っていた。安いハンバーガーを売ることでファストフード帝国を築き上げていたマクドナルドにとって、これは深刻な事態だった。マクドナルドは新たな低価格の肉を必要としていた。そこでマクドナルドが目を付けたのが鶏肉だった。そしてそれは、人間とタンパク質との関わりの歴史を変える大きな出来事となった。

鶏肉はいくつかの点で、マクドナルドの新たな計画にぴったりだった。牛肉よりもカロリーが低く、より健康的と考えられていた。また、牛肉や豚肉よりも、世界のより多くの民族に広く受け入れられていた。さらに鶏は牛より三倍も効率良く穀物を肉へ変えるので、安く生産できた。加えて、当時登場したばかりの新しい食肉加工技術は、鶏肉を莫大な数の消費者向け商品に加工することを可能にしてくれた。特に「機械式分離技術」として知られる加工技術は大きな話題を呼んだ。これは鶏肉を目の細かい網に通して半液体状にし、フィルターに通した後、化学的結合剤を使用して、好みの形に固めることを可能にする技術で、これを使えば鶏肉をホットドッグでもハンバーガーのパテでも、はたまた一口サイズのナゲットでも、事実上どんな形にも成形することができた。

一九八〇年、マクドナルドはチキン・マックナゲットと銘打った試作品を投入した。機械的に分離させた鶏肉を一口大に成形し、パン粉をつけて油で揚げ、冷凍し、各店舗で再加熱し、ソースに付けて食べるというものだ。これが一九八三年の発売後、売れに売れ、メガヒットとなった。実際は牛肉と比べて健康上有利な点があるわけではなかったが（実は一オンス単位で比べれば、チキン・マックナゲットのほうが、ビッグマックよりもカロリー、脂肪分、塩分、コレステロールのすべてにおいて高いのだが）、アメリカでは人々が店の外まで行列ができるほど、先を争ってこれを買い求めた。一年も経たないうちに、究極の低価格ハンバーガー・チェーンのマクドナルドが、世界で二番目に大きい鶏肉の販売主となっていた。

この時、鶏肉ブームが始まった。マクドナルドの後を追うように、ライバルのファストフード・チェーンはこぞって安い鶏肉料理を発売し始め、昔から鶏肉を扱っていたケンタッキーフライドチキン（KFC）やボージャングルズ（Bojangles'）も事業拡大に躍起になった。スワンソン（Swanson）やキャンベル（Campbell's）などの食品メーカーも鶏肉を使った冷凍食品を売り出し、スーパーマーケットは生の鶏肉も冷凍された鶏肉も共に在庫を増やした。アメリカにおける鶏肉消費量は、一九九三年に下降線をたどる牛肉消費量と並び、ついにはこれを追い越し、一人当たり六十八ポンド（約三十一キロ）にまで増えた。養鶏農家の間にゴールドラッシュ的な精神状態が広がり、大規模なブロイラー鶏舎が南部全域に次々と建てられた。一九九〇年代初めには、アメリカの飼育羽数は年間約三億羽ずつ増えていった。「今後もますます成長するだろう。ブロイラー産業は変わったのだ」と、鶏肉産業アナリストのビル・ハファート（Bill Haffert）は興奮気味に『ニューヨーク・タイムズ紙（The New York Times）』に語っている。

けれども、ハファートにも見えていないことがあった。アメリカ人の鶏肉への新たな嗜好を満たすためには、養鶏場での生産工程を一から考え直さなくてはならなかったのだ。ファストフードで提供される鶏肉製品の大半は、これまで鶏肉加工業者が育ててきたような鶏の丸焼きでも揚げ物用のぶつ切り肉でもない骨なし肉だったため、養鶏場では加工しやすい鶏を開発しなければならなかった。肉の量を増やし、骨の除去を楽にするためには、当然体を大きくしなくてはならない。そのためにはまずタイソン（Tyson）、フォスターファームズ（Foster Farms）、パーデュー（Perdue）といった企業が導入し始めた機械化された加工装置に合うよう、鶏のサイズを平準化する必要があった。胸の肉付きも大幅に増やす必要があった。アメリカの消費者は赤身のもも肉よりも白身の胸肉を好み、白身肉のほうがパテやナゲットに加工もしやすかった。そのため白身肉はもも肉の二倍のペースで需要が伸びていた。それは、従来の体格をした鶏だけで供給できるペースをはるかに超えていた。

何より、この大量生産仕様の新しい鶏には徹底した安さが求められた。ファストフード・チェーンは開店当初から低価格戦略を不可欠なものと捉えていた。当初それは消費者を台所から誘い出すための手段だったが、一九八〇年代になると、マクドナルドとそのほかのファストフード店との間で勃発した過酷な〝生存競争〟における最大の武器として、低価格路線は欠かせないものとなった。ウォルマートが食品メーカーを制圧し始める前から、ファストフード・チェーンはタイソン、ピルグリムズ・プライド（Pilgrim's Pride）、パーデューなどの鶏肉生産者を相手に大幅な値下げを要求していた。これらの食品メーカーはいずれも強大な企業で、一昔前ならばそのような要求はにべもなく跳ねつけただろうが、すでに時代は変わっていた。一九八〇年代にはファストフード・チェーンは鶏肉生産者にとって欠かすことのできない重要な顧客に成長していて、すでにアメリカで消費される全鶏肉の三分の一がファストフード・チェーンによって消費されていた。食肉加工業者は自ら生産コストを削減する以外に選択肢はなかった。

新たに改良された鶏もコスト削減に貢献した。遺伝学の進歩でエビアジェン（Aviagen）やコッブバントレス（Cobb-Vantress）などの品種改良を行う企業が、白身肉の産出量を最大にするために胸部の筋肉を発達させる体質を獲得することや、鶏が穀物を早く筋肉に変換できるよう消化管の働きを改善することなど、鶏の成長に影響を与える要素をほぼ全面的に操作できるようになった。こうして生まれたブロイラーは歩く鶏肉マシーンとでも呼ぶべきものだった。大きさは一九七五年頃の鶏の二倍はあり、胸部には〇・五ポンド（約〇・二三キロ）以上多くの肉が付き、しかもそれが相撲取りのような体型になるまでの成長速度は異常に速かった。一九七〇年代のブロイラーが屠畜重量に達するまでに十週間かかっていたのに対し、今日それは四十日で達成できるようになっている。これはつまり、積極的な養鶏農家なら一年間にかつてよりも二度も多く出荷ができ、年間産出量を四十パーセント増やせることを意味した。

成長が早ければ餌代も抑えられる。屠畜重量に達するまでの日数が少なければ、当然飼料の消費量も少なくて済む。一九六〇年代、ブロイラーが一ポンド（約〇・四五キロ）体重を増やすために必要な飼料は二・五ポンド（約一・一三キロ）だったが、現代の改良鶏が一ポンド増やすために必要な飼料は一・九ポンド（約〇・八六キロ）にすぎない。ブロイラーの生産コストの七十パーセントが飼料代であることを思えば、これは大きな改善である。ベテラン鶏肉産業アナリストのポール・エイホー（Paul Aho）は話す。「現代の鶏は、皮と骨ばかりのやせ細った体で納屋を走り回る存在から、内臓器官まですべて利用できる、動きの緩慢な肉付きの良い動物へと変容しました」

しかし、鶏の改良だけでは、膨れ続ける安価な鶏の需要には応え切れなかった。大手スーパーマーケット・チェーンと同様に、ファストフード店も価格へのこだわりは強く（マクドナルドやウェンディーズ、ケンタッキーフライドチキンは一食一ドル以下のチキン料理を提供していた）、彼らはサプライヤーに対して、ウォルマートばりの凶暴性をむき出しにして値下げを迫った。

バイヤーであるファストフード・チェーンは、ただ低い価格を要求するだけでは飽き足らず、自分たちが購入する鶏が最も安い方法で生産されているかどうかを確かめるために、養鶏業者の経営にまで口を挟むようになっていた。コナグラの鶏肉部門（ConAgra Poultry）の前ＣＥＯブレイク・ラヴェット（Blake Lovette）はこう語る。「ファストフード・チェーンは私たちに帳簿を開かせ、鶏の生産にかかる実際の費用を提示させました。彼らは我が社の主要な決定事項にまで関わろうとしました。そこにはたとえば、餌となる穀物をいつ、どのぐらい、いくらで購入するかなども含まれていました」。このように値下げへの圧力があまりに強くなり過ぎたため、養鶏業者は販売した鶏肉一ポンド（約〇・四五キロ）につき平均で二セント（約一・五円）しか儲けを得られなくなってしまった。

これだけ薄い利幅でやっていくためには、養鶏業者は単に「大きい鶏」の遺伝子に頼るだけでなく、新たな方法で自己改革を進めなければならなかった。[2]そのため、鶏に与える飼料は最大の成長率が得られるようにコンピュータを使って、でん粉、アミノ酸、抗生物質、タンパク質（多くは食肉処理場からの臓物）などを配合したものになった。加工処理はオートメーション化が進み、大規模食肉処理場では鶏の屠畜、羽毛除去、内臓除去、解体のすべてを機械で行うことで人件費を削り、ラインの速度を一分間に約五十羽から約百羽にまで引き上げている。

経営規模も巨大化した。一九八〇年、鶏肉加工業者が競争力を持つためには、最低でも二つの食肉処理施設を持ち、年間のブロイラー生産量が三千二百万羽必要だとされていた。エイホーの話では、これだけの量を処理すれば、一羽当たりのコストが抑えられ、辛うじて利益が出るということだった。しかし、その後約三十年間、利幅は減少し続け、今では経営を続けていくには以前より大きい工場を四棟と、年間二億六千万羽の鶏が必要だという。「一九八〇年は、鶏肉加工処理工場の年間処理数は千六百万羽でした。それが今は一週間に百二十五万羽を処理して、やっと、とんとんです」とエイホーは言う。しかも、この百二十五万羽というのは最低ラインだ。ミシシッピ州カーセッジにあるアメリカ最大のチョクトーメイド（Choctaw Maid）鶏肉工場では、一週間に二百万羽以上の鶏を処理している。

そして当然のことにように、鶏肉加工業者は彼らと取引するサプライヤーに値下げ圧力のしわ寄せを押し付けた。鶏肉業界は穀物を大量に消費するので（アメリカのトウモロコシ収穫量の七分の一と、大豆収穫量のほぼ五分の一）、タイソンのような大手食肉加工会社は飼料の価格を大幅に値引きさせることができた。また、大手鶏肉加工会社が鶏を飼育する養鶏農家に大きな圧力をかけた結果、パーデュー大学の調査によれば、養鶏農家の約半数が十万ドル（約七十六万円）以上の借金を負うところまで追い詰められているという。

鶏肉加工会社はもう一つ重要なコストを削減した。人件費である。屠畜作業はますます自動化が進んでいるが、骨抜きなどの作業は今でもほとんど人の手で行われている。鶏肉の需要増加に伴って、加工会社では生産ラインの労働者を何千人も増やしたが、人件費がもともと薄い利幅を損なうことのないよう、あらゆる手を尽くした。

ほとんどの鶏肉加工会社は労働組合化に反対するだけでなく、まだ労働組合の結成が進んでいない上に、経済的に衰退していて大型生産施設の社会的費用を大目に見てくれる傾向のある南部の州に、その生産拠点を移していった。さらに、ほかの食品部門と同様に鶏肉加工会社も、移民労働者に頼っている。[3] その多くは不法滞在者で、劣悪な労働条件と時給八ドル（約六百八円）の低賃金を受け入れる人々だった。現在の鶏肉産業の賃金は、一九七七年時点での賃金よりも（インフレ調整後の数値で）二十四パーセントも低い。そのことが鶏肉加工工場の労働者が、ほかの製造業の労働者と比べて離職率が五倍も高い理由の一つであることは間違いないだろう。

このようにしてコスト削減と効率の向上に絶えず注意を払ってきたおかげで、鶏肉業界は顧客に膨大な量の鶏肉を供給し続けることができた。一九八〇年以来、アメリカの鶏肉生産量は百十三億ポンド（約五百十三万トン）から三百七十億ポンド（約千六百七十八万トン）へと三倍以上に増えた一方で､価格は下落し続けた。今日､骨なし､皮なしの胸肉は卸値で一ポンド当たり一・四ドル（約百六円）と、一九八〇年の価格の四分の一以下（インフレ調整後）で取引されている。

市場にあまりにも大量の鶏肉が出回るあまり、すべてを売りさばく場所を見つけることが、業界にとって新たな課題となった。加工業者は今、輸出市場に大きく依存している。現在、アメリカの全鶏肉生産量の七分の一に当たる年間二百五十万トン（大半は人気の低い手羽元）が海外、特にアジアやロシアに輸出されている。国内では小売店と食品加工業者が鶏肉の新たな使い道を、ピザのトッピングや電子レンジ調理用のナゲットから、アメリカ人が年間百十億本単位で消費するバッファロー・ウィング（訳者注：素上げした手羽先に辛いホットソースを絡めたもの）まで、ありとあらゆる方法で広げている。

今日、平均的なアメリカ人は年間八十七ポンド（約三十九キロ）の鶏肉を食べる。これは一九八〇年の二倍に当たり、今日の牛肉の消費量の二倍弱である。過食の問題が指摘されているにもかかわらず、鶏肉消費の増加傾向は今のところ減速の兆しをまったく見せていない。「アメリカ人の胃袋にも限界があるのは確かです。ここ十年、私はその限界にまもなく到達すると予測し続けているのですが、それはいまだに訪れていないようです」とエイホーは語る。

一極集中化する食肉産業

食経済は相互の結び付きが非常に密接なため、鶏肉需要の急増はほかの食肉産業にもドミノ効果を引き起こした。市場シェアが鶏肉に侵食されていくのを目の当たりにした豚肉生産業者は素早く、高生産性、低コスト戦術を取り入れた。その結果出現した大規模な新施設によって規模が小さく非効率な食肉処理場は隅に追いやられた。スミスフィールド・フーズがノースキャロライナ州ターヒールに建設した世界最大の工場では、一時間当たり二千頭の豚を処理する能力がある。これだけ高い〝処理能力〟をフル稼動させるためには、養豚所から途切れることなく豚が搬入されなければならない。そのような急増する安価な豚の需要に応えるために、養豚所も豚の各成長段階に特化した大規模経営の一部に統合され、子豚は「保育施設」で、離乳豚は「育成施設」で、それ以降は屠畜重量まで肥育するために「肥養施設」で飼育されるようになった。その統合の速さたるや驚異的だった。一九八〇年、アメリカには養豚農家が六十六万七千軒あり、一軒当たりの飼育数は平均百頭だったが、現在は養鶏農家の数は五万軒以下に減り、平均で千百七十三頭を飼育している。

そして鶏と同じように、豚も改良されて生産性が大きく向上した。品種改良や新型の配合飼料、添加物などの導入によって豚はより速く成長し、肉は二十パーセント増え、大きさと体重はより均一化が進んだ上に、以前よりずっと多産になった。四半世紀前、繁殖豚は一年で平均十四頭の子豚を生んでいたが、現在では平均で二十頭を生む。「ノースカロライナ州にあるスミスフィールド社のマーフィ農場のような大規模施設では、毎年繁殖豚一頭当たり二十三頭を生んでいる」と業界アナリストのジョン・ナリウカ（John Nalivka）は言う。豚がより大きく育ち、出産頭数も増えているため、一頭の繁殖豚当たり、一年間に二トンの肉をもたらす。これは一九八〇年の二倍以上である。

新しい加工処理施設がこれだけ多くの豚肉を量産する中で、豚肉加工会社はライバルの鶏肉会社と同じく、新しい販売先を積極的に探し求めてきた。たとえば、ベーコンはハンバーガーやサラダやピザ用の高級トッピングとして、大々的に販促活動が行われ、一定の成功を収めてきた。加工会社は豚肉の味の改善と利便性向上にも力を入れた。脂肪分が少ない新しいタイプの豚肉は調理すると水分が抜けやすいので（肉のジューシーさは脂肪の霜降り具合によるところが大きい）、今は全豚肉製品のほぼ半分が、保水性と風味の向上を助ける調味料や塩、そのほかの化学物質を含んだ独自に開発された塩水を「注入」して販売されている。そこでも、加工会社は製品を均質にしようと努めた。ファストフードの登場から何十年か経ち、冷凍食品や箱入り弁当の時代を経験し、今や消費者はどこで買っても大差のない肉製品の品質にすっかり慣れて、常にそれを期待するようになった。「マクドナルドが世界最高のハンバーガーかどうかはわからない。しかし、それがいつどこで食べてもまったく同じ品質であることは間違いなくすごいことだ」。スミスフィールドの前会長ジョー・ルター（Joe Luter）がある時、こう話してくれた。

食経済の中で長年ほかの食肉産業とは反対の行動を取ってきた牛肉産業も、ついにこの低価格、大量生産の小売体制の前に屈服するほかなかった。牛の飼育場や食肉処理場も大型化した。平均的な雄牛の重量は一九八〇年の千ポンド（約四百五十四キロ）から千三百五十ポンド（約六百十二キロ）に引き上げられ、肉質はより柔らかく、脂肪は霜降り状となり、高利益部位、すなわちあばら、腰、ももに付く肉の割合がより大きくなった。コストをできる限り削減するためにサプライチェーンはスリム化され、生産は完全に合理化された。ハンバーガーは一回に数トンまとめてひき肉にされ、大量購入者向けの袋に注入されるか、手作り感を装うために機械で小判状に成形される。無駄は一切出さない。「先進的食肉回収システム」と呼ばれる技術を使って、一連のローラーとふるいがどんなに小さい骨の付着肉も見逃さずに剥がしとり、ホットドッグやソーセージ、タコスの具やピザのトッピング用に回される。

ステーキやチャップ（訳者注：厚く切った肉の切り身）などの〝原型を保った〟牛肉製品でさえ、今では安価で効率的で均質でなければならないという小売店の基準に合わせて製造される。昔ならスーパーマーケットが「枝肉」と呼ばれる牛肉の大きな塊を仕入れて、精肉店にそれを解体加工してもらっていたが（なぜかこの作業は「除骨」と呼ばれる）、ウォルマートはこの伝統的な習慣を変えて、「ケースレディ」という新しい納入方式をサプライヤーに要求した。これは食肉工場段階で牛肉だけが切り出され、計量され、特別な方法で「ケース」に密封包装された上でウォルマートの各店舗にトラックで搬入され、そのまま肉の陳列棚に並べられるというものだ。

このような方式を導入するウォルマートの一番の動機は、言うまでもなくコスト削減だった。ケースレディでは牛肉を扱うために特別な技能を必要としないため、ウォルマートは職能組合に所属する時給十八ドル（約千三百六十八円）の肉職人を雇わずに済む。しかし、それだけでなく、ケースレディの牛肉は新たな付加価値を見つけ出した。ケースレディによって肉を低酸素状態で密封包装すると、肉の傷みの進行を数日遅らせることができる上に、肉の見栄えをカット仕立てのような鮮やかな赤色に見せることができた。消費者が肉の購入を決める際に最も重視するのが色と見栄えであることを思えば、これは重要なことだった。

そしてウォルマートは、店を訪れる買い物客には丁寧に調理する時間もなければ、多くの場合、その技能を欠いていることも熟知しているため、現在では豚肉同様にケースレディの牛肉にも、独自に開発した溶液を注入して味を向上させ、仮に焼き過ぎた場合でも、高級店で売っている特上肉と同じぐらいジューシーに仕上がるよう加工している。「家庭料理のノウハウは忘れ去られています。ウォルマートの客が求めるのはある特定の風味を持ち、オーブンに十五分ほど入れておけば、それとなく昔食べたことのあるものに仕上がるような肉なのです」。ウォルマートの生鮮食料品部門の責任者であるブルース・ピーターソン（Bruce Peterson）は、二〇〇三年に『ビーフ（Beef）』誌上でこう語っている。

とはいえ、精肉業者がケースレディに移行するためには、工場の建設や改修に何億ドルという設備投資が必要だった。さらに牛肉は、豚肉や鶏肉と比べたとき、均一性という点では足元にも及ばないほどばらつきが大きく、ウォルマートの容器にきれいに収めるには、職人が手作業で苦労してステーキ肉やロース肉などの部位を切り取らなければならなかった。しかし、小売店が支配する食経済にあっては、こうした付加的なコストは常にサプライヤー側が吸収するしかなかった。ウォルマートはアメリカ最大の牛肉購入者（年間百万トン、マクドナルドの約二倍）なので、「誰もウォルマートに対してノーとは言えません。ウォルマートから求められることの中には、気に入らないこともあるかもしれません。でもそれを断ってしまえば、後ろにはその座を狙う大勢のサプライヤーたちが列をなして待っているのです」と、前出のアナリスト、ナリウカは言う。

もっとも、サプライヤーたちが「列をなして待っている」状態がいつまで続くかはわからない。農業と農作物の分野で起きたように、小売価格の圧力は小規模の食肉生産者を排除した。今ではタイソン、カーギル（Cargill）、スイフト（Swift）、ナショナル・ビーフ・パッキング・カンパニー（National Beef Packing Company）の四社の牛肉市場に占めるシェアは、一九八〇年の四十パーセントから八十パーセントにまで拡大している。これだけ高度な寡占状態であれば、精肉業者は牛肉の仕入先である牧場主や飼育場経営者に対して圧倒的な価格支配力を発揮できる。全鶏肉市場の半分と全豚肉の六十パーセントもやはり先の四社の支配下にある。

業界のアナリストの中には、このような状態が、食システムそのものを弱体化させていると批判する者もいる。大手の食肉生産者が支配力を強めるにつれて、サプライヤーは自分たちのコストを極限まで削ることが求められ、一切の無駄を省き続けてきた。そしてそれは、徐々に食肉のサプライチェーンからストライキや病気の蔓延などに対処する能力を奪っていった。

だが食肉業界には、ほかに選択肢はなかった。当時、国内で最大の精肉業者だったIBPミート社のCEOロバート・ピーターソン（Robert Peterson）は、『ミート・アンド・ポルトリー（Meat and Poultry）』誌に「業界の再編・統合は問題だと思うか？」と質問された際、鋭い口調でこう答えている。「君は十九世紀に戻りたいというのか？　小さな町の食肉解体業者を相手に二十一世紀の市場取引をしようというのか？　そんなことできるはずがない。この流れを止めることなど不可能だ。誰がどんな邪魔をしようとも、我々はこの進化を受け入れていくしかないのだ」。ピーターソンの言葉は未来を予見していた。二〇〇二年、IBPはタイソンに買収された。小さな鶏肉生産者として始まったタイソンはこの買収によって、世界最大の食肉サプライヤーとなっただけでなく、アメリカ最大の食品生産者となったのだった。

畜産効率化の副作用

アイオワ州立大学のミート・サイエンス・ビルティング四階で、研究者のドン・アン（Dong Ahn）は私に、鶏の筋肉の弾力性を調べるための繊細な検査機を見せてくれた。「肉の弾力性は調理後の質感を左右するので重要ですが、最近ではこれが悩みの種となっています」。韓国出身のアンは穏やかな口調でこう説明してくれた。問題は鶏の品種改良が、うまく行き過ぎたことだった。産業用ブロイラーはあまりに速く筋肉をつけるため、残りの組織の形成が追い付かないのだ。筋細胞の形成が不完全な状態で胸筋だけが急激に成長していくため、鶏は胸筋を弛緩させることができない。その結果、胸筋が中途半端に収縮した状態となり、これが肉の品質を低下させていた。また胸筋にある毛細血管の発達が追い付いていないため、筋肉全体に栄養を行き渡らせることもできていなかった。「血液供給が不足して筋肉組織が死んでしまうこともあるので」とアンは言う。

しかし、食肉業界の最大の懸念はＰＳＥ——「色が淡く（pale）、組織が軟らかく（soft）、水っぽい（exudative）肉」と呼ばれる問題だった。胸筋は羽を動かすために必要な激しい収縮を可能にする速筋線維から成り立っている。鶏を屠畜する際に速筋線維が激しく収縮し（鶏を殺す時に身を震わせるのはこのため）、細胞の老廃物である乳酸を筋肉組織に送り出すため、肉が傷んでしまうのだという。どんな鶏でもこの死後反応は必ず起きるが、現代の鶏は胸部が異常に大きいため、排出される乳酸の量も多く、肉質に与える影響がとても大きい。乳酸は肉のタンパク質を変質させ、その結果肉は淡い色に変わり、保水力を失う（スーパーマーケットのパックの底に血のような汁が見られるのはこのため）。しかも、それが肉の組織を軟らかくするために、調理時に肉が崩れやすくなってしまうのだ。[4]

ＰＳＥは消費者に鶏肉を、低価格で提供し続けるための数ある代償の一つにすぎない。鶏は利益が見込める成長曲線上で出荷するために、若くてまだ体が完全に発達する前の、骨が柔らかい状態で屠畜される。そのため、その肉を調理すると、骨から消費者があまり見たくない血のような赤い汁がしみ出し、周りの筋肉に広がってしまう。

食品会社はこの欠点を十分に認識している。家畜の育種家たちはＰＳＥのような問題を遺伝子レベルで操作できるよう努力しているが、食品メーカーが添加物を使って種々の問題に対処しているのと同様に、問題の解決策はとても安価で済ませられることが多い。現在、食肉会社は、塩とリン酸塩を肉に注入し保水力を高めることで、ＰＳＥに対して事後的に対処している。この方法で保水性を向上させることのほうが、より成長に時間がかかる種の鶏に切り換えるよりもはるかに簡単で安上がりで済む。しかも肉の販売重量を十パーセントから三十パーセントも増やしてくれる。わずかな追加コストでより高い代金を請求できるわけだ。

急激過ぎる成長の悪影響を消費者から隠すことはできても、悲しいことにゴリアテ（訳者注：聖書に登場する巨人）のような大きな体を持て余している鶏たち自身に対しては、そういうわけにはいかない。育種家は新型の肉用鶏に強靭な骨格、心臓、肺そのほかの器官を与えようと力を尽くしたが、多くの鶏はあまりにも肉付きが良過ぎて、生後五週間で歩くことはおろか、立つこともできなくなる。ブリストル大学が行った調査の結果、産業用ブロイラーの四羽に一羽は足が不自由な上、大きな胸筋が心臓に負担となって心臓麻痺や虚血性心不全で若死にしていることが判明した。健康な鶏であっても、性的成熟を迎える月齢まで生き延びるものは皆無だという。

このような問題も、もともと鶏という生き物が、成鳥になるまで生きていられるものがほとんどいない種であることを考えると、さほど意味のある議論ではないのかもしれない。鶏が効率良く飼料を体の一部に変えられるのは生まれて数週間までで、この期間の成長が最も速い。ブロイラーの急激な成長が次第に弱まり、ポンド当たりのコストが上昇し始めると、その鶏は経済的終点に達したといわれ、屠畜されるべきだということになる。アイオワ州立大学で家禽類の分子遺伝学を専門に研究するスーザン・ラモン（Susan Lamont）教授は言う。「肉用鶏は、成鳥時の姿がどうなるかよりも、若い時の姿がどうかのほうがより重要です。実際のところ、これらの鶏を購入する業者のほとんどは、鶏が完全に成長した姿を見ることはありません」

それでも飼育業者と鶏たち自身は、不均衡な成長がもたらす影響に対処しなくてはならない。鶏が摂取するエネルギーとタンパク質の多くが直ちに筋肉の成長に回されるため、免疫機能など体のほかの機能に費やされるエネルギーは限られてくる。筋肉質な鶏は生成される抗体が少ないので、密集状態で大量に飼育される際に発生する鳥特有の病気にとても感染しやすい。

育種家は病気に耐性を持つ鶏の開発にも励んでいるが、その間も鶏のサイズは着実に大きくなり、それに伴って、抗生物質の使用量も増えている。その結果、これらの抗生物質に耐性を持つバクテリアが増加し、それが、治療が難しい病気という形ですでに人間に影響を与え始めている。

小売主導で〝最大の生産性〟と〝最高の効率〟を実現し、その結果として〝毎日大安売り〟で邁進してきたことが、食経済全体に予想外の副作用をもたらしている事例は無数にある。大規模で超効率的な施設から止めどなく押し出される食品の山は、全世界的なカロリーの過剰供給に追い討ちをかける一方で、生産者と小売業者をつなぐ巨大なサプライチェーンはかつてないほど弱体化し、脆くなっている。

生産者が直接負担することのない「外部コスト」も急騰している。カリフォルニア州の大乳牛群は年間二千七百万トンの排泄物を出し、それが粉塵やガスとなって、農場が集中するサンホアキン・バレーの大気汚染をロサンゼルス市内よりもひどい状態にしている。それでも牛の糞はまだ害が少ないほうだ。豚は平均して二十四時間に三ガロン（約十一リットル）もの糞便と尿を出すため、一つの豚の集中家畜飼養施設（CAFO＝Concentrated Animal Feeding Operation）が中規模都市と同じぐらいの量の汚水を生み出す。これを溜めておく巨大な汚水処理用人工池は不健康なガスで周辺の空気を汚染するだけでなく、近隣住民の生活や彼らの住宅の資産価値に深刻な脅威をもたらす。

一九九五年六月二十一日、ノースカロライナ州の八エーカー（約三万二千平方メートル）に及ぶ豚の糞尿ラグーン（訳者注：動物のふん尿を溜める潟）が崩壊し、二千五百万ガロン（約九千五百万リットル）もの糞尿が外に流れ出した。その様子をある人はこう描写している。「膝ほどの深さの糞尿が二時間もの間、流れ続け、それは周辺農家の栽培する綿花とたばこを壊滅させ、ハイウェイを横切った後、川に流れ込み、十七マイル（約二十七キロ）にわたってすべての水生生物を死滅させた」。ここまでひどい惨劇は滅多に起きないとしても、集中家畜飼養施設は窒素などの栄養分の密度が異常に高いため、多くの被害をもたらす。特に窒素が周辺の水道システムに浸入して飲用水に混ざると、発癌リスクが上昇する。またそれは、生物の成長を促進する力が強過ぎるあまり生態系を破壊し、ほとんどの魚と動物を死に追いやってしまう。

その後、ノースカロライナ州やそのほかの州では糞尿用ラグーンを規制する法律が可決された。しかし、この問題がそう簡単に解決できるものではないことを、今アメリカのいろいろな所で、政治家たちは思い知らされている。ある地域の法規制が厳しくなると、食肉生産者たちは単により規制の少ない場所へ工場を移転させてしまうのだ。

豚肉生産業が伝統的な中西部から、より彼らを歓迎してくれるミズーリ州やノースカロライナ州、オクラホマ州、テキサス州、ユタ州などへ拠点を移し、そして今海外へと移転している理由の一つはそこにある。前出のスミスフィールド社のルターはこう話す。「私たちは成功できる場所に移ろうとしているだけです。国によってはアメリカよりも私たちに多くのチャンスを与えてくれます。アメリカの規制が厳しくなり過ぎたら、カナダとメキシコに移るまでです」

淘汰の果てに待つもの

基本的には、糞尿ラグーンや空気汚染やサプライチェーンの衰退は、低コストを追求し続け、大規模化を推し進める競争原理の当然の帰結にすぎない。小売店が求める価格や条件を満たすために、生産者は経営規模を拡大することで生産量を最大化し、自らのコストをできる限り分散させることに努めた。しかし、新しい農場や生産施設はあまりに巨大で、建設にも多額の費用がかかる（典型的な高速養豚施設で一億ドル〔約七十六億円〕）。しかも、家畜一頭から得られる利益はあまりに少なく、絶えずフル稼動させないと巨額の投資に対する十分な見返りは得られない。つまり、このシステムは最初から、過剰生産を行うことが前提となっているのだ。「一時間八千羽の処理ラインがあれば、そのラインで八千羽は処理したい。鶏をつるす金具は常に空きのない状態に保っておかなくてはならない」とエイホーは言う。

それでも、生産の最大化によって加工業者が得る利益は、農業と同じように長続きはしない。価格が下落し続けるにつれ、加工業者は設備を新しくしたり、人件費をさらに引き下げたり、生産量を増やすなどして、さらなる効率化を追求する以外に彼らに残された選択肢はないに等しい。こうして食肉産業は、生き残りが不可能な状況になるまで利幅を狭めたばかりか、限界まで無駄を省いたジャスト・イン・タイムを徹底したために、何らかの外的ショックが生じたときにそこから立ち直る余力が残らないほど食肉産業を弱体化させてしまった。養鶏業に長年携わるチャールズ・オレンティーン（Charles Olentine）が二〇〇三年に業界誌『ワット・ポルタリーUSA（Watt Poultry USA）』に語ったところによると、鶏肉会社がどんなに速く生産性を伸ばしても、小売価格の値下げ圧力はそれ以上の速さで進んでいたので、生産量が増えても鶏肉会社の利幅はまったく増えない。「もしそれでも今の状態が成功だというなら、私は失敗というものを決して見たくない」とオレンティーンは皮肉った。

アメリカが生んだ小売主導の食経済モデルが、崩壊が避けられないほどまでに巨大で未知なる外部コストを生み出しているにもかかわらず、今やそのモデルが急速に世界的な標準になりつつある。食品メーカーが生産の拠点を成熟した欧米市場からほかの場所へ移さざるを得なかったように、大手スーパーマーケット・チェーンも飽和状態の国内市場を前に、スーパーマーケット文化を支える中流階級層が増え、豊かだが時間的ゆとりのなくなってきた開発途上国で、ビジネスチャンスを追求せざるを得なくなっている。スーパーマーケットは、その国の一人当たりの年間所得が六千ドル（約四十五万六千円）に達すれば繁栄するとの調査結果があり、これに基づけば、潜在的な利用者がメキシコに四千五百万人、インドに一億人、中国には何と三億人存在していることになる。

実際、巨大小売店は、かつてローマ帝国がひたすら小麦を追い求めて拡大を続けたように、豊かな市場の客層を追い求めて事業の拡大を続けている。たとえば、ウォルマートはメキシコと中国市場を盛んに攻略中だ。メキシコでは二〇〇六年だけで新店舗を百二十店もオープンし、中国ではトラストマート（Trust-Mart）・チェーンを十億ドル（約七百六十億円）で買収したことで、すでに中国最大の食料品小売店となっている。加えて、東ヨーロッパやロシアやインドでも、カルフールやテスコと並んで、積極的かつ綿密な市場調査を進めている。

とはいえ、大手小売店チェーンだけが、小売革命の原因を作っているわけではない。通常、小売革命は国内の小規模食料品店に始まり、それらが次第にどこかの多国籍企業に買収され、その最終段階として大型多国籍企業のカルフールやウォルマートが上陸してくるというパターンをたどる。しかし、いったん大手チェーンの参入が始まると、小売革命は急激にその速度を加速させる。十年前はスーパーマーケットなどほとんど存在しなかったメキシコやアルゼンチン、南アフリカ、チリ、フィリピンなどの国々では、今やスーパーマーケットという形態が全食料品販売の半分以上を占めている。こうした国々に参入した大手チェーンは、彼らに太刀打ちできない地元のサプライチェーンを再編成する。その時、野菜、果物、肉、乳製品などを生産する地元生産者が、欧米から入ってきた高級志向の新しい小売店に気に入られるためには、従来のやり方に代わって、消費者志向の欧米型モデルに従わなくてはならない。たとえば、仮にそれがその国の宗教的祝日や伝統行事を無視することを意味したとしても、週七日間、一年十二カ月、決められた農産物を収穫し、納品することを約束しなくてはならない。従来の食料品店が多少の品質のばらつきや配送の遅れを大目に見てくれたとしても、新しくやって来た小売店は納品の遅れや品質の低い商品の納品を決して許さず、業績の悪い業者を次々と排除していく。そして、その様子を見た生産者は慌てて工場や設備を改善したり、製品の品質や均質性を向上させるために、生産する農作物を一つか二つに絞り込んでいかなければならない。

先進国と同様に、このような変化は多くの場合、以前なら傷んだ食品や無数の中間業者による中間マージンの上乗せを我慢するしかなかった消費者に、より良い食品がより安い値段で提供されることを意味した。しかし、この新しい効率性の裏側で深刻な混乱が生じていた。小売店が要求する厳しい規律のために（業者への支払いを最大九十日まで引き伸ばせるという、欧米では当たり前の慣習も、これらの国ではそれまで行われていなかった）、新興国の小売市場の多くで、何万という小規模で効率の低い生産者がサプライチェーンから押し出されていった。これは、農業が賃金を得る手段の中心を占めていたこれらの国々にとっては深刻な事態だった。FAO（Food and Agriculture Organization of the United Nations＝国連食糧農業機関）の報告によると、マレーシアのある小売チェーンは、二〇〇一年には二百の生産者から野菜を仕入れていたが、二年後にはその数を三十にまで減らしたという。確かにこうした動きは一層効率的でコストを抑えた食産業の実現につながる。しかし、開発途上国のほとんどが、今でも食料の確保が困難な人々を多く抱え、また消費者に食品を配送するための道路や鉄道、倉庫などの経済基盤が整備されていないことを考えると、地理的に分散した小規模農家が、今この段階で次々と姿を消していくことは、恐ろしく時期尚早なものに思える。

こうした選り分けの影響は、開発途上国や新興市場に限ったことではない。小売価格の値下げ圧力が高まる中、成熟した先進国市場の生産者も圧力を感じ始めている。たとえば、ヨーロッパに安く商品を供給するために、アメリカの大手食肉会社は必死でコスト削減の方法を探っている。その多くは加工処理工場をポーランドなどの東ヨーロッパ諸国に建設している。穀物が安く、環境規制が甘く、しかも低賃金という好条件に加えて、地理的にも裕福な西ヨーロッパに安い豚肉を出荷する基地として最適だからである。「西ヨーロッパでは一時間に二十ユーロ（約二千円）稼ぐ人がいる一方で、東ヨーロッパでは一時間に一ユーロ、二ユーロ（百円、二百円）しか稼げない人がいるのですから」。スミスフィールド社でルターの後任のCEOに就いたラリー・ポープ（Larry Pope）は、二〇〇六年の同社の株主総会で興奮気味に語っている。「西ヨーロッパの土地代は高かったですが、東ヨーロッパの土地はただ同然でした。同様に、西ヨーロッパに比べれば、東ヨーロッパの工場はただのようなものでした」

そして当然のことのようにアメリカの精肉会社は、アメリカ型の低コスト・大量生産モデルを東ヨーロッパに持ち込んだ。一九九〇年代後半にM氏がスミスフィールドと提携をした時、M氏は彼の地元で培った経験と彼が持つ専門技術がスミスフィールドの資金力によって支えられ、新しいタイプのベンチャービジネスとして古典的なアメリカ式戦略を推進することになると期待していた。それは競合他社を買収し、地元の業界を整理統合することで、フランスの大手小売店を相手に強気で有利に競争できるだけの十分なスケールメリットとコスト削減効果、そしてそれに伴う市場支配力を、M氏が手に入れられることを意味していた。

しかし、フランスの大手小売店の優位は揺るがなかった。彼らは抜け目なくM氏のライバル企業にも仕事を発注し、それらの企業がM氏によって買収されることを避けるだけの資金力を維持できるよう、助けた。その結果、M氏はシェアの拡大も、合併による劇的なコスト削減も実現できず、自分の利益が少しずつ小売店によって搾り取られていくのを、指をくわえて見ていなければならなかった。最初に彼を訪ねてから数カ月後、M氏は私に「スミスフィールドがパートナーを自分の会社から他社に替えた」ことを伝えてきた。「スミスフィールドはもっと高いマーケティング技術を持った人材が欲しいそうです。それは、利益をすべて小売店に持っていかれないような人間という意味のようです」と、落胆した口調でＭ氏は語った。

実際Ｍ氏は自分がスミスフィールド社の求めていた利益を達成できなかったことを認めている。しかし、Ｍ氏は同時に、ますます力を強め、互いに価格戦争を仕掛け、サプライヤーに値下げを迫り続ける小売店を相手に、Ｍ氏の代わりになった会社が果たして彼の会社以上のことができるかは疑問だと言う。「これは人を窮地に追い詰めるモデルです」と彼は言う。大手の小売店は「ハム四千トンという膨大な量を、極力自然な品質に近く、しかも極力安価で欲しいと注文してきます。そして、もし彼らが支払える金額が競合他社との価格戦争のために二十パーセント下がったとしても、私たちはそれをそのまま受け入れるしかありません。なぜなら、彼らは心の中では、もともと二十パーセント多く支払っていたとの認識を持っているからです」。Ｍ氏はまた、この状況は持続不可能だとも言う。「競争は激化し、利幅は狭まるばかりです。向こう三年間はこんな調子が続くかもしれませんが、その先、小売業界がますます集約化され、フランスのサプライヤーの集約がさらに進むか、もしくはその多くが姿を消した時、このシステムにも終わりが来るでしょう」

第4章 暴走する食システムと体重計の目盛り

二〇〇六年三月二十二日朝、フロリダ州タラハシの州議会議事堂では、食品管理行政に影響力を持つボブ・バリオス（Bob Barrios）下院保健委員会事務局長の下に、不安を抱える食品業界の重鎮たちから次々と電話が入り始めた。その前日、下院の小委員会は、学校でブドウ糖果糖液糖（HFCS＝High Fructose Corn Syrup）を含む食品の販売を禁止する法案を採決にかけることになっていた。しかし、この法案が本当に可決されると思っている者はほとんどいなかった。

議会では、この法案を提出した三十九歳の下院議員フアン・ザパタ（Juan Zapata）が、甘味料が子供たちの肥満の原因であるという、お決まりの主張を繰り返していた。しかし、甘味料から多くの経済的恩恵を受けてきたフロリダ州だけに、これまでこのような主張が政治的な影響力を持つことはほとんどなかった。ところが、若々しくユーモアにあふれる元銀行員のザパタは、小委員会の公聴会に髪をエルビス・プレスリーばりのリーゼントヘアに整えてダークスーツに身を包んだ姿で登場し、かなり説得力を持つ演説を行った。その演説の中でザパタは、一九七〇年代の終わり頃から食品会社が加工食品にブドウ糖果糖液糖を添加し始めたこと、その時期がちょうどアメリカの肥満率が急増した時期と一致すること、ブドウ糖果糖液糖が炭酸飲料やケチャップからお菓子やパンまで、あらゆる食品に使われていることなどを指摘した。ザパタはまた、ブドウ糖果糖液糖が満腹中枢を狂わせるという調査結果も紹介した。「ブドウ糖果糖液糖は甘味料という名の麻薬だ。誰もが中毒にかかってもっと欲しくなる」ザパタは声を荒げた。

そして何と小委員会はこの法案を全会一致で可決してしまったのだ。この法律を担当することになる保健委員会の事務局は、翌朝から蜂の巣をつついたような状態になった。ザパタがユーモアを交えながら述懐する。「バリオスは、朝から電話が鳴りっぱなしだったと言っていたよ。みんな、まさかの事態を真剣に心配し始めたんだね」

実際のところ、事態はザパタの言う「心配」などという程度では済まなかった。数日のうちに、二十億ドル（約千五百二十億円）規模のブドウ糖果糖液糖市場から恩恵を受けているトウモロコシの精製業者が、法案の科学的根拠を攻撃するロビー活動を始めた。トウモロコシ精製業協会（ＣＲＡ＝Corn Refiners Association）のオードリア・エリクソン（Audrea Erickson）は、ザパタの主張は「肥満の全責任をブドウ糖果糖液糖に押し付けようとするもので、別の調査ではまったく逆の結果が出ている」と主張した。

ブドウ糖果糖液糖を含んだ製品を生産する企業も、この論争に参戦してきた。コカ・コーラ（Coca-Cola）社はザパタと面会するために同社の栄養学者を派遣してきた。一方で、保守派はザパタの法案を、政府が子を持つ親たちの聖域に介入するものとして、執拗に攻撃していた。しかし、純粋な共和党員のザパタには、自分の主張を変えるつもりはまったくなかった。彼は報道陣に挑発的な口調で語った。「家では親が子供のために好きな物を選べばよい。だが学校では私たちが子供たちの管理を任されている。その私たちが体を害するかもしれないものを子供たちに与えることが許されるのか」

現代の食システムから消費者を守るべきだと主張したのは、何もザパタが最初ではない。もはや食料不足や味の乏しさを心配しなくてもよくなったアメリカやそのほかの裕福な先進国の消費者にとって、何でも欲しいものが手に入るような豊かさは、あらゆる面で人間本来の生理に反するような食料供給の状態をもたらしていた。科学を駆使して育てられた農産物は早く育ち過ぎるがゆえに、ビタミンなどの微量栄養素の含有量が目に見えて少ない。加工食品には塩分、油脂、甘味料が山ほど入っているし、いまさら言うまでもなく何百種類もの化学添加物が使われている。中には保存料の安息香酸ナトリウムや黄色着色料のような多動性障害などの健康問題との関係が指摘されているものもある。私たちの祖先が食べていた野生動物はもともと脂肪分が少なかったが、穀物飼料を与えて育てられた家畜は脂肪を多く付けているだけでなく、その脂肪が筋肉によって霜降り状に細かく仕切られるように特別に育種されている。今日プレミアムカットと言えば、それは霜降り肉のことを指すようになっている。[1]

かつては進歩の証だったはずの豊かさが、今や最大の健康リスクへと根本的に、そして急激に変化している。CDC(Centers for Disease Control = 疾病管理予防センター)によると、肥満による合併症とそれに関連する糖尿病や心臓病などの疾患が原因で早死にする人の数は、アメリカ国内だけで毎年十一万二千人に上り、七百五十億ドル(五兆七千億円)もの余分な医療費負担を生んでいる。さらに、これはまだ、ほんの序の口だと考えるべき根拠が山積している。特に子供たちの肥満率が上昇し、しかもそれが毎年低年齢化していることは、すでに今の世代のニーズに対応し切れずに崩壊の淵にある医療システムが、将来さらに多くの肥満に関連した医療問題を抱えることを示唆している。そして恐らく、その頃までに肥満はアメリカだけの問題ではなく、世界的な問題となっているはずだ。

現在、世界では約十億人が肥満に苦しんでいる。これはだいたい世界中で飢えに苦しむ人と同じ数だ。ザパタの法案も一九八〇年以前には考えられないものだったが、世界で飢餓と肥満に苦しむ人の数が均衡するなどという奇怪なバランスもまた、一九八〇年以前には想像すらできないものだった。無論、この問題の全責任を食品と食品業界に押し付けることはできない。食品メーカーと飲料メーカーが主張するとおり、肥満は少なからず遺伝や身体活動の減少とも関係があるし、空前の贅沢と極端なダイエットの間を何度も行ったり来たりする食文化など、数多くの要因の結果として起きるものだ。

しかし、食品がより安く、より利用しやすくなったことで、これまで人間の過剰摂取を防いでいた大きなハードルが取り除かれたことは明らかだ。もちろん、何を口に入れるかを最終的に決めるのは自分自身だが、その判断材料を食品会社から一方的に押し付けられた情報に依存していることは否定できない。食品価格の下落と小売店の重圧を受けた食品会社が、独創的で大げさな宣伝活動に力を入れるようになった一九八〇年代に、アメリカで肥満率が急上昇し始めたことは、決して偶然ではない。

この十年間、肥満を抑え込むために、実に多くの取り組みが行われた。ザパタの法案のほかにもジャンクフードに課税する法案や、学校での清涼飲料水の発売を禁止する法案なども審議された。また、タバコ産業が政府から受けているような厳しい制裁を免れることに必死な食品産業は、より健康的で脂肪分の少ない食品を次々と世に送り出した。しかし、こうした諸々の取り組みも、最後は必ず失敗する運命にある。なぜならば、それは根本的な問題を見落としているからだ。その根本的な問題とは、「大きいことはいいこと」という経済モデルの上に成立している現代の食システムが、もはやその最大の顧客である「人間」の限界をはるかに超えてしまっているという現実だ。

肥満化する人類

元来人間は、食料が不足した状態を想定して設計されている。それだけは間違いない。人類にとって歴史上、飢えは常に身近な問題だった。必要なカロリーを得ることが困難だった先史時代を生き抜いてきた人間たちは、手に入れた食べ物を最大限に活用する適応力があったからこそ、ここまで生き延びることができた。そして、ここで言う適応力とは、正しいものを食べるということだった。

人間は動物性食物から体を作るので、脂肪やタンパク質の味を好むように最初からプログラミングされている。また、体は炭水化物を燃料として消費するので、人間は生まれつき、でん粉や糖分の甘い味にひき寄せられるようにできている。しかし、脂肪やタンパク質や糖分をただ「欲しがる」だけでは十分とはいえない。人間がここまで生き延びるためには、これらの食物を正しい量だけ摂取する能力が必要だった。なぜならば、少な過ぎると飢えてしまうが、逆に多過ぎるのも問題だからだ。その理由は多過ぎる摂取を制御できなければ、不要なカロリーを得るために無駄な時間と労力を使うことになり、厳しい生存競争の環境下では、それが致命的な結果をもたらすこともあり得るからだ。こうして私たちの体は外部のカロリー経済、つまり食料環境に適応するために、まずそのカロリー経済を体内で構築した。それはホルモンや神経伝達物質を駆使して、摂取するカロリー（投入）と燃やすカロリー（産出）を巧みに均衡させる複雑な計算システムだった。

例として、空腹の生化学を見てみたい。空腹状態が何時間か続くと、グレリンという化学物質が血液中に分泌される。グレリンの血中濃度が上昇すると、この化学物質は脳の視床下部に到達し、私たちに空腹を感じさせて一連の生理反応を引き起こす。すると人は食物を探して、食べ始める。しかし、空腹は第一段階にすぎない。いつ食べるのをやめたらよいか、体はどうやって判断するのだろうか。実は人間の体は食事時間の長さを制御することで、食物の摂取量をある程度調整している。脂肪を摂取すると、胃がCCK（cholecystokinin＝コレシストキニン）というまた別の化学物質の分泌を促す。CCKも視床下部に働きかける点は同じだが、これは空腹を促す代わりに、満ち足りた感覚、つまり満腹感をもたらす。胃腸内のタンパク質と炭水化物は、それぞれ独自の満腹感伝達物質を分泌する。この過程は直線的で、胃に食物が溜まると血液中の伝達物質が増え、視床下部に届く伝達物質の量も増える。この化学信号が大きくなると、視床下部は脳全体に満腹作用を引き起こし、「十分満たされたから食べるのをやめよう」と意識的に思うようになるのだ。少なくともお腹が空になって再びグレリンが分泌され、また新しい空腹と満腹のサイクルが起動するまで、この状態は続く。

当然のことながら、エネルギーの均衡を維持する機能は一度の食事で完結するものではない。空腹と満腹の短いサイクルと同時に、私たちの祖先の体は、次の食事までの間や食料が足りないときのために、主に脂肪という形でエネルギーを長期的に貯めておく機能を持っている。食事を取り損ねたとき、人間の体は新陳代謝や分解によって、蓄えてある脂肪を脂肪酸という成分に変換し、それを燃料として燃やす。しかし、たとえば何日も何週間も獲物が捕らえられないときのように、蓄えた脂肪を使い果たすと、体は危機モードに切り替わる。エネルギーを生殖機能などの必須ではない身体機能に回すのをやめ、脳や生命維持に最低限必要な器官と機能のために温存するようになる。それでも脂肪の減少が続くと、人間の体はついには〝共食い性〟を見せ始め、筋肉細胞を分解して燃料として使い始めるようになる。しかし、この最後の手段には持続性がないため、体はあらかじめ十分な脂肪を貯めておくために、できることは何でもやろうとするのだ。

脂肪の蓄積量は一人ひとりの体の大きさと代謝に合わせて、そしておそらく環境や遺伝的要素も含めて、最適な量が決まっている。体は蓄積脂肪の量がその人間の最適レベルを上回っているか下回っているかを判断する能力も持っていて、それに従って空腹感や満腹感を調整する。脂肪細胞がレプチンというホルモンを分泌して視床下部の感度を上げ、消化管から分泌される満腹信号がその視床下部を刺激する仕組みもその一つだ。脂肪蓄積量が多いと、レプチンの分泌量が増え、それが視床下部に到達すると、それほどの量を食べていなくても、わずかな満腹信号で満腹感が満たされ、食事を終わらせようとする。つまり脂肪の蓄積量が多いとき、私たちは食べる量を控えようとするようにできているはずなのだ。

しかし同時に、レプチンは自己修正機能も持っている。何度か食事を食べ損ねて脂肪の蓄積レベルが下がり始めると、レプチンの血中濃度も自然に下がり、視床下部は胃からの満腹信号に対してより鈍感になる。結果として、より多くの食物を取らなければ（そしてより多くのＣＣＫを分泌させなければ）、視床下部は胃がいっぱいだという情報を感知できなくなり、以前よりも空腹感が持続するようになる。より多くの食べ物を取り続けることで蓄積した脂肪量が元に戻ると、再びレプチン濃度が上昇し、視床下部が感知力を取り戻し、ようやく食欲が収まるようになっているのだ。

レプチンの満腹反射作用はそれ自体がかなり優れたものだが、ほとんどの生化学システムがそうであるように、これは欠乏を特徴とする環境の中での生き残りを助けるためにあらかじめ人間に備わっているほかの多くの機能ともつながっている。たとえば、レプチンは食欲だけでなく、代謝にも影響を及ぼす。カロリーが筋肉などの身体機能向けエネルギーに変換されるペースを司る機能だ。レプチン濃度が下がると、代謝率も下がる。つまり、食料が不足して脂肪蓄積量が減り始めると、体は自動的に筋肉の活動を抑制してカロリー燃焼を減らし、生命維持に必要な脳と器官の機能を維持するためにエネルギーを節約しようとする。「飢餓反応」として知られるこの反応は、エネルギー使用量を二十パーセントまで減らすと同時に、ほかのあまり重要ではない身体機能を停止させる。たとえば、この時骨の成長は止まる。栄養不足の子供が発育不良になるのはこのためだ。女性の生殖機能も止まり、脂肪量が最低限のレベルまで回復して体が胎児を宿せる強さを取り戻すまで、それが回復することはない。

レプチンは人体の代謝の抑制と均衡のシステムを司るホルモンの一つで、驚くべき正確さで体がエネルギーの投入と産出を均衡させることに貢献してきた。人間は平均して十年間で約一千万キロカロリーを摂取するが、最近まではその間、人間の体重は一ポンド（約〇・四五キロ）以上は変化しないものとされてきた。「これが意味するところは、エネルギー摂取とエネルギー消費の差は通常、完全な均衡状態から〇・一七パーセント以上ずれることはないということです。つまり、十年間で平均的な人間が摂取する一千万キロカロリーのうち、余剰に摂取するカロリー量はせいぜい千七百キロカロリーにすぎないのです。この驚くべき精度は、栄養士のカロリー計算の能力をはるかに凌ぐほど高いものです」と、ロックフェラー大学で体重調節を研究する分子生物学者ジェフリー・フリードマン（Jeffrey Friedman）は説明する。要するに人間の体は、人間が意識的に成し得ないことを、自動的に行えるようにあらかじめプログラミングされているということだ。「食べるものすべてを細かく計量しても、これほど正確にエネルギーバランスを調節することは難しいでしょう。それほどまでに高精度な秤はこの世に存在しないし、もしそれが存在したとしても、そこまで正確に計算すると、うっかりパンくずを落としてしまっただけで、計算が狂ってしまいます」と、シンシナティ大学の神経科学者ランディ・シーリー（Randy Seeley）は語る。

残念なことに、非常にきめ細かく調整され素晴らしい精度を持つこのメカニズムは、いくつかの大きな欠陥のためにその機能が低下している。まず、私たちの祖先は常に食料不足とともに生きてきた。人間にとって有史以来、カロリーが余っている状態よりも足りない状態に陥ることのほうがずっと多かったので、エネルギー均衡を保つための人体システムは、常に過剰摂取を促す方向に傾くようにできている。レプチンが食欲に及ぼす作用について考えてみてほしい。体脂肪の量が減り、レプチン濃度が下がると、食欲が比例的に増大する。レプチンが減ることは、空腹感が増すことを意味しているからだ。

だがその反対は、これほど機械的でも比例的でもない。体脂肪が通常のレベルに戻るにつれてレプチン濃度は再び上昇し、食欲はわずかに弱まるが、それが完全に消えてなくなることはない。その理由はこうだ。満腹感を発するには、レプチン分子が物理的に視床下部に到達する必要があり、そのためにはレプチンを含んだ血液が血管と脳を隔てている膜を通過しなければならない。この血液脳関門はあまり頭の良くない膜で、その小さいすき間から一定量のレプチン分子を通過させると流れが悪くなり、交通渋滞のようになってしまう。そのため、たとえ血液中にレプチンが多く含まれていても、脳が満腹信号を受け取るために必要なだけの刺激を視床下部が受け取るまでに、時間がかかってしまうのだ。これはつまり、脂肪レベルが回復した後も、人はしばらくの間は大食いを続けてしまう可能性があることを意味している。

言い換えると、食欲には上限がないということだ。しかし、人類史の中で、人間のこの欠陥が障害になることはほとんどなかった。余剰カロリーを摂取する機会に恵まれたほんの一握りの贅沢な人々を除けば、私たちの祖先は過食の心配をする必要などまったくなかったのだ。

実際、もし食欲に上限があったなら、恐らくそれは人類にとって命取りになっていただろう。もしそんなものがあれば、食料不足が続いた後に急速に体重を取り戻したり、食料が豊富なときに短期間で体脂肪を蓄積したりすることの邪魔になっていたに違いないからだ。その意味で、体内のエネルギー経済は外界の経済と補完関係にあった。自然界の法則がエネルギー摂取量の上限を決めていたので、体は摂取量の下限だけを定めればよかったのだ。

人間の体は摂取量の上限を持たないばかりか、一度付いた体重をできる限りのことをして保持しようとする。ここでも犯人はレプチンだ。体脂肪の蓄積量がほんの少しでも減ると、レプチン濃度はぐっと落ち込み、食欲を急激に増大させる。体脂肪が十分に付いていても、その蓄積が少しでも減り始めると、人は大量に食べようとするのだ。非常にバランスに欠けた反応だが、生き残るという観点から見れば、これも完全に筋が通っている。蓄積した体脂肪が完全になくなる前に大量に食事を取っておこうとする行為は、車を運転しているときにガソリンタンクが空になる前にガソリンスタンドに立ち寄る行為と同じだ。しかし、カロリーが有り余る世界において、このようなメカニズムは体重の削減を非常に困難にする。コロラド大学の臨床栄養学研究部門長のジェームズ・ヒル（James Hill）は、「人間は体重の減少から身を守るために優れた生理学的メカニズムを発達させましたが、食料が豊富なときに体重増加から身を守るための生理学的機能はとても弱いのです」と語っている。

そして、人間のエネルギー調節に関わるシステムはほぼすべて、似たような偏りを持っている。それは常に体重の増加を促し、体重の減少を抑止するもので、大抵はほかのシステムと二重のフェイルセーフ機構を構築している。コロンビア大学医学部の遺伝学者ルドルフ・リーベル（Rudolph Leibel）は、「人間の体は飢死から身を守るようにできています。私たちの体がこのように作られていることを嘆くのは自由ですが、それが人間をここまで生き残らせてくれたのです」と言う。

けれども、人間のそうした偏りが次に何を引き起こすかは明らかだった。人間を飢えから守り、ここまで生き残ることを可能にした人体の代謝システムは、もはや時代に適応していないばかりか、破綻していた。アメリカでは十九世紀初頭の農業ブームが余剰食料と食品の低価格化をもたらし、人間のエネルギーバランスを揺るがした。その結果、人間は大きくなった。当初、体の大型化はむしろ、かつて人類が獲得していた体型の回復という性格を持つものだった。体重が増えただけでなく身長も伸び、人間は先史時代の体型を取り戻した。

しかし、次第に体重の増加が身長の伸びを追い越し、人間は太り始めた。一八九〇年代になると、ずんぐりした体格は著名人の間でも普通に見られるほど、ありふれたものとなった。歴史学者のローウェル・ダイソン（Lowell Dyson）は自著で、一八九〇年代に「魔性の女」と呼ばれた女優リリアン・ラッセル（Lillian Russell）は体重が二百ポンド（約九十一キロ）もあったし、J．P．モルガン（J.P. Morgan）やグロバー・クリーブランド（Grover Cleveland）などの著名人たちも「その巨大な腹と、それを引き立たせる流行のベストと、重い懐中時計の金の鎖で、上流、中流階級の規範を作った」と書いている。

体重増加が招く健康リスク

こうした変化を憂慮した公衆衛生当局は、カロリーを取り過ぎないよう消費者に勧告する運動を積極的に展開した。早期の対策と世界大恐慌による経済的困窮のおかげで、今世紀前半、アメリカは過食傾向を転換させることにいったんは成功した。しかし、それは一時的なものだった。一九四二年、メトロポリタン生命保険会社（Metropolitan Life Insurance Company）は、体重と身長の相関関係を測定する指数の中で、人の寿命と直接関係があると思われる「ボディマス指数」が、じりじりと上昇していることを警告した。一九六〇年にはアメリカにいる成人の十三パーセントが「体重超過」と分類されるようになっていた（当時はまだ肥満という言葉が使われていなかった）。

一九六〇年代から一九七〇年代初頭までは、肥満の傾向は横ばいだった。しかし、一九八〇年代になると、肥満率が再びそしてかつてないほどのペースで急上昇を始めたのだ（その原因についてはまだ議論が続いていて、結論には至っていない）。一九九〇年には全成人の二十三パーセントが「肥満」（「体重超過」の代わりに使われるようになった新たな用語）の基準に当てはまり、正式に肥満にはなっていないが、健康と呼ぶにはボディマス指数が高過ぎる人を指すようになった「体重超過」に分類される人も、全体の十一パーセントに上った。二〇〇〇年肥満成人の割合は三十一パーセントに跳ね上がり、それに体重超過の成人十六パーセントを加えると、何と全アメリカ人の約半分が体重オーバーという状態になった。子供たちの体重も増えていた。一九六〇年時点では、肥満に分類される子供はほとんどいなかったが、二〇〇〇年にはそれが七人に一人の割合となった。しかも、成人も子供も、肥満率の増加傾向が弱まる兆しをまったく見せていない。二〇〇〇年にはアメリカ人男性の平均体重は一九八〇年よりも二十ポンド(約九キロ)増え、今も毎年二ポンド(約〇・九キロ)ずつ増え続けている。

アメリカの国民がより大きく、そしてより重くなったことの影響は、随所ではっきりと見てとれる。洋服のサイズはどれも大きく変更された。今日の婦人サイズ十号は一九四〇年の十四号に当たる。社会や経済のインフラも、体の大きな利用者に合わせて再設計されている。オフィスで使われる事務椅子はより重い体重を支えるために、以前よりも頑丈な作りにしなければならなくなっているし、毎日大きなアメリカ人の体重がのし掛かるベッドのマットレスも、耐えられる重量基準を上げなければならなかった。航空機は搭乗者一人当たりに割り当てられている重量を増やしたが、それでも体重が増えた搭乗者のおかげで、航空会社は一九九〇年よりも年間二・七五億ドル(約二百九億円)も多く燃料費を負担しなければならなかった。影響は葬儀業界にまで及び、以前よりも大きな棺おけと、火葬場ではその大きな棺おけを入れるために、以前よりも幅の広い火葬炉が必要になった。

棺おけを大きくしたり航空機の燃費が増えたりすることだけが肥満の代償であれば、社会は比較的簡単に体重の増えた国民に適応することができただろう。しかし、現実はそうはいかなかった。肥満の人は睡眠障害や血栓、下腿潰瘍、すい臓の炎症、ヘルニアなど、多種多様な病気にかかりやすい。体重が重い人は骨や関節、特に膝に大きなストレスがかかるし、胸腔の余分な肉は肺が完全に拡張するのを妨げ、血中酸素濃度の低下と激しい息切れを起こす。また肥満は医療行為を困難にする。体脂肪はしこりなどの症状を覆い隠し、投与される薬物を薄め、平均入院期間を五十パーセントから百三十パーセントも引き延ばしている。

しかし、こんな苦しみはまだ軽いほうだ。肥満は明らかに心臓病の罹患率を高める。なぜなら、肥満によって心臓への負荷が増し、体脂肪が多い人は血中トリグリセリド値とＬＤＬ（悪玉）コレステロール値が高く、ＨＤＬ（善玉）コレステロール値が低い傾向にあるからだ。アメリカ心臓協会（American Heart Association）によると、それらはすべて心臓発作や心筋梗塞の原因に指定されている。

肥満はおそらく脂肪酸とインスリンの関連から、成人発症の糖尿病にも大きく関与していると考えられている。インスリンは血液中のブドウ糖値（血糖値）の調節を助けるホルモンで、ブドウ糖はでん粉質の食物が消化管で消化されるときに発生する。ブドウ糖は体の主な燃料の一つで、脳が吸収できる唯一の栄養素でもある（筋肉や臓器は脂肪酸も燃焼できる）。脳は血糖値が安定しているときに最もよく機能するため、人体には血糖値を一定に保つための調整システムが備わっている。ブドウ糖が血液に入ってくるとすい臓はインスリンを分泌し、筋肉細胞や肝細胞、脂肪細胞に、血液からブドウ糖を吸収させ、それを燃料として燃やすか、後に利用するために貯蔵しておくか、いずれかの指令を出す。そうすることで血糖値が上昇し過ぎるのを抑えるのだ。また、血糖値が下がり過ぎると、ほかのホルモンが肝臓などに貯蔵してあったブドウ糖を血液中に送り出す。

ところが困ったことに、インスリンが持つ重要な調節機能は、血液中の脂肪酸濃度が上昇すると働きが悪くなる。そうなるとインスリン信号に対する肝臓と筋肉組織の感受性が低下し、過剰なブドウ糖を血液から取り出す機能が弱まってしまうのだ。体脂肪が多いほど血液を循環する脂肪酸が多くなり、肝臓と筋肉組織のインスリン反応が鈍くなり、インスリン抵抗性と呼ばれる状態が進行する。当初、体はインスリン抵抗性に対する反応としてインスリンの分泌量を増やし、血液から過剰なブドウ糖を一掃しようとする。

しかし、肥満の人のように、脂肪酸濃度が高い状態だと、インスリン抵抗性がより高まり、すい臓にインスリンの分泌を促し続けなければならなくなる。強靱なすい臓の持ち主ならこの状況に耐え続けられるかもしれないが、そうでなければ、すい臓は徐々にインスリン分泌能力を失い、2型糖尿病を発症する。これは、失明、手足の麻痺を伴う血液循環障害、場合によっては手足の切断、そして最悪の場合は死に至る恐れがある病気だ。

ただし、肥満の人すべてが、2型糖尿病を発症するわけではない。その傾向には遺伝的要素があると考えられている。しかし、その遺伝的要素を持つ人の中で、肥満がその発症の可能性を大幅に高くすることだけは間違いない。子供たちの肥満が増えるに従って、2型糖尿病を発症する年齢がどんどん下がっている。ボストン小児病院の研究者デビッド・ルドウィグ（David Ludwig）が、小児期の肥満を〝人口統計上の時限爆弾〟と呼ぶ理由はここにある。肥満児はそのまま肥満成人になる可能性が高いので、小児期の肥満の増加は肥満成人を増やす。将来的には糖尿病などそれに付随する健康問題の多発が避けられなくなるだろう。「肥満児の世代が健康上のリスクを成人期まで持ち越せば、アメリカがこの百年間続けてきた長寿化の傾向は終わります。そして実際にアメリカ人の寿命は二～三年短くなるかもしれません。それはすべてのがんを合わせたものよりも大きな影響です」とルドウィグは語った。

ほかにも気が滅入るような調査結果が集まるにしたがって、政府の保健当局は肥満の蔓延を本気で問題視し始めた。二〇〇一年、アメリカの公衆衛生局長官は、肥満が原因で年間三十万人が若死にしていると発表した。三年後、ＣＤＣはその数字を四十万人に上方修正した。また同センターは、肥満が年間六百十億ドル（約四兆六千三百六十億円）もの直接医療費支出の原因となっていて、これがアメリカの総医療費の約五パーセントを占めていること、さらに、肥満を原因とする病気などによって生じる賃金損失などの間接費が総額で五百六十億ドル（約四兆二千五百六十億円）に達すること、そして、肥満がもたらす社会的コストが、すでに喫煙のそれを超えていることなどを発表した。これら一連の調査結果は、肥満がアメリカ最大の健康問題になりつつあり、ごく近い将来、アメリカ人の健康にとって最も深刻な脅威が「食べ物」になるという皮肉な見通しを示唆していた。

対策に乗り出したのは政府機関だけではなかった。健康問題に関心のある一部の人たちは、肥満は不可抗力ではないと考えていた。彼らは、肥満とは、利益のために加工食品やスナックの売上に依存してきた食品業界が、意識的に促進していったものだと主張していた。さらに彼らの中には、食品業界が懸命に売りまくっている加工食品やスナックには、甘味料と油脂が多く含まれていて、食品自体も高カロリーで問題だが、加えて、その中に成分は私たちがそれをもっと食べたくなるように駆り立てる成分が含まれているとまで主張する人もいる。

この仮説はまだ議論の対象だが、食品業界自身も、国民の食生活が変わってきていることは認めざるを得なくなっていた。一人当たりの砂糖やブドウ糖果糖液糖などの甘味料の消費量は一九七〇年から二〇〇〇年の間に三割以上も増えていた。チーズの消費量はピザ人気のせいもあって、五十パーセント以上増えた。その結果、一人当たりの摂取カロリーは、一九六五年から一九八七年まで緩やかに減少した後、一九九五年までには再びリバウンドして、十七パーセントも増加している。

自然進化の終点

このような傾向を背景に、公益科学センター（ＣＳＰＩ＝Center for Science in the Public Interest）などの権利擁護を主張するＮＰＯ団体や、マリオン・ネッスル（Marion Nestle）やケリー・ブラウネル（Kelly Brownell）らの食品業界に対して批判的な立場を取る人たちは、もはや肥満を、これまでのような各個人の行動を変えるように働きかける方法だけでは防げなくなっていると主張し始めた。そして彼らは、現在の危機的状況を引き起こしている環境的、文化的、経済的要因に働きかける政策が必要だと主張していた。

政治家たちはジャンクフードの販売禁止から油脂への課税まで幅広く、様々な法案を次々と提示し始めた。弁護士や権利擁護団体は法律の制定を待ち切れずに、大きな勝利を勝ち取ったたばこ訴訟をモデルに裁判を起こし始めた。マクドナルド（McDonald's）をはじめとするファストフード・チェーンは、スーパーサイズ（超大盛り）商品を販売したことに対して訴えを起こされた。学校で糖分の多い炭酸飲料や高カロリーのジャンクフードを販売したことに対して、法的措置を取られる学区もあった。二〇〇六年初頭、公益科学センターはバイアコム（Viacom）を訴えると発表した。同社によって運営されているテレビ局で放送中の子供向け人気アニメ番組の主人公スポンジ・ボブが、ケロッグ（Kellogg）社の『ポップタルト（Pop-Tarts）』などの〝健全さに欠ける〟食品を売り込んだとの理由からだった。

訴訟や敵対的な法律の制定などが相次ぎ、また食品産業の実態についての様々な調査報告や『スーパーサイズ・ミー（Super Size Me）』のような食品業界に対して批判的な映画によって国民の怒りが増していく状況を見て、食品業界はあることに気が付いた。それは自分たちが、たばこ産業が十年前に歩んだのと同じ、莫大な費用のかかる厄介な道を突き進んでいるということだった。製造物責任（PL）関係のベテラン弁護士ジョゼフ・プライス（Joseph Price）は二〇〇四年『ニューヨーク・タイムズ紙（The New York Times）』にこう話している。「食品会社は、一連の批判はすべてデタラメで、すべては自己責任の下で行われていることだと主張しているようですが、過去の判例と私自身の個人的な経験から申し上げておきたいのは、もう少し原告の言葉に素直に耳を傾けたほうが身のためだということです。彼らは食品業界をたばこ業界の二の舞にするつもりだと明言しています」

しかし、そんな不吉な予言こそがリック・バーマン（Rick Berman）のファイトをかきたてる。六フィート三インチ（約百九十センチ）の上背に、がっちりとした肩、短く刈り込んだ髪、青く鋭い瞳に、しわがれ声で話すバーマンは、ワシントンD.C.を本拠地とするNPO『消費者の自由センター（Center for Consumer Freedom）』の運営責任者だ。同団体は、たとえば、肥満が病気であるかのような〝肥満神話〟を否定することで、前出の公益科学センターのようなNPO団体に対抗することを目的としているシンクタンクで、食品業界から資金提供を受けている。バーマンはこの二十年間で食経済における唯一の重大な変化は、肥満問題が政治的そして経済的利益をもたらす最新の手段であることに権利擁護団体や科学者、弁護士、ジャーナリスト、そしてダイエット業界が気付いたことだと言う。

またバーマンは、肥満の研究者は肥満から金銭的利益を得ることができる事業団体や、特に肥満防止薬で儲けたいと考え、〝肥満の蔓延にマーケティングの機会〟を見出している製薬会社から資金提供を受けていることが多いとも言う。バーマン自身も肥満が問題であることは否定しない。しかし、バーマンの考えでは、肥満の真犯人は食品でも食品会社でもなく、遺伝と運動不足をはじめとする多数の要素だという。

無論、バーマンの団体自体も、動機が純粋とは言い難い。その団体は活動資金の大半を肥満が病気として認知されることを何としても避けたい食品会社から出ており、その出資者にはコカ・コーラ（Coca-Cola）、ウェンディーズ（Wendy's）、タイソン（Tyson）、アウトバック・ステーキ（Outback Steakhouse）などが名を連ねる。実際バーマンは、レストランの禁煙化を義務付ける法律の制定を阻止する活動を通じ、その能力を磨いてきた人物だ。彼の団体に対して、実際はシンクタンクでも何でもなく、単なる業界のPR団体にすぎないと批判する人は多い（私が彼の事務所を訪問した時、彼のオフィスが入ったビルの一階ロビーにいた警備員は『消費者の自由センター』は知らなかったが、バーマン・アンド・カンパニー（Berman & Company）には案内してくれた）。

しかし、バーマンが重要な問題を提起していることだけは、間違いない。確かにこれまで肥満の健康リスクは誇張されてきた面があった。CDCはその後、肥満に起因する推定死者数を四十万人から十一万二千人に引き下げているし、肥満が多くの会社や組織、とりわけ年間五十億ドル（約三千八百億円）を売り上げるダイエット業界にとって、儲かる商売であることも事実だった。しかし、バーマンの活動の中で最も有益だったことは、彼が食品以外の肥満の原因を強調してくれたおかげで、肥満には肉体運動と密接な関係があるという事実に、より多くの人を気付かせてくれたことだったかもしれない。

現代のアメリカ人の体はとても健康体とはいえない。運動をあまりしないことに加え、私たちの暮らしそのものが、三十年前と比べてエネルギー消費量が非常に少なくなっている。成人アメリカ人のうち、推奨されている最低運動量（週に五回、三十分程度の軽い運動）をこなしている人は半分にも満たない。

歩道のない広い道路や、隣家や店や学校が遠く離れている現代の郊外型社会は、人から歩く機会を奪い、自動車を生活必需品にした。今や娯楽といえば、テレビやテレビゲーム、インターネットなど、ほとんど体を動かさないものばかりだ。また最近では、人々は犯罪を恐れるあまり、道を歩いたり、ジョギングをしたり、子供を友達の家や公園に遊びに行かせたがらないなど、近年ライフスタイルはますます屋内型になっている。一九八〇年から十年間で、歩いて学校に通う子供の割合は全体の五分の四から三分の一に減った。ＣＤＣの報告書は、一九八〇年代から一九九〇年代にかけて、子供の行方不明事件が相次ぎ、親が子供を自分の視界外に出さないようになったことがその原因だと分析している。

同様に、かつてはカロリーを確実に燃焼できる機会を与えてくれた労働も、肉体的な要素が時代とともに減ってきている。工業化時代の重労働は二十世紀初頭から、より肉体的な負担の軽い事務職やサービス職に取って代わられた。そしてそれは、一九七〇年代から一九八〇年代にＩＴ関連職に道を譲った。これはコンピュータや電話、電子メールを使えば、何時間も自分のデスクを離れることなく続けられる仕事だった。メイヨー・クリニック（Mayo Clinic）の調査によると、データ処理など座ったままの事務仕事と、配達係など間欠的な運動を伴う仕事では、一見それほど大差はないように見えるかもしれないが、一日当たり三百五十キロカロリー分も運動量が違ってくる。前述のとおり、エネルギーバランス的には、運動量が少し減るだけでも著しい体重増加につながる場合がある。前出コロラド大学の臨床栄養学研究部門長のヒルによれば、過去数十年間にわたるアメリカ人の体重増加は、毎日二十分も歩けば消費できる約百キロカロリーというわずかなカロリーの不均衡がもたらした結果だという。

ヒルなどの調査結果を受け、肥満と食品の関係に懐疑的な立場を取る人々（そして無数の食品会社やそのロビイスト）は、私たちの体重増加と食品の間には関係性がないと主張するようになった。それは特に肥満率が上昇し始めた一九八〇年代に起きた著しい生活習慣の変化に起因するものだというのだ。しかし、こうした主張がそれほど世間の耳目を集めることはなかった。なぜならば、多くの消費者にとって、肥満の責任を食品業界というはっきりと目に見える、そして明らかに裕福な犯人のせいにしたほうが、消費者自身の責任と言われるよりも、はるかに受け入れやすかったからだ。

こうして見ると、肥満は経済発展の先にある、もともと意図されたものではないが避けることのできない結末と見ることができる。それは肥満が、最小限の身体的努力で最大限のカロリーを得るようにプログラムされた人間にとって、自然進化の終点を意味するものと言えるからだ。シカゴ大学で肥満を専門に研究する経済学者トマス・フィリップソン（Tomas Philipson）はこう書いている。「肥満問題は経済的発展の副作用といえる。私たちが以前よりも太っているのは事実かもしれないが、もし誰もが痩せていた一九五〇年代の生活に戻りたいかと言われれば、私たちの多くは科学技術と農業が進歩した今を選ぶだろう。一日十時間も額に汗して働いて、それでもまだ貧乏な時代なんて、だれもが嫌がるのではないだろうか」

つまり肥満は企業の欲望が生んだ結果というより、私たちの合理的な意思決定の結果と考えるべきものなのだ。私たちは以前ほど、カロリーを獲得するためにあくせく働く必要がなくなった。だからそんなに働かない。そして肥満は、合理的な消費者が楽な仕事をすることや、もっと多く食べることを選択した結果であり、複雑な話でもなければ、誰かが悪いという話でもない。そう考えると、肥満の解決策をお金のかかる医薬品や、政府の干渉や規制に求めるべきではないのかもしれない。単に消費者が、自分たちの食べる量と運動する量を変えればいいだけの話なのだから。食品業界が後援するアメリカ科学健康協議会（American Council on Science and Health）のトッド・シーヴィー（Todd Seavey）はこう書いている。「自分自身の体重問題に合理的に取り組もうと思ったら、解決策は簡単だ。食べる量を減らすか、運動を増やすか、もしくはその両方を行うかだ」

大量摂取される高カロリー原料

しかしながら、肥満の原因のすべて、あるいは大部分を、私たちの怠惰だけに押し付けることには少々問題がある。一九八〇年代に起きた変化は、決して人間の怠惰性だけではなかったからだ。現代の生活がより楽なものになり、技術的な進歩や経済的な変化が私たちのカロリー燃焼量を減らすことにつながったのは紛れもない事実だ。けれども、バーマンのようなプロの懐疑論者は、カロリーを体内に取り込むことがはるかに容易になっているという事実を完全に見過ごしている。

たとえば、食品生産と小売戦略のイノベーションによって、私たちが食品にかける費用は大幅に減ったが、中でも価格が最も大きな影響を受けたのは、二つの高カロリー食品、つまりでん粉と油脂だった。ワシントン大学の研究者アンドリュー・ドリュノフスキー（Andrew Drewnowski）は、加工食品に最もよく使われる原料であるでん粉と油脂の一キロカロリー当たりのコストが、生の果物や野菜などのカロリーが低い原料よりも、ずっと速いペースで下落したことに気付いた。ポテトチップスのコストは現在一キロカロリー当たり〇・一セント（約〇・〇七六円）程度だが、人参はその四倍もする。生鮮食料品は今でも栽培に労力がかかり、扱いと保管にも費用がかかる。そのため、同じ値段で人参よりもポテトチップスのほうがたくさん買える上、ポテトチップスのほうが高カロリーなので（チップス一オンス〈約二十八グラム〉当たり約百五十キロカロリーに対し、人参は約十三キロカロリー）、より安いチップスをたくさん食べれば、自ずと摂取カロリーは増加すると、ドリュノフスキーは説明する。

この発見は、なぜ高収入の消費者よりも貧しい消費者に肥満が多いかをよく説明している。食品は安いものほど、カロリーが高くなる傾向にあるのだ。これは貧しい居住地区の人ほど肥満に苦しむ確率が高いという〝郵便番号効果（Zip Code effect）〟の謎も明らかにする。貧困層の居住地区には、白人が多い裕福な居住地区と比べて、加工度が高くカロリーも高い食品を多くそろえているファストフード店やコンビニエンスストアが多く、新鮮な農産物や健康的な食品を多くそろえているスーパーマーケットが少ない。郵便番号が「３」で始まるデトロイト州の低所得層居住地域の食料品店をすべて調査した結果、農務省の食品選択ガイドラインに含まれるすべての階層の食品を購入している買い物客は五人に一人にも満たなかった。また、この調査の結果、貧しい郵便番号地区のほうが、裕福な郵便番号地区よりも生鮮品の鮮度が低いことや、パンや牛乳などの基本食品の値段は低所得地区のほうがむしろ高いこともわかった。

同じく重要なのは、この三十年間で食物が劇的に安くなったばかりか、非常に手に入れやすくなったことだ。一九七〇年代以前は、大半の食事がごく少数の熟練料理人の手で調理されていた。それは主に、主婦やシェフなど、食物を調理するための技能と道具と時間を持つ者に限られていた。[2] そして彼らは、どのぐらいの量をどのぐらいの頻度で食べるかを独裁的に決めることができた。しかし、今日その独裁体制は、至る所にあるレストランや、スナック菓子の自動販売機や総菜店、そして子供でも電子レンジを使って数分で調理できるようなレトルト食品の前に、完全に屈服させられてしまった。

時間に追われる現代社会で便利な食品が大きなメリットを与えてくれることは事実だが、そのような食品はドリュノフスキーが言うように、低コストだが高カロリーの甘味料や油脂に頼る傾向が強いので、余計なカロリーまで与えてくれる場合が多いのだ。連邦経済調査局（Economic Research Service）の調査員ビン・ワン＝リン（Biing Hwan-Lin）は、仮にレストランとコンビニエンスストアの食品の平均カロリーが家庭で調理される典型的な食物と同じだったら、アメリカ人が一日に摂取するカロリーは百九十七キロカロリー減り、油脂と飽和脂肪の摂取量も大幅に減るとの試算を発表している。これはヒルの指摘したカロリーギャップ（一日約百キロカロリー）の二倍に当たる。同時にこのデータは、一九六〇年代半ばから一九八〇年代後半にかけて一度は減少したアメリカ人一人当たりの総油脂摂取量が、一九八〇年代以降、約十パーセントも増えていた主な原因が、外食する頻度が高くなったことにあったことを示唆している。

高カロリーの原料に必要以上に頼ることは、ほかの面でも消費と体重増加に影響を及ぼしている。たとえば、脂肪はカロリーがタンパク質やでん粉の二倍もあるだけでなく、食欲を刺激する力を持つと考えられている。前出のコロンビア大学ルドルフ・リーベルが行った調査では、食物脂肪摂取量の増加と体内の脂肪蓄積を監視する能力との間に驚くべき関連性があることが示された。新生児に高脂肪食を与えた場合、満腹信号に対する視床下部の感受性が損なわれる可能性があるという。これは、感受性の喪失が体重増加につながり、結果として蓄積脂肪の増加が生じ、満腹信号の感受性をさらに弱め、ますます体重増加につながるという悪循環を引き起こすことになる。体脂肪率が上がるにつれ、血液中のレプチン濃度が上昇するが、レプチン濃度が高いままだと、脳は次第にレプチンの働きに対して感覚を鈍らせるか、もしくは反応する力を完全に失う。レプチンの役割は、胃が発する満腹信号を脳が受け取りやすくすることなので、アメリカ人がよく取るような高脂肪食は、カロリー摂取監視機能を徐々に低下させていく可能性がある。リーベルは「脳がどれぐらい脂肪を蓄えているかについて、体から発せられる信号に鈍感になり、最後はその信号を〝読み取る〟能力を失ってしまうのです」と説明する。

甘味料が食事の量に及ぼす影響は、まだはっきりとはわかっていない。研究者の中には、人間は砂糖などの甘味料がほとんど存在しない環境下で進化してきたので、その摂取を監視する能力が備わっていないと、何十年も前から主張してきた者もいる。特に一九七〇年代の後半に肥満化が進み始めた頃、食システムに大々的に参入してきたブドウ糖果糖液糖は、肥満につながると思われる栄養上の特徴をいくつか持っていたので、特に詳しい調査が実施された。

その特徴とは第一に、ブドウ糖は血液から脳へと容易に移動するのに対し、果糖は血液脳関門を通り抜けるための生物化学的な暗号を持っていないことだ。そのため、血糖値を感じ取り、それに応じて食欲を変化させる働きを持つ脳は、血液中を循環する果糖の量を感知できない。つまり、どれだけ果糖を摂取しても満腹作用を引き起こすことができないということだ。第二に、ブドウ糖と違って果糖はインスリンを分泌させる働きを持たないため、レプチンも分泌されない。そのため、やはりここでも脳が胃の満腹信号を受け取ることができない。つまり果糖は、食欲を抑えるために人体に存在する主要メカニズムの多くを作動させないまま摂取されるということだ。そして第三に、シャロン・エリオット（Sharon Elliott）の調査によると、ほとんどの糖分は消化器で消化されブドウ糖に変換されるのに対し、果糖は肝臓に達するまで完全には消化されない。ここでは果糖の独特な分子構造、特に炭素原子の配列が、長鎖脂肪酸を構築するための支柱のような働きをする。つまり果糖はほかの糖分よりも脂肪に変換されやすいのだ。

しかし、近年、肥満を引き起こすといわれるブドウ糖果糖液糖の性質に対して、疑問を呈す科学者も出てきている。その主たる根拠は、ブドウ糖果糖液糖には普通の砂糖と比べてわずかに多くの果糖が含まれているにすぎないというものだ。ショ糖はブドウ糖一分子と果糖一分子から構成される。このことからも、砂糖からブドウ糖果糖液糖へ切り替えたことが人間の生理にそれほど大きな影響を与えたとは考えにくい、と彼らは主張する。

だがその一方で、果糖の肥満効果に懐疑的な科学者の間でさえ、ブドウ糖果糖液糖をめぐる議論が、一見地味ながらより根本的な現実から私たちの関心をそらせてきたのではないかと危惧する人は多い。その現実とは、果糖が食欲を刺激するかどうかはともかく、私たちの食物連鎖の中で果糖の存在が、日に日に大きくなってきているという事実だ。これは私たちが今日、四十年前には考えられないほどの大量のカロリーを消費していることを意味している。ハーバード大学公衆衛生大学院のウォルター・ウィレット（Walter Willett）はこう語る。「問題はすべての甘味料を合わせた消費量が、この十五年間で大幅に増えたことです。その多くは炭酸飲料を通じてのものです。これが肥満に貢献したことは間違いありません。私たちは砂糖もブドウ糖果糖液糖も、どちらも減らす必要があります」

スーパーサイズ化戦略

ウィレットが発した警告は、危機的な状態にある今日の肥満問題の核心部分にある経済的矛盾に迫るものだ。この五年間、食品業界は積極的に数々の低脂肪商品や低カロリー商品を発売し（二〇〇二年以降四千品目）、また消費者の栄養意識を改善しようと様々なキャンペーンを繰り広げてきた。しかし、こうしたキャンペーンを真に受けるべきかどうかは疑問だ。そもそも四千品目といっても、これは食品業界が二〇〇二年から二〇〇六年の間に新たに投入した食品約五万六千品目のわずか七パーセントにすぎない。より端的に言えば、食品業界は健康増進だの、賢明な食生活だの、私たちの無駄を削ぎ落とす努力を支援するだのと主張しているが、現実に私たちが今食べている量を減らせば、食品会社の経営は成り立たない。パーセンテージでいうと、もしアメリカ人が一日の摂取カロリーを、コロラド大学のヒルが体内経済に均衡を取り戻すために必要だとしている百キロカロリーだけ減らしても、食品業界はアメリカ国内の売上だけで三百十億ドル（約二兆三千五百六十億円）から三百六十億ドル（約二兆七千三百六十億円）の損失を被ることになる。

損失は常に痛みを伴うものだが、食品会社にとって激化する競争環境や、利幅の縮小、国内市場の飽和などに直面している現状では、このような損失はなおさら受け入れ難いに違いない。別の言い方をすると、食品会社はブドウ糖果糖液糖や血糖指数など、彼らが販売する食品の「品質」に関する批判には反論できるかもしれないが、彼らが私たちにできるだけ多くの「数量」を買わせるために、あらゆる努力を惜しまずに行っている事実だけは、どうやっても否定できないのだ。

ここで、これまで食品業界が、消費機会を増やすことにどれだけ尽力してきたかについて、考えてみたい。スーパーマーケットは私たち消費者にできるだけ多くの衝動買いをさせるように設計されている。自動販売機もコンビニエンスストアもレストランも、町中至る所にある。一九七二年から一九九五年までの間にアメリカの人口は三割増えただけだが、レストランの数は二倍に、ファストフードの店舗数は約三倍に増えた。購入機会が増えれば売上も増えることを、食品会社はよく知っているのだ。たとえば、マクドナルドは「人が暮らし、働き、買い物をし、遊び、集う、すべての場所に店を設ける」ことを目標に掲げていることを、自社のPR誌の中で明らかにしている。コカ・コーラ社も一九九七年の年次報告書で「我が社の製品を広く行きわたらせる」ことを宣言した上で、「私たちは、よく冷えたコカ・コーラ・クラシックなどのブランドを、スーパーマーケットやビデオショップ、サッカー場、ガソリンスタンドなどあらゆる所で、すぐ消費者の手が届く所に置いていく」方針を明らかにしている。

とはいえ、食品会社が売上を増やしたがることについては、そもそも企業というものがお金を儲けるために存在している以上、これを責めるわけにはいかない。しかし、消費機会が消費人口の増加を上回るペースで増えているという事実は、食品産業が消費者一人ひとりに今まで以上に多くの食品を買わせようとしていることを示している。食品会社がそのような機会を、ショッピングモールや空港、貧困居住地区など、容易に消費を期待できる場所に多く設けているのは決して偶然ではない。ヒスパニック系住民が多数を占める居住地区に新店舗を続々と開店させている高カロリーグルメ・チェーンは、クリスピークリーム（Krispy Kreme）だけではない。ヒスパニックは文化的に甘い物を好むので（そして栄養教育をあまり重視しないので）、売上を伸ばしやすい。カリフォルニア州のラテン系コミュニティに新しく開店した店の店長が、一九九九年に雑誌『ハーパーズ（Harper's）』の記者に話した言葉がすべてを物語っている。「私たちは大きな家族を探し求めています。そうです、体が大きい人たちをです」

食品会社はもうカロリーを売る時代ではないという。今の時代、食品はただカロリーを押し付けるのではなく、付加価値を与えて大きな利幅を上乗せすることによって利益を上げるものなのだ。しかし、量と質はそうはっきりと区別できるものではない。食品産業の草創期から、最も簡単に、そして安価に新たな価値を加える方法は、砂糖と油脂を足すことだった。最近はカロリー量と質の区分がますます薄れてきている。ウォルマートの「より安く、より多く」路線の成功で、食品メーカーや外食産業は、消費者を単独の付加価値で魅了する商法から、より多くの付加価値をより低い価格で提供する低価格大量消費モデルに移っていった。ここで上乗せされる付加価値は、新しい風味や高級材料、便利な包装などのように、カロリーを足さない形で提供されることが多い。

しかし、一度商品が市場で認知された後は、単純に量を増やすことが付加価値を加える最も単純で安上がりな方法となる。それはたとえば、一つ分の価格で二つ売ったり、一人前の分量を増やしたりして実行される。言い換えると、食品の低価格化と、ヒルが言うところの「より安い値段でたくさん手に入れる」というアメリカ人の強迫観念に近い欲求の前に、食品会社やレストラン業者は最も経済的に付加価値を加えて、なおかつ売上を伸ばすためには、何でも大盛りにすればよいことにようやく気付いたのだ。

お金をかけて新製品や革新的な包装様式を開発するよりも、包装される商品の個数を多くしたり、一食分の分量を多くしたりするだけで、それは実現できる。こうして〝スーパーサイズ化〟は多くの批判にもかかわらず、今でも標準的なビジネス手法としてファストフード店以外でも用いられている。クッキーやマフィン、ピザ、キャンディバー、ベーグル、そしてレストランでの食事もすべて、一九八〇年代と比べて一人前の分量が二倍から七倍になっていることが、リサ・ヤング（Lisa Young）と前出のマリオン・ネッスルの調査によって明らかになっている。そしてそれはほとんどの場合、国が推奨する一人前の分量をはるかに超えている。

実際、今日のアメリカの食文化はスーパーサイズ一色だ。レストランの皿は以前より大きくなり、マフィンの型やピザの鉄板も大型化している。自動車メーカーは車内のカップホルダーの枠を以前よりも大きくしている。料理本も一人分の量を多く設定して記載している。「『ジョイ・オブ・クッキング（Joy of Cooking）』などの古典的な料理本では、レシピそのものは簡単に変えられないので、その代わりに、クッキーやデザートのレシピを紹介する際、調理工程や分量は同じだが、新版では対象人数を旧版より減らすことで、実質的に一人前の分量を多くしている」と、ヤングとネッスルは書いている。

ほかのトレンドと同様、スーパーサイズ化現象は、一九六〇年代から一九七〇年代初めにかけてゆっくりと、しかし着実に増え続け、一九八〇年代と一九九〇年代に本格的なマーケティング手法として定着した。マクドナルドは一九九一年にハンバーガーセット『エクストラ・バリュー・ミール（Extra Value Meals）』を、セブン-イレブン（7-Eleven）は一九八三年に四十四オンス（約一・二キロ）のソフトドリンク『ビッグ・ガルプ（Big Gulp）』を、そして一九八八年にはさらに大きな六十八オンス（約一・九キロ）版を発売した。以後、特大サイズで発売された新しい食品の数は十年ごとに倍増してきた。

こうした動きによって、一時流行った健康ブームがもたらしたプラス面は、ほとんどすべて打ち消されてしまったとみる栄養学者もいる。ミネソタ大学で栄養と運動、肥満、糖尿病、心臓病などの関連性を研究しているマーク・ペレイラ（Mark Pereira）はこう話す。「私たちは人々の飽和脂肪摂取量を減らすことには大成功しました。しかし問題は、その分だけ炭水化物を取るようになってしまったことです」

食品会社はスーパーサイズ化が、彼らの主要なマーケティング戦略であることをもはや否定しないが、こうした増量を通じて、消費者が実際により多くの量を食べたり飲んだりするように仕向けているとの指摘に対しては、強く否定している。しかし、数ある肥満論争の中でも、これほどばかげた主張はない。与えられる分量が多くなれば食べる量も多くなることは、多くの研究が示しているし、逆にもしそうでなければ、食品業界がスーパーサイズ化に邁進する理由がないではないか。[3]食品の価値は消費者がそれを食べたときに、初めて顕在化するものである以上、大型化が消費量の増加につながり、それにより消費者が商品に対して支払った額よりも大きな価値を得ていると実感できないのであれば、そもそもスーパーサイズを提供する食品会社などいないはずだ。

ある意味で、スーパーサイズ化は現代の小売業全体に共通した現象でもある。過当競争によって利幅が減り、メーカーと小売店は利益を維持するためにより多くの商品を売らなくてはならなくなった。裕福になった消費者は平均的な家には収まらないほど（平均的な住居の面積は三十年前よりも四十五パーセントも広くなっているにもかかわらず）、たくさんの非食料品を買うようになった。しかし、食料品と非食料品の決定的な違いは、非食料品を買い過ぎた消費者は余分な物を捨てたり、家の外の倉庫にしまっておいたりすることができるかもしれないが、余分に摂取した食品を置いておく場所などない。超過分のカロリーはすべてその本来の居場所、つまり体内に居座ることになる。

洗脳される消費者

　彼らが業界の市場戦略についてどう取り繕おうが、スーパーサイズ化は食品会社が私たちを彼らにとってより好ましい、少なくともより〝大きい〟消費者にしようとする新たな試みであることは間違いない。子供の摂食行動を研究しているペンシルバニア州立大学のバーバラ・ロールズ（Barbara Rolls）は、年少児のほうが年長児よりも、与えられる食事の分量に影響されにくいことを発見した。就学前の三歳児の昼食に、チーズマカロニを少量、中量、大量と分量を変えて与えてみたところ、実際に彼らが食べる量は与えられた量にほとんど影響されなかった。彼らはある程度の量を食べると、後はどれだけ皿の上に食べ物が残っていようが、食べるのをやめる傾向にある。これに対して五歳児の場合は、与えられる分量が多ければ多いほど、食べる量も増える。これは子供たちが成長するにつれて、体が発する空腹と満腹の合図に対して、より鈍感になる一方で、外的な環境から受ける刺激への反応は強まることを示していると、ボストン小児病院のカーラ・エベリング（Cara Ebbeling）の研究グループは主張する。

　要するに、子供は成長するにつれ、自分自身の内的システムから発せられる信号に耳を傾けるのをやめ、周囲からの信号をより多く受け取るようになるようなのだ。歴史的に見て、食事に関連する外部からの信号とは、大抵の場合、家で一緒に食卓を囲む家族か学校や教会などの共同体で食事を共にする友達や仲間が発するものだった。しかし、最近こうした昔ながらの信号は、別のものに取って代わられてしまった。別のものとは、何百億ドルもの大金を払って食品に関する情報で現代文化を埋め尽くそうとしている、食品会社が発する広告にほかならない。

　この信号のほとんどは、テレビを通じて浸透が図られる。アメリカ食品業界の年間広告予算の四分の三以上がテレビ広告に使われており、特にファストフードに限って言えば、その比率は九十五パーセントにも上る。インターネットなど新しいメディアの登場で消費者が分散するにつれ、広告媒体としてのテレビメディアは魅力を失いつつあるが、その部分でも食品業界の対応は早かった。マクドナルドが、テレビをあまり見ない十八歳から三十四歳までの男性客層を獲得するために、テレビゲームに広告を出したほか、ケンタッキーダービーをヤムブランド（Yum Brands）が後援したように、食品会社はスポーツイベントも後援するようになっている。また、食品業界は子供向けウェブサイトを開設するなど、考えられるありとあらゆる場に広告の場を広げていった。

このようなマーケティング手法が肥満状況の悪化に貢献しているとの指摘を、食品会社は言下に否定する。「我々は何も消費者に強要してはいない。ただ、消費者が賢明な選択ができるように情報を提供しているだけだ」と。しかし、これもまた、食品会社が広告に使う金額と、広告費が増えれば売上も増えるという周知の事実を考えると、やや馬鹿げた主張といえる。食品業界の広告キャンペーンは、消費者が実際には事実に基づいた選択などはしないという前提に基づいて実施されている。なぜなら食品に関して本当に知識のある消費者は、加工度の高い、つまり食品会社にとって儲けの大きい商品などほとんど買わないことを、食品業界は百も承知しているからだ。

ここで、ますます戦略的になるスナック菓子のマーケティング方法を考えてみたい。企業は単にスナック商品の宣伝に多額のお金をつぎ込んでいるのではなく、「間食は良くないこと」という消費者の考えを変えるために宣伝を利用している。間食が立派な食事であると消費者を納得させるために、スナックの栄養価を高めたり、食べ応えあるものにしたりする企業もある。その対極として、スナックをいわゆる〝自分時間（me-time）〟商品として、一日の仕事や子供の世話を終えて一息入れたい人や、明らかに息抜きが必要な人に売り込む企業もある。『フード・ナビゲータ（Food Navigator）』誌によると、自分時間マーケティングというのは新しい業界戦略の一つで、多忙でストレスを抱える消費者の不安や落胆、退屈などの感覚が、本来であれば食べてもらえない食品の購入促進に利用できるという。

しかし、このような戦略は「消費者がより健康的な食生活を送る手助けをしたい」という食品業界の主張をまったく台無しにしてしまう（データモニター（DataMonitor）社によると、自分時間マーケティングの二大ターゲットは、刺激と報酬を心理的に求めているためついつい間食をしてしまう会社員と、感情的な充足を求める傾向にある女性たちだそうだ）。食品業界が自分時間マーケティングにこれほど熱を入れる主な理由の一つは、この分野が健康問題と隔離されているからだ。データモニター社の報告によると、自分時間商品は健康意識の高まりに邪魔されることがない。なぜなら、消費者は「自分へのご褒美がもたらす喜びを放棄するつもりはない」からだ。特に食品会社が「必要なものと欲しいものとの境界をうまくぼやけさせることができれば」その傾向はさらに高まるだろう。

繰り返しになるが、たとえ業界がどんなマーケティングを行おうが、自分が何を食べるかについては自己責任で自分自身が決めるべきことだと主張することはできる。しかし、自由放任を主張するリバタリアンでも、情報を得た上で冷静な決断を下す力に欠ける若い消費者を狙ったマーケティングは問題視する。そして、今、食品会社は間違いなく若い消費者にも触手を伸ばし始めている。子供や思春期の若者は未来の消費者というだけでなく、控えめに見積もっても、すでに年間約五千億ドル（約三十八兆円）――一九九三年の二千九百五十億ドル（二十二兆四千二百億円）から上昇――の食料購入に直接的または間接的に関与している。子供は業界が言うところの「おねだり因子」とか「おねだりパワー」を使って、親の購買意思の決定に大きな影響を及ぼすからだ。

また、食品会社はできる限り早いうちに、できれば食習慣や好みが発達し始める頃から、子供との接触を図ろうとしている。そのために、食品会社は子供番組の最中に宣伝を繰り返すだけでなく（一時間の子供番組中に平均十本の食品コマーシャルが入っている）、たとえば、人気アニメのキャラクターのスポンジ・ボブに、番組の中で『ポップタルト』やオスカー・メイヤーの『ランチャブル（Lunchables）』、クラフトの『マカロニチーズ（Macaroni and Cheese）』などの高利潤・高カロリー食品を食べさせるなどして、番組そのものを商品と直接結び付けるようなことまでしている。

大人も当然、食品の広告をたくさん目にすることになる。しかし、大人にはある程度広告の正確さや意図を判断する能力があるが、幼い子供たちにはそれがない。発育の専門家の話では、八歳に満たない子供は広告の意図を理解する能力に欠け、宣伝文句を真実として受け止める。つまり子供たちは、売り手のメッセージにとても影響されやすいのだ。そしてそのメッセージが食べ物に関係する場合、そのほとんどは肥満につながる商品や肥満の原因となるような食べ方に関するものである。なぜなら、ここでもまた、最も儲けが大きい商品、そしてそのため企業が最も販売促進に力を入れる商品は、同時に最も加工度が高く、最もカロリーが高い傾向があるからだ。イリノイ大学のクリステン・ハリソン（Kristen Harrison）の研究によると、子供番組の中で宣伝される食品の八十パーセント以上が、コンビニ食品か、ファストフードか、甘いお菓子かのいずれかだという。ハリソンはまた、子供番組では「おやつの場面が描かれる回数のほうが、朝食、昼食、夕食の場面を合わせた回数よりも多い」ことに気付いた。宣伝された商品の栄養素含有量を分析したところ、ほとんどが脂肪も飽和脂肪もナトリウムも、いずれも一日当たりの推奨摂取量を超えていて、砂糖は約一カップ分も余分に含まれていた。

子供のテレビ視聴を監視したり制限したりするのは親の責任だと、食品業界のお偉方たちは言う。しかし、これも中身のない反論だ。食品業界が子供番組内のCMに使っている金額を考えれば、彼らは親がそんな責任を果たさないよう願っていることは明らかだ。しかし、仮に親が子供のテレビ視聴を適度に制限できたとしても、食品業界は親の目が届かない場所、とりわけ学校の中での存在感を大きくすることで、子供たちとの接触を図っている。財政難に苦しむ何千という学校が、その給食プログラムをファストフード業者（ある調査では、カリフォルニア州の半分以上の公立高校でタコベル（Taco Bell）、サブウェイ（Subway）、ドミノ（Domino's）、ピザハット（Pizza Hut）などの商品を提供していることが判明している）に委託している。これによって企業は、大勢の、影響を受けやすい未来の消費者を支配下に収めているのだ。

飲料会社も学校予算が削られていることにつけ込んで、学校側に有利な〝独占販売契約〟を提案して、校内に自動販売機の設置を許可させている。その目的を達成するために、教員までがリクルートされている。二〇〇一年にゼネラルミルズ（General Mills）はミネアポリスの小学校教師十名に月二百五十ドル（約一万九千円）を支払って、『リース・パフス（Reese's Puffs）』（訳者注：ピーナツ味のシリアル）の巨大な広告を貼り付けた車で学校まで通勤させていた。[4]

子供たちは確実にこうした広告を見ている。積極的に子供向けのマーケティングを仕掛けている食品の多くが、売上を伸ばしているからだ。一九六五年、アメリカの十一歳から十八歳までの少年は、一日平均六・五オンス（約百八十四グラム）の清涼飲料水を飲んでいた。一九九六年にはそれが十八オンス（約五百十グラム）まで増えた。これは百六十三キロカロリーの増加を意味する。これで同じ期間にアメリカ国民全体の体重が増加したことの説明がつく。増えたのは単に清涼飲料水の消費量だけではない。平均的なアメリカの子供は二歳までに朝食用のシリアルなど、特定の食品を好むようになる。三歳から十一歳までの年齢層では、スナックとデザートを好む子供が全体の二十四パーセント、キャンディを好む子供が全体の十七パーセントもいる。一方、果物や野菜を好む子供はわずか三パーセントしかいない。

こうした現象はどれも、移民集団の間で見受けられる食生活のアメリカ化の影響を説明するのに役立つ。たとえば、中南米系移民の一世たちは、白人より貧しくても白人より健康的で痩せている傾向にあるが、幼少期からアメリカで育ち、成長期をアメリカの商業主義的な食文化にどっぷりと浸って育った二世以降の人たちは、体重がずっと重くなる傾向にある。世界中の貧しく痩せ細った人々をまとめてアメリカに連れてくれば、すぐにでも太らせることができるに違いない。

大量低価格システムの副作用

肥満の原因をめぐる議論はいろいろあるが、この肥満化傾向はもはや簡単には覆せないという認識だけは、かなり幅広く共有されている。人体の自然防衛システムが、意図的な減量努力を効果的に無力化してしまうという事実は、ダイエットに成功した人がなぜ大体一、二年のうちにリバウンドして元の体型に戻ってしまうのかを説明する上でも役立つ。運動には体重増加のペースを抑えたり、増加を抑えたりする効果はあるが、それ自体の減量効果は驚くほど小さいため、減量は本格的なカロリー削減と併用する必要がある。

薬品を使った肥満治療の中に、期待を持てそうなものもある。体が自らの体重を維持しようとする傾向を、分子レベルで治療できるところまで、あと少しで到達できると信じている研究者も多い。しかし、人間には複雑で回りくどいバランス修復機能など、高度なエネルギー調整機能が備わっているため、薬品による治療がすべての人に効果を発揮するとは考えにくい。シンシナティ大学の神経科学者ランディ・シーリー（Randy Seeley）は語る。「肥満症の治療は、がんのような病気の治療とは基本的に異なります。人体にとってがんは敵なので、体の残りの部分もそれを排除したがっています。そのため、あなたの体は、あなた自身ががんを攻撃することに対し邪魔はしません。でも体はそもそも太りたがっているので、あなたが痩せようとする努力を必死で邪魔しようとします。そもそも体の役割は太ることであって、太らないように自分の体を納得させることは、体の持つ本来の機能のすべてに逆行しているのです」

外部要因も、肥満を減らす方向には変化していない。生活様式はますます怠惰なものになり、仕事もますます肉体を使わないものになっている。食品会社はいまだに高カロリー食品の売上に頼り、消費者はそれを食べ続けている。ファストフード店は数々の低脂肪食品を出すようになったが、スーパーサイズを使ったマーケティングを放棄する気は毛頭なさそうだ。二〇〇四年にハーディーズ（Hardee's）は千四百二十キロカロリーの『モンスター・シックバーガー（Monster Thickburger）』（訳者注：化け物のように分厚いバーガー）を大々的に発売している。

その上、肥満に関連した病気の矢面に立つ保険業界を除けば、ビジネスの世界で太った消費者が問題視されることはほとんどない。シアトル大学の経営学部教授ウィリアム・ワイス（William Weis）は、私たちを太らせるファストフード店から肥満治療を行う医師や栄養士までを総称して「肥満産業」と呼び、その業界全体の収益は年間三千百五十億ドル（約二十六兆九千八百億円）三十一・五兆円）以上に上ると推定する。これはアメリカのGDPの約三パーセントに当たる。よって、今後彼らがこの問題を本気で解決しようとするとは、到底考えにくい。「簡単に言うと、巨大化した胃袋を満足させることと、その巨大な胃袋を治すサービスを売ることが、今までもそしてこれからも、大きな利益を生み出すということです。そして、ジャンクフードを売る業界も肥満治療を売る業界も、どちらもその将来は、これからも肥満が蔓延してくれるかどうかにかかっているのです」と、ワイスは『ヘルスケア・マネジメント学会誌（Academy of Health Care Management Journal）』に書いている。

今、アメリカはただ単に肥満体の人々に適応するだけでなく、それを常態化できるように、自らの文化を書き換えている。洋服のサイズを大きくしたり、乗り物の座席を広くしたりするほかに、依存度を増している肥満層を意識して、太った俳優が出演する映画やテレビ番組、コマーシャルまで、たくさん作られるようになった。

食品業界も結束を固めている。最近食品会社と飲料会社が学校から自動販売機を自発的に撤去したが、一方で両業界は別の場所で攻勢に転じている。業界のロビイストはいくつかの州で、肥満や食品の栄養に関する賠償請求訴訟を禁止する法律を制定させることに成功した。そしてフロリダでは、ファン・ザパタ議員の堂々たる演説の甲斐もなく、学校でブドウ糖果糖液糖を使った食品の販売を禁止する法案は委員会で葬られた。

仮にアメリカ人が肥満を受け入れたとしても、アメリカ以外の国々では、カロリー過剰の現実に目を覚ましつつある。かつて肥満率ではアメリカよりも低かったヨーロッパも、ほどなくアメリカに追い付き、一九八〇年代以降、肥満率は三倍に跳ね上がった。ヨーロッパで、ファストフード店やスナック菓子などのアメリカ的な食文化に囲まれた裕福で多忙な消費者が肥満を急増させるのと時を同じくして、輸出食料の価格が下落して困窮しているはずの開発途上国でも、肥満問題が深刻化する兆しが見え始めている。すでに中東では人口の四分の一が体重超過か肥満だ。ほかにも、モロッコ人の四十パーセント、南アフリカ人の三分の一が同じく体重超過か肥満である。何と七人に一人が栄養失調状態にあるケニアでも、八人に一人は体重超過だという。

実際、世界に蔓延する肥満問題は皮肉に満ちあふれている。今や世界中で、経済的な成功には、必ずといっていいほど生理学的な問題、つまり肥満問題が付いて回る。要するに豊かになることは、太ることなのだ。この逆説的な考えを最も印象的に示しているのはインドである。今インドでは、政府も伝統文化も対処できないほどの速さで肥満が広がっている。肥満症や糖尿病といった肥満に関連する病気の発症率は急上昇し、胃のバイパス手術や緊縛手術などの肥満関連手術の需要も同じく急上昇している。五歳未満の子供の約半数が栄養失調という国にあって、何とも歪んだ現実である。そして、その理由も明らかだ。工業化と所得増加でインド人の運動量が減る一方で、食べる量は増えているからだ。特に付加価値の付いた加工食品が問題を起こしている。マクドナルドは『チキン・マハラジャ・マック（Chicken Maharajah Mac）』などの現地向けメニューを取りそろえて、デリーで店舗を展開したのを皮切りに、さらにほかの都市への進出も計画している。結果としてインド人の食習慣に劇的な変化が起こったと、全インド医科学研究所の研究者アヌープ・ミスラ（Anoop Misra）はイギリスの新聞『オブザーバー（The Observer）』に語っている。「インド国民は新しい食事を覚えてしまいました。今、学校にお弁当を持って行かない子供が増えています。

彼らはコーラを飲み、ハンバーガーを食べる。しかし、インドではまだ親にそれが問題であるという認識がないのです」

インドでも肥満が大きな問題になりつつあると、ミスラなどの医療専門家は言う。食生活の変化と栄養学的無知が組み合わさると、肥満は非常に制御しにくくなり、その副作用としてかかり得る心臓病や糖尿病を制御することもますます難しくなる。糖尿病はすでに二千五百万人のインド人を蝕み、二〇二五年にはそれが五千七百万人まで増えると予想されている。そのような厳しい予測があるにもかかわらず、インド政府はまだ問題の存在を否定していると、ミスラは嘆く。「政治家は今でもこう言います。『栄養失調で人が亡くなる国なのに肥満なんてあり得ない』と。彼らにとってはマラリアや結核のほうがはるかに深刻なのです。結核なら六カ月の治療で治ります。しかし糖尿病は患者が死ぬまで治療しなければならないのです。このままでは悲惨なことになります」

肥満は、近代的な食システムに問題があることを示す初期の兆候として、私たちの前に登場した。そしてその問題とは、食のように複雑なシステムの下では、経済的成功という従来の評価基準が、実際には大きな失敗の前兆となり得るということである。そして、この悲劇は今に始まったことではなかった。一世紀もの間、農場主や食品メーカーは、食品をほかの商品と同じように売れる商品にしようと努力を重ねてきた。しかし、食品は利幅があまりに薄く、リスクがあまりに大きいことに加え、この経済モデルを追求することがあまりにも大きな代償を伴うため、その多くは途中で挫折していった。

しかし、高まる肥満危機の中で今、私たちは、大量低価格システムの持つリスクが、単に農家の減少や企業の破綻や一握りの多国籍巨大企業の支配下で進む産業部門の統合に限ったものではないことを思い知らされている。そのリスクは従来型経済の垣根を超えて広がり、今では食品業界が本来は奉仕する対象であるはずの生身の人間に対して、身体的な打撃を与えるまでになっている。これまで食品産業は人間に奉仕するという建前があったからこそ、様々な形で擁護されてきたはずではなかったのか。

今でも飢餓が存在する今日、世界では安く効率的に生産された食品を必要としている国が多く存在していることを忘れてはならない。そして次章で見ていくが、開発途上国において安く効率的に生産された食品が不足していることは、深刻な問題を起こしている。しかし、アメリカやヨーロッパなどの先進国、つまり発達した食経済が、最適かあるいはそれに近い形で運営されていると思われている国々では、逆に、安く効率的に生産された食品の蔓延が人々の首を絞め始めているのだ。

今までのところ、最も明示的な被害は、私たち個々の人間への健康被害だった。しかし、次章では、食システムを動かす経済的動機と、人間の体の生物学的限界との関係が断絶したことが、食経済とそれを取り巻く、より大きな世界との間に重大な歪みを生んでいることを指摘することになる。グローバルな食料貿易や世界に蔓延する飢餓、食物に由来する様々な病気、かけがえのない地球環境の急激な破壊などを見ていくと、今や食の大量生産・大量消費モデルは、私たち自身の体内システムだけでなく、より大きな地球規模のシステムをも破壊し始めていることが明らかになるはずだ。そして、その結果は深刻で、長きにわたり人類を苦しめることになるだろう。

今日、食経済の論理は、それが究極的に依存している人間や生態系と矛盾するものになっている。その意味で、肥満は現代の食料危機を表す最高の隠喩だ。私たちはいくつかの限界を乗り越えると、次の限界にぶつかるまで、ひたすら成長を続ける運命にあるのだ。

第Ⅱ部　食システムの抱える問題

第5章　誰が中国を養うのか

ある春の朝もやに覆われた日の午前十時、中国山東省の沿岸都市、寿光（しょうぐんなん）にある博覧センター内の広大な中央広場は、博覧会の開催を間近に控え、賑わっていた。中国最大の農作地帯である山東省は、数日後から始まる国際野菜科学技術博覧会の準備に追われていた。この博覧会は何千人もの買い付け業者が集まり、何十億元もの取引が行われるほど有名なイベントで、毎年大変な盛り上がりを見せ、大勢のＶＩＰも招かれる。取材に訪れた記者は、農場見学ツアーや豪華な宴会に招かれ、大量の郷土料理をご馳走になる。中国政府から派遣された私の通訳のリン（Lin）は、私が北京を離れる時、「山東省には大酒飲みが多いから、覚悟しておいたほうがいいですよ」とわざわざ忠告してくれたくらいだ。

かといって、これはお祭りムード一色のイベントではない。「人民の野菜テーマパーク」と銘打った博覧センターは、この博覧会の中でも最も重要な催し物の一つだった。何千もの折りたたみ椅子が並べられた中央広場周辺の掲示板には、中国農業に奇跡的な成長をもたらした野菜の絵が描かれている。キャベツやブドウ、バターナッツ、カボチャ、一口サイズのパクチョイなどの絵は、まるでアンディ・ウォーホール（Andy Warhol）の巨大な絵画のようだ。そして、広場の入り口近くの赤い門には、「高度で新しい農業を開発し、最先端の科学技術へ向けて前進しよう」ということの博覧会のスローガンが掲げられている。

山東省(さんとうしょう)の「高度で新しい農業」の現実は、実際にははるかに複雑で手が込んだものだ。広場の後方で、リンと私は数人の役人に引率されて、花と柳に囲まれた並木道の向こうにある巨大な温室を見学していた。その途中、ピーマンを栽培している温室で、レン(Ren)という名前の農夫を紹介された。だが、洒落た革ジャンにスラックス姿で携帯電話を片手に持った彼の姿は、農夫というよりも、どちらかといえばベンチャー起業家のようだった。そして、ある意味で彼は、実際にベンチャー起業家でもあった。地元の農業生産者の多くと同じようにレンは、ピーマンやきゅうりなどの温室栽培を始める前は、地域の伝統的な農産物である穀物を育てていた。そこから野菜の温室栽培に転換する費用は決して安くはない。平均年収が千ドル(約七万六千円)にも満たない農村で、温室は一棟六千元、ドルにして約七百五十ドル(約五万七千円)もする。しかし、その見返りは十分期待できる。なぜなら、北京や上海はもとより、東京やソウルなどの都市では、新鮮な果物や野菜への需要が大きいからだ。この傾向はカルフール(Carrefour)やウォルマート(Wal-Mart)などの大型スーパーマーケット・チェーンの進出によって、さらに加速していた。

レンのピーマン農場は温室一つにつき、毎月およそ四百二十ドル(約三万千九百二十円)の売上を生み出していた。これは、彼が同じ面積で穀物を植えた場合の数倍に当たる。そしてこのことはまた、なぜ寿光市だけで四十万もの温室があり、なぜ山東省の役人が今のグローバル食経済におけるこの地域の将来を楽観視できるかを説明していた。

帰り際に、私たちを案内してくれた役人たちが、すでに私たちの前にオランダやメキシコ、フィリピン、アメリカなどから、山東省の「高度で新しい農業」を視察しにやって来たことを教えてくれた。きっと彼らも〝深い感銘〟を受けて帰っていったことだろう。

その中でも、おそらくアメリカの視察団が、山東省の農業事業に最も強い関心を持ったに違いない。ただしその理由は、私を案内してくれた役人の思いとは、少々異なっていたはずだ。

山東省では温室が増えた分だけ、小麦やトウモロコシなどの穀物を育てられる土地の面積が減った。養豚、養鶏業の急成長に呼応して、飼料としてのトウモロコシ需要が高騰しているにもかかわらず、一九九五年以降、省の穀物生産量は二十パーセントも下落した。あまりにも急速にトウモロコシ需要が供給を上回ったために、中国第二位のトウモロコシ生産量を誇る山東省は、今では近隣の省からトウモロコシを買わなければならなくなっていた。しかし、ほかの地域でも山東省と同じように作物の転換が急速に進んでいるため、かつてはトウモロコシの主要な輸出国だった中国も、ほどなく輸入トウモロコシに頼らなければならなくなるだろう。もちろんこれは、アメリカの農業生産者や貿易担当者にとっては喜ばしい予測だ。中国とその十三億人の国民は、アメリカの余剰農作物を売りつける対象としては理想的な相手だからだ。

アメリカ以外にも、中国市場に関心を寄せている食糧輸出国はたくさんある。アルゼンチン、ロシア、フィリピン、インドネシアなどが、何年も前から中国に関心を示している。しかし、輸出に非常に力を入れているアメリカ穀物協会（Grains Council）のマイク・キャラハン（Mike Callahan）のような専門家は、いったん中国が輸入トウモロコシに頼り始めたら、生産量とその価格の安さゆえに、アメリカ産トウモロコシを買う以外に現実的な選択肢がないことに早晩気付くことになるだろうと語る。「アルゼンチンは中国に一年間で、八カ月から十カ月間しかトウモロコシを供給できません。それで足りない分は、タイやフィリピンやインドネシアから買えるかもしれません。しかし、もし中国がさらに多くの量を必要としたとき、最後にはアメリカに頼るしかないでしょう」と、キャラハンは言う。

比較優位の原則

しかし、グローバルな食経済の下では、ある国にとってのチャンスが、ほかの国にとっては心配の種となる。中国がトウモロコシを輸入することは、アメリカ中西部の農家を喜ばせるが、北京の中央政府を恐れさせる。中国政府は、国際市場が政治的な操作に対して脆弱であるという理由から、国際市場での取引を信用していない。実際、中国で大規模な飢餓が発生し、何千万人もの国民が死んでいた数十年の間も、中国の指導者は自給自足の方針に執着し、輸入に頼ることを拒み続けた。そして、いまだに中国の指導者の中には、自給自足にこだわっている人が多くいる。山東省の隣にある安徽省(あんほいしょう)の農務当局最高幹部チャン・ホォア・ジェン(Zhang Hua Jian)は、「十三億の人口が輸入穀物に依存していれば、食料安全保障は確保できません」と私に語った。

中国国内における食品輸入をめぐる議論には、将来の食経済をどうするかという、より大きな論点が登場する。これは経済全体についてもいえることだが、何十年もの間、自由貿易の提唱者は、食経済が継続的な発展を遂げるためには、低コスト・大量生産モデルを採用し、それをまずは地方で導入し、そして全国レベルに広げ、やがては国際的なスケールで運用する必要があると主張してきた。今自分たちの手で生産しているトウモロコシや鶏肉やサクランボなどの農産物を、より安く生産できる外国の生産者から輸入すれば、自国の消費者が食品に支払う金額を減らすことができる。

そして、それは同時に、自国の農業生産者の解放にもつながる。なぜならば、自国の生産者は自分たちの土地を、最も効率的かつ大きな収益を得られるように使うことができるからだ。それはトウモロコシ栽培かもしれないし、場合によってはその土地に分譲マンションを建てることかもしれない。

これは十九世紀の経済学者デヴィッド・リカード（David Ricardo）が提供した〝比較優位の原則〟というものだ。リカードは、自分たちが最も効率良く作れる製品の生産に専念し、そのほかのものについては、他国との貿易で調達するほうが、各国の経済にとって好ましい結果を生むと説いた。その後、農業生産者が一つか二つの作物生産に専念するように促されたのは、農作物を最も効率良く育つ場所で栽培し、世界的な食物生産の合理化を図ることが、限られた経済資源を工場や学校や道路建設といったほかの重要な事業に有効利用することが、最善の方法だと考えられたからだった。

しかし、比較優位論を、現在の急速に変化する世界にどう適用すべきか問い直しているのは、中国政府だけでない。多くの専門家が指摘してきたように、低コスト・大量生産モデルを世界的規模に拡大することによって、私たちはそのモデルの恩恵だけでなく、負の要素も世界中に広めてしまった。負の要素とは、これまで見てきたような、農場や食品会社の急激な資本統合や、大規模な畜産による水質汚染、農業肥料に使われている化学物質の流出とそれによる環境汚染、無数に存在する地域独自の食文化の崩壊、そして余剰なカロリーの氾濫などだ。五十歳以上の中国人なら誰でも、かつて三千万人を死に追いやった大飢饉のことを覚えているが、今やその中国でも一億人以上の人々が体重超過か肥満状態にある。

自由貿易の提唱者は、たとえ前記のような負の側面が避けられないとしても、合理的かつ完全に工業化された西洋の食料生産モデルを世界規模に拡大する以外に、今世紀半ばまでに三十億人から四十億人は増えると予想される世界の総人口を養う方法はないと主張する。そして、後の章で検証するが、この議論は決して的外れなものではない。

しかし、これもまた検証を要する論点ではあるが、人類がいずれは大規模な食料源を新たに開拓しなければならないとすれば、すでに経済的、物理的限界に達しつつある西洋の食システムを世界に広めることは、むしろその妨げになることも十分に考えられるのだ。現在のグローバルな食システムはその発展段階から、本来その恩恵にあずかる資格があるはずの貧しい国々を置き去りにしてきた。そして、西洋の食システムが西洋以外の地域に定着したとき、それが生み出す結果は、西洋が経験してきたものと同じくらい問題に満ちたものとなった。ひたすらコスト効率を追求した、一年中途絶えることのない食料の貿易システムは、世界の食システムをひどく脆弱なものにしてしまった。世界に広がった食システムの下で、大規模災害などの危機（気候変動やエネルギー危機は言うまでもなく）に対応する私たちの能力は低下し続けている。

さらに深刻な問題がある。世界の食料貿易の急速な拡大で、現在の大規模生産がいつまで続くかが疑問視される中、そうした懸念が国際間の貿易政策にまで影響を与え始めているのだ。二十世紀後半、国家間の貿易摩擦は過剰生産が原因で生まれた。ＷＴＯ（World Trade Organization＝世界貿易機関）のような国際機関の庇護の下、農作物を過剰生産するアメリカやＥＵは実際に余剰農作物を生産し出荷する国際的な食品会社と手を組み、余剰食物を開発途上国に売りつける権利を獲得してきた。しかし、そのような状況は変わりつつある。これまで石油市場におけるＯＰＥＣ

（Organization of the Petroleum Exporting Countries ＝石油輸出国機構）と同じくらい食料市場で強い影響力を持っていたアメリカが、ブラジルやアルゼンチンなどの強力な新興輸出国の登場で、世界市場でのシェアを失っているからだ。

世界の大規模な食品輸出企業が、好き勝手に世界の食料市場を支配できる時代は終わりつつあるのだ。これからのグローバルな食経済は、インドや中国などの大規模な新興輸入国が主導的な地位を占めることになるだろう。そうした国々にはもはや、自国民を養うだけの土地や水や肥沃な土壌がないため、世界中の食料を輸入しなければならないことが必至だからだ。

今後十年間、私たちがどのような形で食システムのグローバル化をコントロールできるかによって、半世紀後に直面することになる食料問題の複雑さや規模は違ってくるだろう。そしてまたそれは、私たちが果たしてその問題を克服できるかどうかも決まってくるだろう。

国家安全のための農業保護政策

人類は何千年もの間、食料を取引してきたが、二十世紀の初めまでは、本当の意味でのグローバルな食料貿易のシステムはこの地球上に存在しなかった。また、それが初めて登場した時も、多くの人はその先行きに不安を抱いていた。

イギリスのような輸入食品に大きく依存していた国は、政府による介入を最小限にとどめる自由貿易を熱烈に支持したが、アメリカなどの大規模な食料輸出国は当初、自由貿易に対して懐疑的だった。食料輸出国は自国の余剰生産物を買ってもらうために世界市場に参加はしていたが、時代はまだ高い生産性を誇る近代農業のとば口にあり、世界市場が非常に不安定なものだとわかっていたからだ。農業生産者はより多くの土地を使うと同時に、一エーカー当たりの生産量も増やしていたが、当時の農業はまだ不作に対しても脆弱だったため、食システムは好況と不況を繰り返していた。

一九二〇年代まで、ヨーロッパとアメリカの生産者が穀物市場を過剰供給状態にしていたので、政府はとうとう市場に介入しなければならなくなった。その結果、当初は一時的なものだったはずの、政府による一連の価格維持策や生産制限は恒久的なものとなった。それはリカード的自由貿易の大きな欠点である、人間が生まれながらにして持つ堕落性を反映するものだった。

市場介入に最も積極的だったのはアメリカだった。一九二〇年代に多くの農場が倒産したことで、当時のフランクリン・ルーズベルト（Franklin Roosevelt）大統領は、食料を自由市場で取引することが、国家にとって自殺行為であることを痛感した。生産者は放っておけば過剰生産をしてしまう傾向があった。たとえば、ある年に高値を付けた作物は、決まって次の年に過剰生産を引き起こした。と同時に政府は、穀物貿易企業が市場の支配力を利用して、穀物を地球上のどこかで非常に安く買って、別の所で高く売りさばき、さらにその力を強めていくことを警戒した。

アメリカ政府は不安定な市場を正常な状態に戻し、不況のリスクを取り除くために、供給の固定化を通じて価格を安定させる政策を実施した。政府は農地が少なくなれば供給が抑えられ、価格が上昇すると考え、農業者に対して作付面積を増やさないことの見返りとして金銭を支払った。また、頻繁に起こる価格の変動と利己的な穀物購入業者から農業生産者を守るために、穀物の反収の最低価格を連邦政府による貸付という形で保証し、穀物価格が基準価格を下回った場合は、政府が生産者から基準価格で穀物を買い上げた上でこれを備蓄し、穀物が不足したときにそれを放出する政策を採用した。

こうした政策は後にアメリカ議会でも（同様にヨーロッパで、しばらくしてそのほかの国々でも）支持されたが、自由貿易市場からは明白に拒絶された。しかし、アメリカ政府や議会、消費者、オピニオンリーダーたちにとって、食を予測のつかない自由市場に任せておくことは認められなかった。なぜなら、食は国家の安全と人間の繁栄にとって、あまりにも重要な問題だったからである。それゆえ、政策立案者は食料貿易に一定のメリットがあると認めるが、このメリットが保証されるためには、食料貿易と食料市場が慎重に監視され、不安定にならないように管理されなければならないことにも気付いていた。そして、当時政策立案者は休耕地を増やしたり、価格維持策を実施したりすることで、簡単にそれが実現できると考えていた。

しかし、政府のこの自信を誰もが共有していたわけではなかった。野党の共和党はこうした政策に一定の正当性を認めたが、価格保証については民主党の農村票集めにすぎないと見ていた。食品会社は、政府による介入が原材料価格を人為的に高騰させたとして、不満を募らせていた。また、政府の価格保証は、本来の意図だった生産抑制とは反対に、農業者たちの過剰生産をより奨励する結果となっていた。この制度の下では、現実の市場価格がどれだけ下落しようとも、生産者は一エーカー当たり決まった金額を受け取ることができたからだ。

もし農業生産者がこのような補助を受けていなかったら、彼らはトウモロコシ価格が下落すれば、世界市場でトウモロコシがだぶついているサインと受け止め、しばらくは生産を抑制しただろう。しかし、この制度の下でアメリカの生産者が受け止めた唯一のサインは、とにかくもっとたくさん作れということだった。

政府は広大な土地を休耕地にしていたが、その一方で生産者が種子の品種改良や農業機械の導入、化学肥料の進歩などによって、一エーカー当たりの収穫量を増やしたため、生産量の減少にはつながらなかった。実際、政府が農耕地を休耕させても、アメリカの穀物生産量は増加していたのだ。一九六二年、政府は六千五百万エーカーの土地（これは、カリフォルニアの約半分の面積に当たる）を休耕地とし、その対価を農業生産者に支払っているが、それでもアメリカの小麦蓄積量は十三億ブッシェル（約三千五百四十万トン）に達していた。これは、アメリカにおける年間需要のほぼ二倍に相当した。

そして、もう一つ微妙な問題があった。一九六〇年代後半、アメリカは非常に深刻な経済危機に直面していた。ベトナム戦争とリンドン・ジョンソン(Lyndon Johnson)大統領の〝偉大な社会(Great Society)〟政策のコストが国家財政を圧迫し、インフレーションに拍車が掛かっていた。さらに悪いことに、製造業の主導権を、低コストで生産できる日本のような競合相手に取られてしまったため、かつては最も優良な輸出国であったアメリカも、以前のようには車やテレビなどの製品を世界に売ることができなくなり、貿易が不安定な状態にあった。その中で、唯一アメリカが優位に立っていた部門が農業だった。そのため、アメリカにとって恒常的に積み上げてきた余剰穀物の販路を見つけることが政府の主な仕事になった。[1]

しかし、今、新たなチャンスが訪れつつあった。世界の穀物需要が特に開発途上国において上昇し始めたのだ。開発途上国では、人口の増加と収入の上昇、そして西洋式の家畜の飼育法の導入によって、肉の消費量が十年ごとに倍増していた。アジアや中南米における穀物需要の拡大は、国内農家の供給可能なペースを上回っていたため、アメリカのような余剰穀物を持て余していた過剰生産国にとっては、新たな市場となった。

ここでの唯一の問題は、アメリカ以外の穀物輸出国もこの市場を狙っていたことだった。ヨーロッパの農業生産者も、自分たちの余剰穀物を買ってもらう必要があった。アメリカがこうしたライバルに勝つためには、世界最大の生産者であるだけでなく、世界で最も安価な生産者でなければならなかった。つまり、世界の穀物市場におけるウォルマートのような存在にならなければならないということだ。そして、これが問題だった。なぜなら、過剰生産と余剰穀物のために、すでにアメリカは世界で最も安価な生産者ではなくなっていたからだ。事実、アメリカの穀物価格はほかの国よりも高かったため、アメリカの輸出業者は他国で穀物を売るためには値引きをしなければならなかった（もちろん、その分議会から補助金が出るが）。

アメリカ議会の保守派は、アメリカの穀物価格が高い理由を、その計画経済的な農業政策のせいにした。彼らはアメリカが何百万という小規模で非効率の生産者を助けることで、アメリカ農業全体の効率を引き下げていると主張していた。アメリカが競争の激しい世界市場で成功するためには、もはや農業を小規模生産者だけに任せておくわけにはいかなかった。市場の容赦ない力の下で、農業は少数の大規模で専門性を持った企業による、より効率的なモデルへと進化していかなければならなかったのだ。

自由化への転換とその失敗

この農産物市場の「自由化」への過程は、痛みを伴う。大規模でより効率的な農場にするためには、農場で働く労働者の数を劇的に減らさなければならない。一九六二年、先頭に立ってこの考えを提唱していた組織の一つ、経済開発委員会（Council on Economic Development）は、農業の合理化に関する白書の中で、政府が「余剰資源（主として人）を素早く農業から追い出す」必要があることを認めている。また、白書はここではじき出された農業労働者は、新たに建設された労働力を必要としている工場で働き、最終的には、アメリカ経済にとって有益な結果をもたらすことになるだろうと記している。

輸出を最優先する政治家は、経済発展には犠牲が付き物だという考えを発想の根底に持っていた。アイゼンハワー（Dwight Eisenhower）政権で農務長官だったエズラ・タフト・ベンソン（Ezra Taft Benson）は、アメリカの農業者に近代グローバル経済の下での二つの選択肢をこのように表現している。「大きくなるか、さもなければ、やめるか」。ニクソン（Richard Nixon）政権下の農務長官で、新しい低コストモデルの主要な提唱者の一人でもあったアール・バッツ（Earl Butz）に至っては、「順応するか、死ぬか」とまで言い切っている。

とはいえ、当時はまだ、バッツの発想は人々を納得させるには厳し過ぎるものだった。また、当時は小規模の農業生産者でも、政府の政策や政治家に対して、強大な影響力を持っていた。ところが、一九七一年にバッツのような輸出拡大論者に大きなチャンスが巡ってきた。その年、ソ連が外交ルートを通じて、アメリカの余剰小麦を買いたいと、ニクソン政権に伝えてきたのだ。

ニクソン大統領は、この収益がアメリカ経済の助けになることを期待し、これを容認した。しかしこれは、後に、ソ連に騙されていたことに気付くことになる。ソ連はアメリカの専門家が分析したよりもはるかに深刻な不作に陥っていて、穀物を得るために密かにアメリカの民間企業と交渉を続けていた。そして、ソ連が必要としていた穀物の量は、ニクソン大統領が予期していた量をはるかに上回るほど膨大だった。取引が認められると、ソ連はアメリカが備蓄していた小麦の三分の二を購入した。後にソ連の〝小麦大泥棒〟と呼ばれるようになるこの取引のために、穀物価格は三倍に跳ね上がり、アメリカ食経済に打撃を与えた。穀物価格の高騰は牛肉の値をつり上げ、より安い鶏肉が人気を集め、牛乳やパンなどの基本的な食品の価格も一気に高騰させた。激しい政治的批判にさらされたニクソン大統領は、苦し紛れに農務長官だったバッツに小麦の増産を命じたのだった。

無論、バッツは喜んでこれに応じた。アメリカの消費者にとって穀物危機の影響が深刻であればあるほど、そこから生じる危機感と穀物価格の高騰のために、農業生産者と議会は農業政策の転換に対して従順にならざるを得なかった。そのためバッツは古い農業政策を解体し、アメリカの農業政策を新たに登場した国際市場に適合するように再構築できた。まず最初に何千エーカーもの土地を休耕させる政策は破棄され、代わりに農業生産者はすべての利用可能な土地に作物を植えるよう奨励された。バッツの言葉を借りれば、「(土地を囲う) フェンスの端から端まで (fence row to fence row)」作物を栽培することが奨励された。そして、アメリカはおよそ八千万エーカー（約三十二万平方キロ）の休耕地を数年で復活させたのだった。

さらに、国による穀物の備蓄も停止された。政府はもう余剰穀物を買わないし、価格維持のための供給制限もしない。その結果、穀物価格は世界市場が落ちるべきと思ったところまで落ちていくことになる。

不幸なことに、この新しい自由市場において穀物価格は、誰もが予想しないほど下落した。それはバッツの予想をも超えるものだった。穀物危機が続いた数年間、アメリカの農業生産者はたくさんの余剰農地に作物を植えたため、市場は供給過剰に陥り、トウモロコシや小麦の価格が生産コストを下回るところまで下落してしまった。何万人というアメリカの農業生産者は破産し、農業地帯を選挙区に持つ政治家が選挙で落選するのに合わせて、議会は自由貿易に対する熱意を失い、再び農業に政府の介入を許すようになっていった。

しかし、新たな農業の政策は過去のものとは大きく異なっていた。以前の農業政策では、供給を制限することによって価格を高く保とうとしていたが、この時から政府は農業者に対して、生産にかかったコストと世界市場における価格との差額を支払うようになった。これは一ブッシェル（大豆・小麦＝約二十七・二キロ、トウモロコシ・ライ麦＝約二十五・四キロ）当たりの差額を計算し、それをそのまま支払う方法で行われるため、価格が下落し過ぎると、支払い額が膨れ上がってしまう。たとえば、二〇〇五年に起きたエタノールブームが穀物市場の様相をがらりと変えてしまうまで、トウモロコシの国際価格は一ブッシェル当たり一・八五ドル（約百四十一円）まで落ち込んでいた。一方、アメリカのトウモロコシ生産者は一ブッシェルを育てるのにおよそ三ドル（約二百二十八円）近くを費やしていたので、その差額は納税者の納めた税金で補われた。つまり、生産者の過剰生産の対価を税金で穴埋めしていたのだ。実際、トウモロコシの値段が一・八五ドルまで落ちた主な理由は、補助金を受けているアメリカの生産者が世界市場に穀物を投入し過ぎたためだった。

あり得ないことのように思われるかもしれないが、アメリカの新しいそして表面上は市場主義的な農業政策は、市場が発するサインに対する反応が鈍いため、アメリカの生産者を以前よりもより過剰生産に走らせる傾向にある。この政策の下では、アメリカの農業生産者たちは、過剰生産をしたほうが得になる。今でも彼らはかかったコストに関係なく、生産量すべてに対して支払いを受けることができる。そして、彼らは受け取った差額分の補助金で、より多くの肥料や農薬、また質の良い種を買えるため、さらに多くの作物を育ててしまうのだ。

その上、政府にはもはや供給を抑制する方法がなかった。なぜなら、政府はもはや余剰農地を休耕地にする政策を放棄してしまっていたし、国として穀物備蓄もやめてしまっていたからだ。その意味では、アメリカの農業政策の「改革」というのは、十代の息子の車にターボチャージャーを取り付けてスピードが出やすいようにしたのに、ブレーキは付けず、代わりに多額の保険をかけているようなものだった。

制度化された過剰生産

アメリカ政府が表向き食料の自由市場政策を採用した結果は、奇妙であり、また革新的でもあった。そしてそれは、現代の世界の食料市場がなぜ今日のような形になっているかを解き明かしてくれる。

現在、アメリカは間違いなく世界で最もコスト競争力のある農業生産国だが、それはあくまで名目上の話だ。なぜ名目上かと言えば、アメリカの安価な穀物価格は、政府の膨大な補助金なしではあり得ないものだからだ。政府が支払った補助金は二〇〇五年だけで二百億ドル（約一兆五千二百億円）に上る。ウォルマートが食品価格を低く抑えるために、食品部門以外からの売上を食品部門に回しているのと同じように、アメリカはその大規模経済が生み出すほかの分野での歳入を、自国の食料生産コストを低く抑えるために使っている。近年アメリカの食料生産コストが上昇している主な原因は農地価格の上昇だ（そして、これまた奇妙なことに、農地の地代が高い理由の一つは、土地相場がその土地の潜在的な生産力だけでなく、所有者が受け取ることのできる補助金収入も計算に入れて算出されていることだ)。

これはリカードが考えていた自由貿易や比較優位とはほど遠いものだ。食におけるアメリカの比較優位を生み出したのは、良質な土地や良好な気候でもなければ、農業生産者の高い技術でもない。それは、政府が農業政策を改革できないために補助金を出し続けるという、政治的無能さにあるのだ。

さらに困ったことに、この擬似自由貿易には永続性がある。補助金の金額が地価や種子、肥料などへの投入費の上昇に追い付いていないため、生産者の利益マージンは小さくなっていく。そのため小規模生産者は効率的でわずかな利益率でもやっていける大規模な生産者に取って代わられている。一九七〇年、アメリカにはおよそ三百万の農場があり、農場の平均規模は二百エーカー(約〇・八平方キロ)だった。二〇〇五年には、農場の数は三分の一以下に減り、農場の平均規模は倍以上の四百五十エーカー(約一・八平方キロ)になっていた。そして、大規模農場が少しでもコストを削るために生産量を一層増やしたため、全体の生産量はさらに増加した。生産量の増加は穀物価格を押し下げ、さらなる規模の拡大と生産量の増加を促す。その結果、過剰生産と価格の下落が繰り返されるという、永遠のサイクルが生まれた。

一九九五年から二〇〇五年までの間に、トウモロコシ、綿花、コメ、大豆、小麦など取引規模の大きな農作物の価格は四十パーセント以上下落した。これは、歴史上まれに見る急激な下落と言ってよかった。

食経済にとって、制度化された過剰生産がもたらす結果は好ましいものではない。穀物価格の下落は、私たちが作る商品の種類や(たとえば、ブドウ糖果糖液糖(HFCS＝High Fructose Corn Syrup)やチキン・ナゲットなど)、作り方だけでなく(たとえば、スーパーサイズ化など)、食料、とりわけ食肉を作る地域まで変えてしまった。トウモロコシや大豆があまりにも安いため、もはや畜産業者は家畜を穀物生産地の近くで育てる必要がなくなった。そこで畜産業者は、畜産に対する規制が最も少ない場所（牛はコロラド、豚はミズーリやテキサス、オクラホマ、ユタ、ノースカロライナなど）へ家畜を移し、安価な飼料をそこまで輸送するようになった。

安価な穀物と輸送コストは、ＦＡＯ（Food and Agriculture Organization of the United Nations＝国連食糧農業機関）の言い方を借りれば、新しい〝畜産地図〟を生み出した。食肉生産は農耕地の近くで行わなければならないという、長年の呪縛から実質的に解き放たれ、今や畜産業に対して最も寛容な政治的環境の下で、自由に営むことができるようになった。こうしてアメリカでは、食料生産が非常に流動的になり、今や一つの地域で消費される食料のうち、同じ地域内で生産されているものは五パーセント以下となった。

とりわけ、穀物がコストを下回る価格まで安くなったことで、自由貿易主義者が予想したように、輸出はますます重要になった。燃料や飼料など、穀物の新しい使い道がいろいろ出てきているにもかかわらず、アメリカの穀物生産量は依然として国内の消費量をはるかに超えている。二〇〇二年のエタノールブームによってアメリカ国内でトウモロコシの需要が高騰する前、アメリカの生産者は穀物生産の半分以上を海外への輸出に頼っていた。バーツラフ・スミル（Vaclav Smil）の見積もりによると、アメリカは膨大な量の穀物を輸出するのに加えて、それを上回る量の食料を日々捨てているため、実際に国内で消費される穀物の量は、アメリカの農家が生産する穀物総量の五分の一にすぎないという。

しかし、アメリカの農業がほかの経済部門と比べて、二倍以上も輸出への依存度が高いことは、それほど驚くべき話ではない。そしてこの体質こそがグローバル食経済の中で、この先、アメリカの地位がどう変化していくかという問いに対するアメリカの食品会社や政府の食糧政策担当者の考え方を形成しているものにほかならない。

アメリカ穀物協会のマイク・キャラハンはこう言う。「アメリカ人はもう今以上は食べられない。だから私たちは国外に住む人々に目を向けなければならない」。そして今、アメリカの関心は、アジアの新興経済諸国に向けられている。

中国農業の脅威

維坊(いほうし)市で私が滞在したホテルの朝食バイキングは、前夜の米中友好を祝った長い宴の疲れを吹き飛ばすような輝きを放っていた。白いクロスに覆われたテーブルは、ソーセージに似たものをはじめ、西洋料理の数々のほか、伝統的な中華点心などであふれんばかりだった。その中には、羊のすい臓もあれば、かぼちゃ団子やおかゆ、スープなどもあった。ただし、それらの多くが酢漬けになっていたので、私は通訳のリンにそれが何なのかを一つひとつ聞かなければわからなかった。私は朝からずっとタバコを吸い続けているリンの向かい側に座って、食べた皿をテーブルの上に高く積み上げながら、何とか朝食を半分くらいまで平らげた。私がもう食べられないと、目の前の皿を押しのけた時、私たちの接待役を務めるかっぷくの良い中年の農業官僚ティエン・リー（Tian Lee）が私たちのテーブルにやって来た。彼はリンに中国語で話し掛け、私の方を一瞥すると歩き去った。リンは顔をしかめながら、「今リーさんが、今日の私たちのスケジュールを教えてくれました。ついでに彼は、あなたが皿に盛られた料理をすべて食べ切ってほしいとも言っていました」

と説明した。

リーの忠告は、なぜ中国が西洋の輸出国にとって魅力的であり、そして、いまだに捉えがたい存在なのかをよく物語っている。一九八〇年代まで、中国の食システムは崩壊の淵にあった。中国では何世紀にもわたって国が解体される過程で、無数の零細農業が生まれた。その多くは二エーカー（約八千平方メートル）未満だった。このように細分化され非効率的な農業生産が、その後、冷戦による経済的孤立や毛沢東による自滅的な農業政策、そして急速な人口増加などにさらされてきたのだった。アメリカが余剰穀物であふれ返っていた一九五八年、中国は三年ごしの飢饉のさ中にあった。この飢饉で少なくとも三千万人が命を落とし、中国の発展を何十年分も遅らせた。肥沃な山東省だけでも、人口の七分の一に当たる七百五十万人が死亡した。

この悲劇はごく限られた人々しか実態を知らなかったが、それでも食の専門家の多くは中国などの開発途上国で、急速に人口と食料の間に不均衡が生じ始めていることに気付いていた。一九五〇年代と六〇年代のインドも、何とか飢餓から逃れるだけで精一杯という状態だった。アメリカのバッツ農務長官は、穀物が不足するアジアこそが、アメリカ産穀物の恒久的な受け皿になると考えていた。一九八一年にアメリカ穀物協会が中国に事務所を開設した時のことを、キャラハンは「この先中国の食肉産業が発展したとき、穀物供給が自国だけでは追い付かなくなることを見越したものだった」と説明している。

しかし、中国は中国で別の計画を持っていた。中国政府は貧弱な外貨準備高を穀物輸入に使いたくなかったし、アメリカというイデオロギーで対立している国から食料支援を受けることも嫌だった。そのため中国は、西洋の輸出戦略を根底から覆すことになる野心的な食料の自給戦略を打ち出した。そして、それは後に、グローバルな食システムの再編へとつながるものでもあった。

まず中国政府は人口増加を抑制する目的で、子供の数が二人以上の家族に罰金を科すという厳しい法律を実施した。同時に、自分たちが買うことのできない機械を、有り余る労働力で代替し、安上がりな方法で西側スタイルの農業システムを構築しようとした。生産補助金のような西洋式インセンティブも導入した。しかし、様々な施策の中で最も重要だったのは、政府が農産物市場の操作をやめたことだった。政府は長い間、農業で使われる原材料の唯一の売り手であり、また同時に農業生産物の唯一の買い手だったが（そして、人口が増加する都市の食品価格を低く維持するために、意図的に低い価格でそれらの生産物を購入していた）、中国政府は市場原理を導入し、農産物市場がありのままに形成されるのを容認したのだ。

生産者は出荷する農作物の一部を地域の消費者に市場価格で売ることが許され、それによって得たわずかばかりの利益を新種の種（多くは西洋種を品種改良してできたもの）や、化学肥料（中国人生産者は一エーカー当たりアメリカ人生産者の三倍の肥料を使う）などのより良い原材料を得るために使った。そして、一九九〇年代の半ばに鄧小平が「社会主義と資本主義は矛盾しない」と宣言した時に、世界食料市場と中国との間にあった障害は取り除かれた。対外投資に対する制限は緩和され、輸入関税も引き下げられた。こうして半世紀の沈黙を経て、中国は再びグローバルな食経済に参入したのだった。

かといって、まだ中国の農業が完全に西洋化したわけではなかった。多くのアメリカの生産者は毎年原材料を買う資金を調達するために銀行ローンを利用しているが、中国の生産者は大抵の場合、自分で貯めたお金や親戚からの借金など、基本的に自己資金で必要経費を賄わなければならない。また、温室や家畜小屋などの固定資産はほとんど手作りで、とても粗野なものだ。そして、多少の耕地整理は行われたが、中国にある二億軒の農場のほとんどが、まだ小規模なままだった。なぜならば、中国の生産者には拡大する動機がほとんどないからだ。そもそも中国の生産者には、アメリカなどで大規模農場の効率化に貢献している大型コンバインを買うお金がない。中国の農業はまだほとんど機械化されていないのだ。中国では今でも、農民が根気強く畑の中を歩き回りながら、手作業で草むしりをしたり、噴霧器を背負って害虫駆除剤を散布したりしているシーンをよく見かける。米農務省で中国農業の生産をモニタリングしているポーレット・サンデーン（Paulette Sandene）は「農地のほとんどは、農場というよりも、少し広めの庭のようなものです」と言う。このように小規模であるがゆえに、中国の生産者は「畑に出て、手で虫を払い、水をやり、草むしりをし、そして当然、手でトウモロコシを収穫する」とサンデーンは言う。

このように「質」では西洋に及ばないかもしれないが、中国の農業にはそれを埋めて余りあるほどの「量」があった。また、中国の小規模農家は西洋の農場よりも熱心に働く。生産農家は一年間に代わる代わる何種類もの作物を植え、家畜を飼い、養魚場まで営んでいるところが多い。この多様性はアメリカにおける単一作物モデルとは対照的で、実際、一エーカー当たりのカロリーに換算すると、中国の農家はアメリカよりも多くのカロリーを生み出している。中国の二億近い家族経営農家の生産量の合計は、アメリカで二百万人の生産農家が生み出す生産量を二十パーセントも上回っているのだ。そして、中国はそれをアメリカの四分の三の農地面積で実現している。

しかし、これは決して、簡単に成し遂げられているわけでない。中国はこれだけの生産量を達成するために、莫大な量の労働力と肥料を投入しているが、その成果も驚くほど上がっている。今日、中国は、世界のトウモロコシと小麦の五分の一以上と、コメの三分の一、果物の八分の一、野菜の五分の二、そして、鶏肉の五分の一と豚肉の半分を生産している。しかも、これらはすべて、つい四十年前まで産業化さえ実現していなかった国が、世界の耕地面積のわずか七パーセントの土地を使って生産しているものなのだ。「中国はほかに例を見ない独特な国です」と、農務省のベテラン中国ウォッチャー、フレッド・ゲイル（Fred Gale）は言う。「彼らは何十年にも及ぶ戦争を経験し、かなり向こう見ずな農業政策も行ってきましたが、いったん経済が自由化されると、中国の農業は急速に復興してきました」

中国農業の復興は都市部でより顕著に見られる。何十年もの間、栄養一辺倒の実利主義的な食生活しか知らなかった中国にあって、今日の都市消費者は、新鮮な野菜や家畜が並ぶ伝統的な露店市場から、広い通路の両側にあふれんばかりの缶詰や加工食品が並ぶカルフールやウォルマート、テスコ（Tesco）などの大規模西洋式スーパーマーケットに至るまで、多種多様な方法で好きな食品を選んで買うことができるようになっている。

中国では、強力な外食文化も育ってきている。田舎ではまだ、家で料理を食べる伝統が根強く残っているが、人口が急増している都市部では、数百万人もの裕福で時間に追われる都市住人のために、何万軒ものレストランが軒を並べている。四十七歳の人類学者ジュン・ジン（Jun Jing）は言う。「私が若かった頃、外食はおそらく五、六年に一度の一大イベントでした。しかし、今では週に四回ぐらい外食をしています。五年前でさえ、私の両親は気軽に〝おい、今夜は外食しよう〟などとは決して言いませんでしたが、今は毎週日曜日になるとそう言っています」

実際、中国農業は誰もが予想していないほど早く復興した。アメリカの穀物輸出企業でさえ、これほど早く中国が成長するとは考えていなかった。早くも一九八〇年代には、中国はトウモロコシと大豆の主要輸出国になり、アメリカの生産者をひどく失望させた。アメリカ産農産物の新たな受け皿になるはずだった国が、アメリカと農産物の国際市場で競合する関係になっていたからだ。しかも、その競争には、アメリカにとってそれまで最も当てにできる輸出先だった韓国までが参入してきていた。キャラハンは「まさか中国が私たちのお得意さんを奪うようなことになるとは予想もしていませんでした」と語る。

中国が輸出し始めたものは、農産物だけでなかった。中国の生産者は国内で生産される豊富な穀物を、鶏肉や豚肉、魚など、より付加価値の高い生産物に使い、それらを輸出するようになっていた。自給自足を目指していた中国の農業戦略が輸出力強化に変わり始めたことで、アメリカやヨーロッパなどの旧来の食料輸出国は、新たな市場を探し始めると同時に、それらの市場に参入するために、以前にも増して攻撃的な戦略を採用するようになった。

食の力関係を変えたワシントン・コンセンサス

一九九八年二月、韓国、タイ、マレーシア、インドネシア、台湾、フィリピンの各国政府は、自らの意思とは関係なく、過酷な自由市場システムに巻き込まれていた。かつて急成長を遂げたこれらの国々は何カ月もの間、深刻な金融危機の泥沼にはまっていた。そして、国際貿易における公的な金融機関であるＩＭＦ（International Monetary Fund ＝国際通貨基金）は、これらの国々に対して千二百億ドル（約九兆千二百億円）の救済措置を決めたが、これら六カ国の政府が今よりも大幅に多くのアメリカ産穀物を買う約束をするまで、救済資金は支払われないという条件が、実施の直前になって唐突に発表された。

すでにその時点で、これらの国々がアメリカが輸出する農作物の総量の四十パーセントを輸入していたことを考えると、この条件は少々厳し過ぎるように見えた。アメリカが東南アジアの経済危機に便乗して、自国の余剰穀物を売り込もうとしたことに対しては、世界中から厳しい非難の声が挙がった(事実、農務省海外農業局のロン・ハタミヤ〈Lon Hatamiya〉は、東南アジア諸国の金融危機がアメリカの生産者にとって、好都合な出来事だったことを認めている)。

しかし、他国の経済的不幸を、自国の利益のために利用したのは、何もアメリカだけではなかった。むしろそのような高圧的戦術こそが、日増しに対決色を強めていく食料貿易の本質と言うべきだろう。そして、それは自由貿易の売り文句だったはずの「美しいまでに複雑な相互依存」が果たして本当に人類に恩恵をもたらすものかどうかについて、深刻な疑問を投げ掛けるものだった。

二十世紀の大部分にわたって、世界の食料貿易は一種の経済的重力の法則に基づいて動いてきた。つまり穀物にしても何にしても、モノはアメリカのようにそれが余っている地域からヨーロッパやアジアのような足りない地域へと比較的自然に流れた。

しかし、一九七〇年から一九八〇年代にかけて、この傾向が変わり始めた。EU諸国は強大な農業補助金によって、農産物の輸入国から輸出国へと変質した。同時に、長い間、巨大な潜在的購入者として期待されていたアジアや南米の新興経済国も、いつまでもお客さんの地位に甘んじているわけではなかった。これらの国々の多くは、自国の農業を産業として確立させたいと考えていたため、ヨーロッパやアメリカから入ってくる安い穀物と競争する気はなかった。中には、中国のように、単純に輸入をやめる国もあった。また、少なくとも表面上は資本主義経済を採用している国々は、輸入穀物に対して重い関税などの障害を設けることで、農業者を保護するという、中国よりも複雑な政策を採用してこれに対抗した。

そのような形の保護貿易政策は西洋では一般的なものだったが、自由貿易の復活で苦境にあったアメリカはこれを厳しく批判した上で、高圧的な態度でアジアの貿易障壁を突き崩す戦略に出た。この戦略は、例によって自由貿易の名の下で展開されたが、開発途上国にとっては、脅迫と何ら変わらないものだった。

皮肉にも、一九八〇年代のアメリカの新たな〝食料兵器〟は、一九六〇年代と一九七〇年代に西側政府が、共産化を防ぐためにアジアや中南米、アフリカ諸国に経済成長を促す目的で多額の資金を注いだ理想主義的政策を踏襲するものだった。一九七〇年代までは、多くの銀行がこの博愛主義的な散財に引き寄せられてきた。オイルブームがもたらした豊富な資金で儲かっていた銀行は、西側諸国の政府や世界銀行（World Bank）、ＩＭＦなどの国際金融組織の債務保証にも助けられ、アナリストが「新興成長市場」と囃し立てた新しい市場に何千億ドルもの資金を注ぎ込んだ。

しかし、こうした国々の多くは、汚職や不正、政争などを繰り返し、一九八〇年代には経済的な苦境に陥った。西側の銀行はローンを回収し始めたが、債務国の財政事情は逼迫していた。一九八二年六月、メキシコは八百億ドル（約六兆八百億円）に上る対外債務が不履行になるとの警告を発したが、メキシコが抱える対外債務の三分の一はアメリカ系銀行からの借金だった。メキシコの危機がほかの債務国へ広がることを恐れた西側の銀行は、アメリカ政府や世銀、ＩＭＦと対策を考えた。そして、解決策として浮上したのが、より自由で制限の少ない食料貿易市場を創設することだった。これは後にワシントン・コンセンサスと呼ばれ、農務省のバッツたちが長らく推し進めてきたものを形式化したものだった。そして、これはその形成過程で、世界の食をめぐる力関係を根底から変えたのだった。

世銀とＩＭＦは、開発途上国が返済しやすくするために債務再編に応じた。[2] しかし、その対価として債務国は、機能不全に陥っている自国の経済を、より自由市場的なものに構造転換することを要求された。そして、この「構造調整プログラム」の最大の標的は、債務国の農業部門だった。債務国は自国の農業を効率的な大量生産型農業に構造変革することで、余剰農産物を輸出できるようになり、その収益で債務を返済する。これが世銀とＩＭＦが債務再編の対価として求めた条件だった。効率的な農業を創るために債務国はまず、国営の農業部門を自由化することが求められた。これには「貿易を歪めている」と批判された補助金の減額や撤廃も含まれていた。それは、小規模で非効率な農業生産者を補助金で保護することが、農業部門の発展を遅らせるという論理に基づいていた。

債務国はまた、彼らの農産物を海外の消費者にとってより安く、より魅力的なものにするために、自国の通貨価値を下げるよう迫られた。さらに、輸出を増やすと同時に（たとえば、アルゼンチンからはより多くの肉を、ブラジルからはより多くの大豆を）、自国の市場を海外からの輸入農作物のために開放することも求められた。改革によって大量生産が可能になった農業部門は、より多くの肥料やほかの原材料を海外から輸入するよう求められた。また、穀物などの農産物も、より安価に生産できる国や地域から輸入することを要求された。さらに重要だったのは、債務国がより多くの外国資本（ＦＤＩ＝海外直接投資）を受け入れるよう求められたことだった。なぜなら、債務国がこれから大規模農場や食肉加工工場、鉄道といった近代食システムを構築するためには、何十億ドルもの資金を必要としたからだ。

予想どおり、債務国は自国農業の再構築とワシントン・コンセンサスに対して、懸念と怒りを感じながらも、これを受け入れるしかなかった。低価格な外国製品に自国の市場を開けば、開発途上国の農業生産者は結局、豊かな国の大規模生産者や企業と競争させられることになる。先進国の生産者はいまだに政府から補助金を受けていたが、開発途上国ではＩＭＦや世銀の融資条件によって、すでに補助金は廃止されていた。国の基幹を成す農業を大々的に変革することがもたらす、開発途上国への社会的影響を懸念する人もいた。先進国にとって農業は経済の一要素でしかない（農業による雇用は全雇用の二パーセント以下である。また、アメリカのＧＤＰにおける農業部門の比率は一パーセント以下である）が、開発途上国の経済においては、農業が半分もしくはそれ以上を占める場合が多いのだ。開発途上国の多くは、「食」という重要な資源が自分たちの手から離れていくのを、ことのほか嫌った。外国の農業生産者と競争できない自国の農家が市場から閉め出され始めた時、開発途上国政府は自分たちが今後ますます輸入食料に頼らなければならなくなっていくことに気付いた。そして、それは彼らから食料自給の志を奪っていった。

多国籍企業のための食料貿易の自由化

開発途上国に構造調整を促すアメリカなどの西側先進諸国は、おなじみの比較優位論を持ち出して、開発途上国のこうした懸念をまともに取り合おうとしなかった。人口が増加し、食生活も変わる中で、開発途上国、とりわけ貧しい国において、食料自給という選択肢は現実的なものではなくなっていたし、それはもはや不可能なことだった。それよりも開発途上国は、限られた自国の経済資源を、産業育成や食料輸入に集中させることを求められた。西側諸国の政府が、食料供給を管理する目的で市場を操作しようとしていた時代から半世紀を経て、市場はいま一度、食料安全保障を管理する役割を担うようになっていた。そして今度は、それは世界的規模のものだった。

一九八六年九月、百二十三カ国の貿易交渉者たちが、GATT（General Agreement on Tariffs and Trade＝関税および貿易に関する一般協定）の枠組みの下で、より自由な食料貿易制度を作るために南米のウルグアイに集まった時、当時の農務長官ジョン・ブロック（John Block）は、食料の自給自足という概念は滅びたと宣言した。「開発途上国は自力で食べられるようにならなければならないという考えは、もはや過去の話であり、時代錯誤です。より安価なアメリカ産農産物に依存したほうが、彼らの食料安全保障はより確実なものになるでしょう」と語った。

この時のブロック長官の発言が、開発途上国側のメリットのみに向けられ、アメリカの投資家や原材料メーカー、機械メーカーなど自由貿易におけるもう一方の受益者について触れなかったことは、食料貿易のグローバル化に批判的な人々にとってさほど驚くことではなかった。ブロック自身が、後に農業機器メーカーのジョン・ディア（John Deere）に就職していることを見てもわかるように、自由貿易に疑義を呈する開発途上国と西側先進国の市民活動家や市民団体にとって、ワシントン・コンセンサスという言葉は、食料安全保障や開発途上国の債務返済とは無関係なものだった。彼らにとってこれは、グローバルな経済システムを、工業化された西側先進国に利益をもたらすような形に、根本的に再構築する作業を指していた。

この解釈では、世界の食システムを新自由主義的な方向へ向かわせる動機は、増え続ける人類を養うためでもなければ、食料輸出国にある大量の余剰農産物を売りさばくためでもない。それは障壁のないグローバルな物の流れに収益を依存する大規模多国籍食品企業のビジネス戦略のためのものだった。そして、彼らにとって障壁のないグローバル経済とは、原材料の流れも、低価格な生産者からの商品の流れも、消費者市場に向けた加工品の流れも、そしてその間の資本の流れも、すべてにおいて障壁がなく、自由であることを意味していた。

言うまでもなくこうした見方は、戦争から貧困まですべての問題をグローバル化のせいにする多種多様な、そしてその多くは先鋭的な反グローバル化運動団体のウェブサイトなどでよく目にする意見と変わらないものだ。しかし、そうした団体の哲学や意見がどうであろうとも、巨大多国籍食品企業がますます拡大する食システムの恩恵を受けながら、それを構築する作業にもかなりの影響力を持っているという彼らの主張を否定することは難しい。

私たちは貿易を、それを行う国に住む人々に広く利益をもたらす、国家間の取引と勘違いしがちだが、今日の貿易は私企業間の取引として理解されるべきものだ。貿易はその取引が行われる国に利益をもたらす場合もあれば、もたらさない場合もある。自由貿易に批判的な立場を取るアメリカ農業貿易政策研究所（ＩＡＴＰ＝Institute for Agriculture and Trade Policy）のソフィア・マーフィ（Sophia Murphy）はこう説明する。「実を言うとグローバル化した農業市場では、アメリカとブラジルは世界の大豆市場のシェアを争っているわけではありません。それよりも彼らはカーギルなどの大規模な国際穀物企業からの投資を得るための競争しているのです」

もちろん、そのような投資を誘致することはブラジルにとって有益である。それが雇用と税収をもたらすからだ。しかし、これらの企業がブラジルやルーマニアやポーランドに投資する理由は、その国々に住む人々を助けるためではない。それは自国で得ることのできないものを得るためだ。それはたとえば、新たな消費地へのアクセスや、安価な原材料の生産地へのアクセスを得るためだし、もしその両方を得られる相手であれば理想的だ。これが何億ドルも使ってメキシコの食肉会社を買い上げたタイソン（Tyson）の行動原理だ。メキシコの土地と労働力は安いし、さらにメキシコの消費者も、タイソンの商品を買えるだけ裕福になってきたために、あるタイソンの役員が言うように「でん粉とタンパク質の取引」が可能になった。結局、メキシコの労働力とメキシコ産の原材料で食品を作り、それをメキシコの消費者に売るほうが、アメリカで食品を作ってメキシコに出荷するよりも単に安あがりなのだ。

さらに、高度にグローバル化した食経済において、企業は海外に設備投資を行うことで、さらにその国以外の別の市場へのアクセスを得ようとする。ブラジルがアメリカよりも良好な外交関係をヨーロッパと築いているために、ブラジルに投資しているタイソンなどのアメリカ系食肉企業は、アメリカ国内のみで事業を展開している企業よりも、はるかに自由にブラジルで作られた商品をフランスやドイツの大規模消費市場に輸出できる。これはまた、アルゼンチンの安価な牧場へ投資したタイソンが、アルゼンチン産食肉をアメリカに売ることで、アメリカで生産した場合よりも安く済ませられることを意味する。

そして、多くの食品メーカー（特に利幅が少ない企業）にとって、海外市場を開拓し大量の取引を行うことが、成長を維持する唯一の方法なのである。下がり続ける利益率と高価な食肉加工設備をフル稼働させ続ける必要性から、今日アメリカの食肉生産者にとって、過剰生産は当たり前であり、輸出は不可欠なものとなっている。

現在アメリカが生産する鶏肉の五分の一、豚肉の八分の一が、国外で消費されている。特にトウモロコシや大豆など利益率が低い商品ほど輸出への依存度が高い。アメリカのカーギル（Cargill）やフランスのルイ・ドレイファス（Louis Dreyfus）、アンドレ（André）などの企業は、トウモロコシや大豆などの農産物の利益率低下を補うために、より多くの農産物を開発途上国に安定的に買ってもらう必要がある。しかも、彼らは利益の相当部分を、たとえば、ブラジルで大豆が豊作のときはブラジルの農業者から大豆を安価で仕入れ、それを需要が急速に伸び、もはや自国だけで賄えなくなっている中国に転売することで捻り出している。つまり、今日彼らは先進国と開発途上国市場の間の価格差を利用して商売をしなければならない状態に陥っているのだ。したがって、農作物を取引する企業が最も必要としているのは、世界的に需要が伸びるという見通しよりも、どこであれ最も安い所で商品を買い、それを需要が最も高い所で販売する自由なのだ。

食料貿易の自由化がもたらすリスク

自由貿易の提唱者たちは、これらの企業はアメリカとヨーロッパの食品産業を効率的で低コストに変えた仕組みと同じものを世界に広げているにすぎないと主張することで、自分たちの行動を擁護している。そして、実際にこの国際的な仕組みが、ブラジルのような国に雇用をもたらしたり、食品価格を下げたりしているのは紛れもない事実だ。

しかし、繰り返すが、タイソンやカーギルがブラジルにいる理由は、ブラジル人に職をもたらしたり、ブラジル人の食費を減らしたりするためではなく、自社の株主のために価値を生み出すためである。そして、幾ばくかの賃金や税金がブラジルに残ったとしても、これらの事業が生み出した株主価値や利益の大半は、アーカンソーにあるタイソン本社やミネアポリスにあるカーギル本社に送り返される。外国企業による直接投資は、受け皿となる国にも利益をもたらすと言われて久しいが、実際には資金の大部分がアメリカやヨーロッパ、日本、そして最近は中国など、進出した企業の本拠地へと送り返されているのだ。世銀は、中南米に投資される一ドル（約七十六円）のうち平均二十七セント（約二十一円）が、本国に送り返されているとの試算を出している。

また、進出先の国に残るものが、その国にとって望ましいものばかりともいえない。グローバル化した食システムの下では、企業は原材料や市場へのアクセスだけでなく、政治的、法律的な利便性を含め、総合的に最適条件を提供してくれる場所を探している。アメリカやヨーロッパの食肉加工業者が好んでブラジルに進出する理由は、安価な穀物や労働力に加えて、ブラジルに汚水処理の規制のないことが大きな一因であることは知っておかなければならない。

企業にとって活動拠点を得ることや、製品や資本を国から国へと容易に有利な場所へ移動できるかどうかは、自分たちの競争力を直接左右する。一九八〇年代から一九九〇年代にかけて推し進められた食システムのグローバル化は開発途上国の経済的困難を克服するためでなく、西洋の食品会社による途上国の侵略を容易にするためのものだったと、自由貿易に懐疑的な人々が主張する理由はここにある。「端的に言えば、西側先進国や国際金融機関が開発途上国に対して行ってきた〝構造調整〟は、開発途上国を世界経済に参加する〝準備〟をさせるためのものでした。西側先進国や国際金融機関は、『私たちがあなたの国の問題を解決してあげますから、そのためにまず農作物の取引を自由化し、政府介入を減らし、最終的には世界貿易に必要なすべての改革を行ってください』と言って開発途上国政府を動かしたのです」と、長年、ワシントンを拠点に自由貿易への反対運動を展開する市民団体デヴェロップメント・ギャップ（Development Gap）のダグ・ヘリンジャー

（Doug Hellinger）は言う。ヘリンジャーはまた、アメリカや世銀が最初のうちは債務国の財政的苦境を解決するために真剣に取り組んでいたが、「途中で債務危機が経済をコントロールするための道具として利用できることに気付いたのです」と、皮肉を込めて語る。

市民団体フードファースト（Food First）のエリック・ホルトヒメネス（Eric Holt-Gimenez）のような自由貿易懐疑論者は、社交辞令抜きに、グローバル経済の再編は最初から企業の拡大が目的だったと断じる。「常に債務問題は、外国資本が利益を得る手段として利用されてきました。債務国が実際に債務を返済できるなどと真剣に考えている人は一人もいないでしょう」

世界食料貿易の究極的な問題は、経済システムの再編が超国家的なグランドデザインに基づいていたかどうかではなく、それが好ましい結果を生んでいるか否かであり、またその影響が今後何十年かの間にさらに大きくなるかどうかである。世界の総人口が急速に増加し、どう考えても多くの国が自力では新たにこの地球に生まれてくる人々を養えなくなっている以上、食料貿易は避けられないのではなく、必要不可欠になっていると言っていいだろう。同時に、市場が自身の運営コストにまったく無関心であることを考えると、グローバル食経済を放置して、自力で勝手に発展させておくことが、貿易から最も多くの利益を得る方法であるという考えはばかげた幻想であり、そんなものは極右シンクタンクか一握りの穀物商社幹部くらいしか真に受けていない。

自由貿易の支持者は、そのコストとリスクをある程度は認識した上で、ＷＴＯなどの国際機関や北米自由貿易協定（ＮＡＦＴＡ＝North American Free Trade Agreement）などの貿易協定が、自由貿易がもたらす環境破壊や社会的影響から国々を守る予防手段を十分に備えていると主張する。しかし、その予防手段には大きな問題がある。今日、世界の食料貿易は急速に拡大しており、それがもたらすリスクは私たちが管理できるレベルをはるかに超えている。また、そもそも彼らが予防手段と呼んでいるものは、それが制御する対象であるはずの企業によって、作成されているのだ。
食品産業は、貿易を管理する国際協定で優遇措置を獲得するために、アメリカの連邦議員や政府の貿易交渉担当者らに対して精力的なロビーイングを行っている。食品産業自身がそうした政策作成に関与している場合も少なからずある。元カーギル副社長のダニエル・アムスタッツ（Dan Amstutz）は以前アメリカの通商代表部で働いていたが、彼がそこで作成したGATTの新たな食料貿易におけるルールとなる農業協定は貿易商社にとても有利な内容だったし、ジョージ・W・ブッシュ（George W. Bush）政権で、アメリカ通商代表部の農業交渉担当の主席交渉官だったアレン・ジョンソン（Allen Johnson）は、以前、カーギル、アーチャー・ダニエルズ・ミッドランド（Archer Daniels Midland）、パーデュー（Perdue）、ピュリナ（Purina）、タイソンなどが参加する業界団体、全米油実加工業者協会（NOPA＝National Oilseed Processors Association）のトップを勤めていた。[3]
産業と政府がこれだけ緊密な関係にあれば、自由貿易に対する政府と産業界の公式見解が完璧なまでに一致していることも、さほど驚くに値しない。これは国際貿易、とりわけグローバルな食料貿易には、緊密で公正な監視が必要と考える人々にとって、由々しき問題である。最近の、アメリカとメキシコとカナダを一つの経済圏として結び付ける北米自由貿易協定に関する怨念に満ちた議論でも、多くの貿易会社から出てくる発言はアメリカ政府の立場とほとんど同じものばかりだ。カーギルのホイットニー・マクミラン（Whitney MacMillan）会長はこう言い放つ。「開発途上国に一番必要なことは、地元で消費される農産物を育てることではありません。その国が最もうまく生産できるものを生産し、それを輸出することです」。北米自由貿易協定の交渉が山場に差し掛かっていた時、カーギルの社内向けニュースレターには無神経にもこんな文章が掲載されていた。「北米自由貿易協定は、カーギルにとって重要である。なぜなら、それは私たちの仕事を容易にしてくれるからだ」

「自由」を管理するアメリカの事情

自由な食料貿易における二番目の心配は、「自由」という言葉と関係がある。ＦＡＯのように、比較的冷静かつ中立的立場から食システムのグローバル化の推進を提唱している組織は、真にグローバルなシステムが出来上がれば、長期的には、その効率の良さが自由貿易の負の側面を上回るはずだと主張する。しかし、これはそのシステムに参加するすべての者が、公正に取引をした場合にのみいえることだ。そして、不幸にも、そのような事態は実現しそうにない。アメリカのような国やタイソンやカーギルのような企業は、外国の貿易障壁を問題にしているが、彼らが自国で行っていることを、自由貿易の開祖リカードは決して祝福はしないだろう。

一九八〇年代から一九九〇年代前半にかけて、自由貿易推進に奔走していたカーギルなどの企業は、一方で穀物輸出を増やす目的で設けられた連邦政府の補助金を四十二億円も受け取っていたが、実はこの補助金は、補助金の助けがなければ競争に勝てない海外市場で、アメリカ企業がアメリカ産穀物を売る目的で支給されたものだった。

その後、輸出補助金は徐々に削減されたが、アメリカの農業生産者が彼らの作る穀物を生産コストよりも安く、そして外国の生産者よりも確実に安い価格で外国市場に売りつけられるように政府が補助金を出し続けているのに対し、海外の生産者は構造調整プログラムの下で、いかなる補助金も認められていないのだ。

アメリカ連邦議会調査局（CRS＝Congressional Research Service）によれば、損失補填などの補助金によってアメリカの農業生産者は、生産コストよりも二十七パーセント低い価格でトウモロコシを輸出することができる。同じく小麦は三十三パーセント、牛乳は三十九パーセント、砂糖は五十六パーセントも生産コストより安く輸出できるのだ。外国の生産者がこのような割引価格に太刀打ちできないのは当然だった。

公正を期すために指摘しておくが、貿易でズルをしている国はアメリカだけでない。アメリカの補助金は全農業収入の約二十二パーセントを占めているが、ヨーロッパでは三十二パーセント、日本では全農業収入の半分以上を補助金が占めているのだ。しかも、アメリカは財政健全化のために、何十年もその農業政策を改革しようと努めてきた。一九九五年から二〇〇五年までの間、米財務省は、千五百五十億円を農産物と畜産物の補助金として支出している。これは、アメリカの対外開発援助（ODA＝Official Development Assistance）予算を上回る金額だ。しかし、連邦政府の農業プログラムが延長される五年ごとに、農業圧力団体は補助金制度をそのまま維持させることに成功してきた。

農業生産者が補助金を放棄する理由はまったくない。特に補助金の大半を受け取っている大規模な生産事業者は、議会に対して強力なロビー力を持つ。そして、この現状を変えたくないと考えているのは生産者だけではない。タイソンやコカ・コーラ（Coca-Cola）社のように農産物を大量に商業利用する企業が外国市場でシェアを伸ばしたければ、補助金によって支えられた安価な穀物は必要不可欠なのだ。二〇〇六年に行われたタフツ大学の研究によると、タイソンが安価なトウモロコシや大豆を買うために支払った金額は、実際の生産コストで買った場合より、年間にして二億八千八百万ドル（約二百十八億八千八百万円）も少なかったという。

政治家もまた、政府の農業プログラムを必要としていた。一九九五年、穀物価格高騰を機に、共和党議会は財政赤字削減のために、農業補助金を十年前のおよそ三分の一にまで削減することに政治的意志を結集させることに一度は成功した。しかし、翌年、穀物価格が下落すると、共和党は不安に駆られた農業生産者の怒りに直面し、事実上補助金削減策を撤回してしまった。それ以来、民主、共和いずれの党も、この政策を再び実施する意志もなければ、そのための政治的支持を得ることもできていない。

農作物の輸出国も、自国の市場を開放することに対しては頑なだった。GATT協定に基づき、アメリカは多くの輸入制限を撤廃したが、自国の産業が被害を受けるような場合は、今も輸入制限や輸入の全面禁止措置を続けている。たとえば、アメリカの養鶏業者は、表面的には衛生上の理由を挙げながら、ブラジルなど安価な鶏肉生産国からの胸肉輸入を禁止することに成功している。

こうしたあからさまな保護主義的政策のおかげで、タイソンやフォスターファームズ（Foster Farms）のような養鶏業者は、自分たちが生産する胸肉に貴重な利ざやを乗せることができる。そして、そのおかげで彼らは、ロシアに鶏のもも肉を売りつけることができるのだ。ロシアは重要な鶏肉市場だが、そこでアメリカの養鶏業者は生産コストの六十パーセント以下まで割引いて売ることができる。これは、ロシアの養鶏業者が太刀打ちできない値段だ。

この胸肉ともも肉の関係は、ロシアの生産者にとってもブラジルの生産者にとっても、不公平なものであり、自由貿易を揚げるアメリカの姿勢とも矛盾することを、アメリカの養鶏業者は認めている。しかし、彼らはまた、現在のアメリカ養鶏業が、本当に開かれた市場では競争していけないこともよく知っている。特にブラジルからより安価な鶏肉がアメリカに輸入されるようになれば、アメリカの養鶏業は生き残れないだろう。かつて養鶏企業の役員を務めていたブレーク・ロヴェット（Blake Lovette）は私に、「この国の消費者は胸肉に一定の費用を支払う気があるし、実際に支払っています。そして、そのおかげで私たちはブラジルよりはるかに安価に、もも肉を生産することができます。しかし、もし、ブラジル産胸肉がアメリカに輸入されるようになったら、私たちの市場は崩壊するでしょう。私はこれが私たちにとって最大の脅威だと見ています」と語っている。また、アメリカの農業に詳しいフランスの元農業担当外交官アラン・ルヴェル（Alain Revel）は、アメリカにおける農業生産の大半が綿密な管理貿易に依存しているため、「真に自由な市場では、アメリカの農業システムは崩壊する」とまで言い切る。

アメリカは完全な自由貿易の受け入れを拒絶することに成功したが、ほかの国の政府や農業団体が同じように自由貿易を拒絶できたわけではなかった。中南米市場はアメリカとの貿易協定によって、その扉をこじ開けられ続けている。一九八〇年代を債務なしで乗り切ることで、初期の再編の波から逃れられた東アジアの新興経済諸国も、一九九七年に起きた金融危機の際にＩＭＦから千二百億ドルの救済策や市場開放要求を突きつけられ、悠長に構えていられる状態ではなくなっていた。[4] 一九九八年九月、ＩＭＦはインドネシアに輸入米に対する関税をすべて撤廃するよう求めたのを手始めに、砂糖、小麦粉、大豆そして、トウモロコシにまで要求を広げていった。そして、同様の要求は別の地域にまで及んでいった。

中国という爆弾

　中国の食システムを探る私の旅は徐々に南下し、北京と上海の間にある沿岸部の耕作地帯から、さらに中国の耕作地帯の真ん中まで達した。車の外には、小麦畑やトウモロコシ畑が広がり、洋なしやリンゴの果樹園も点在している。そして、まるで氷のようにきらきら輝くビニールハウスの塊が何キロも続く。数時間ごとに次の都市や町に達するたびに、私たちは地域の農業担当者の出迎えを受けた。そこでまず私たちは地元の農業生産についての最新データを聞き、その後現地の種子工場や品種改良を行う研究施設、リサーチセンターなどを訪問した。

　視察した施設で働く職員は、中国の農業生産性を上げるために彼らがどのような努力を行っているかを、慎重に言葉を選びながら、しかし誇らしげに説明してくれた。リンと私が新型のアヒル加工工場を訪れた時などは、私にその工場の生産システムがいかに近代的で効率的であるかを見せるだけのために、全従業員が動員され、私の目の前で数千羽のアヒルを加工してみせてくれた。

　アーカンソー州と同じくらいの面積に六千四百万人が住む安徽省では、秋まき小麦が植えられている広い畑で、テレビクルーが私たちの到着を待っていた。カメラが回る中、地元政府の農業責任者（director of agriculture）のウォン（Wong）さんは、安徽における小麦生産の急速な発展について説明を始めた。それによると、安徽の年間の小麦生産量は千百万トンで、そのうちの三分の二が輸出されている。品質は良く、人々の好みの変化にもうまく対応できている。「十年前、私たちの小麦は良いパンを作るために不可欠なグルテンが欠けていましたが、私たちの科学者が品種を改良した結果、今、十パーセントも高い値段で売れるようになっています」ということだった。

一とおりウォンさんの話が終わると、TVリポーターはリンに、中国の農場システムについて私のコメントが欲しいと頼んできた。私は〝驚くべき生産量〟や〝偉大な発展〟についていくつか社交辞令を送ったが、その間、リポーターの後ろでは、化学殺虫剤が入ったタンクを背負った一人の農夫が畑の中をゆっくり歩きながら、一つひとつの作物に手作業で農薬を吹きかけている姿が見えた。

生産量を上げることには成功したが、中国農業の奇跡はまだ完成からはほど遠い。そして、現実問題として中国の食経済は臨界点に達している。人口は増加し続けており、増加率はさらに伸びることが予想されている。なぜなら、大量の定年退職者をいかに養うかについて心配している北京政府は、次世代の納税者を増やすために、一人っ子政策を緩和しているからだ。

一方で、中国農業の潜在能力を開花させた経済の自由化は、同時に、消費拡大と食性の変化というドミノ現象を誘発した。それは、様々な野菜や農産物がより多く消費されるだけでなく、加工食品や肉の消費も増加することを意味している。そしてそれは、さらなる穀物需要の増加を意味していた。

そのような状況に置かれているにもかかわらず、中国は食物輸出国として発展しようと考えている。中国企業はグルテン粉や大豆タンパク、カフェイン、アスコルビン酸などの原材料だけでなく、鶏肉や魚などの肉類や生鮮食品の安価な供給者としての地位を築くべく積極的に動いている。しかし、中国が食物供給の集約を進めることによって、グローバルな食システムには食料供給量に関する新たな懸念が生じている。後の章で詳しく検証するが、中国が肉などの生鮮食料品の生産量をさらに増やせば、すでに現在の生産量でも十分に管理できているとはいえないこの国の食の安全性はさらに低下し、いずれ食品安全上の大惨事が起きる可能性が今後さらに高まることになるだろう。また、それは食料安全保障上も問題となる。なぜなら、中国は特定の原材料では世界市場を支配しており、現在の無駄を徹底的に省いたグローバルな供給システムの下では、中国でもどこでも、ちょっとした不注意や故障や障害が発生すれば、ほとんど代替手段を持たないグローバル食料供給チェーンはたちまち混乱することが避けられない状態にあるからだ。

中国国内の肉の需要の増大は、家畜飼料の需要を国内供給力の限界を超えるところまで押し上げている。一九九〇年代以降、中国の肉と大豆油に対する急速な需要の高まりは、国内における大豆生産の成長ペースを超えていた。かつて余剰大豆を輸出していた中国が、現在では年間二千万トン以上の大豆を輸入しなければならなくなっている。これは国内生産量を上回るだけでなく、世界の大豆取引の四十パーセントに当たる量だ。アイオワ州立大学の食料農業政策研究所（ＦＡＰＲＩ＝Food and Agricultural Policy Research Institute）によると、この量は二〇一六年までにさらに倍になる見通しだという。

そして、現在、同じようなことがトウモロコシでも起きている。二〇〇二年、中国は千百六十七万トンのトウモロコシを輸出した。これは、アメリカの輸出量とほとんど同じ量だ。しかし、より多くの農業生産者がより価値の高い作物に転換すると同時に、家畜を太らせるためにより多くのトウモロコシを使うようになり、しかも、ブドウ糖果糖液糖や燃料用エタノールにまで用途が広がったため、中国は二〇〇九年までにトウモロコシの輸入国になることが予想されている（訳者注：中国は一九九七年から二〇〇九年までは純輸出を維持したが、二〇一〇年度より純輸入国に転じている）。

「中国人自身が、自分たちは崖っぷちまで追い込まれていると言っています」と、穀物に詳しい前出サンデーンは言う。サンデーンによると、トウモロコシが一億三千万トンしか収穫できない不作の年、中国は間違いなく国際市場からトウモロコシを買わなければならなくなるため、こうした事態を見越して、中国政府はすでに輸入設備の整備を進める一方で、トウモロコシを多く使う事業者に対して、輸入の増加ペースを和らげるよう働きかけることで、市場に動揺を与えないように輸入戦略を調整している。急に輸入が増えれば、価格が高騰するからだ。「中国は市場に対して優しくありたいのです」とサンデーンは言う。

新参国を育てる中国需要

中国の巨大な食経済と急激な人口増加、そして人々の食性の変化などを考え合わせると、果たして今の中国に、「市場に優しく」などという選択肢があるのかという疑問も残る。一九九〇年代半ばに、中国が大豆を輸入し始めた頃、その新しい需要はアメリカの生産者の懐を潤しただけでなく(アメリカは今や中国が輸入する大豆の三分の一を供給している)、大豆版ゴールドラッシュをアルゼンチンとブラジルで引き起こした。これらの国々の農業には、まだ未開発の潜在能力があり、彼ら自身も輸出による外貨獲得を必要としている。特にＩＭＦによって農業システムの再構築を迫られたブラジルは、中国人の食性変化に伴い発生する新たな食料需要に照準を合わせる道を選んだ。

ブラジル政府はその広大なセラード草原に、生産者が大豆生産用の耕地を広げることを奨励すると同時に、地元の土壌に適し、熱帯の気候を利用して年に二度、三度と収穫が可能な大豆を開発するための調査研究に多額の投資を行ってきた。構造調整によって輸入制限が緩和されたため、トラクターや種子、農薬、そしてあまり肥沃とは呼べないセラードの土壌に栄養を与えるための肥料購入が劇的に増えたため、ブラジル政府はそれらの購入資金を賄うため、投資法を緩和し、カーギルやアーチャー・ダニエルズ・ミッドランドのような食品メーカーが農産物の貯蔵庫や荷積施設を拡大しやすくし、ダノン（Danon）やネスレ（Nestlé）などの加工会社が地元の牛乳製造会社や酪農企業を買収しやすいような措置を取った。そして、中国との新たな関係を強固にするために、中国からの投資を広く受け入れた結果、農場や港湾施設などの施設に、中国の投資家は大量の資金を注ぎ込んだ。そして、構造改革のお約束事として、ブラジルは自国の通貨価値を三分の二まで引き下げ、自国の農作物価格を、主な競合相手であるアメリカの三分の一にまで下げることが可能になった。

結果はほとんど中国の場合と同じだった。ブラジルは今や砂糖とコーヒーの輸出で世界をリードし、アメリカの二倍に当たる一億七千五百万頭の牛を育てる世界最大の牛肉生産国になっている。二〇〇四年には牛肉輸出額でもアメリカを超え、世界の食肉市場の八分の一を占めるまでになった。また、急成長中のブラジル養鶏産業は隣のアルゼンチンから安価なトウモロコシを購入することで、今や二百万トン以上の鶏肉を輸出している。現在、ブラジルで育てられた鶏の五羽に一羽が輸出されている。ＦＡＯは、今後十年以内にブラジルの食肉輸出量は、アメリカ、カナダ、アルゼンチンそしてオーストラリアを合わせたものよりも大きくなると予想している。

ブラジルでは、大豆ブームも起こっている。ブラジルの大豆畑は一年間におよそ四千平方マイル（約一万四百平方キロ）のペースで広がっている。そして、ブラジルの大豆輸出量は一九九八年の八百二十万トンから、二〇〇六年には二千五百万トンにまで増えた。増加分の多くは中国への輸出だった。現在ブラジルはアメリカに次いで世界で二番目に大きい大豆輸出国であり、近い将来、アメリカを抜くと予想されている。

その一方で、アメリカにおける大豆生産の拡大はもはや限界に来ている。アメリカでまだ使用されていない耕作地の多くは、生産能力が低く、生態学的にも脆弱なものばかりだ。これに対してブラジルには百万平方マイル（約二百五十九万平方キロ）以上耕作に適した土地があるが、現在はそのうちの五分の一しか使用されていない。加えて、ブラジルの生産コストは低い。これは中国などの輸入国が、ブラジル産大豆を好む主因となっている。アメリカ産大豆の世界市場におけるシェアは一九八九年に三分の二まで減り、今日それは半分以下になっているが、その分ブラジルのような新参国がシェアを伸ばしている。

激変する食料市場のパワーバランス

このような農業のパワーバランスの変化は、競合相手であるアメリカの生産者が弱体化し、ブラジルの農業システムがより成熟することで、ますます加速するだろう。今日、アメリカがトウモロコシと大豆でブラジルに対して比較優位な立場にあるのは以下の二点しか残っていない。それはアメリカが優れた農業技術と、より良い道路や線路などの輸送設備を持っているという点だ。これらは政府の巨額補助金と結び付いて、土地と労働賃金が高いというアメリカの弱点を補い、アメリカがブラジルを打ち負かすことを可能にしている。しかし、ブラジルの弱点が不十分なインフラだけということになると、これはアメリカの高価な土地と労働賃金に比べれば簡単に改善できる問題であるため、現在のようなアメリカ優位の状態はそう長くは続かないことになる。今後世界中からの投資がブラジルに流入することで、ブラジルの設備は改善されていくに違いない。そして、ブラジルがより効率的な輸出国になるにつれ、アメリカの比較優位は低下していくだろう。アイオワ州立大学で穀物取引を研究するチャッド・ハート（Chad Hart）は「すでに設備が整っているアメリカには、もう絞り出すべき無駄なコストはほとんど残っていません。これに対して、ブラジルやアルゼンチンには、まだまだ絞り出せる無駄がたくさんあります」と語る。それゆえ、中国の巨大市場が開放され、韓国市場が供給不足に陥っても、アメリカのトウモロコシ生産者は南の競合相手との競争に負け、その市場を獲得できないかもしれない。

実際、食経済のほとんどすべてのレベルにおいて生産コストが高まり、ライバル（しばしばアメリカ企業からの投資によって支えられているのだが）がますます効率的になるにつれて、アメリカは競争力を失っている。農業経済学者の中には、カルフォルニア大学デイビス校のスティーブン・ブランク（Steven Blank）のように、この先アメリカがますます農産物市場のシェアを明け渡すようになることを考えれば、もはやアメリカは〝ネスレ・モデル〟を目指すべきだと主張する人もいる。つまり、より価値の高い加工食品を作り、それを売ることに専念すべきだというのだ。

しかし、この戦略もまた、見通しは明るくない。海外の食品加工業者や食品メーカーが、すでにアメリカ企業よりもはるかに安く、付加価値の高い食品を供給できるため、アメリカの小売業者は単にこれを輸入することになるだろう。事実、穀物に加えて、肉や生鮮食料品などの高付加価値食品全般の輸入量は着実に増えており、二〇〇四年にアメリカの食料の貿易収支はすでに輸入超過に陥っている。ドル換算でこの年、アメリカは何十年かぶりに、輸出するよりも多くの食料を輸入していたのだ。ある研究によると、二〇一六年までにアメリカは世界最大の食肉輸入国になると予想されている。かつて世界を養っていることを誇った国が、今度は世界に養われる側に回ったのだ。

この食料パワーの序列の変化は、世界貿易における新たな枢軸の出現と、アメリカのような成熟国の衰退を反映している。ブラジルとアルゼンチンが一つの軸であり、インドと中国がもう一つの軸だ。このような力関係の変化は、すでに通商交渉の場においても明らかになっているが、この通商交渉もまた、かつてアメリカが争う余地のないほど強い影響力を誇った舞台だった。たとえば、ブラジルは大規模輸出による収益と新たな民間資本の流入のおかげで、ＩＭＦから負った債務の大半を返済したため、アメリカに友好的ではない貿易政策を実行する自由を得た。二〇〇三年、アメリカとＥＵが開発途上国からの農産物輸入の増加を拒否した後、ブラジルはメキシコのカンクンで開催された貿易交渉をつぶすために、インドなどの十八の開発途上国とともにＧ20として知られるグループを形成して、交渉を有利に進めた。三年後、ブラジルとインドは、ＧＡＴＴを継承したＷＴＯの下で行われたドーハ・ラウンドと呼ばれる貿易交渉をつぶすことにも成功しているが、この交渉はアメリカが重視していたものだった。

圧倒的な市場を持つ中国もまた、新たに手にした影響力を早速利用し始めた。ちょうど十九世紀のイギリスがアメリカとオーストラリアに対して影響力を持っていたように、余剰農産物を吸収する中国の潜在的消費能力は、中国政府にアメリカに対する影響力を与えた。「中国はたとえば、天安門事件のときのような政治的な圧力がかかると、アメリカ産食肉や小麦を買い占め、ワシントンの政治家をなだめるのだ」と元アメリカ穀物協会ケビン・ナッツ（Kevin Natz）は言う。最近の報道によると、中国は自国の巨大な市場の力を使って、アメリカ政府の輸入食品に対する安全基準を下げさせたという。また、二〇〇六年には中国政府高官が、アメリカが中国産調理済み鶏肉の輸入を認めれば、アメリカ産牛肉の輸入を認める用意があると発言している。そして米農務省は、政府の食品安全委員会が反対しているにもかかわらず、徐々に中国の要求をのみ始めている。

中国市場がすべての分野で支配的な地位に上っていくことの真の衝撃は、アメリカにとって、単に食品産業の競争力や食料貿易の力関係を超えたはるかに大きな問題となるだろう。一九七〇年代であれば二千万トンもの大豆の輸入は中国政府を崩壊させていたはずだ。しかし、今日、中国が行う天井知らずの非食料品輸出は、中国を「世界中の半分の食卓から食物を買い取ることができるほど裕福にした」と言われるまでになった。しかし、その食卓の多くが、食料が不十分な地域のものであることを考えると、中国が世界の食料の購入者として台頭してきたことは、今後、世界の総人口がさらに増加していく中で、すべての人を食べさせることがいかに不確実なものかを暗示している。中世の頃、経済的強者だったイギリスと西ヨーロッパ諸国は、ポーランドやバルト諸国産穀物の主要購入者だったが、それは、購入力では対抗できないポーランドやバルト諸国の農民の犠牲の上に成り立っていた。今後何十年の間に中国、そしてゆくゆくはインドのような力のある国が、同じような破壊的な役割を担う可能性は十分にある。

だが、今日の世界がそうした事態に対応する方法は、当時とは大きく異なる。生産者は新たな土地を開墾したり、新しい技術や原材料に投資したりすることで、増大する需要を一度は満たすことができた。しかし、こうした手法はもはや通用しないし、持続可能でもない。実際この手法はいずれ私たちの食物を生産する能力を弱めてしまうかもしれない。そして、それはまったく驚くべきことではない。早くは一九七〇年代から様々な分野の専門家たちの間で、人口が増加し資源が限られる中で、果たして現在の食生産システムを世界規模で機能させられるかどうかは議論の的だった。そして、それがグローバルなスケールで実現した今、その問題はより差し迫ったものとなっている。

食経済のグローバル化がもたらした効率と成長は、経済システムが持つ負の作用を加速させただけでなく、私たちがその問題に事前に対処することをますます困難にした。食経済はグローバル化を進める中で、生産者の外部コストをより規制の少ない国に移動させることや、中国やインドなど人口爆発中の国が、地球上にわずかに残るまだ比較的人口が集中していない地域から穀物を買い集めることを認めてきた。そして、それはまた世界が、それらの外部コストを負担することも、人口増加に対処することも、そのほかの現代の食システムがもたらす持続性のない様々な問題に直面することも、すべてを先延ばしにしてきた。そして、これらの問題は対応が遅れれば遅れるほど、対処することが難しくなっている。

中国が世界の食料市場に登場するときが世界の食経済の歴史的な転換点となり、同時にそのリスクを大幅に引き上げることを最もよく理解しているのは、おそらく、中国自身かもしれない。中国政府は根気強く自らの食料生産体制を確立すると同時に、アルゼンチンやブラジルのような重要な輸出国と良好な関係を築いてきた。また、世界需要の歴史的な変化が、自国と貿易相手国の安全保障にどのような影響を与えるかを慎重かつ戦略的に分析してきた。北京にある中国農業大学内にある小さく薄暗いオフィスでは、中国有数の食料安全保障に関する専門家であるティエン・ウェイミン（Tian Weiming）が、今後中国の食性の変化が西洋諸国と同じような軌跡をたどって発展するのか、もしそうだとしたら、中国や世界はその変化に対応できるのかを研究している。伝統的な予測では、中国の将来の成長と振る舞いを予想するためには、日本や台湾のようなアジアの豊かな国々を参考にしてきた。しかし、ティエンは、中国のような巨大な国が産業化後の食経済に入っていくことによる衝撃を軽減するためには、日本や台湾を手本としては絶対にいけないと言う。

　ティエンは中国国民一人当たりの食肉消費量が台湾に追い付くまでに三十年は要すると見ている。しかし、中国における現在の食肉消費量でも、すでに国内市場や世界市場は緊張を強いられている。「中国が台湾のように裕福になったときに、世界がどうなるかは、私には想像ができません」。ティエンはそう語ると、少し間をおいてから険しい表情で言った。「しかし、その時の世界が、今とはまったく違うものになっていることだけは間違いないでしょう」

第6章 飽食と飢餓の狭間で

乾燥したケニア中南部の丘陵に広がるマンゴー・ムティシャ（Mango Mutisya）の農場は、晩秋を迎える頃には季節雨を待つばかりとなる。赤褐色の土は念入りに耕され、トウモロコシの種が入った袋は、木切れと土でできた穀物倉でその出番を待つ。きれいにそり込まれたスキンヘッドに、華奢な体つきながら太く逞しい腕を持つ四十二歳のムティシャの手は、まるで角のように硬かった。彼は妻のジャネット（Janet）と泥レンガで造られたつつましい家の傍らに立ち、どこまでも続く青空を、時折、綿あめのような白い雲が静かに横切っていく姿に目をやりながら、アフリカの農業について、私の質問に丁寧に答えてくれた。

ムティシャ夫妻の農場は、ＣＲＳ（Catholic Relief Services＝慈善団体のカトリック救援サービス）の支援を受けていて、アフリカ農業の代表的な成功例として紹介されることが多い。その理由は明白だ。二人には教養があり、上品で辛抱強い。そして彼らの農場は、アフリカの小規模な伝統的農家が最新の農学技術を活用することで成功を収めたモデルケースだった。

彼らの農場では赤い農地の至る所に、ＣＲＳの指導の下、土壌の侵食を抑えて生産性を上げるために掘った無数の溝が交差している。この溝のおかげで、収穫量は十四ブッシェル（約三百五十六キロ）から五十ブッシェル（約千二百七十キロ）に増えた。今では豊作時に一万シリング、およそ百三十ドル（約九千八百八十円）の稼ぎになる。おかげで二人は納屋を新築し、子供たちの教育費を蓄え、農地を買い足すことができるようになった。

ムティシャ家の屋根は伝統的なわら葺きではなく、トタンで作られていて、室内にはテーブルとビニールクッション付きの使い込まれたパティオチェアや、灯油ランタンなどの家具もある。そして、数カ月に一度は夕食時に肉を食べ、地元の市場で食事をし、洋服も多少は良いものを買えるようになった。埃っぽい赤褐色の大地を歩きながら、赤いスカーフと新しいドレスに身を包んだ三十八歳のジャネットがはにかみながら溝を指した。「私がドレスを買うことができたのは、この溝のおかげです」

しかし、ムティシャ夫妻が手にした繁栄が不安定なものであることは、静かな空を見れば一目瞭然だった。例年十月末には到来するはずの大雨が、今年はまだ降っていない。今日はもう十一月四日だ。この雨は年に二回あるケニアの生育期のうち、一回目の生育期には欠かせないものだ。

すでに村には不安が広がっている。農業生産者は昨年の秋も雨が降らなかったことを鮮明に覚えている。「昨年はまったく収穫がありませんでした」とマンゴーは言う。食料不足が広まるにつれて商品が値上げされたため、農業生産者は自分たちが食べるトウモロコシを買うために、彼らにとっては主要な資産である家畜を売らなければならなかった。しかし、そこまでしてもまだ空腹は解消できなかったとマンゴーは言う。

今年は雨が降ると思いますか？　と私が尋ねると、彼は肩をすくめて空を見上げた。「これだけ暑ければ、普通なら降るものです」。彼は強い口調で言い放ったが、それを聞いたジャネットはややあきれたような表情で、夫よりもずっと正直に私の問いに答えた。
「例年、十月の二十七日か二十八日には、雨が降り始めます。普段なら、今頃、私たちは最初の受粉を行っていたはずです。予定ではそうでしたが、今年も遅れていることは間違いありません」

アフリカの農業生産者の憂鬱

ムティシャの農場は、ケニアの食経済の全体像を的確に反映している。つまり、農地の持つ大きな潜在能力と人々が抱く高い希望の一方で、何十年にもわたり多大な費用を投じた飢餓撲滅プログラムの甲斐もなく、ケニアは今も災厄と隣り合わせの状態から抜け出せずにいるのだ。

毎年、ケニアの人口三千百万人のうち、四百万人が飢えに苦しんでいる。そして、近年、悪い年はその数が倍増することがよくある。干ばつや植物病害による疫病、水害、隣国エチオピアやウガンダとの国境紛争など、新たな妨げに遭うたびに、ムティシャ夫妻のような農業生産者は、トウモロコシや大豆ミールの入った援助袋が届くのを辛抱強く待ち、それが六カ月後の植え付け時期まで持ってくれることをただひたすら祈る。大半は何とか持ちこたえるが、毎年ある一定の割合で、持ちこたえられない人たちがいる。彼らは土地や家畜など、長旅に持って行くには大き過ぎる家の資産をすべて売り払い、首都ナイロビを目指す。ナイロビはかつてこの地域の中核都市だったが、今やその巨大スラム街は地方から集まる百万人もの難民を抱え、世界で最もエイズ感染者の割合が高い場所の一つとなっている。

それでもケニアはまだ幸運なほうだ。私がムティシャ夫妻を質問攻めにしている間にも、マラウィではすでに干ばつが深刻化し、農業者は野生の樹木の根っこを掘り起こして食べなければならないような事態にまで陥っていた。エチオピアでは内戦によって、もともとわずかしかなかった収穫が壊滅した。ＣＲＳのような救援機関は、ソマリア、ジブチ、ニジェール、チャド、南スーダン、ジンバブエなどの後発開発途上国（ＬＤＣ＝Least Developed Countries）でも活動を展開中か、もしくは展開する準備を進めていた。

こうした国々の名は、飢えに関するニュースにあまりにも頻繁に登場するため、悲しいことにどれだけの人的犠牲が出ても、世界はほとんど反応さえしなくなっている。サハラ以南のアフリカでは、毎年一千万人以上が栄養失調のため死ぬ。さらに何億人もの人々が食料管理体制の崩壊によって、極度の消耗や病気、希望の喪失といった昔ながらの悪夢に苦しんでいる。

そして、サハラ以南のアフリカが飢餓の象徴であり続けることに変わりはないが、今日その苦悩はアフリカ大陸に限ったものではなくなっている。中国が食システムの改革に成功する一方で、インドは一度「緑の革命」（２６６ページ参照）で農業技術の躍進に成功したにもかかわらず、今や世界最大の栄養失調児集団を含む二億人以上の飢えた人々への対応に苦悩している。何と世界で最も豊かな国アメリカでさえ、子供六人につき一人は栄養失調に苦しんでいるのだ。

今日、世界人口の七分の一に当たる約九億人が栄養失調状態にあり、さらにもう一億人が慢性的な微量栄養素不足の状態にある。そしてそれは、しばしば壊滅的な影響をもたらしている。今の時代はかつてないほど食料が安く簡単に入手できるようになった。にもかかわらず、飢餓にあえぐ人の数が増えていることを指し示すこれらのデータは、現代の食経済が破滅に向かっているという揺るぎない証拠を私たちに突きつけている。

近年、再び世界の飢餓問題が先進国の一般大衆や著名人の関心を集めるようになったおかげで、世界の指導者たちは食料不足に苦しむ人を二〇一五年までに半減させることを公約した。いわゆる〝ミレニアム開発目標〟である。しかし、統計上のデータの多くは、今私たちがその目標とは正反対の方向へと進んでいることを指し示している。その理由の一つは、食料生産が改善されると、人口増加がさらに加速するからだ。十分に食べることのできない人の数は今も毎年七〇〇万人ずつ増加している。

なぜ飢餓はこれほどまでに大きな規模で存在し続けるのか。そしてどうすればこれを減らすことができるのか。この二つの問いは、現代の食システムをめぐる議論の中で、最も難しく、また、最も意見が対立する問題でもある。飢餓問題の専門家の多くは、慢性的な食料不足が後発開発途上国、特にサハラ以南のアフリカにおける食料不足が問題だと考えている。エイズの蔓延は国の農業労働力を激減させ、エチオピアやウガンダでは、何十年にもわたる戦争、政府の怠慢や腐敗、社会基盤整備の遅れなどによって、食料生産が産業化以前の水準のまま固定化している。要するにこの地域が抱える、より大きな政治的、経済的問題が解決されない限り、食料不足は途切れることのない循環現象と考えられる。

これらの国々にとって、飢餓はある意味で自分たちの国内問題が招いた結果と見ることもできるかもしれないが、とはいえ、彼らが抱える国内問題の多くは、明らかに自分たちの手に負える範囲をはるかに超えた急激な変化によって、より深刻化していることも間違いない。たとえば、気候変動はすでに多くの後発開発途上国において、食料の生産に破壊的な打撃を与えている。アフリカでは早ければ、二〇二〇年にも食料の生産量が半減するかもしれないと、国連のＩＰＣＣ（Intergovernmental Panel on Climate Change ＝気候変動に関する政府間パネル）は予測する。

後発開発途上国の多くはこれまでも、世界が経済発展を遂げる中で、うまく立ち回れてこなかった。グローバルな食経済を大きく変化させてきた多種多様な技術革新や商業改革は、貧しい国々を置き去りにしていった。その一方で、新自由主義的な貿易政策は、しばしば彼らには過酷過ぎた。後述する緑の革命はアフリカに西洋式大量生産農業をいち早く取り入れることには成功したが、結局その多くは衰退した。アフリカの単収は今も先進国をはるかに下回り、結果として、アフリカの農業生産者は低コストの生産者がひしめく国際市場では競争に生き残ることができない。

しかし最近、食料不足の根本的原因に対する新たな問いが注目を集めるようになっている。それは、大規模な低コスト生産に過度に依存し、巨大な資本を持った大規模農業生産者しか生き残れない現在のグローバルな食経済の下で、何億人という貧しい農業者は果たして存在し続けることができるのか、という問いだ。いや、そもそも彼らがそのような競争に適合する必要はあるのだろうか。実際、現代食システムの発展のスピードがあまりにも速いため、多くの貧しい国々はそのシステムから置き去りにされている。現在グローバルな食経済が求めるものと、後発開発途上国が供給できそうなものとの間には、とてつもなく大きな隔たりが生じているのだ。

中南米、アジアを発展させた「緑の革命」

ナイロビ東部の起伏に富んだ丘陵地帯を車で走っていると、ケニアの人々が飢えに対する自国の取り組みが、わずかな成果しか上げられずにいることに失望している理由がよくわかる。ムティシャ夫妻の住む乾いた環境と違い、ここは緑と水があふれている。小さな農場や広大な茶園や果樹園などが点在し、一九五〇年代から一九六〇年代にケニアが緑の革命における理想的な候補地だった時と変わらぬ生命力を放っている。国土の大部分は放牧にしか向かないが、ケニアには肥沃な土壌と、様々な微気候を持つ広大な耕作地帯が確かに存在した。

ケニアにはまた、何百もの大農園と（コーヒー、紅茶、トウモロコシの輸出向けにイギリス人が造ったもので、今はケニアのエリートたちが所有）、わずか一、二エーカーの土地でトウモロコシやソルガムを作り、ヤギや鶏を育てているおよそ一千万の小規模な自作農集団から成る、二階層の強固な農業文化があった。確かに小自作農の大半は時代遅れの道具と種を使用し、一エーカー当たりの収穫量はわずか数ブッシェルかもしれない。しかし、当時のケニア大統領で野心家のジョモ・ケニヤッタ（Jomo Kenyatta）は、こうしたケニアの遅れは近代的な農業技術、特に化学肥料と新型高収量作物の導入によって、十分に改善が可能なものだと信じていた。

新技術を当てにしていたのはケニアだけではない。開発途上国では、旧植民地として宗主国からの政治的独立を達成した陶酔感に代わって、景気低迷、政情不安、そして飢饉に対する絶え間ない恐怖が広がっていた。特にアジアでは、インドやパキスタンが急速に穀物不足に陥り、アメリカからの救援物資が届いても状況は悪化の一途をたどっていた。

アフリカはまだそのような臨界点には達していなかったが、専門家の中には、それも時間の問題だと考える人もいた。ポール・エーリッヒ（Paul Ehrlich）は、著書『人口爆発（The Population Bomb）』の中で、大規模飢饉と何億人もの死を予言していた。

新マルサス主義者が不吉な未来を予言する一方で、はるかに楽観的なシナリオも具体化されつつあった。一九四〇年代後半、トーマス・ジュークス（Thomas Jukes）のような科学者が肉の品種改良を進める間にも、植物学者や植物の育種家は、開発途上国の環境に最適化された高収量作物の開発に乗り出していた。小麦、トウモロコシ、コメなどは、菌類や害虫に抵抗性を持つよう品種改良された。この特性は、暑く、湿度の高い国では必須だった。

また、育種家たちは、多量の窒素肥料の使用に耐えられる植物を作り出す方法も発見した。これは極めて重要なことだった。合成窒素は安く大量に生産できるようになったが、従来の穀類、特に開発途上国で使われているものについては、窒素使用量を増やせずにいた。なぜならば、窒素がある一定量を超えると、余分な窒素によって作物はひょろひょろした若者のように伸び、種子量がわずかに増えても、丈が高くなり過ぎて収穫前に傾いたり倒れたりするからだ。[1] それに対し、丈が低くなるように改良された新しい品種は、はるかに多くの肥料を吸収して穀粒を増やし、食用可能な茎も増やすことができた。

こうした取り組みの中で最も有名なのが、植物病理学者のノーマン・ボーローグ（Norman Borlaug）による研究だった。彼はロックフェラー財団（Rockefeller Foundation）の下で、高収量の矮性小麦を開発し、メキシコと南アジアの農業に革命をもたらした。

ほかの開発途上国でも重要な研究が進行していた。国際イネ研究所（International Rice Research Institute、ロックフェラー財団が後援する別のプロジェクト）の研究者たちは、伝統的なコメと比べて収量が最大六倍にもなり、年に二回、場合によっては三回収穫できる頑丈で窒素耐性を持つコメの品種を開発した。

そしてケニアなどでは、アメリカ中西部に革命をもたらした穀物やトウモロコシの高収量品種を自分たちも独自に開発しようと、研究者が熱心に研究を続けた。トウモロコシは東アフリカ原産ではないが、何世紀にもわたってその地域の文化と農業の一部を成しており、地域固有の品種がいくつも生まれていた。そこでアフリカの育種家は、地域固有の品種と中南米産の高収量品種との交配を行い、目覚しい成果を上げていた。一九六〇年以降、ケニアでは一エーカー当たりのトウモロコシの収穫量は年三パーセント以上増加し、ついにはアメリカを上回った。そして、この進歩はその後も当然続くものと思われていた。ケニアの代表的なトウモロコシの育種家であるM. N. ハリソン（M.N. Harrison）は、国民に向かってこう警告したほどだ。「アメリカのコーンベルト（トウモロコシ地帯）で起きたような農業革命に備えよ」と。

実際、世界中の開発途上国は、同様の革命が自国に訪れるのを待ちわびていた。一時は小麦の六十パーセントを輸入に頼っていたメキシコでは、一九五〇年から一九六五年の間に小麦の収穫量がおよそ三倍になり、完全に自給自足できるようになった。一九六八年、エーリッヒが大規模飢饉を予測したのと同じ年に、パキスタンとトルコでは、過去最高の小麦収穫量を記録した。フィリピンがコメの記録的な収穫量を達成する一方で、インドでは小麦収穫量が予想をはるかに超えたため、政府の貯蔵施設に収まり切らず、何百もの学校を休校にして教室を一時的な貯蔵庫として利用したほどだった。米国際開発庁（USAID＝U.S. Agency for International Development）の代表だったウィリアム・ゴード（William Gaud）は、歴史的に有名な一九六八年の演説の中でこう高らかに宣言していた。「記録的な豊作、かつてないほど大きな収穫、そして今、地中に植わっている作物は、開発途上国のほぼ全域、とりわけアジアで、私たちが農業革命の戸口に立っていることを物語っている。私はこれを『緑の革命』と呼ぶ」

アフリカの誤算

一九七〇年代前半、開発途上国からあふれ出るほどだった穀物の海は、食料供給だけでなく、飢餓をめぐる議論をも根底から変えた。おそらく百年ほど前までは、各国政府は飢餓を「避けることのできない現実」と考えることに、多少なりとも甘んじていた。本来先進国の政治家は飢餓をなくす努力をすべきだし、特にそれが十九世紀の英領インドなど、自国にとって戦略上重要な場所で起こった場合はなおさらだった。ただ、もしその飢餓がいつもどおりの飢餓なら、政府は自然の成り行きに任せる傾向が強かったのも事実だ。

しかし、二十世紀前半になって起きた様々な出来事が政府のこの姿勢を変えた。大恐慌は市場の（そして、おそらく「神の手」の）もろさを露呈しただけでなく、政府が自国の食経済に介入せざるを得ない事態を招いたことで、他国の食経済に介入することが容易に正当化されるようになった。同時に、成長著しいアジアにおける人口爆発の恐怖も再び浮上した。たとえ死に直結する飢饉が避けられたとしても、蔓延する飢餓がアジアの国々を不安に陥れ、共産主義の餌食となることを西側諸国は恐れた。

このように大恐慌以来、市場への介入は容認できるものであり、むしろ必要なものと思われるようになっていたが、どのような方法で介入するのが一番良いかについて、一致した意見はなかった。経済的現実主義者（economic pragmatists）は、飢えに苦しむ国の農業は絶望的なほど非効率なので、最初から農業を営むという考えを捨てて（農業においてまったく比較優位性がないため）、先進国からの融資の下で産業の発展に力を注ぎ、そこで生まれた新たな収益で食料を輸入すべきだと主張した。

しかし、そうした声がある一方で、フォード（Ford Foundation）とロックフェラーの両財団などからは、農業は国の食料安全保障において、一定の役割を果たしているとの主張も行われていた。ただし、それは農業部門の生産性と効率が向上すればという条件付きでの話だったが、緑の革命がもたらした新しい種類の作物の登場で、実現の可能性は高まっていた。

収穫が増えれば、貧しい国々は余剰作物を輸出に回し、そこから得た収益で学校や工場、道路を含む産業基盤の増強に充てることができる。また、収穫の増加が食品価格を引き下げてくれるおかげで、消費者のもとにはほかの商品やサービスに使えるお金が多く残る。そして、さらなる需要が、経済発展下の好循環で生み出されると期待された。実際、十八世紀から十九世紀にかけて、ヨーロッパやアメリカや日本で起きたのは、ある意味で、この農業革命から産業化への展開だった。そして当時の専門家は、ハイブリッド作物の開発や政府による慎重な管理、多額の援助金などによって、当時〝発展途中の国（developmental state）〟と呼ばれた貧困国でも、これを再現できると信じていた。

ケニアはそれに望みをかけていた。ケニア政府はアメリカの農業計画にならって強力な国営農業機構を立ち上げ、数百万の小規模農業者を超効率的なトウモロコシ生産集団に変えようとした。

その計画の下、ケニア政府は農業生産者に低価格または無料で新しい種子を配布し、説明書とともに多額の補助金付きの肥料と農薬を与えた。また、強大な権限を持つ穀物委員会を設立し、農業生産者にとって友好的な買い手としての機能を果たすべく、相場よりも高い値段で作物を買い上げた。そして、補助金の助けを得て、その多くを都市部の消費者に割引価格で売り、残りは不作の年や投機筋への対抗策として備蓄に回した。さらに、近代化を目指す初期の農業システムを保護するという名目で、安価な外国産輸入穀物の流入を防ぐための関税も設けた。

このような多額の補助金を伴う投機的事業は、ケニアのような財政状況の良くない国にとっては、決して簡単なものではなかった。だが当時は「貧しいが有望な開発途上国」であることが好まれる時代だった。冷戦の真っ只中だったこともあり、西側先進国政府は何億ドルという資金をアフリカやアジアの援助プロジェクトに融資したり、あるいは単純に供与していた。緑の革命がお金のかかる革命となることは、開発の専門家も承知の上だった。高収量作物は伝統品種よりも多くの投入資源を必要とするからだ。

たとえば、丈の低い新しい矮性品種は、日光をめぐって雑草と競い合うことができないため、除草剤の増量なしでは無力だった。当然ながら、高収量作物には大量の窒素などの肥料も必要だった。そのため、援助事業の最大の焦点は、開発途上国の農業者に投入資源、特に肥料を使用するように説得することだった。事実、初期の楽観的観測は収穫量の増加という事実に基づくものではなく、第三世界への肥料出荷が急増したという報告に大きく基づいていた。緑の革命に関する演説の中でゴードは、アメリカから開発途上国への肥料輸出に、議会が何億ドルもの補助金を出していると強調した。

その見返りは確かにコストに見合うものだった。アジアでは農業生産量の急増は飢餓の不安を軽減させただけでなく、予想どおり、都市化と工業化の波を引き起こした。台湾と韓国では、農業労働人口の割合が一九四五年の七十五パーセントから一九七〇年には二十五パーセントに下がった。アフリカも同じく、農業主導による産業化の波を捉えたように見えた。ケニアでは急成長するアジアと同様に、農業生産量が年四パーセントずつ上昇し、国民を養い、さらに相当量を輸出できる十分な量のトウモロコシが生産できるようになった。そして、高い穀物価格のおかげでかつてない収入が生まれ、開発の専門家が予想したとおり、農業収入の上昇はアフリカの経済全体に波及効果をもたらした。ケニヤッタ政権は抑圧的で腐敗していたが、そんなことは意に介さないと言わんばかりに、ケニアの都市部は活況を呈し、ビジネスも成長していった。ナイロビは地域全体の文化と教育の中心地として台頭していた。

しかし、アフリカの隆盛は始まりとほぼ同時に終わっていた。一九八〇年代後半、アジアの収穫量が上昇を続けたのに反して、アフリカの収穫量は行き詰まりを見せた。ケニアにおける一エーカー当たりのトウモロコシの収量は一九六〇年代の水準近くにまで下がり、農地でさえも減少していた。ほかのアフリカ諸国も同様の問題に直面していた。

まさに最悪のタイミングだった。ちょうどアフリカの生産量が減少している頃、アール・バッツ（Earl Butz）の「フェンスの端から端まで（221ページ参照）」政策によって世界市場に大量の穀物がなだれ込み、穀物価格は急落した。同時に石油価格の高騰によって、肥料と農薬コストが跳ね上がった。躍起になったケニア政府は、肥料への補助金と価格維持に一層多額の資金を投じたが、それは単純に国際金融機関からの借金が増えることを意味した。膨れ上がった借金は、その利息だけでケニアの国内総生産の四分の一を食いつぶすまでになった。

ついには世界銀行（World Bank）などの融資元がケニアに介入し、経済の再構築を強制的に推し進めた。中南米と同様に、ケニアはそれまでの農業計画を放棄し、補助金プログラムの大半を廃止しなければならなかった。そして最終的には多くのアフリカにある債務国も同じ道をたどった。しかしこうした施策も、利益や生産量の改善にはほとんど効果がなかった。一九九〇年代半ばになると、ケニアの生産量は目に見えて落ち込み、ついには緑の革命が過去のものとなったほかのアフリカ諸国と同様に、トウモロコシを輸入するしか選択肢は残されていなかった。農業革命の最前線に立つ姿を思い描いていた国家にとって、これは大敗北以外の何ものでもなかった。

原因は土壌有機物の枯渇

ケニアのような国が必死で生き残りを図る中、開発の専門家たちの間ではアフリカにおける緑の革命が崩壊した原因をめぐり、熱い議論が交わされた。しかし、こうした議論は、単に飢餓との戦いをめぐる政治的、思想的緊張を高め、対立を際立たせるばかりだった。緑の革命の擁護者はアジアと中南米での成功を引き合いに出し、アフリカで失敗した責任は無能で腐敗したアフリカの各国政府にあると批判した。彼らの批判はまた、国際的な政治状況の変化を理由に、これらの国々の政策を目まぐるしく変えさせてきた国際金融機関など、国外の関係者にも向けられた。

緑の革命のあり方そのものを批判する人もいた。高価な産業用投入資源に大きく依存する手法が、アフリカ農業の社会的、物理的現実にまったく合っていなかったと彼らは主張した。実際、肥料や農薬、石油を扱うデュポン（DuPont）やダウ（Dow）、ＢＡＳＦ（Baden Aniline and Soda Manufacturing）、エクソン（Exxon）などの欧米の企業が、アフリカにおける緑の革命に深く関与していたことを考えると、実は緑の革命が単に食料安全保障を確立することだけではなく、アメリカにとって農業用投入資源の新しい市場を生み出すことを目的にしていたのではないかと疑う人がいても当然だろう。[2] 恐らく真実は、その中間あたりにあるのではないだろうか。

アフリカ各国の政府が農業計画のマネジメントを大きく誤ったことにも疑いの余地はない。穀物委員会は、自分たちが利益を得るために日常的に穀物価格を操作していたし、政府の育種家は国際種子プログラムが開発したスーパー種子を、うまく地域に根付かせることができなかった。しかし、緑の革命モデルが、アフリカ農業の現実に適合しない一連の工業的な農法を押し付けられたものであったこともまた事実だった。

その中には、今なお適合していないものも多い。たとえば、ほとんどの高収量作物は水を大量に必要とした。アジアには大規模な灌がいシステムを十分支えられるだけの降雨量と川があるが、乾燥したサハラ以南のアフリカは状況が異なる。ケニアの農地の八十五パーセントは灌がいが届かないところにあり、そこでは雨だけが頼みだが、その雨もめったに降ることがない。[3] そのため、昔からアフリカの農業者は、きびやソルガム、テフのような頑丈な在来作物を植えることで水不足に対処してきた。

そうした作物よりも耐乾性がはるかに低いトウモロコシは、もともと降雨量の多い高ポテンシャル地域と呼ばれる地域でのみ栽培されてきたが、緑の革命以降は、本来、その生産に適さない半乾燥地域にまで広がっていた。世銀によると、ケニアにおけるトウモロコシブームの大部分は、農業者によって収穫される一エーカー当たりのブッシェル数が増えたからではなく、作付面積の増加が原因だという。そしてこの増加は一九八四年に突然起きた厳しい干ばつによって崩壊した。

トウモロコシから丈夫な作物へ転換させる努力はしたが、それでもアフリカ乾燥地域の農業者はトウモロコシを植えることにこだわる人が多い。「トウモロコシは彼らの文化の重要な一部なのです」――元CRSのケニア人農学者ポール・オマンガ（Paul Omanga）はそう力説する。「彼らは少なくとも一日に二回はトウモロコシを食べます。トウモロコシが含まれていない食事など食べた気がしないからです」

私がムティシャ夫妻になぜこんな乾燥地帯で無理してトウモロコシを育てているのかと聞くと、ジャネットは怪訝そうな顔をしながら答えた。「なぜって、トウモロコシを食べないと満足できないからに決まってているじゃないですか」

緑の革命に必要な投入資源でありながら、アフリカの地域環境に適合していないものは水だけではなかった。種子自体にも大きな問題があったのだ。ハイブリッド種子は交配によって病気への耐性や早い生育などの特別に得た形質を持つが、その形質には持続性がない。つまり、何代かにわたって種子を繰り返し使用すると、その形質が弱まってしまう傾向にあるのだ。そのため、収穫量の低下を防ぐためには数年ごとに種子を買い直す必要があると、ワシントンにある国際食糧政策研究所（ＩＦＰＲＩ＝International Food Policy Research Institute）でアフリカを専門とするミリンダ・スメール（Melinda Smale）は言う。「いくら種子が安くても、農業者が現金を持たない経済では、これは無理な話だったのです」

しかし、緑の革命に潜む真の弱点は、何よりも肥料にあった。それは今も昔も変わらない。控えめに見積もっても、緑の革命がもたらした収穫量増加の三分の一以上が、肥料使用量の増加と直結していた。しかし、これはアメリカやヨーロッパの農業者も気付き始めていたことだが、肥料は現代の大量生産農業にとって必要な材料ではあったが、それだけで農業の成功が約束されるわけではなかった。新しい技術を取り入れたアフリカの農業者は、最初の数年間で収穫量を大幅に増やしたが、それほど時間が経たないうちにおかしな現象が起き始めた。窒素をはじめとする各種の肥料を増やし続けないと、それまでの収穫量を維持できないのだ。

この変化は劇的に進行し、初期の収穫量の水準を保つためには、二十年間で、必要な窒素投与量が倍増していた。この原因は完全には解明されていないが、ある研究によると、集約的な農業の下では、土壌は主要栄養素――合成によって置き替えることのできる窒素、リン酸、カリウム――だけでなく、腐敗した動植物が残した炭素に富む有機物も失ってしまうことが確認されている。

有機物は豊作の鍵となる。土壌中の有機物が多いほど、土壌は雨水を吸収し保つことができる。これが作物に不可欠な水分となる。また、有機物は土の粒子同士の結着を助け、風や水による侵食リスクを軽減してくれる。その上、有機物が豊富な土壌は、より多くの栄養物を取り入れられる――つまり、天然肥料でも合成肥料でも、より多くの肥料を吸収して、その栄養物を速やかに植物まで運ぶことができる。要するにアメリカ中西部やアフリカの一部地域のように、有機物が豊富な土地に合成肥料を加えれば、収穫量は大幅に増えて当然なのだ。

しかし、被覆作物を植えたり堆肥などの肥料を使い、土壌の栄養素を補充しないまま作物栽培を長く続けると、土壌有機物が枯渇してしまう。しかも、いったん土壌有機物の量が減り始めると、合成栄養素を保持して運搬する土壌能力も低下し、農業者は収穫量を維持するために窒素の量を増やし続けなくてはならなくなる。土壌有機物の喪失はまた、土壌を風と水による侵食に対して脆弱な状態にし、結果として侵食を加速させてしまう。

無論、アフリカ全土の土壌で有機物が減少したわけではない。だが、土壌有機物の含有量が高かろうが低かろうが、アフリカの農業者が高収量作物を栽培するために大量の肥料を必要としたことに変わりはない。そして不幸にも、貧しい農業者が肥料の増量に依存し始めたちょうどその頃、市場ではその肥料が入手しにくくなっていた。石油危機による価格高騰に加え、援助に対する認識がまたしても変化し始めていたのだ。農業用化学物質が土壌にダメージを与えていることを心配した環境保護団体は、欧米の政府に対し、資金援助の対象を農業用化学物質から「環境上持続可能な農業」に移すよう働きかけ始めていた。同じ頃、新自由主義派の経済学者たちは、肥料の助成金自体が貧しい国の国内肥料産業発展を阻害していると説き始めていた。

こうした変化を契機として、西側先進国の政府や融資者が一斉にアフリカからの撤退を始めた。政府の腐敗に失望した新自由主義者たちは強硬な政策に傾斜したため、西側の政府の中には開発途上国の農業に対する援助を約半分にまで削減するところまで現れた。その結果、アフリカにおける肥料の使用量は平均的な農家でも世界平均を大きく下回る十ポンド（約四・五キロ）未満まで激減し、ほかの投入資源も同じ運命をたどった。たとえば種子は、一九八〇年代後半になってようやくアフリカの要求に合わせたものが手に入るようになったが、大手の援助供与者はもはや農業へは資金を出さなくなっていた。コロンビア大学の開発経済学者ジェフリー・サックス（Jeffery Sachs）は「種子がアフリカにたどり着いた頃には、〝投入資源に補助金は出さない〟体制が出来上がっていた」と指摘する。

これらはすべて、なぜ緑の革命の最盛期に一エーカー（約四千平方メートル）当たり六十ブッシェル（約千五百二十一キロ）もあった穀物収穫量が、今日十五ブッシェル（約三百八十一キロ）まで落ち込んだかを多少なりとも説明している。しかも、これはあくまで公式推計値であって、実際の平均収穫量は八ブッシェル（約二百三キロ）程度ではないかとサックスら専門家は推測している。

こうしてサハラ砂漠以南の農家はおよそ五十年前の状態、つまり投入資源も機械もなく、収穫量は産業化前と同じレベルに戻ってしまった。ただし唯一、五十年前と違っていたことは、その地域の農業が養わなければならない人口が約四倍に膨れ上がっていることだった。サックスの言葉を借りれば、世界の多くの国々は「マルサスを打ち負かした」が、アフリカやインドの一部地域、中南米の一部諸国は完膚なきまでマルサス主義の泥沼にはまっていた。穀物生産量の減少に加えて、それまでの食料の増産が可能にした人口増加という新たな問題まで押し寄せていた。一九六〇年には八百万人だったケニアの人口は、今日四千万人まで膨れ上がり、国は必要な穀物の半分を輸入に頼らざるを得なくなっている。それでも国民の約半分は食料不足の状態にあり、その数は一九八〇年の倍に上る。サハラ砂漠以南のアフリカは現在、世界中で最も高い人口増加率を誇ると同時に、一人当たりの穀物供給量が最も速く低下していて、このままだと二〇二五年には外国から購入する穀物量を三倍に増やさなくてはならない。これはジョモ・ケニヤッタら緑の革命の開拓者が当初思い描いていた未来とは、あまりに掛け離れている。

これでは、まるでアフリカには、緑の革命など端から存在していなかったようなものだ。しかし、一九七〇年代からアフリカで働いてきたCRSの農学者トム・レミントン（Tom Remington）は、こう話す。「その話題をケニアの農民に振っても、彼らは実に淡々とした反応しか返ってきません。彼らは自分たちが置かれた状況をマクロ経済学的な視点からは見ていません。彼らの多くが、緑の革命の絶頂期には多額の投入資源を受け取っていましたが、構造調整以降それらはすべてなくなってしまいました。しかし、彼らは昔使っていたハイブリッド種子や肥料を値段が高いから今は使っていないだけだと考えていて、それが援助資金の提供者が引き上げた結果であるとは理解していないのです」

コーヒー豆に見る過剰供給構造

とある水曜日の朝十時。ナイロビ空港近くの、塀に囲まれた敷地内にあるベジプロ社（Vegepro Corporation）の包装室では、まるで工場のように段取り良く作業が進んでいた。何十台と並んだステンレス製の長いテーブルに、八百人のケニア人労働者――大半は白いスモックとヘッドスカーフ、緑のエプロンを身に付けた女性――が並び、インゲン豆の山を小分けにして、慎重にスーパーのプラスチックトレイに詰めている。数時間以内に豆は密封、計量され、ラベルが貼られて圧縮包装されたパレットに詰め込まれ、ヨーロッパ行きの夜行便に積まれる。「これは今夜、エールフランス機でシャルル・ド・ゴール空港に向けて飛び立ちます」。電子レンジ対応の特別なポリ袋に入れられ、冷蔵庫内に山積みにされたインゲン豆を指差して、ベジプロ社の幹部ショーン・ブルンナー（Shaun Brunner）は説明する。そして、「明日の午後には、フランスのスーパーマーケットの陳列棚に並びます」

ベジプロ社は、一九八〇年代後半以降、急成長するグローバルな食品小売市場に商品を供給するために立ち上がった何十万という供給業者の一つだ。飛行機の機内に詰め込まれたベジプロ社のグリーンビーンズやベビーキャロット、ベビーコーン、唐辛子、サヤエンドウは、ヨーロッパでサラダが好まれる夏にピークを迎え、スペインとポルトガルの広大な野菜農場の収穫量が徐々に減っていく時期に合わせて、ヨーロッパのスーパーマーケットの陳列棚に並ぶように、しっかりと狙いを定めて出荷されている。

一方で、ベジプロ社は飢餓問題にも深く関係していた。圧縮包装されたベジプロ社製品のうち、実際にケニア人が消費するのはごくわずかだが、それでも過去十年間でケニアからアフリカ向けの野菜や果物などの高付加価値農産物の輸出は急増している。これは、ケニアを含むほかの開発途上国が緑の革命の崩壊後、先進国向けの輸出中心の経済体制から開発途上国向けの輸出も増やすなどして、食料安全保障への取り組み方を大きく転換していることを示している。

ケニアは十九世紀後半からコーヒー、紅茶、パイナップルなどの換金作物を輸出用に育ててきたが、輸出が盛んに行われるようになったのは一九九〇年代、ちょうど援助機関が自由貿易を食料安全保障の要として信奉し始めた頃のことだった。依然として農業を支援し続ける援助の提供者や貸し手は、食品会社が求める高価値な換金作物――加工業者向けには砂糖、ココア、コーヒー、ヤシ油、小売業者向けには新鮮な果物や野菜――を生産する農家に焦点を当てるようになった。そうすることで、貧しい国々がグローバル食経済に参加し、債務を返済し、喉から手が出るほど必要としている外貨と新たな産業を生み出す手段を提供しようとしていた。

これに対して開発学の専門家の多くは、先進国の小規模農家の場合と同様に、どんなに農産物を生産しても、開発途上国の小規模農家にとっては何の得にもならないと主張して、これに反対した。しかしすでにこの時、〝労働のための福祉（Welfare to Work)〟政策は地球規模で広がりをみせていた。そして、その結果、またしても急速に進む食経済のグローバル化の下で、食料安全保障を確保することがいかに困難な問題であるかが、明らかになったのだった。

中でも、ケニアのコーヒー産業は困難な事例の典型と言ってよかった。一九九〇年代前半、ブラジルのコーヒー畑の大半が霜害(そうがい)を受けた影響でコーヒー価格が高騰し、ケニアを含むコーヒー生産国のコーヒー栽培が急拡大した。数年で、ケニア特有のアラビカ豆の輸出は年間二億五千万ドル（約百九十億円）の収益を生み出すまでになった。ただ、ケニアにとって不都合なことに、同様のコーヒーブームはベトナムを含むほかの国々にも広がっていた。

当初、東南アジアの国々は、コーヒーの品質ではケニアには敵わなかった。もともと、ベトナムの気候はアラビカ豆よりも品質の劣るロブスタ豆の栽培にしか適さなかった。ロブスタ豆にはゴムを燃やしたような臭いがするという欠点があった。しかし、ベトナムには融資の貸し手と、ネスレ（Nestlé）やP&G（Procter & Gamble）、クラフト（Kraft）、サラ・リー（Sara Lee）のような大手コーヒー会社の後ろ盾があった。世界のコーヒー豆市場のおよそ四十パーセントを支配するこの四社が、ロブスタ豆から発せられる不快な臭いの大半を除去する製法を開発するまでに、それほど長くの時間はかからなかった。それでもわずかに残る臭いは、バニラやヘーゼルナッツの香りを加えることでごまかすことができた。

ロブスタ豆は世界で流行し始めていた食後のコーヒーに利用されるようになった。しかも、ロブスタ豆はアラビカ豆より六十パーセントも安かったため、これで食品産業は超低価格の原料から作られる新商品という無敵の新兵器を手にしたのだった。

自国のロブスタ豆が名誉回復を果たしたベトナムは、価格が安い分を量で補う低コストなコーヒー生産者として、コーヒー界のウォルマート（Wal-Mart）になろうかという勢いだった。こうしたベトナムの動きに、国際市場の投資家は沸き立った。ベトナムのコーヒー産業には多額の資金がなだれ込んだ。ベトナム政府から二億三千三百万ドル（約百七十七億八百万円）、世銀から千六百万ドル（約十二億千六百万円）、さらにヨーロッパ政府から一億ドル（約七十六億円）といった具合だ。食品加工業者自身も多額の投資を行った。コーヒー豆のおよそ四分の一をベトナムに依存するネスレは、ベトナムに研究センターまで開設した。

これだけ強力な後押しを受ければ、何が起きるかは想像に難くない。一九九〇年に百万トン未満だったベトナムのコーヒー生産量は、二〇〇〇年には千六百万トン以上にまで膨れ上がり、コロンビアを抜いて世界第二位のコーヒー生産国として、ベトナムに毎年何億ドルもの外貨をもたらした。二〇〇一年、世銀のチーフエコノミストであるドン・ミッチェル（Don Mitchell）は、「ベトナムは大成功の例」と、『サンフランシスコ・クロニクル紙（San Francisco Chronicle）』に語っている。

ところが、実際に起きていたのは、ベトナムにとっても、ほかのコーヒー生産国にとっても、それとは正反対のことだった。コーヒーの生産量は需要の二倍の速さで成長し、ついには市場が行き詰まってしまった。ロブスタ豆の価格は崩壊し、それにつられてアラビカ豆の価格までが暴落した。ロブスタ豆とアラビカ豆の指標価格は、一九九七年に一ポンド（約〇・四五キロ）当たり二ドル（約百五十二円）だったが、二〇〇〇年には一ポンド当たり四十八セント（約三十六円）まで下落してしまった。これは多くの生産者にとって生産コストを大きく下回っていた。困ったことにコーヒー豆の生産は、一度始めるとそう簡単にはやめられない。コーヒーの木の栽培は非常に多額の先行投資を必要とするため、生産者は少しでも多くの投資額を回収する必要があり、生産コストを割っていようが、収穫を続けるほかないのだ。中には損失を補填するために、さらに生産量を増やす者もいたが、これは単に供給過剰状態を悪化させるだけで、一層の価格下落を招くだけだった。

理屈の上では、コーヒー価格が下落すれば、その分だけ消費者需要が増えることになっているので、価格は維持されるはずだった。しかし、現実には、消費者がそんなに多量のコーヒーを飲めるわけではない。経済学者が言うように、コーヒーはトウモロコシや小麦同様、価格弾力性がないのだ。さらにコーヒー豆のコストは小売価格のほんの一部にすぎないため（一カップ当たりおよそ十セント(約七・六円)、豆の価格に多少の変化が起きようが、消費者は気が付かない。コーヒー豆の価格が下がっているかどうかなど、消費者は知る由もないのだ。なぜなら、ネスレのような食品加工会社やスターバックス(Starbucks)のような小売業者は、少しでも原材料価格が上がれば、市場の状態がどうのこうのと言い訳をつけて、価格上昇分を消費者に転嫁するが、原材料価格が下がってもそれを還元することなどめったにないからだ。結局はこのあたりが、食品に付加価値を付けて売ることを生業とする業者の利得なのだ

一九九七年から二〇〇二年までの間にコーヒー豆の生産者価格は八十パーセントも下落したが、消費者がコーヒーに支払う小売価格は二十七パーセントしか下がらなかった。この落差は食品会社に巨額の利益をもたらす一方で(二〇〇一年、スターバックスの利益は四十一パーセント上昇し、ネスレの利益も二十パーセント上昇した)、コーヒー生産者には何の助けにもならなかった。

農作物の生産者価格と小売価格との間に連動性がないことは、食品ビジネスでは当たり前のこととされている。コーネル大学の経済学者で食料安全保障の専門家でもあるクリス・バレット(Chris Barrett)は、「技術革新や新たな販路の獲得など、どのような改善から生まれた利益であれ、それはほとんどメーカーと消費者の利益になり、生産者には利益をもたらしません」と説明する。「しかも輸出用作物の場合、消費者は必然的に生産者とは別の国に住む外国人ということになります」。その間にもコーヒー農家は何とか暮らしていくために、ますます生産量を増やさなければならず、典型的な悪循環に陥ることになる。

コーヒーが経験した〝過剰供給構造〟として知られるこの現象は、決して目新しいものではない。ココア、砂糖、ヤシ油などの換金作物の市場はどれも短い価格急騰期の後に、長い価格下落期が続

くことを特徴としてきた。価格の下落が始まると生産者がそれを補うために生産量を増やすことが、価格の下落期間をさらに長期化させていた。大抵は多くの生産者が破綻して供給が減るまで低価格帯を推移し、ようやく価格が回復すると、そこからまた新たな循環が始まる。

だがコーヒーの場合、過剰供給に対する先進国の対応がこれまでと違った。冷戦下の世界では、農産物の豊作と不作の循環が開発途上国に打撃を与えた結果生まれる不安定な政治状況が革命につながるのを懸念し、アメリカなどの西側先進国は価格安定化を図るため、生産者との間に国際コーヒー協定（ICA= International Coffee Agreement）のような生産規制を自主的に行い、価格調整を行ってきた。しかし、冷戦が終結した一九八〇年代後半以降、共産主義の脅威が薄れたことで、西側諸国にとって価格の安定よりも市場の再構築が重要性を増すようになった。アメリカ政府は国際コーヒー協定への支援を打ち切り、協定は崩壊した。砂糖、ココアなどのほかの熱帯地方産の農産物に関する協定も崩壊し、それらの農産物の価格は現在、すべて史上最低か、それに近い価格となっている。

今日、再構築推進派はこうした暴落を、経済発展上避けて通れない過程と考えているようだ。二〇〇一年に前出世銀のミッチェルは「これはどこの国でも起きている連続過程です。効率的で低コストな生産者は生産を拡大し、高コストで効率の悪い生産者は撤退するしかないのです」と説明している。

しかし、このような自由市場の正当化は、かつて世銀がコーヒー生産者に財政援助を提供していたことを考えると、言行不一致のように思える。もっとはっきりと言えば、このような説明は「連続過程」とやらによって、農業生産者がどれだけ苦しめられているかを無視しているとしか思えない。総収入の大部分を農産物輸出に依存する開発途上国の大半は、農産物価格が下落し続けると債務の悪循環に逆戻りしていく。ケニアではコーヒー豆の売上が七十五パーセント以上下落し、ほかの輸出国ではもっとひどい所もあった。ウガンダとブルンジではコーヒー豆が輸出収入の半分以上を占めていた。エチオピアでは輸出収入の三分の二をコーヒー豆に依存していたため、一九九九年から二〇〇一年までの間だけで収入が三億ドル（約二百二十八億円）以上も減った。国連のある推計によれば、農産物の価格下落によって開発途上国が被った輸出収入の損失は、彼らが先進国から受け取った援助額のおよそ半分に相当するという。

コーヒー豆の価格崩壊による余波はそれだけにとどまらない。米国際開発庁の統計によると、世界中で失業したコーヒー生産者は五十万人を超えた。ベトナムでは、コーヒー農場が放棄され、むき出しの土壌は周期的な豪雨による侵食が進んでいる。アフリカでは、失業中のコーヒー生産者が肉を売る目的で、チンパンジーやゴリラなど絶滅が危惧されている野生動物の密猟に手を染め始めた国も出てきた。中南米では、多くのコーヒー生産者が麻薬コカインの原料であるコカ栽培に乗り換えているし、彼らの中には国を捨て、アメリカやカナダに移住しようとする者も後を絶たない。

輸出先導型農業の限界

皮肉なことに、ケニアなどの開発途上国が、経済的な基盤を取り戻す手段として農業生産に突っ走る前から、開発経済学者は食料安全保障への考え方を、農産物に焦点を当てたワシントン・コンセンサスから、より情緒的で複雑な方法へと移していた。

インドの経済学者アマルティア・セン（Amartya Sen）は、飢饉に見舞われた国で実際には食料が十分足りている場合が多いことを理由に、飢餓の原因は単純なカロリー不足というよりも、そのほかの相互に関連し合う多数の要素にあるとする研究結果を示した。これはたとえば、貧困層は仮に食べ物があってもそれを買うお金がなかったり、国内の高速道路が整備されていないために、食料が余っている地域からそれを必要としている地域へ容易に食料を運搬できないことなどが挙げられる。実際、ケニアの道路網は世界でも最悪の部類に入るもので、ほかの多くのアフリカ諸国も同様の問題を抱えている。

さらに開発経済学者の関心は、伝統的な開発学が考慮してこなかったエイズのような問題による影響にまで広げられた。FAO（Food and Agriculture Organization of the United Nations ＝国連食糧農業機関）は、エイズによる被害が最も大きいケニアやボツワナ、マラウィ、タンザニアなどの十カ国では、二〇二〇年までに農場労働者の四人に一人がエイズによって死亡すると予測している。エイズは飢餓の大きな一因となっているだけでなく、食料安全保障が改善されない限り、その蔓延を防ぐこともできない。エイズ患者には、カクテル療法と呼ばれる抗レトロウイルス薬療法（ART）が効果的だが、きちんと栄養が取れていない人にはその治療法は過酷過ぎて体が耐えられないからだ。

これまでの食料支援は、不作などの特定の緊急事態に応じて実施される、総じて事後的な側面が強かった。しかし、今日の開発学者は栄養を使って大惨事を未然に防ぐなど、より予防的な対応を奨励している。たとえば、タンパク質などの特定の主要栄養素や、ビタミンなどの重要な微量栄養素が不足すると、国民にとって農作物を生産したり、新しい農耕技術や経済的な技能を習得したりすることが肉体的にも精神的にも困難になる。栄養不足が新生児や子供に及ぶと、特に影響が大きい。結果的にそれらの国々はますます緊急事態に対して脆弱になり、食料安全保障は改善されないままになる。バレットなどの専門家が栄養の土台を築く計画を提唱するのはこのためである。このハードルがクリアされなければ、ほかのどんな大掛かりな飢餓対策や貧困対策も機能しない。「歴史を見渡してみると、農業が改善された開発途上国にとって効果のある政策の一つが、子供の健康と栄養摂取への投資です。特に幼児期における子供の健康と栄養摂取への投資には大きな意味があります」と、バレットは言う。

また、緑の革命が崩壊した後の飢餓との戦いに、大規模な輸出先導型農業の推進で対応するのは、あまりにも乱暴過ぎるのではないかと考える専門家も多かった。開発途上国の中でも土壌が農業に適し、経済基盤が整備されている国では農業関連産業が繁栄したが、インドやサハラ以南のような食料安全保障からほど遠い状況にある地域では、端からこの開発モデルは適していないことがわかっていたからだ。これらの地域では農場の規模が非常に小さく、農業生産者は自分たちを養うのも難しいほど貧しいため（平均的なサハラ以南で働く農業者の現金収入は年二十五ドル（約二千六百六十円）にすぎない）、利益の大きい作物に切り換えるのは容易ではなかった。

確かに大量生産や他国との貿易は、長期的に見ればサハラ以南のアフリカ諸国の小規模農場主にとって目標になり得るかもしれない。だがそこに至るには、まず余剰作物を生産できるようになることが前提だ。そして余剰を出すには、まず自分たちが食べる作物を確実に、そして持続的に確保できるようにならなければならない。ここまでたどり着けば農業者にも選択肢が生まれると、バレットは主張する。農家は余剰作物を売ることで得た現金を使って、競争力を高めるために土地を購入したり、ほかの高付加価値作物に投資したりして、農業事業を拡大できる。そして、そこで生まれた資金を使って農業から完全に手を引くこともできるし、新しいビジネス用の道具を買うこともできるだろう。自分自身や子供たちの教育にも投資できるはずだ。つまり、生産性向上は経済面での選択肢を生み、そうした選択肢が経済発展を可能にするのだ。

その意味で、小規模農家は開発戦略上、逆説的な働きを持つ。小規模農家は重要な第一歩であって、〝近代〟農業のほうが好ましいからという理由で、小規模農家を市場から追い出したり、無視したり、見捨てたりするべきではなく、それを開発計画の中に取り込むべきなのだ。実際、世界の貧しい人々の多くは今も小さな農場で生活していて、仮に彼らがそう望んだとしても、簡単に農場から立ち去ることなどできない。しかし同時に、多くの開発途上国において小規模農業は必ずしも経済上の目標そのものではなく、目標を達成するための手段であるという見方が広まっている。欧米の人間は、小規模な農業を崇高でロマンのある職業と見なすことがある（アメリカの小規模農家の大半が農業以外の仕事で生計を立てていることを忘れているにしても）。だがバレットは、開発途上国では小規模のままでいたいと願う農業者などほとんどいないと言う。「ケニア人農家が今の農業のやり方をこのまま継続したほうが良いと考える人は、きっとそこに住んだことがないのでしょう」

そこで再び同じ問題が浮上する。小さな農場の生産性を向上させるにはどうすれば良いかだ。しかし、世の中はたくさんのアイデアであふれている。たとえば、ペルーのヘルナンド・デ・ソト(Hernando De Soto)のような市場主義者は、小規模農家における生産性向上の鍵となるのは財産所有だと主張する。小規模農家の多くは土地の所有権を持たない。これは、土地を国や大地主に没収されやすいだけでなく、自分の土地を担保に融資を受けたり、新しい技術を導入したりできないことを意味する。

ほかの案としては、ＦＡＯが推進しているような、養鶏業など小規模事業への農業者の参入支援を軸とするものもある。大規模な投資を必要としない鶏は繁殖が早く、食料難のときには現金で取引できる上、卵も含めて安価なタンパク源となるので、家で食べることもできるし売ることもできるという利点を持っている。

前出コロンビア大学のジェフリー・サックスは、「ミレニアム・プロジェクト」として知られるミクロ経済学的戦略を推進している。このプロジェクトでは、プロジェクトの対象となったアフリカの何十かの村をミレニアム・ビレッジと呼び、貧しい農家に対して、新しい種子や肥料に加え、蚊帳やきれいな水などの高収量農業に必要な投入資源を提供している。

サックスはこのプロジェクトの目的を、生きるだけで精一杯な貧しい農民に、最低レベルの生活から抜け出す手段を提供することだと言う。彼は二〇〇六年の演説でこう説明している。「食べ物が十分にあれば、土地や時間の一部を、窒素が枯渇した土壌でのトウモロコシ栽培にではなく、樹木作物の栽培に充てたり、カルダモンやスパイスや果物の木を育てたり、酪農のために使ったりできます」。あるいは金属加工業や木工業、そのほかの仕事に就いて農業から完全に手を引くことも、その収入を教育費に充てたり、新しいベンチャーに投資したり、単純に農業に再投資することもできる。

では、生産性が向上したら、農業者は余剰作物をどこで売るべきだろうか。ここでも意見は分かれる。厳しく統制されたサプライチェーンと容赦ない値下げ圧力に支配されたグローバルな食経済の不均衡は、農家に公正な価格を支払いさえすれば正すことができると断言する権利擁護団体もある。確かに、もしコーヒー生産者が実際に小売価格から公正な分け前を手にしていれば、無理に過剰生産をする必要はなくなる。これがフェアトレードの本質である。

しかし多くの開発の専門家たちは、フェアトレードのような複雑な仕組みでは、ごく一部の農家にしか恩恵が行き届かないことを懸念する。少なくとも初期の段階では、国際市場を避けて余剰作物を地域で売りさばくか、さもなければ地域を絞って売るように農家に勧めるのが得策かもしれない。バレットが指摘するように、輸出農業にこれだけ重点が置かれているにもかかわらず、農業生産物の大部分は国内で販売されている。そして、農業の拡大が経済発展に及ぼす効果のほとんどは、地方の生産者と都市の買い手との間の地域貿易を通して生まれているのだ。

地域市場の重要性については、中国の経験からも教訓を得ることができる。それはまた、開発途上国でなぜ今スーパーマーケットが急成長しているかを解明する手掛かりにもなる。バレットはこう言う。最近都市部に移り住んだ消費者は、かつて自分たちが地元で育てていた食材を手に入れたいと思っているし、そのためなら一定のお金を支払う心積もりがある、と。そこで前出CRSのレミントンのような専門家は局地的な小規模戦略を推進している。これは農業者に、ナイロビ都市部に住む消費者からの需要が高いタマネギやイモなどの低投入資源で栽培できる中付加価値作物や、ヨーロッパやインドで需要が高いヒヨコ豆や白インゲン豆、そして地元に強い市場があるピーナッツなどに焦点を絞った栽培を促す戦略である。どれも小規模で効率的に生産できるものばかりだ。

しかし戦略がどれほど効果的であっても、ある程度の資金は必要になる。長期的な目標は、外国の資金援助に頼らない自立的なビジネスモデルを育てることだが、開発途上国はそのレベルに到達する過程で、新しい経済構造を構築しなければならない。いずれにしても、最低限の資金は必要になるのだ。これには、幼児期の栄養摂取やエイズ治療だけでなく、銀行のローンや灌がいシステム、農業相談サービスの利用手段といった社会基盤も含まれる。こうした社会基盤は欧米先進国では当たり前だが、開発途上国の農家にとっては、再構築前に使ったことがあるか、一度もその恩恵に浴したことのないかのいずれかのものだ。

たとえば、かつて国が運営していた穀物委員会は、政府が供給量や価格を制御していたため、貿易を歪めるものと見なされていた。だが、こうした委員会は巨大な買い手でもあり、それに見合った規模の経済や海外市場との窓口が開かれていたおかげで、小規模農家の非効率性を多少でも補うことができた。当時は小規模な農家でも市場に参加できていたが、その多くは今日市場に参加することすら困難になっている。ケニア農家の大半は、サイロや貯蔵倉庫を購入する資金がないため、穀物を蓄える能力すら持たない。かつて穀物を収納する容器を作っていた地元のブリキ職人は、プラスチックの到来により廃業に追いやられてしまっていた。貯蔵施設がなければ、農家は収穫した作物をすぐに売らなければならない。周囲の農家も同時期に同じものを売り出すため、価格が最も低い時に売ることになってしまう。

輸送も同じくらい問題が多い。多くの開発途上国、特にアフリカの国々では、鉄道はほとんど存在しないし、道路はひどい状態だ。アフリカには外国資本によって経営されている砂糖園が広がるケニア西部の高地にある道路のように、海外の企業が整備した社会基盤もあるが、民間資金による基盤整備だけでは国全体の要求に到底応えられない。むしろ海外の民間資金によって基盤整備が行われたことで、アフリカでは政府自らが基盤整備のために投資する必要はないと錯覚させてしまうマイナス効果をもたらした。結果として、ケニアのほとんどの道路は今にも崩れそうな状態にある。ケニア中央部と西部からモンバサ港まで伸びる主要道路は、雨季になると決まって浸水するので商品を港まで運べなくなる。「港にも届けられないのに、どうやってグローバル市場で競争できますか？」と、レミントンは問う。

こうした考え方は、近年ようやく貸し手となる援助組織や慈善活動家にも理解され始めている。一例として、ビル・アンド・メリンダ・ゲイツ財団（Bill and Melinda Gates Foundation）は、安全な飲み水の提供や病気の予防に資金を投入しているほか、ロックフェラー財団と共同で、アフリカに適した遺伝子を持つ新種の種子開発に取り組んでいる。また、肥料への助成を再開する援助機関も出てきている。

しかし、こうした新しい試みも、慎重に計画された上で実行に移されなければ、昔の失敗を繰り返すだけだと警告する人もいる。アフリカの貧しい農家にとって土壌の肥沃度不足は深刻な問題だが、単に補助金を付けて肥料を撒くだけでは、枯渇し切った土を生き返らせることはできない。過剰栽培や土壌侵食によって有機物質が完全に失われていたり、最初から土壌にそうした成分が欠乏したりしている場合もあるからだ。バレットは土壌の肥沃度を上げることが土質の向上につながらない限り、単に肥料を増やしても無駄な投資になると主張する。ＣＲＳのレミントンも「むやみに土壌の肥沃度を上げても、何の解決にもなりません」と話す。

広がる大規模農家と小規模農家の格差

開発学の専門家たちは、開発途上国の田園風景を変貌させてきた果物や野菜のような高付加価値農産物への関心の高まりや、輸出主導型農業の復活に過度の期待が集まっていることに対しても、懸念を隠さない。特にケニアのように、インゲン豆やベビーコーンを毎年何度でも収穫できる気候に恵まれ、これらの野菜を収穫し梱包・加工するための安価な労働力も大量に抱えている国への期待は大きい。こうした条件はコスト意識の高い小売業者にとって大きな魅力だ。ナイロビの郊外では、コーヒー農園の広大な跡地に無数のビニールハウスが建てられ、そこで胡椒やベビーコーン、生花などが栽培されている。その結果、ケニアの園芸農業部門は食経済のグローバル化よりも三倍も速いペースで成長し、ほかのあらゆる産業を上回る年間およそ二億ドル（約百五十二億円）の収益をケニアにもたらしている。このおかげで今やケニアはアフリカ大陸で南アフリカに次ぐ第二の輸出大国になった。

　しかし、こうした状況は、ケニア国内の食料安全保障に大きな影響を与えている。CRSで農業を担当していた前出ポール・オマンガは、アジア諸国と同様に農産物ブームがケニアの農地を、ケニア人の主食であるトウモロコシなどの生産から奪う一方で、肥料などの農業用投入資源の価格高騰を招くという〝食料安全保障上好ましくない〟結果をもたらしていると指摘する。さらに、ケニアにある農地の大部分を、もっぱら輸出向け作物の生産に使うことには（ちなみにケニア人は、インゲン豆やベビーコーンやニンジンをほとんど食べない）非常に大きなリスクを伴う。もしもその農産物がヨーロッパやアメリカの買い手から拒否されたり、貿易摩擦によって輸出を止められたり、あるいは病気が発生したりすれば、ケニアは何百万ドルもの莫大な損失を被ることになるからだ。

　高付加価値園芸作物に至っては、需要が堅調なときでさえ、ほかの一般的な商品と同じような状況に置かれている。ベジプロ社のブルンナーに農産物加工工場の内部を見せてもらった時、その工場が世界中の製造加工業者と同じように市場からの圧力を受けていることは明らかだった。言うまでもなくそれは、価格のさらなる引き下げと、より高い品質の要求である。ジェット燃料の高騰によってベジプロ社のコストはわずか一年間で七十パーセントも膨れ上がったが、より大きなシェア獲得を目指して絶え間ない価格競争にさらされているヨーロッパのスーパーマーケットは、ベジプロ社に卸売価格の値上げを決して許さなかった。「私たちはどこにもコストを転嫁できません」と、ブルンナーは愚痴をこぼす。「その上、彼らは私たちにコストをもっと切り詰めるように、生産性をもっと上げるように、そして品質をもっと上げるように、求めてくるのです」

ブルンナーが不満を持つ農産物ビジネスの現実は、今や農産物に限らず、あらゆる分野で定番となっている。小売業者同士が市場シェアをめぐって争うとき、コストと生産性と品質こそがライバルに差をつける最大の武器となるからだ。

しかし、ケニアやブラジルなど市場から遠く離れた国から農産物を輸入する事業者は、もともと高額な輸送費を抱えるビジネスモデルには無理があったこともあり、その状況はさらに厳しさを増している。特に燃料コストが上昇する中で、小売業者からさらなるコスト削減を求められた農産物の輸出業者は、苦肉の策を講じなければならなくなっている。中には、優れた技術や手法を使って新しい商品を開拓し、業績を持ち直している事業者もある。ナイロビ東部に広がる六千四百エーカー（約二十六平方キロ）の巨大なカクジ農場（Kakuzi Farms）では、マネージャーのマーク・シンプキン（Mark Simpkin）が私に、新種の南アフリカ産アボガドを見せてくれた。このアボカドは伝統的な品種よりも、実が十三〜五十パーセントも重い。「つまり、一エーカーにつき八トンだった収穫量が突然、最大十六トンに増えるということです」とシンプキンは言う。

しかし、このような効率化によるコスト削減にも限界がある。価格低下圧力が続けば、最終的にはコスト削減分がそのままケニア人の上にのし掛かる。農場や加工会社の労働者に支払う日当を一日約三ドル（約二百二十八円）という最低賃金に抑えるだけでは飽き足らなくなった大手の輸出業者は、コストやリスクを地域の食経済に押し付ける方法まで考え出した。たとえば、小売業者から常に一定量の農産物供給を求められている輸出業者は、自らが経営する巨大な商業生産農場とは別に、アウトライアーと呼ばれる地元の小規模農家と契約を結び、それを補完的に利用することが多くなっている。予測販売量よりも少し多めにアウトライアーと契約することで、不作などで要求を満たせなくなり、小売業者を怒らせてしまうような不測の事態を回避するためだ。

輸出業者は市場取引シーズンの終盤に、アウトライアーと契約することが多い。その時期になるとケニアの農作物の供給が不安定になり、価格も変動し始め、ヨーロッパの大手バイヤーが買い付け先をほかの地域に切り換え始めるからだ。

いずれにしても、ケニアの小規模農家は、輸出業者にとって価格変動リスクに対する便利な保険の役割を果たしている。しかし悲しいことに、その保険は輸出業者がアウトライアーに支払う価格が抑えられてこそ可能となる。実際、輸出業者が現地生産コストの削減に向ける熱心さは、アフリカに投資されたお金の多くがアフリカに残らない理由を雄弁に物語っている。外国企業から投資された四ドル（約三百四円）のうち三ドル（約二百二十八円）はそれらの企業の本国に戻っていくのだ。

以上の理由から、開発の専門家の多くは、高付加価値園芸農業がケニア全体にとってはプラスになるかもしれないが、実際にその恩恵を受けているのは大規模な事業主に限られ、最も助けを必要としている小規模農家にはその恩恵は落ちてこないと考えている。「園芸農業はケニアの農業全体を引っ張る原動力とはなっていません。どちらかと言えば、二つの隣り合う別々のシステムが、互いにほとんど作用し合うことなく存在しているような状態にあります」とレミントンは言う。レミントンはまた、ケニアの人々がこの産業部門に安価な労働力としてしか参加できないことを指摘した上で、「一日三ドルは一日〇ドルよりはるかにましですが、私たちはケニア人を農場労働者としてではなく、生産者として市場に参加させたいのです」と語る。

依然として園芸農業を開発途上国の農業再建の手段として奨励している開発の専門家がいる一方で、小規模農家はますます参入しにくくなっている。この分野は常に小売業者からの値下げ圧力にさらされるため、サプライチェーンのあらゆる段階で大規模な統合が起きている。だから生き残っている企業は大規模で大きな購買力を持ち、農産物価格をさらに引き下げる要求を突きつけられても、そのためにさらに収穫量を増やしたり、コストを削るなどして、市況の変化にも対応できるだけの規模と資金を持つ大規模な企業になる傾向にある。「小規模な農家でも複数の農家が組織を結成して効率を高めれば、生鮮農産物市場に参入できると楽観主義者は言います。しかし、市場の変化は余りにも急激すぎると思います。もしチャンスが訪れても、小規模な農業者が組織を結成するよりもはるか前に投資家がやって来て、そのチャンスを捉えてしまうでしょう」とレミントンは話す。

たとえば、政府と小売業者は近年、衛生的で虫が付いていてはならないが、同時に残留農薬も最小限にとどめなければならないという厳しい条件を農産物に課すようになった。これらの条件は確かに理にかなったものだが（ケニアの小さな農場で労働者がむき出しの地面でインゲン豆を仕分けしているところを検査官が発見したが、これも大腸菌汚染の原因になるとされているものだ）、これを順守するために必要な費用は、多くの小規模農業者にとって到底手に負えるものではない。

二〇〇二年、ヨーロッパのスーパーマーケットが新しい品質基準を打ち出した時、ケニアの輸出業者は千六百に上る小規模農家との契約を打ち切り、買い付け先を大規模農場に乗り換えなければならなかった。ケニアの輸出用農産物のうち小規模自作農家による生産の割合は、一九八〇年にはおよそ半分だったのが、今日では六分の一以下にまで下がった背景には、このような事情があった。

ベジプロ社では、七百の小規模自作農家との連携に力を入れているとブルンナーは力説するが、同時に小規模自作農家との関係がますます厳しくなっていることも認める。「スーパーマーケットは私たちに小規模農家を支えろと言いますが、そのために必要なお金は払ってくれません。結果的に三百ヘクタールの農地を持つ農家を一つ相手にする代わりに、七百もの小さな農家を相手にすることは、ますます困難になってきています」とレミントンは話す。

しかも、この先の状況はさらに厳しくなる可能性が高い。ジェット燃料価格の上昇は輸送費を押し上げ、ヨーロッパの買い手に、モロッコのような近距離供給者と比べて輸送費が割高なケニアとの関係の見直しを迫っている。

こうした大規模生産者と小規模生産者、そして自給自足農業と換金作物農業との間の格差は、近年のマカダミアナッツブームに最も印象的に映し出されている。マカダミアナッツは小規模農家にとっても扱いやすい高付加価値作物として長い間もてはやされてきたが、実はこれは小規模農業の弱点を浮き彫りにしている。「ナッツの新しい品種は、伝統的な品種と比べるとはるかに生産性は高いが、その分、多くの投入資源を必要とします。薄い殻は消費者に好まれますが、その分、害虫の被害を受けやすいため、農薬を頻繁に撒かなければなりません。脅威は虫だけではありません。収穫期には、ナッツを盗難から守るために厳重な警備も必要になります。飢餓が常態化している地域では、盗難は大きな問題なのです」と、過去にマラウィでマカデミア農園を管理したことがあるシンプキンは言う。「私たちはナッツを輸出用に栽培したいと思います。なぜならここは栽培に適した環境と良い土壌に恵まれた理想的な条件がそろっているからです。しかし、マラウィは世界で六番目に貧しい国で、国民は飢えています。どんなに環境が良くても、私たちはナッツを害虫や子供たちから守り切れません。子供たちはたった一時間でナッツの木一本を丸裸にしてしまうのです」

自由化された食経済に伴うリスク

ナイロビのアメリカ大使館内にある、防弾ガラスと耐爆性の扉に守られた会議室で、在ケニアの農務官ケビン・スミス(Kevin Smith)と自由貿易や比較優位論について論じる機会を得た。私は「ケニアは国内の穀物生産量が減少する中で、年々食料輸入量を増やしているが、この流れを変えるために、ケニアの人々はもう一度奮起して穀物の自給自足を目指すべきだと思うか?」と、スミスに尋ねた。これに対してスミスは、よく響くノースカロライナ訛りの英語で、そうは思わないと答えた。「国家は食料の自給自足を目指すべきであるという考えは薄れてきています。私たちもそうは思っていません。食料安全保障は貿易によって達成するのが一番だと考えています」とスミスは言う。スミスもまた、それぞれの国が一番うまく栽培できるものを栽培し、ほかのものを他国に任せるべきだと言うのだ。そして、ケニアにとっての〝一番〟とは、カシューナッツやマカデミアナッツなどケニア原産の作物だけだとスミスは付け加えた。「アメリカはカシューナッツを育てようとはせず、輸入します。ですが、トウモロコシ生産者としては有能なので、もし私たちに競争上の優位性があるのなら、他国に供給すべきだと考えます」

スミスは当然ながら、自国の農業生産物を売り込む仕事に従事している。事実、スミスのオフィスの壁には、家畜から飼料用穀類に至るまで、アメリカ農業の優位性を訴えるポスターが貼られている。しかし、スミスの主張はまた、開発をめぐる議論の中で最も根深い矛盾を捉えている。そもそも公平な貿易など存在したためしがないのだ。

確かに、農産物貿易は経済発展の強力な原動力であり、世界中で経済水準を引き上げる中心的な役割を果たしてきた。特に、効率的な生産者が余剰作物の輸出を通じて収入を得られるようになったことは大きかった。しかし、経済発展から乗り遅れた多くの国では、そううまくはいかなかった。結果的に、自由貿易の恩恵は裕福な国へ一方的に流れていった。アメリカやＥＵ諸国は、気候と土地の自然条件や多額の補助金を与えてくれる高価な農業プログラムによる人為的な条件（コストより安い穀物生産が可能）で他国より有利な立場にあることに加え、生産技術や研究、低利の融資など経済的な成功がもたらす数々の構造的な強みにも恵まれている。アイオワ州立大学の農業経済学者チャッド・ハート（Chad Hart）は、アメリカの農家は規模の経済を生かして、コストを可能な限り低く抑えられるので、後は品物を売りさばく市場を見つけさえすればよかったと話す。「後発開発途上国は、アメリカという技術的にもコスト面でも優位に立つ、非常に成熟した農業国を相手に競争しなければなりませんが、とても太刀打ちできる相手ではありません」。また、構造的な優位性を急速に獲得しつつあるブラジルや中国のような新興勢力と違い、開発途上国は設備投資のための資金も持っていない。

もちろん開発途上国にも、比較優位な要素があることは確かだ。たとえばケニアは、少なくともジェット燃料価格がさらに値上がりしなければ、競争力のあるベビーコーンとインゲン豆を生産できる。しかし、こうしたケニアの優位性も、国全体に公平に行き渡っているわけではない。大抵の場合、それは特定の地域や特定の経済部門が握ってしまっている。ケニアの場合、それは最も栽培に適した地域で操業している大規模な生産者や輸出業者である。小規模農家、特に乾燥地域や半乾燥地域の農家は、端からグローバルな食経済になど参加できない。競争力のない農家を重い関税などの保護貿易政策で守ってみても、それで彼らが成功するわけではないし、制約のない自由な市場に彼らをさらすことが有意義な結果をもたらすとも思えない。

ケニアは輸入トウモロコシに対する貿易障壁をとても低く設けているため、ケニアの生産者は先進国の生産者と競争しなければならない。先進国の低コストな生産活動は無敵である。ケニアの農家の約半数は、南アフリカやブラジルの同業者ほど安くトウモロコシを育てることができない。また、爆発的な人口増加に国内の生産が追い付いていない状況下で、ケニアのトウモロコシ市場は輸入トウモロコシに次々とシェアを奪われている。

これが、開発途上国において再構築された食経済の一般的なパターンである。たとえば、メキシコでは、トウモロコシは数百万人の自給自足農家にとって昔からの生活基盤である。育てたトウモロコシの半分を自分たちで消費し、余剰分はごく最近まで地元市場で売っていた。メキシコでは安いトウモロコシに輸入規制がかけられているため、彼らは収穫したトウモロコシを人為的に維持された高値で売ることができた。しかし、一九九五年に北米自由貿易協定（NAFTA＝North American Free Trade Agreement）が発効すると、保護貿易的措置は段階的に撤廃され、メキシコは大量のカナダ産もしくはアメリカ産トウモロコシに市場を開放することになった。メキシコの大規模なトウモロコシ生産者はアメリカやカナダの同業者に対する競争力を持っている。一方、メキシコのトウモロコシ畑の約八十パーセントを占める小規模農家は、カナダやアメリカと競争するために必要な技術も肥沃な土壌も持ち合わせていない。そのため、北米自由貿易協定の成立以降、メキシコ国内に住むトウモロコシ生産者のおよそ三分の二が安価な輸入作物と競争できず、縮小もしくは廃業に追い込まれた。

安い輸入食品が開発途上国の消費者にとって恵みであることも確かだ。一九九五年から二〇〇五年の間にメキシコでは、トウモロコシの値段が七十パーセント下がり、肉も安くなった。安いトウモロコシはナイロビの都会に住む人々にとっても、ありがたいものだ。実際、こうした小規模農業者にとっては、自分たちで穀物を生産するよりも買ったほうが安上がりだった。そのおかげで彼らは穀物生産から撤退したり、ほかの作物に転換したりできたのだ。

その意味では、安い輸入穀物に対する障壁は事実上、経済発展への障壁ともいえる。そして、それこそが、ワシントンにいる自由貿易主義者の主張である。ジョージ・W・ブッシュ（George W. Bush）大統領は大統領就任後間もなく、議会を前にこう宣言している。「私はアメリカが世界を養うことを願っている。この素晴らしく、有能な生産者が住む偉大な国に、人間の飢えを確実になくす役割を果たしてほしい。それにはまず、貿易上の障壁を取り除くことに全力を注ぐ政権を樹立する必要があり、私たちがそれを実現する」

しかし、自国の食システムを自由市場に開放することは大きなリスクを伴う。たとえば、開発途上国は穀物委員会を廃止し、穀物備蓄をなくすことで、自由市場経済の負の影響を受けてきた。二〇〇二年、ＩＭＦ（International Monetary Fund＝国際通貨基金）はマラウィ政府に対し、未返済の融資を完済するために、戦略的穀物備蓄の大部分を売り払うよう助言した。[4]ところが、これがちょうどマラウィが大規模なトウモロコシ不足に突入しつつある時期とぶつかったため、トウモロコシ価格は高騰し、マラウィでは数百人もの人が餓死する結果を招いた。

公平を期すために言うと、マラウィの悲劇は様々な複合的要因の結果であった。穀物取引業者と共謀して穀物価格をつり上げたとも伝えられる腐敗し切った政府も、少なからずその一因を成していた。しかし、仮に経済が順調で政府に腐敗がなかったとしても、食料の自給自足がもはや「過ぎし日の時代錯誤」にすぎず、開発途上国は食料を外国から購入し、余ったエネルギーをより収益性の高い産業に注げば国民生活が向上すると考える論拠は、常に安い輸入穀物を当てにできるという大前提があってこそ説得力を持つ。確かに過去半世紀は、アメリカなどが市場の手に余るほどの大量の穀物やそのほかの農産物を生産していたため、確実に安価な穀物を当てにできたが、このような状況がいつまでも続くとは限らない。二〇〇六年後半に、アメリカ中西部でエタノール工場が相次いで稼動し始めると、トウモロコシの価格が二倍以上に跳ね上がり、アメリカだけでなく、今やアメリカの穀物に大きく依存するようになったメキシコでも、食料価格が高騰し、値段が四倍に跳ね上がったトルティーヤ（訳者注：すりつぶしたトウモロコシを薄く焼いたメキシコの伝統料理）に抗議するために、何万人もの消費者が怒りの街頭デモを行うようなことまで起きている。

市場関係者の多くは、エタノールブームによるトウモロコシの価格急騰は一時的な現象だと主張する。価格が上がると、アメリカのトウモロコシ生産者は作付面積を増やして対応するからだ。だが、後の章で明らかにするが、エタノールによる高騰が短期的なものだとしても、長期的に見て価格は上昇するとの見方が有力だ。今後も人口が増え続けるのと同時に、初期の近代食経済を特徴づけてきた作物収穫量の著しい増加を維持することが難しくなっているからだ。もし、このような予測が現実のものとなれば、安価な輸入作物を当てにして自国での主要食物の生産をやめた国々は、その時再び自分たちが食料不足に近い状態に置かれていることに気付くだろう。彼らは十分な国内生産を欠いた上に、輸入する資金もそれ以上に乏しい。これが新しい食経済のリスクである。

食料安全保障システムの崩壊

ムティシャ夫妻の農場を後にした数時間後、私たちを乗せた白いランドクルーザーは、アッシ川流域にあるマラタニという農村に入った。ここでも農家は新しい生産方法と技術を実践していた。田畑には土地の侵食を抑えるために深い溝が掘られ、それ以降、収穫量は倍増したという。天然の苗床の中で、村人たちが何百本もの苗木の世話をしていた。ビタミンAが豊富で地元民の微量栄養素不足を解消するサツマイモの新種や、換金作物として栽培され、地元市場で売られるマンゴーやパッションフルーツ、パパイアなどだ。すぐ隣では、ハンサムな青年が顔を汗で光らせながら、川からバケツいっぱいの水を運んできて、新しく植えられたマンゴーに優しく水を注いでいる。

このマンゴーには、より近代的な食経済への第一歩となるようにとの村の願いが込められている。苗の値段は一本当たり約七セント（約五円）で、実を結ぶまでの三年間、ほぼ絶え間なく世話をしなくてはならない。だが無事にそこまで育てることができれば、その実は一つ約十五セント（約十一円）で、近くの町エンブーで売ることができるし、もしこの傷みやすい果物を無事にナイロビまでトラックで輸送でき、そしてほかの村々から多数のマンゴーが市場に到着して価格を押し下げる前なら、さらに多くの利益を得ることができる。

ある意味で、現在の開発途上国の食経済は、次に何が起こるのかを息をのんで見守っている状態にある。何十年にもわたって不正と堕落、自然災害と人災を繰り返し、絶え間なく変化する援助戦略にさらされた結果、サハラ以南のアフリカ諸国や世界のほかの貧しい地域の食システムは今、危機的状況にある。しかし、地方政府と援助団体のスタッフが食料不足の予兆を特定し、ピンポイントで対策を講じることで、小規模ながら成果を上げているところも多い。ＷＦＰ（World Food Program＝国連世界食糧計画）は現在、ナイロビのスラム街だけでおよそ二十万人の子供たちを、学校給食を通じて養っている。このおかげで子供たちの多くは、商売の基本を学べるところまで長く学校に残れるようになった。ＣＲＳは、農家が飲み水を汲むために何キロも歩かなくて済むように、雨水タンクの造り方を指導し、また、新たな地域に適した作物品種を提供するために種子の見本市を開き、成果を上げている。

だが、食経済は非常に脆いため、干ばつや洪水、国境紛争などの小さな混乱でも、簡単にシステムは崩壊してしまう。二〇〇六年、私の訪問からわずか数カ月後にケニアを干ばつが襲い、作物に壊滅的な打撃を与えた上に、何万という牛などの家畜を死に追いやった。二百五十万人以上のケニア人が、アメリカから支給された大豆やトウモロコシの入った補助栄養食『ユニミックス（Unimix）』を食べて生き延びる一方で、数千人もの人々が農地を捨て、ナイロビなどの都市のスラム街に流れ込んでいった。

何一つ災難が降りかからない年でさえ、ケニアの食経済は大きなストレスを感じ始めている。資本集約的な大規模農場を持ちながら、ケニアの農業生産者には、自分たちが二十一世紀型の競争力を得るために必要な農業政策の実施を政府に迫るだけの政治力がない。そのため、急速に展開するグローバルな食経済に参加できないまま、いつの間にかケニアは国家規模で貧困の泥沼に深々とはまり込んでいる。

人口は増加の一途をたどり、多くの人々がトウモロコシなどの非伝統的作物を栽培しにくい土地へと押し出されている。居住範囲は広がり、道路は劣化し、救援物資を必要とする人に届けるまでに要する時間はますます長くなっている。その結果、ケニア人の一日の栄養摂取レベルは、総カロリー摂取量、肉の摂取量とともに下がり続けている。特に肉の摂取量は、一九七〇年代以降中南米で三割増、アジアでほぼ倍増しているのに対し、サハラ以南のアフリカにおいてはその間も下落し、子供の成長を阻害している。

結局一九六〇年代から一九七〇年代の間に築き上げられたはずの食料安全保障の大部分は、もはや失われてしまった。サハラ以南のアフリカとインドでは乳児死亡率が急増するとともに、平均寿命も急激に低下している。一九七〇年には四十歳だったケニア人の平均寿命は、一九九〇年代半ばに六十歳近くまで延びたが、それ以降は下がり続けている。近年は毎年一歳ずつ短くなっていて、現在の平均寿命はまた四十歳前後に戻っている。

何十年もの間、援助コミュニティには、一国の食システムがいかに機能不全に陥っていようとも、いずれは政策と技術の最適な組み合わせによって、グローバルな食システムに復帰できるという大前提が存在していた。もちろん、ケニアのような国にも、そのような結果を生み出すチャンスは残されている。しかし、私たちはまた、食料不足が、単に腐敗した政府や目まぐるしく変わる援助政策や脱植民地主義（ポスト・コロニアリズム）によるものではなく、やせた土壌や水不足、気候変動などの自然の制約や、爆発的な人口増加などもその原因を作り上げているということを、今では理解している。これから私たちは、ケニアに今起きている危機を、食の歴史の名残としてではなく、我々自身を含めた世界の食の未来の姿として想像するべきなのだ。

ここマラタニ村に住むケニア人は、多くの戦いを経験してきた兵士が戦争終結の報を信じないように、人々は食の問題がそう簡単に彼らから去っていくとは思えない心境で暮らしている。ピンクのシャツに淡色のズボン、そして、レアル・マドリードの帽子を粋に着こなす農夫のジェイコブ・ムトゥア（Jacob Mutua）は、今年植えようと計画している作物を私に教えてくれた。トウモロコシはもちろんのこと、豆、キマメ、そして綿も保険として植えるという。ここでも雨はまだ降っていない。あとどれくらいで雨が降って栽培を始められると思うかと尋ねると、ジェイコブは空を見上げて肩をすくめた。「雨が降る気配はありませんが、それでも植えるつもりです。私たちがほかに何かできるとでも思いますか」

私には答えが見つからない。一瞬、重苦しい沈黙が流れた後、私は彼に、本当に雨が降らなかったらどうするのか聞いた。彼はもう一度肩をすくめて隣の人の顔色をうかがい、再び視線を私に戻して言った。「雨が降らなければ、飢餓がやって来ます。その時、私たちは飢餓を待つだけです」

第7章 病原菌という時限爆弾

二〇〇四年二月十五日、カナダのブリティッシュ・コロンビア州フレーザー・バレーに住む獣医スチュワート・リチー（Stewart Richie）の所へ近所の鶏卵農家から一本の電話がかかってきた。大柄だが温厚な性格で知られるリチーは、その地域の養鶏業者が飼育する鶏の面倒を三十年間見てきた。数日前にも、電話先の鶏卵農家の鶏舎で、さほど病原性の高くないウイルスに感染した鶏を処置したばかりだった。そのため、この電話も、その後の経過についての連絡だと思っていた。だが、そうではなかった。処置をした鶏舎の鶏は確かに元気になったが、その隣の鶏舎で、九千羽の鶏が元気がなくなり、餌も食べなくなっていた。それどころか、普段は一日に四羽程度しか死なない鶏が、一時間に四羽の割合で死に始めていた。「これはただごとではないようだ」――。養鶏業者のその一言を聞いたリチーが車で駆けつけた時には、もう手遅れだった。それから二日間で、死んでいく鶏の数は一日百羽から二百羽に増え、ついには〝数え切れないほど〟になった。地元の保健機関にこの知らせが届いた頃には、フレーザー・バレー全体に鳥インフルエンザは広がり、もはや対応を議論する段階ではなくなっていた。ただひたすら、事態がどこまで広がるかを見守るしかなくなっていたのだ。

状況は予断を許さなかった。はじめに処置を行った鶏舎のウイルスは比較的おとなしいもので、病原性もそれほど高くない型だった。しかし、急速に変異を遂げたウイルスが隣の鶏舎に達した時には、病原性の高いものになっていた。このウイルスによって、フレーザー・バレーにある八千万ドル（約六十億八千万円）規模の養鶏産業だけでなく、地域の住民までもが脅威にさらされていた。

このウイルスはH7N3型と特定された。東南アジアで何十人もの命を奪ったH5N1型ではなかったが、H7型も人獣共通の感染性を持ち、鳥から人間に感染する可能性は十分にあった。二〇〇三年には、オランダでH7型に百人が感染し、うち一人が死亡していた。ウイルスが人獣共通の感染性を持つ時期はまったく予測できないため、カナダの保健当局は問題の鶏卵農家で飼育されていた一万八千羽の鶏を処分した上で、半径五キロ圏内を生物学的に封鎖することによって、その鶏舎を隔離した。

その後の展開は現代食システムの脆さを如実に物語っていた。感染した鶏を安楽死させようとする試みはまるでドタバタ喜劇のような大失敗に終わった。作業員がポンプを使い鶏舎に一酸化炭素を充満させようとしたが、それが漏れてしまったために鶏は死なず、逆にウイルスを空気中に撒き散らす結果になった。それではと、今度は鶏を大きな電気ショック器に入れて感電死させようとしたが、もともと電気ショック器は高齢でほとんど骨と皮だけになった鶏を処分するためのものなのに、感染した鶏は大きくまるまると太っていたため、電気ショック機で処理する際に脂肪分やウイルスをたくさん含んだ煙が発生し、羽やそのほかの部位が空気中に飛び散ってしまった。そして、そのようなことが行われている間も、封鎖したはずの地帯には地元住民や配達用トラックやマスコミの車が何度も出入りしてしまった。結局、三週間の間にほかの三つの養鶏場に飛び火したウイルスは最終的に四十二の養鶏場に広がり、千九百万羽もの鶏を処分しなければならなかった。

三月十六日には、インフルエンザのような症状を訴えた保健機関の作業員が検査でＨ７Ｎ３型陽性と診断されたことが報告された。ついにウイルスが人獣共通の感染性を獲得したのだ。その後、四月四日までに十五人が発症し、ウイルスの広がる勢いに驚いた公衆衛生当局は、オランダでの集団感染の二の舞か、あるいはそれ以上になるのではないかと心配した。後にブリティッシュ・コロンビア州の疫学者アレイナ・トゥイード（Aleina Tweed）は、「一九一九年のスペイン風邪も発端は病原性の低い鳥インフルエンザだった」と話してくれた。

これは注目すべき発言だ。マスコミは様々な仮定の下にインフルエンザ拡大のシナリオを描いていたが、一九一九年のスペイン風邪の再現となると、被害はそんなシナリオを何倍も上回るものになる。現代の都市における感染症の拡大のしやすさや、まったく準備ができていなかった医療体制を考慮に入れると、病原性の高いウイルスが世界中に広まった場合、七千万人が死ぬ可能性があった。経済的な損失は何兆ドルにも上り、何十億人もの人が職場に行けなくなり、政治も激しく動揺し、インフルエンザ・ワクチンや抗ウイルス剤、さらには都市の上水道を消毒する塩素までもが急速に不足し、役人は死体の処理に追われていただろう。

しかし、理由はよくわからないが、結局、ブリティッシュ・コロンビア州で発生した鳥インフルエンザはそれほど強力な人獣共通感染性を持つまでには至らなかった。Ｈ７型は人にも感染したが、世界中で大勢の人の死を引き起こす流行病に決まって見られる、人に対する高い病原性も、人から人への感染のしやすさも獲得しなかった。感染した人は全員回復し、関係者の関心は急速に、何百棟もの鶏舎の消毒や、四万トンもの鶏の死骸をいかに処分するかや、また次に発生したときにもっと迅速に感染源を封じ込めるための新しいマニュアル作りなどに向けられていった。

行政の保健担当者は安堵したが、しかし、この騒動に関係した人たちの心には、新たな鳥インフルエンザに対する恐怖心が強烈に焼き付けられた。このウイルスの急速に変異する能力や、それに感染しやすい鶏を高密度で大量に飼っている現代の養鶏業の実態を考え、多くの専門家は大勢の人の死をもたらす鳥インフルエンザの大流行は、もはや「起こるか起きないか」ではなく、「いつ起こるか」の問題になっていると見ている。「わずかな変異が起こるだけで、極めて病原性の高いウイルスができてしまうのです。現代の養鶏場はそのようなウイルスが伸び伸びと増殖できる環境を提供してしまっています」と、ブリティッシュ・コロンビア州政府で働く鳥類病理学者ビクトリア・バウズ（Victoria Bowes）は言う。

高まる汚染食品の拡散リスク

私たちの食経済の変化には、いろいろと気がかりな問題があるが、食中毒や伝染病の問題ほど大勢の人の関心を引き、現代食生活における負の側面を鮮やかに浮かび上がらせてくれるものはない。食品の生産、保存、包装などの技術は劇的に進歩したが、アメリカでは相変わらず年間に約七千六百万人——アメリカ人の四人に一人——が、食べ物を原因とした病気の症状を訴えている。大半はちょっと胃がむかついたり、腹を下したりするだけで終わる程度の病気だが、それでも三十二万五千人は病院での治療を必要としているし、そのうち五千人から九千人は毎年死亡しているのだ。

毎年万単位の人が、食べ物が原因で命を落としているというのも大変な話だが、実はこうした数字も、過去一世紀の間に世界が急速に進歩してきたことの反映でもある。確かに数字だけで比べれば、食中毒より自動車事故で命を落とす確率のほうがはるかに高い。それでも、食品会社やＦＤＡ（Food and Drug Administration ＝食品医薬品局）がしきりに喧伝する「アメリカの食品は世界で最も安全である」とか、「今日の食は昔よりずっと安全になっている」といったメッセージには、たえず疑問を持ち、検証を繰り返していく必要がある。全体的に見ると、食べ物が原因で病気にかかることは少なくなっているが、リステリア菌やサルモネラ菌などの一部の病原菌は以前より蔓延し、病原性を強め、抗生物質も効かなくなっている。さらに気をつけなければならないのは、いわゆる新種の病原菌だ。これには、最近まで毒性の弱い形でしか存在せず、人間の食物連鎖の中で問題を起こさなかった細菌も含まれる。中でも今日広く分布し、特に危険とされているサルモネラ・エンテリティデス（訳者注：サルモネラ菌の一種）やカンピロバクター、それに命まで奪ってしまう腸管出血性大腸菌Ｏ１５７などの病原菌は、一九七九年まで私たちの食のシステム内にほとんど存在していなかったし、最も悪名高いＨ５Ｎ１型鳥インフルエンザウイルスに至っては、登場してからようやく十年が経過したにすぎない。

それにしても、私たちの食に潜む病原菌は、どうしてこうも急激に変化しているのだろう。一つの要因は、明らかに私たちの検出能力が向上したことにある。迅速な検査とコンピュータによるモデリングで感染経路をいち早く突き止められるようになった結果、多くの病原菌が各地で発見されるようになった。だが、食に関する著作を持つマイケル・ポラン（Michael Pollan）やエリック・シュローサー（Eric Schlosser）などが指摘しているように、こうした食を取り巻く病原菌の世界の変化、つまり、様々な新種の病原菌が様々な形で出現し、次第に対応が難しくなっているという状況が、安い食品流通システムが登場し、食品が世界中を駆け巡るようになるのと並行して起きていることも事実だ。

たとえば、世界中から食品が調達されるようになれば、これまで特定の地域内に閉じ込められていた病原菌が容易に国や地域の枠を超えて移動するようになる。食品の流れが加速すれば、汚染された食品が発見される前に消費者の胃袋に入ってしまう。また、いつでもどこでも食品が手に入るようになったその便利さも、微生物からの攻撃機会を増やしている。多くの場合、私たちにより多くの食品供給を可能にする技術革新そのものが、もう一方で伝染病の病原菌を育て、その影響を破壊的なものに拡大しているのだ。

病気は誰にも平等に起こり得るため、アメリカやヨーロッパなどの先進国も無関係ではないが、おそらく今、最も懸念されていることは、食品に起因する病気の危険性が開発途上国で急速に増大していることだろう。中南米やアフリカもだが、特にアジアで、安いタンパク源の生産競争が熾烈さを極めている。皮肉なことに、それが国民の食生活を改善する上で大きな役割を演じているのだが、同時にこれは病原菌が食システムに侵入するチャンスを広げ、企業も政府もその侵入を阻止することが難しくなっている。最近ではテロリストが食システムに毒を混入させる可能性が取り沙汰されているが、実際には、食システム自身が自らその中に毒を取り込む可能性のほうがはるかに高いのだ。

国連の鳥インフルエンザ・プログラムを指揮するデイビッド・ナバーロ（David Nabarro）が、二〇〇六年のインフルエンザに関する会議でこう語っている。「どうして私たちはテロリストや自然災害から身を守るためには多くのお金を払うのに、動物によって起こる病気から身を守るためにはあまりお金を使おうとしないのだろう。人類の生命にとって最大の脅威はアルカイダでもハリケーンでもなく、動物の王国に生息している病原菌たちなのに」

人類の病原菌との戦いに関して何より驚くべきことは、それが大変困難な戦いだという事実よりも、そもそも私たちがそれに勝てると思っていたことだ。使い捨てパックに梱包された冷凍食品が流通している食システムでは、食品汚染があまりにも日常茶飯事になっているため、いかにパックの中で細菌が増殖しやすく、そこで増殖した病原菌がどんなに手強い相手であるかを、私たちはついつい忘れられがちだ。病原菌は、その数が私たちより圧倒的に多いこともあるが（食肉が異臭を放ったりベトベトしたりしてくるのは、一般に細菌の密度が一平方センチ当たり一千万を超えてから）、同時に彼らは驚くほど強固にできている。毒性が強く（カンピロバクターに汚染された鶏の血液なら一滴で発熱や筋肉のけいれん、腹痛を起こすことができる）、過酷な条件の中で生き延びる力もある（サルモネラ菌は冷凍庫内や八十五度のスコッチでも死滅しない）。それに、ほとんどの細菌は加熱することによって死ぬが、たとえば生乳のような食品は完全滅菌できるほどの熱を加えると食品そのものが変質してしまい、逆に細菌の感染リスクが高くなることがある。これは病原性大腸菌からブドウ球菌に至るまで、あらゆる細菌についてもいえることだ。

中でも注目すべきは、食品を介して感染する病原菌も、ほかのあらゆる病原菌と同じように、高い適応能力を持っていることだ。彼らは自らの遺伝子を改良し、その物理的な構造や性質を変えることで抗生物質から身を守り、新たな増殖の機会を探る。そして、再び伸び伸びと増殖する機会を手に入れたときには、工業的な食品生産システムの中でほとんど無敵の存在となる。土地の利用の仕方や家畜の管理方法、そして最終製品の加工や流通過程に至るまで、今日の食システムにはあらゆる所に、適応力に優れ、人間にとっては有害となる微生物たちの活躍する舞台が用意されている。

つい最近までは、私たちの食システムを病原菌の攻撃から守る試みは、見えない相手に対して、やみくもに弾を撃つようなものだった。そもそも初期の食品安全に関する法律のほとんどは、まだその実態がほとんどわかっていなかった病原菌ではなく、添加物を対象としていた。一九五〇年代に微生物学や疫学の分野が確立されるまで、政府は実質的に微生物の脅威に対して何も手を打ってこなかったのだった。工場や食品加工場の検査に議会が力を入れ出したのは一九六〇年代に入ってからのことだ。そして、その頃になってもまだ、簡単に細菌を検出する技術は開発されておらず、検査員は「突っついて臭いを嗅ぐだけ」と揶揄される原始的な手法に頼っていた。

しかし、一九七〇年代の後半になって食品に起因する病気が頻繁に発生すると、そのような予防策だけでは不十分であることが明らかになった。サプライチェーンを流れている莫大な量の傷みやすい食品を〝突っついて臭いを嗅ぐだけ〟で検査するのは不可能だった。その上、食肉処理場内で〝安価で大量〟なビジネスモデルに欠かせない機械化が進むと、汚染の危険性は大幅に増した。機械が動物の内臓をえぐり取るとき、動物の肉にも機械にも、細菌だらけの糞便がべたべたと付着するからだ。

また、食品業界が一握りの大企業の下に再編されていくと、いったんサプライチェーンのどこかで汚染が発生すると、瞬く間に病原菌が拡散されるようになった。たとえば、かつてはそれぞれの店で作られていたハンバーガーも、今では大規模食品加工業者が無数の畜産業者から買い取った無数の家畜の死体を、最新の食肉加工技術を用いてひき肉にし、まとめて大量に出荷している。これらの大量のひき肉はたえず混ぜ合わさっている。たとえば、ある食肉加工業者が作ったひき肉が別の食肉加工業者に売られ、その加工業者がほかから買い集めてきたひき肉と合わせて、より大きな単位で出荷する場合、各段階で繰り返し混ぜ合わせが起きる。そのため、最終的に出来上がるハンバーガーには通常、数十頭から、場合によっては数百頭の牛の肉が混ざっている。コロラド州立大学の研究者が行ったＤＮＡ分析の結果では、四オンス（約百十三グラム）のハンバーガー用パテの中に、平均すると五十五頭の牛の組織が混ざっていて、中には千頭以上の牛の細胞組織が混ざっていたパテもあったという。

環境に鍛えられ毒性を増す病原菌

だが、新しい食システムは、病気が流行する機会を増やしただけではなかった。病原菌そのものにも、様々な形で新しい食システムを投影した変化が現れていたのだ。一九八〇年代には、サルモネラ菌の中で最も珍しく、毒性の強いサルモネラ・エンテリティデスが、どういう訳かその本来の宿主であるウサギや馬から、鶏の卵巣に飛び火していることが発見された。この病原菌は正常に見える鶏卵の卵黄などの中でも生き延びるために自らを変質させていたのである。これは、大量生産が作った擬似環境を利用して、私たちの病気に対する防御網をかいくぐった見事な適応例だった。鶏自体はそれまでと同じように卵を産み続けるので、養鶏業者たちは感染した鶏や卵を見分けることができなかった。

病原性大腸菌では、さらにやっかいな変化が起こった。一九七〇年代の後半まで、病原性大腸菌は牛などの反芻動物の内臓に生息し、時々糞便を介して人間の食物連鎖内に混入するが、健康にはそれほど影響を与えない、何百とある比較的害の小さい細菌の一つだった。ところが、二十世紀後半のある時点で、この病原性大腸菌はいくつかの危険な性質を新たに獲得してしまった。まず、人間に対する高い毒性で知られる赤痢菌と結び付き、いわゆる志賀毒素を産生する遺伝子コードを獲得した。このたちの悪い合成菌に感染すれば、人の腸壁でタンパク質の合成が遮断される。タンパク質の合成が止まると腸壁に穴があいて、毒素がそこから血流に侵入し、赤血球を死滅させ、五パーセントほどの確率で腎臓が破壊される。

本来なら、病原性大腸菌が獲得したこの新たな毒性は人間には関係ないはずだった。人間の場合は胃から胃酸が出て、腸に達する前に病原性大腸菌を死滅させるからである。だが、食システム内に何十年もとどまっているうちに、病原性大腸菌はもう一段階、成長を遂げた。牛がトウモロコシで飼育されるにつれて、トウモロコシには牧草や干し草より多量の糖分が含まれているので、牛の腸内に以前よりも多くの糖分が入るようになり、その分強い酸性になった。そのため牛の腸内の病原性大腸菌も以前より強い酸に耐えられるようになった。こうして、人間の胃袋内での酸性ショックにも耐えられ、そのまま腸まで達することができる新しい病原性大腸菌の株O157：H7が誕生した。それが腸まで達することで、志賀毒素は人間の体内でも悪さができるようになったのである。

このような適応がいつ起こったか、詳しいことはわかっていないが、食中毒を起こした四十七人のマクドナルドの客からO157が検出された一九八二年には、この病原菌は完全に準備を整え、それまでの研究者が見たこともない強い毒性を手に入れていた。食品を介して感染する病原菌の多くは、大量の菌を動員しないと免疫システムを打ち破って重い病気を引き起こすことができないが、O157の場合は、ハンバーガーのパテ一個につき、菌を五十個も必要としない。しかもO157

は、サルモネラ菌と同じで検出しにくい。牛の腸には志賀毒素の受容体がないので、牛は牧場主や飼育場の従業員や国内各地の食肉処理場を巡回している政府の検査員の注意を引くような症状を呈さないのだ。実際、Ｏ１５７は誰に見つかることもなく、また誰に邪魔されることもなく、食肉のサプライチェーン内に入り込むことに成功している。

一九七〇年代の農務省の食肉検査部門の責任者で、後にＦＤＡの長官も務めた獣医のレスター・クロフォード（Lester Crawford）はこう語る。「よく『健康な家畜が健康な人を作る』と言われるように、それまで私たちは病気の家畜を排除してさえいれば、食の安全性を守れるものと思っていました。しかし、今私たちは、どんなに家畜が元気でも、人が病気になったり、猛烈な症状で苦しんだりすることもあることがわかったのです」

病原菌への政府の対応

腸管出血性大腸菌Ｏ１５７の登場は大きな不安を生んだが、行政機関が実質的な対策を講じたのは何年も経ってからだった。サルモネラ菌や病原性大腸菌のように、食品を介して感染する病原菌は検出するのが難しいだけでなく、長い間、法律でも違法なものに指定されていなかった。有毒な添加物は違法なものとして分類され、禁止されていたが、微生物は自然発生物質と定義され、政府による取り締まりの対象にはなっていなかったのだ。

そして、それは決して偶然起きたことではなかった。病原菌を違法なものと政府に分類されるのを食肉業界が嫌がったのだ。病原菌を違法にされると、牧場主も食肉処理業者も大変な出費を強いられると業界関係者は考えた。彼らの見解では、食品を介して感染が広がる病原菌に対して最も効果的な、そして言うまでもなく最も安上がりな殺菌手段は、食肉処理場ではなく、家庭の台所で適切に取り扱い適切に調理することだった。

何十年もの間、議会は、巨額の政治献金に裏付けられた食品業界からのロビーイング圧力によって、病原菌を規制する立法措置を取れなかった。農務省など食肉業界を監督する立場にある省庁も、本来の権限を行使できなかった。農務省の専門家はいち早くこの病原菌の危険性に気付いていたが、省として国内農業を保護する立場にあったので身動きがとれなかった。

もちろんその背後には、業官癒着、とりわけ食肉業界と政府との深い癒着関係があった。今でもそうだが、農務省高官の多くは政府や議会にロビーイングをする農業団体や業界団体の出身者で固められ、当事者である彼らが農務省の権限行使を決めているという問題があった。その結果、農務省は業界の規制機関というよりも、むしろ業界の出先機関としての色合いが強かった。[1] アメリカ国内の食肉加工工場に駐在する何千人という連邦政府や州の食品検査官は、病気や異物混入のような目に見える問題をチェックする訓練しか受けていなかったし、実際の権限と手段もその範囲にとどまっていた。

しかし、食肉の安全性に対するこのような自由放任姿勢は、一九九二年十二月を境に一変した。シアトルのある医者が、子供たちの間で出血性の下痢が急増していることに気付いたのだ。それから二カ月間で、O157による食中毒が急速に広がり、最終的にはレストラン『ジャック・イン・ザ・ボックス』が発生源と特定された。六百人以上が中毒症状を訴え、四人が死亡し、食品を介して感染する病原菌の存在は業界のロビイストでも鎮めようがないほど、世の中の注目を浴びるようになった。その時は、被害者の多くが子供で、その症状もひどかった。感染した子供の多くが、腎臓などの器官に慢性的損傷を抱え、ある九歳の少女は七週間にわたって昏睡状態に陥り、三回の発作と一万回を超えるけいれんに悩まされた。

ジャック・イン・ザ・ボックスとその親会社である食品メーカーは問題を従業員から指摘されていたにもかかわらず、普段から加熱の不十分なハンバーガーを客に出していたことが後に明らかになった。内部文書によると、「牛肉のパテは長く加熱すると硬くなる」というのが、その理由だった。多くの被害者の弁護を行ったシアトルの弁護士ビル・マーラー（Bill Marler）は、このジャック・イン・ザ・ボックスによる食中毒事件について「とても看過できる事件ではありませんでした。これは食品産業にとって9．11の同時テロに匹敵する出来事だったのです」と語っている。

業界からの強い反発はあったが、農務省はそれから一年以内に病原性大腸菌を汚染微生物に指定し、食肉業界全体の安全システムを総点検し始めた。その結果、食品会社は、汚染が起きてから検査員が原因を突き止め、それを封じ込めることに重点を置いていた従来のシステムから、汚染を未然に防止するシステムに移行するよう求められた。ＨＡＣＣＰ（Hazard Analysis and Critical Control Point）と呼ばれるこの新しいシステムでは、企業は自社の製造工程内で汚染が起こりやすいポイントを特定し、新しい技術やより良い手法、あるいはその両方を用いて汚染を防止しなければならない。これまでの〝突っついて臭いを嗅ぐだけ〟ではなく、顕微鏡解析による検査を定期的に行い、個々のポイントがどれだけよく管理されているかを測定しなければならなくなったのだ。もし、病原菌に関する政府の基準を満たしていない状態が続くと、農務省は検査員を引き揚げさせ、何より重要な「農務省検査済」のスタンプを取り消すことができる。そうなると、その施設は実質的に操業ができなくなる。

かたや、自分たちの売った食品で客が死ねば営業上大きな痛手になることがわかっていたスーパーマーケットなどの小売業者が、この動きを強く後押ししたため、農務省はついにHACCPの導入に踏み切ることができた。これは食肉加工業者の食品安全性に対する考え方に大きな変化をもたらした。これを機に、ほとんどの加工業者は、HACCPプログラムの基準を満たすだけにとどまらず、家畜の死体に熱い蒸気を吹き付けることで付着していた異物を一掃する蒸気殺菌器を導入するなど、様々な新しい技術を導入するようになった。

HACCPシステムの限界

近年確かに大きな前進はあったが、それでも、食肉などの食品保護システムには、依然として大きな抜け穴があった。HACCPの導入によって食肉処理場内の環境は改善されたが、これらの施設は食肉のサプライチェーンという長大な鎖を構成する一つの輪にすぎず、ほとんどの病原菌は食肉処理場へ送られるよりもずっと前にそのチェーンに侵入する。飼育場で育てられている牛は、トウモロコシを多く含む飼料を与えられている上に、狭い所に閉じ込められ、自分たちの糞尿の上で一生を過ごしている。そのため、彼らの半分はもともとO157の株を体内に宿している。感染している牛の比率は、気温が上昇し、細菌の増殖が盛んになる夏頃には五分の四程度までになる。この時期に病原性大腸菌による食中毒が頻発するのは決して偶然ではない。今でも食肉のサプライチェーンには無防備なところが多く、牛の運搬用トラックについては、ほぼ十台に一台の割合で病原性大腸菌が見つかったという調査結果があるほどだ。多くの専門家はアメリカにおける牛肉のサプライチェーンが、実質的に病原性大腸菌の植民地と化していると語っている。

しかし、この〝植民地化〟を防ぐ方法もいろいろ考えられている。たとえば、食肉処理場に送られる前の飼育段階で、牧草や干し草を多く含む飼料を牛に与え、代わりにトウモロコシの量を減らせば、サプライチェーンの早い時点で、病原性大腸菌の数を大幅に減少させることはできるかもしれない。だが、飼育場主には、あえて、そんな費用のかかる変更を行う理由がない。というのも、食肉処理場は病原性大腸菌を管理することが求められるようになったが、牧場主や飼育場主は依然として食肉処理場に送る動物から病原菌を排除する法的義務を負っていないからだ。しかも、O157もサルモネラ菌も、外見上は食肉の質を低下させないので、病原菌が含まれていたからといって、彼らが経済的な損失を受けることもない。さらに、大手食肉加工業者は何十、何百という牧場から牛肉を買っているので（たとえば、アメリカ第二の食肉加工業者であるカーギル・ミート・ソリューションズ〈Cargill Meat Solutions〉は、毎週三万頭近い牛を処理するために、大規模な自社牧場のほか、四十五人のバイヤーがアメリカ各地の牧場から牛を買い集めている）、病原菌の発生源を個別の牧場や牛の個体レベルで特定するのはほとんど不可能なのだ。

このような現実を踏まえ、あるＦＤＡの元官僚はこう語る。「生産者には、病原性大腸菌を排除するメリットがない。牛が傷むわけでも、牛肉そのものの質が低下するわけでもないし、そもそも追跡も不可能だ。アメリカ最大の牧場主に聞いても、おそらく病原性大腸菌が何かも知らないだろうし、それに対してどんな対策を行っているかも、まったく答えられないだろう」

そのような理由から、これらの病原菌を根絶したり、サプライチェーンから完全に排除したりすることができると思っている専門家はほとんどいない。そのため、食肉業界の努力は主にサプライチェーンの中でも商品の流通経路が絞り込まれている部分、つまり、家畜が食肉処理場に入る時点に注がれている。

近年、病原性大腸菌に汚染された食肉が発見されるケースは年々少なくなっている。だが、決してその脅威が去ったわけではない。たとえば、農務省動植物検疫局（ＡＰＨＩＳ＝Animal and Plant Health Inspection Service）の調査では、薬剤洗浄や蒸気洗浄に加え、感染が疑われる肉の物理的切除など、様々な対策を取っても、処理された牛の約二パーセントからＯ１５７が見つかっている。これは、一九八〇年代までのレベルと比較すると大きな進歩だが、だからといって、安全になったとはとても思えない。

二〇〇七年十月、アメリカ最大の冷凍ビーフハンバーグ生産メーカーであり、食品の安全性に注意を払っていると思われていたニュージャージー州のトップス・ミート（Topps Meat）が生産したハンバーガーからＯ１５７が見つかった。八つの州で三十八人が食中毒を起こし、二千二百万ポンド（約九千九百七十九トン）もの牛肉のリコールを求められたため、トップス・ミートは営業停止に追い込まれた。この事件に関しては農務省の調査で、トップス・ミートの従業員が前日に処理した肉を翌日の出荷分に混ぜていたことが判明している。このトップス・ミートのリコールは、二〇〇七年に実施されたリコールとしては十七番目であり、この事件によってＯ１５７に対する食肉業界のそれまでの努力は一夜にして吹き飛んでしまった。

ほかにも、アメリカ国内の食品供給量の八分の一を占める輸入食品など、ＨＡＣＣＰなどの食品管理システムの力が及ばないエリアは無数にある。近年の中国製食品の安全性に対する関心は、主に中国における食品生産システムの驚くべき実態（たとえば、中国では生鮮食料品や食肉についても流通過程での冷凍化が義務付けられていない）や、中国の輸出業者の悪質さに向けられている。

しかし、アメリカが問題のある食品の国内への侵入を水際で阻止できていないことは事実であり、ＦＤＡは現在、外国から入ってくる食品の二パーセントも検査できていない。また、検査できている分についても、個々の食品にかけられる時間は平均三十秒ほどにすぎない。

一方、国内の食品生産業者も相変わらず食中毒が発生しやすい方法から抜け出せていない。牛や鶏の生産者は、いまだに飼料に食肉処理プロセスから出た動物の血液や内臓など体の一部を混ぜることでタンパク質成分を水増ししている。狂牛病（ＢＳＥ＝Bovine Spongiform Encephalopathy）の発生以来、血液や内臓、屑肉などをそのまま牛の飼料に混ぜることは違法になったが、牛の血液や内臓を鶏や豚の餌に混ぜることは依然として違法ではない。さらに、安上がりなタンパク、カロリー源として重宝されているフェザーミールと呼ばれる、鶏舎に溜まった鶏の羽やこぼれたトウモロコシなどのゴミを集めて牛の餌にすることも合法だ。そのため、ＢＳＥに感染した牛から出たプリオンが鶏の消化器官を経由して牛の飼料中に戻る可能性は否定できない。

国外から入ってくるものの中で問題があるのは飼料だけではない。畜産業者が何十年も前から、世界中で使用されている抗生物質の半数近くを家畜に投与した結果、あらゆる種類の抗生物質に対して免疫を持った新しい細菌の株が多数生まれている。これは、畜産業者や養鶏業者が絶えず新たな抗生物質を見つけていかなければならないことを意味するが、そのような需要に応え続けられるかどうかは、製薬会社にも自信がない。さらに重要な問題は、最も一般的で安価な抗生物質が、その抗生物質に対する抵抗力を持った病原菌に感染した人には効かなくなる可能性があることだ。

ＣＤＣ（Centers for Disease Control＝疾病管理予防センター）によると、すでに様々な形態のサルモネラ菌が、かつては強力な抗生物質と見なされていたシプロフロキサシンなどの薬剤に対する免疫を獲得しているという。医療の専門家は、病原菌の免疫力が現在のようなペースで強化されると、まもなくアイオワ大学衛生研究所のメアリ・ギルクリスト（Mary Gilchrist）の言う〝ポスト抗生物質時代〟に突入するのではないかと心配している。ギルクリストは言う。ポスト抗生物質時代とは、「生命を脅かす病気に感染した人の治療に使える抗生物質がまったく存在しない、そんなことが起こり得る時代です。もしそうなれば、大勢の病人やお年寄りばかりか、子供や若年層の成人も病原菌に感染して死亡する危険性が高まるでしょう」

こうした懸念に応える形で、アメリカ連邦議会はすでにヨーロッパ各国が行っているような成長促進用抗生物質の使用を制限する法律の制定を検討している。また、食肉生産業者も消費者の不安に反応し、抗生物質の使用量を減らしたり、抗生物質未使用の食肉製品を開発したりしている。だが、様々な要素が複雑に絡み合う食システム内では、一つの変化が起こると、別の所で思わぬ変化が起こる。食用鶏はいまだに大きな鶏舎に大量に詰め込まれ、細菌のうようよしている汚物の上で育てられているので、抗生物質の使用量が減ると、病気に感染する鶏が増え、逆に感染症拡大の危険性が増大してしまう。また、これは、後でわかったことだが、病気の鶏は健康な鶏ほどきれいに処理できない。病気の鶏は食べる量が少ないので、腸などの内臓が弱り、腸内で病原菌が繁殖しやすくなる。しかも、病気の鶏は通常、発育不全に陥るので、食肉処理場の処理装置にもかかりにくくなり、腸管破裂を起こす確率が四倍も高くなる。ある研究者が語っているように、発育不全の鶏は「平均的な鶏用に出来ている食肉処理装置にはかかりにくい」のだそうだ。腸が破裂すると、細菌の充満した内容物が飛び散り、処理装置や従業員や検査員のみならず、食肉そのものまでも汚染される。病気の鶏の肉が、病原性大腸菌やサルモネラ菌検査で陽性を示す確率が二倍も高いことは、これで説明できる。これはまた、アメリカで消費される鶏肉の半分以上が、シプロフロキサシンに対する耐性を獲得しつつあるカンピロバクター・ジェジュニという病原菌に汚染されていて、毎年二百万人に体の変調をきたした上に、一部の人にギラン・バレー症候群という急性の神経障害をもたらしている理由でもある。

消費者頼みの病原菌対策

だが、食の安全を守る法の枠組みには、もっと根本的なレベルで、大きな抜け穴が残っている。病原性大腸菌は、現在では正式に汚染微生物に指定されているが、サルモネラ菌やリステリア菌をはじめとするそのほかの病原菌はまだ指定されていない。これは食品業界が少なからず政治家を説得し、これらの病原菌がもたらす被害は病原性大腸菌より小さいため、わざわざ法律を作ってまで規制する意味がないと説得してきた成果である。だから、毎年優に百万人を超えるアメリカ国民がサルモネラ菌中毒を起こし、そのうち六百人が死に至り、サルモネラ菌が食中毒死の最大の原因になっていても、いまだに法の下ではこの病原菌の存在が当たり前のこととして受け止められているのだ。

このように現在の規制には大きな欠陥があるため、食品安全の現状は暗澹たるものになっている。サルモネラ属の病原菌は病原性大腸菌のように、食肉のサプライチェーンにほとんど満遍なく存在している。コロラド州立大学の調査によると、この病原菌は土壌のほか、水、飼育場の給餌場所、大半の肉牛輸送トレイラーのほか、ほぼ解体前のすべての肉牛で日常的に検出されていて、食品安全検査局（ＦＳＩＳ＝Food Safety and Inspection Service）によると、店頭で販売されているあらゆる層の食肉製品からも見つかっている。学者や行政の担当者は、サルモネラ菌も病原性大腸菌のように食肉処理工程をきちんと管理することによって感染を防げると考えているようだが、サルモネラ菌については病原性大腸菌ほど厳しい規則がなく、罰則も少ないので、食品会社もそれほど対策に力を入れていない。

最近の食品安全検査局の調査で、一九九〇年代に減少傾向をたどっていたサルモネラ菌の検出率が、ここに来てまた上昇に転じ、特に鶏肉製品でその傾向が強くなっていたこともこれで説明がつく。食品安全検査局によると、一九九四年に二十パーセントだったブロイラー全体からのサルモネラ菌検出率は、二〇〇四年に十三・五パーセントまで低下したが、二〇〇六年に再び十六・三パーセントまで上昇したという。鶏ひき肉だけに限るとこの値はさらに高くなり、一九九四年に四十四・五パーセントだった検出率は、二〇〇四年に二十五・五パーセントまで下がったのに、二〇〇六年にはまた三十二・四パーセントまで上昇している。食品安全検査局のダン・エンジェルジョン（Dan Engeljohn）はこうした傾向を踏まえ、二〇〇六年に、食品安全検査局としては「もはや業界の自己規制能力に任せるわけにはいかない。直ちにこの問題に対応するための措置を取る」と発言している。

だが、行政が具体的にどのような対策を取れるかはよくわからない。十分に検査をするのが物理的に難しい上に（現在、鶏肉検査員は一羽当たり平均一・五秒で検査している）、議会がサルモネラ菌を病原性大腸菌のような汚染微生物として分類することを拒んでいるので、行政当局には効果的なサルモネラ菌対策を打ち出す権限がない。その不条理さは、二〇〇一年、テキサスの食肉包装工場でサルモネラ菌による汚染が繰り返し見つかったにもかかわらず、同州の連邦上訴裁判所が農務省に対して「その工場を閉鎖する権限はない」と判決を下したことで浮き彫りとなった。

当時のシュプリーム・ビーフ（Supreme Beef Company）社（その顧客には公立学校も含まれていた）の弁護士は、同社のハンバーガーが汚染されていたことを否定しなかった（現に検査結果は、四十七パーセントの肉が汚染されていたとしている）。そして、①サルモネラ菌は工場で混入したわけではなく、食肉処理場から納入された牛肉にすでに混入していた、②実際に、適切に調理すれば殺菌できたので、消費者に実害が及ぶ可能性は低かった、ことを理由に、工場に法的責任はないと主張する戦術に出た。このシュプリーム・ビーフ事件で、食肉会社に病原性大腸菌以外の病原菌も排除させようとする連邦政府の努力は完全に行き詰まった。ブッシュ（George W. Bush）政権がこの判決に対して争わないことを決めたからである。この時、サルモネラ菌の管理を怠った会社は、それまで以上に細かい検査を受けることにはなるが、営業停止にはならないことが決まったのだった。


だが、シュプリーム・ビーフ事件は、食の安全管理の方向性について、もっと大きな未解決の問題があることを示唆している。それは、食品のサプライチェーン内で混入した病原菌が問題を引き起こしているのは明らかなのに、いまだに政府見解や規制の多くは、最終的に食中毒を防ぐ責任が生産者ではなく、消費者にあるという立場に立っていることだ。食肉の流通経路に完全に病原菌を退治できる殺菌方法や除菌工程があり、消費者が適切な保存や調理が可能ならば、それもあり得る選択肢かもしれないが、現実はそうではない。しかも、そこには二つの重要な事実が抜け落ちている。

第一の点は、現代の消費者はあまり自分で料理を作らなくなっていて、調理済み食品製造メーカーやレストランの従業員にその責任を委ねていることだ。第二の点は、消費者が病原菌に対して自分で注意を払う必要性すら自覚していないことである。調査の結果、消費者は様々な食中毒事件が起きても、十分に加熱調理されていないハンバーガーを平気で食べていることが判明したが、これは一つにはマーラーが言うように「自分たちが食べているものは安全だ。そうでなければ政府が店で販売させるはずがないと消費者が思い込んでいるから」である。

マーラーは、シュプリーム・ビーフ事件以降も、アメリカ国内で食品会社に対して厳しい病原菌対策義務を課そうという気運が盛り上がらないのも、これまで食肉業界が巧みに「二つの顔を使い分けてきた」からだと指摘する。それは「一方では、牛の内臓や糞便に含まれていた病原菌がハンバーガーに混入すると『これは当然のことだ』と言い、いつまでも責任を消費者に押し付ける。しかし、もう一方では消費者に、自分たちの製品は安全で品質が良いので、どんどん食べてくれと言う」。マーラーはそこを問題にしている。

確かに、過去十年間に食品業界から二億五千万ドル(約百九十億円)近い賠償金の支払いを勝ち取ってきたマーラーは、この問題に関して中立的な立場の人間とはいえないかもしれない。だが、シュプリーム・ビーフ事件について皮肉な見方をしているのは彼だけではない。訴訟当時の農務長官ダン・グリックマン(Dan Glickman)も、PBSの番組『フロントライン』のインタビューに答えて、シュプリーム・ビーフ事件ではテキサスの裁判所が食肉生産業者の責任を免除したと語っている。「あの判事が言ったことは基本的にこういうことです。『食べようとしている肉の中にサルモネラ菌がいるなら、消費者がそれを加熱調理して殺せばいいではないかと。手を洗って、加熱調理してバイ菌を殺せば、何の問題もない』と、あの判事は言っていたのです」

止められない汚染経路

病原性大腸菌が付着したホウレンソウで大規模な食中毒事件が発生してから半年近くが経過した二〇〇七年一月のある寒い日。朝九時を少し過ぎた頃、約二百人の野菜農家と集荷業者が、わずかばかりの記者団と法廷弁護士を従えてモントレー郡の大ホールに入場した。カリフォルニア州食品農業局による公聴会が開かれたのだ。もちろん議題は、食品の安全についてだった。モントレー郡はサリナス・バレーの中心に位置する広大で肥沃な平地で、かつてはアメリカのサラダ・ボウルと呼ばれていたが、今では病原性大腸菌による食中毒の爆心地として有名になっている。二〇〇六年の事件も含め、一九九五年以降の主なO157による食中毒事件の半数以上がサリナス・バレーの農家や集荷場から起こったことがわかっていて、レタスやホウレンソウによる食中毒事件となると、ほぼすべてがここから起きている。その結果、この公聴会で中部カリフォルニア生産者・集荷業協会のジム・ボガート（Jim Bogart）会長が語ったように、「私たちの業界は信頼喪失の危機にあり、それが消費者市場全体に広がっている」状態だった。

その失われた信頼を取り戻すため、生産者は自分たちで自発的に対策を取り、病原菌を完全に駆除するプログラムを立ち上げた。そのプログラムはこの時、大ホールに集まった傍聴人の大半が望んでいたことだった。業界団体の一つ西部栽培者組合のトム・ナシフ（Tom Nassif）組合長はその理由を、「農業の現場でどうすれば良いかは、行政の規制担当者より農場経営者のほうがよく知っているからです」と説明した。

ナシフのような考え方は、必ずしも業界内の主流ではない。野菜の生産農家が、真剣に食中毒の発生を防ぎたいと考えているのは確かだが（二〇〇六年にはホウレンソウの栽培農家だけで売上が二億ドル（約百五十二億円）減少した）、世間では、この問題がすでに農家だけで対処できるレベルの問題ではないという認識が広がっていた。たとえば、ホウレンソウ騒動では、マスコミはイノシシが病原菌を媒介した話ばかりを強調していたが、調査の結果、野菜の生産・流通網には、ほかにも病原菌が侵入してもおかしくない〝危険な抜け穴〟がたくさんあることが判明している。そして、食肉の場合と同様に、その抜け穴の多くは、野菜を年中、季節に関係なく、より多く、より安い値段で供給できるようにした、まさにその技術や事業形態によって生まれたものだった。

「みんなすぐに、サプライチェーン的な見方しかできなくなってしまうのです。いったんこの心理状態に入ったら、考えるのはいかにして客の注文を満たすかということだけで、そのために、ついつい無理をしてしまうのです。生産量や処理量の面でもそうですが、品質や安全性の面でもそれは同じです」。カリフォルニア大学デイビス校の微生物学者で、食品安全検査の第一人者であるトレバー・サスロー（Trevor Suslow）はそう語る。

サスローはサプライチェーンの実態をよく知っている。彼はカリフォルニア大学デイビス校で研究生活に入る前、生産現場で働いた経験を持つ。当時はまだ新しかった〝ブランド野菜〟や〝もぎたて野菜〟といった高級野菜を開発していたのだ。一九八〇年代に生鮮野菜供給量が上昇曲線を描き出した理由をサスローは、食品小売業者が納入業者に、より多くの量、より多くの種類、そして一年を通しての安定供給を要求するようになったからだと説明する。そして今や業界内部の人間でこの考えに反論する者は誰もいない。

この巨大で新しい市場のニーズを満たすために、野菜生産者は農業の形を変えなければならなかった。彼らは、年中いつでも一定量の野菜を供給できるようにサリナス・バレーからアリゾナ、メキシコ、さらには南米に至るまで、遠く離れた生産地域を一つに結ぶ広大なネットワークを構築し、個々の地域でも生産量を大幅に増やした。そして、その最大の地域がサリナス・バレーだった。

生産量の増大は農業手法の改善によるものもあった。たとえば、作付密度を高くしたり、収穫回数を増やしたり（ベビーホウレンソウはわずか二十六日で収穫可能になる）、機械化を進めたりした。かつては手間暇かけて手で摘み取っていた葉物野菜も、今では巨大な収穫機械で上手に摘み取れるようになり、そのおかげで時間的な余裕ができた農家は苗床をさらに拡大した。だが、生産量の増大の大半は古いやり方、つまり農地拡大によってもたらされたものだった。そして、新しい農地はアリゾナ、メキシコ、チリといったほかの地方で開拓されたことに加え、生産者が既存の生産基盤や労働力を利用できるサリナス・バレーのような生産地域でも、新しい農地開拓を求める経済的圧力が強まっていた。

サスローが言うように、すべての問題は元を正せばそこにたどり着くのかもしれない。サリナス・バレーの平地はすでにすき間なく耕されている上、都市化の波も押し寄せてきているので、農地を拡大するためには、野菜の栽培者は昔ながらの平地ではなく、新しく、周辺の山沿いの土地を切り拓く必要があった。しかし、残念ながら、そこは牧場や野生動物の生息地になっていて、「気が付いてみると農家は、牛やイノシシに囲まれて野菜を生産していた」のだった。

ドール社（Dole Food Company）の袋詰めホウレンソウから検出されたO157の感染源と特定されたホウレンソウ畑が、サリナス・バレーの牧場と隣り合っていたばかりか、畑そのものも数年前までは牧草地だったというのも、決して偶然ではないだろう。

主要なマスコミは、この農場と牧場と野生動物の三つの要素が結び付いたところで、カリフォルニア大学デイビス校の研究者ロブ・アトウィル（Rob Atwill）が言うところの、〝腸チフスのメアリ（訳者注：一九〇〇年代初頭にニューヨーク市周辺で広がった腸チフスの原因となった無症候性保菌者の名前。ここではイノシシがメアリの役割を担ったという意味で使われている）説〟を流し出した。これはイノシシでも、群れからはぐれた牛でも、鳥でもかまわないが、何がしかの動物がそこの牧場に落ちていた牛の糞尿から病原性大腸菌をもらって保菌者になり、「そこらじゅうを駆けまわってあちこちに糞をしていった」という説のことだ。

実は、生鮮食品業界はそれが汚染の真相だったことを強く願っている。もしそうなら、畑の周りにより頑丈なフェンスを張り巡らしたり、罠を仕掛けたり、イノシシをしとめたハンターに賞金を出したりして、動物が畑に入らないようにすることで、問題の再発を防ぐことができるだろうし、万が一再発してもその影響を最小限にとどめることが可能だからだ。そしてすでに業界は、そうした措置を講じ始めている。一例を挙げれば、アメリカ最大の袋詰めサラダメーカーであるフレッシュ・エキスプレス（Fresh Express）は、野菜の生産者に対して、畑をフェンスで囲むだけでなく、ネズミ捕りや大きな音を出して有害な小動物を脅すカーバイド砲を仕掛けるように求めている。

しかし、残念ながら汚染が発生する経路はほかにもいろいろあり、それらをすべて防ぐのは非常に難しい。たとえば、アトウィルは〝冬の移動（winter migration）説〟の可能性を指摘している。冬の大雨で病原菌が山裾にある牧場などから流れ出し、平地に広がったという説である。問題の地域に頻繁に足を運び、畑や牧草地を調べているアトウィルはこう語っている。「この地域は、ほかの地域と山裾の稜線ではっきりと区別されていて、その稜線と稜線の間に平地が広がっています。そして、山裾の地域と平地とが大昔からある天然の川や人工的な水路でつながっているのです」

この広大な排水システムに入ってきた病原菌は、灌がい用の井戸や運河、用水路などのルートを通り平地の畑に侵入していく。近代的な栽培方法が実際には汚染を広げる役目を果たしている可能性があるのだ。事実、サリナス・バレーの農場では、新しく大きな苗床は従来のように畝と畝の間に水を流して灌がいするには広過ぎるので、スプリンクラーで上から散水している。つまり、いったん病原性大腸菌がこの灌がいシステムに混入すると、生産者は自らそれをホウレンソウの葉の上に振りかけることになるわけだ。

しかも、この水系に入った腸管出血性大腸菌O157は灌がいシステムのような決まったルートからのみ農場に流れ込むわけではない。洪水のときなども流れ込む。調査員は粘土質の川底や、石の表面に付着したぬめり気のある微生物のコロニーの中にO157を発見している。洪水が起きれば、あふれた水に混ざって、こうした病原菌が道路や近所の畑にも流れ込むことになる。このように洪水時はどこから感染が広がるかもわからないので、最近の大手食品流通業者は洪水のあった地域の作物を避けるようになっている。

だが、仮にそのような対策を講じたとしても、危険のほんの一部を回避しているにすぎない。O157は、確かに水系や洪水を利用して広がることもあるが、基本的にこの細菌は水がなくても広がるからだ。土が乾くと多くの細菌は死滅するが、O157は何週間も、場合によっては何カ月も乾燥に耐えることができる。このような乾燥耐性があるということは、O157は乾燥した土の中でも生きられるだけでなく、浮遊粒子（エアロゾル）化し、空気中のゴミに混ざって飛散することで、とてつもなく広い範囲に感染を広げることもあり得るのだ。これでは、食品のサプライチェーンを感染から守ろうとする食品業界の必死の努力も、台無しになってしまう。

アトウィルは、O157を含んだ塵埃がほとんどあらゆる所へ飛散する可能性についても指摘している。このような塵埃は、たとえば、干上がった川床から風で舞い上がることもあるし、牛が乾いた糞を踏みつけたときや、土の道を車が通ったときに舞い上がる恐れもある。「牧草地の脇の土の道を大型トラックが通っただけでも、舞い上がった砂埃が風に流され、葉もの野菜畑の上に菌が降り注ぐかもしれないのです」

困難な生鮮野菜の殺菌

〝冬の移動説〟が原因でも、〝冬の移動説〟と〝チフスのメアリ説〟が組み合わさって病原菌の拡散が起きているとしても、あるいは、ほかの原因が考えられるとしても、何にしても問題を解決するのはとても困難だ。フェンスを張り巡らしても畑に塵埃が飛び込むのを防ぐことはできないし、何キロにもわたって流れる川や運河の川床を一ミリも漏らさず保護することは現実的には不可能だからだ。

さらに悪いことに、一度、病原菌が畑に入ってしまえば、消費者のもとへ達するのを防ぐことは難しくなる。食肉と違い、生鮮野菜の流通ルートには、殺菌・除菌工程を設けようがないからだ。生鮮野菜に熱い蒸気を吹き付けるわけにはいかないし、消費者がサラダを加熱調理することも、常識的には考えられない。しかも、ただでさえそうした危険が存在しているのに、現在の食品会社はさらに生産量を増やしたり、コストを削減するために、様々な施策を試みていて、結果的にそれが感染の危険性をさらに増大させている。

巨大な収穫機械によって切り取られたホウレンソウやサラダ用野菜の切り口は、O157にとってただの付着場所となるだけでなく、滋味豊かな葉汁を栄養源として供給してくれる場所にほかならない。そのため、その栄養によって病原性大腸菌が増殖し、子孫を増やすまたとない場所となる。収穫された野菜は食品加工場で、ほかの大量の野菜や水と接触する。この工程で病原性大腸菌は何よりも欲しかった水分を補給するばかりか、ほかの野菜と接触することで、汚染の可能性を際限なく高めていくのだ。

食品加工業者もそのような病原菌の流れを阻止するために、いろいろな対策を講じてはいる。ホウレンソウなどの野菜は、物理的に除菌するために巨大な急流の中を通され、塩素殺菌した水に浸され、冷蔵倉庫に保管され、トラックに積み込まれて、商品陳列棚に並べられた上で、消費者の手に渡る。

だが、このような対策を取っても、新しい病原性大腸菌の株にはあまり効果がない。そもそも植物の切り口に入り込んだ病原菌を退治するのは恐ろしく難しいし、水中を漂っている病原性大腸菌は塩素で殺すことができるが、植物の表面にとどまっている病原菌は必ずしも薬品で殺菌できるとは限らないからだ。これは、とりわけ塩素濃度が低いときにいえることだが、農務省のカリフォルニア事務所にいる微生物の専門家で、農産物と病原性大腸菌に詳しいロバート・マンドレル（Robert Mandrell）によると、食品加工業者は野菜の臭いや香りに影響を与えないように、できるだけ低濃度の塩素を使いたがる傾向があるという。また、関係者の話として、この洗浄工程は「かなり適当に行われている」と、マンドレルは話してくれた。ついでに言うと、洗浄によって殺菌できるのは「病原菌全体の九十パーセントから九十九パーセント」であることは食品業界自身も認めている。

冷蔵も、それに輪をかけて効果がない。旧型の病原性大腸菌は低温に弱かったが、新しい株は、〝コールド・チェーン〟にも極めてよく耐えられる。「学校では、病原性大腸菌は四十五度以下の温度では増殖しないと教わりました」と、サスローは言う。「ところが、今は低温でもゆっくりと増殖するようです」。〝ゆっくり〟の理由は、病原菌が食品微生物学者の言う〝温度の乱れ〟、すなわち冷蔵保存状態から輸送に移され、食品加工業者の手から消費者の手に渡るまでの流れの中で、様々な温度変化に遭遇するからだ。

たとえば、袋詰めにされたサラダが市場の床に長時間放置されているようなこともあるだろう。また、それを買った人がサウナ状態になっている自動車の中や、キッチンカウンターの上に長時間それを放置することもあるだろう。事情はどうであれ、温度が繁殖に最適なレベルまで達したら、病原菌は急速に増殖を始める。しかも、高温下では葉の劣化が早く進むので、葉の組織が分解されて、病原性大腸菌にとって重要な栄養素である窒素が発生する。マンドレルは、たとえ短時間でも温度の乱れが生じると、病原菌の数が十倍にも膨れ上がることがあるのは、こうした原理だと説明する。

食品業界は自分たちのシステムにこのような脆さがあることを知り、さらに進んだ技術で対抗しようとしている。オーガニックサラダとホウレンソウの生産最大手の――二〇〇六年の食中毒事件において発生源の一つにもなった――アースバウンド・ファーム（Earthbound Farm）は現在、極めて高感度な検査手法を使って農産物を検査している。野菜は洗浄される前と袋詰めにされた後で検査され、検査結果が出るまでは保管される。「我が社は食品の安全管理手順を一から見直しました。こんなことをしている所はほかにありません」と、同社の広報担当者は胸を張る。それでも、病原性大腸菌がその高度な検査の目をかいくぐる可能性は残っている。

現在、サスローやアトウィルなどの研究者は、畑で最初に汚染が起きた時の細菌の濃度はかなり低く、そこから不均等に広がるため、最新の検査技術を用いていても、機械的にサンプリングをするだけでは病原菌を検出できない場合があるのではないかと考えている。病原菌の数は、たとえば野菜の葉が切られたり、その葉が水に浸されたりして、菌の増殖に適してきた環境が生まれたときに一気に増加を始める。このため、一部の研究者はサスローの言う「それなりに根拠のある推測」で、野菜が消費者のもとへ届いた時に格好の条件がそろい、最初は少なかった病原性大腸菌の数が一気に感染を引き起こすレベルに達することがあるのではないかと考えている。

また、食品業界があの手この手と対策を尽くしても、その業界自体が世の中の流れに合わせて変化するため、結果的に問題が起こる可能性を高めてしまっている面もある。たとえば、市場では野菜の鮮度が重視されるので、収穫された野菜は七十二時間以内に消費者のもとへ届けられていて、さらにそれは三十六時間にまで短縮されようとしている。食品業界がどんどん費用削減の努力をすると、業界は整理統合され、小規模で効率の悪い農場は姿を消して、まるで工場のように組織化された大農場だけが、ごく一部の巨大な食品加工会社に収穫物を納めるようになっている（現在、アメリカ産レタスの五分の四は五百エーカー（約二平方キロ）以上の大規模農場で生産されていて、パック入りサラダの四十パーセントは前出のフレッシュ・エキスプレス（Fresh Express）一社によって包装処理されている）。このような整理統合は、生鮮野菜の小売原価を切り詰めるには都合が良いが、病原菌の混入を防ぐのはより難しくなる。「問題があれば、その情報はつい五年ほど前には考えられなかったような速度であちこちに伝えられ、共有されます」と、サスローは言う。「その点で、現代のサラダはハンバーガーとよく似ていますが、サラダの場合には決定的な〝殺菌・除菌工程〟がないのです」

自主規制のコストパフォーマンス

今では誰もが、食中毒事件が繰り返し起こる理由も、行政当局がそれに対して強い対応を取れない理由も理解している。議会が公聴会を開いて、厳しい法律を次々と制定しても、州や連邦政府の行政機関、とりわけ生鮮食品を監督する立場にあるＦＤＡは、なかなか効果的な打開策を打ち出せない。しかも、ＦＤＡには十分に監督するだけの資金や人員が不足している。予算が足りないから、ＦＤＡは現場の検査官を何百人も削減せざるを得なくなっている。最近も中国製汚染食品の輸入を止められなかったために、その存在感はますます薄くなっている。

さらに、監督官庁そのものが、政策面でこの問題に対して取れる有効な手段などほとんどないことを認識している。収穫する前の野菜から病原菌を完全にシャットアウトしようと思えば、すべての野菜を温室で栽培するしかないが、これはとてつもなく費用のかかる方法であり、どの政治家も当然、そんなことは主張しない。

だからと言って、代替手段——従来の農業のやり方を強制的に変更させる方法——を試そうとしても、これまで見てきたように、病原菌がどこからサプライチェーンに侵入するのか、誰にもはっきりとはわからない。そのため、どのやり方を奨励し、どのやり方を禁止したらよいかもわからないのだ。元野菜栽培農家で、現在は農業関係のコラムニストをしているジム・プレバー（Jim Prevor）はこう語っている。「大勢の人が規制を望んでいますが、それはどういう規制なのでしょうか。いったい農家にどうしろというのです？　誰かが三メートルのフェンスを立てれば、もう問題は起こらないと保証してくれたら、農家は明日にでもそれを立てますよ。でも、そんなこと、誰にもわからないわけでしょう。大勢の人は『去年のうちに政府が新しい規制を導入していたら、あんな食中毒は起こらなかったのではないか？』と考えています。でも、起こっていますよ。だって、この問題に巻き込まれている企業は、安全管理にかけては上位十パーセントに入る優秀な企業なのですから」

アメリカ政府はこれまで、どちらかというと、買い手側からの圧力で食肉処理プロセスが改善されたときのように、市場の圧力で必要な変化が起きることを期待して、生鮮食品業界に自分たちで解決策を考えさせる消極的な姿勢を取ってきた。アメリカの食品業界には、イギリスのやり方を高く評価する人が大勢いる。イギリスでは、食品小売業者からの強い圧力で、小売店の代理人が定期的に農場を訪れるようになっていて、農産物のサプライチェーンが変化してきている。それに対して、アメリカの小売業者は独自基準を押し付けようとはせず、食品の納入業者を免許制にすべきだと主張するだけだ。食品の安全性に関する責任を政府に押し付け、自分たちは基準をきちんと守っているというスタンスを維持したいのだ。

二〇〇六年に大規模な食中毒事件が次々と発生した直後、食品の小売業者と供給業者はＦＤＡの指導を受け、自主的な安全基準を策定する話し合いの場を持った。アメリカの食品サプライチェーンにもイギリスのような自主規制を導入しようとしたのである。その結果、新しい取り決めができ、そのガイドラインに従わなかった業者は大手小売店に食品を納入できなくなった。だが、問題は経費だった。ガイドラインに沿った安全対策は、検査の強化やフェンスの設置、ネズミ捕りやカーバイド砲の設置から新しい灌がいシステムの導入に至るまで、ただでさえ儲けの薄い農業にさらに出費を強いるものだった。

農家も投資をすればした分だけ売上が上がるのなら、喜んでこのような対策に投資をしただろう。ところが、消費者は安全性という付加価値に対して、今よりも余計な費用を支払わなければならないとは思っていないので、小売業者としても、増加したコスト負担分を安易に消費者に転嫁できない。それに、過去の記録を見ると、ほとんどの食中毒事件は農場が特定できるレベルまでその発生源を突き止められておらず、ひどい場合には、食中毒があったことすら公式には認められていない。マーラーが言うように、農家が危険を承知の上で意図的に注意を怠っていたとしても、不思議ではない。ほとんどの食品会社は自分たちが「食中毒事件に巻き込まれる可能性は、はっきり言って極めて低い」ことを知っている。マーラーはこうも言う。「ほとんどの場合、食中毒事件の被害者には、その原因がわかりません。統計的に見て、食の安全に余計にお金を払っても、必ずしも収支がプラスになるとは限らないのです」

一方、私たちが政府や業界から新しい基準が打ち出されるのを待っている間にも、農産物ビジネスはサスローの言う〝サプライチェーン基準〟で動き続けている。作付面積は広がる一方だし、一回でも多く収穫するために毎年の栽培期間も延びている。たとえその結果、雨の中でぬかるみに足を取られながら働くことになってもだ。サスローは言う。「今や農家は年中休みなく、常に何かを植えたり、収穫したり、梱包したりしていなければならないのです。状況が違っていたら食品会社も、『この畑がもう少し乾くまで、ちょっと待ってください』と言うでしょう。ぬかるんだ畑に収穫機械を入れたら、野菜に土が付いたりして収穫するのも厄介だし、何もかもが大変になりますから」

だが、現状では、食品会社は商品の数を増やしていかなければならないので、最適な条件の下でなくても、常に生産し続けなければならない。その結果、「品質や食の安全に関する期待に応えるのが次第に難しくなっています。時には、『これがこんな時期に採れるの？』と思うこともあるくらいです」と、サスローは言う。

鳥インフルエンザの恐怖

サリナス・バレーから地球を半周ほどした所にある中国の合肥市。喧騒と煤煙に包まれたこの町の郊外にある養鶏場では、食品生産と食品に巣食う病原菌がメジャーリーグ級のぶつかり合いを演じている。

迎えてくれたのは、名前をウー（Wu）とだけ名乗る小柄で身ぎれいな男性だった。体に良いといわれる黒っぽい肉の取れる鶏を育てており、〝血行を良くしたいと思っている都会に住む金持ちの女性〟に高い値段でその肉を売っている。二万六千羽の鶏を七つの粗末なカマボコ形の鶏舎で飼っているだけの、欧米の基準からすると、ささやかな事業ではある。だが、規模が小さいということは、ウー自身が給餌、掃除から〝病気予防〟のための定期的な抗生物質の摂取まで、日々の雑務のすべてを自分で行い、コストを削減していることを意味している。

また、ウーが鳥インフルエンザに対して非常に安上がりな対策を取っていることも、この規模の小ささで説明がつく。北米やヨーロッパの養鶏農家は私たちを案内するときに防護服やシューズカバーの着用を求めたり、多くの場合、私たちの取材を端から受け付けなかったりしたが、ウーは農場の入り口にある門のあたりで、白い抗菌剤の粉末が入った皿の上を歩くように言っただけである。そのような感染対策では、空気中から入ってくることもあるH５N１型のような病原菌の侵入を防ぐのはとても無理ではないかと心配したくなるが、どうやらこれはウーにとっては心配のし過ぎらしい。彼の気持ちはそんなことより鶏肉需要が急速に拡大していることに向いており、何とか早く八つ目の鶏舎を建てようとしている。「これから状況はもっと良くなるよ」と、ウーは言う。

今、鳥インフルエンザの専門家たちが一番警戒しているのは、まさにこの合肥のような町で養鶏業を営むウーのような男たちの野心である。アジアやアフリカの開発途上国での食肉生産の急速な拡大は、短期的には大きなメリットがあることかもしれない。しかし、遅れて来た畜産革命は病原菌の大量拡散を招き、病原性大腸菌やサルモネラ菌すら霞んでしまうような大混乱を引き起こす可能性がある。そして、それらの病原菌が引き起こす新旧様々な病気の中でも、高病原性鳥インフルエンザ（HPAI＝Highly Pathogenic Avian Influenza）ほど恐ろしいものはない。この病気はそれ自体も恐ろしいが（現在、高病原性鳥インフルエンザに感染した人は、その六割が苦しみながら死んでいく）、環境への適応能力が極めて高いことに加え、攻撃目標となる二つの食品、すなわちコメと鶏肉が、世界の人々、とりわけ中国のような開発途上国の人々にとってなくてはならないものであるために、これがいったん人間の食の連鎖内に入り込むと、一気に拡散するのは避けられないと考えられている。

鳥インフルエンザは何十年も前から食品業界の周辺でじっと出番をうかがっていた。ほかの病原菌と同じでこのウイルスも、もともとの宿主は野生の水鳥だが、農業が野生生物の生息地に押し入ったところで人間の食物連鎖に入り込んできた。この場合、アジアの農民が水田として利用している広大な湿地が接点となった。彼らは収穫が終わるたびに、家で飼っている鴨を水田に放ち、こぼれた稲の粒を食べさせる。困ったことに、その湿地は渡りをする水鳥の餌場にもなっていて、その中にウイルスを持った鳥がいる。その鳥が水中に排泄したウイルスを、鴨がもらって家に帰ってくる。そして、それらの鴨の多くが近くの生鮮市場で売られ、特に中国の正月などには、何億という家庭で調理される。

それだけなら、仮に鴨が宿主になっていたとしても、人間にとってはそれほど恐ろしいことではない。だが、鴨はこのウイルスに対してかなりの耐性を獲得している。感染が発生しても鴨にそれほどひどい症状が出るわけではない。高病原性鳥インフルエンザウイルスは鴨という宿主に感染しても病原性が低く、そのまま鴨が生き続けられるようおとなしく過ごし、繁殖できるところまで宿主の環境にうまく適応する。感染した鴨は多くの場合、これといった呼吸器系の症状も呈することがないため、近くにいる人間が感染するほど大量のウイルスを溜め込めるのだ。

だが、鶏となると話は別だ。鶏は長くこのウイルスの宿主でいられる遺伝子を持っていないが（ウイルスによって死んでしまうことのほうが多い）、新しい宿主――理想的には、別の鴨の群れ――への橋渡し役ができるくらいの期間は生きられる。そして、現に中国では、鶏のほうが鴨よりもはるかに数が多く、盛んに売買されていて、新しい宿主への橋がたくさんかかっているので、ウイルスが新しい鴨の群れ、すなわち安定した宿主に到達する確率がそれだけ高くなっている。

「ウイルスを、領土拡大を狙うコミュニティに見立てると、黄河やメコン川のデルタ地帯やタイの平原地帯に生息する鴨の群れへ侵入する機会をうかがっている中国のウイルスにとって、そうした地域の間に感染しやすい鶏がたくさんいるのはずいぶん助けになると思います。たとえ一時的にせよ、鶏に感染し、そこで繁殖して外へあふれ出すことがあれば、ウイルスははるかに広範囲にわたって鴨の群れに感染しやすくなるでしょう」。ＦＡＯ（Food and Agriculture Organization of the

United Nations＝国連食糧農業機関）のインフルエンザ専門家ジャン・スリンゲンバーグ（Jan Slingenbergh）はそう語る。ウイルスが鶏と鴨の群れの間を行ったり来たりしながらアジアで増殖を続けているのも、そしてそれがアジアから世界へ広がろうとしているのも、これで説明がつく。これらのウイルスが再び水田に放たれ、それに感染した渡り鳥の群れが何百マイル、何千マイルと離れた所までそれを運び、中央アジアからヨーロッパやアフリカまで感染を拡大しているのだ。

宿主の鶏はまた別の結果ももたらした。ウイルスが高病原性のものに変化すると（この変化がなぜ起こるかはまだ専門家にもわかっていないが）、人間に感染する確率が高くなる。そのウイルスがさらに致命的な形に変化すると、それが鶏の免疫系を暴走させ、ウイルスの充満した鶏の肺内で大規模な炎症を起こさせる。その肺に水がたまると、あえぐ鶏の息に混ざって何億というウイルスが空気中に飛び出す。そうなると、ウイルスはほかの鶏に感染し、一週間に一万羽、いや、十万羽の鶏でも殺せるほど猛烈な感染の嵐を発生させることができる。さらに重要なことに、ウイルスが大量に放出されると、少なくともその一部の遺伝子に突然変異が起こり、ウイルスが人と動物を隔てる垣根を越えて人間にも感染するようになる確率が高くなる。

もちろん、ただこの垣根を越えさえすれば、人間の間にも爆発的な流行が起こるかというと、そうではない。人と鳥では遺伝子に大きな違いがあるため、人間社会に入り込んだ鳥インフルエンザウイルスは通常は長くそこにとどまることができない。カナダのブリティッシュ・コロンビア州で大量発生したときのように、病原性が低いまま人間の免疫系によって殺されてしまうか、まれに致命的な形態に変化したとしても、効率良く人から人へ感染する方法を〝学習〟しないままに終わる場合が多い。

たとえば、悪名高いＨ５Ｎ１型ウイルスにしても、宿主となった人間を死亡させる力は持っている、効率的かつ持続可能な形で人と人の間を移動する能力は獲得できていないため、少なくとも現在の形態でいる限り、爆発的な流行を引き起こす力はない。だが、鳥インフルエンザウイルスが（あるいは、何十年か前にチンパンジーから人に感染したＨＩＶのようなほかの動物原性ウイルスにしても）、何らかの形で致死性と人間への感染力の両方を身に付けると、結果はまず例外なく壊滅的なものになる。一九一九年のスペイン風邪大流行の時も（現在では、別の変異した鳥インフルエンザウイルスＨ１Ｎ１型によって起きたことがわかっている）、病原菌は人から人への高い感染力を持っただけでなく、目がくらむような早さで病状を進行させた。朝には元気そのものだった人が、午後には症状を訴え、夜には亡くなるということもあった。

大流行のＸデー

まだよくわかっていないのは、Ｈ５Ｎ１型、Ｈ７Ｎ３型など、現在地球上に広く分布している何十種類もの鳥インフルエンザウイルスが、人間に対する致死性と強い感染力を併せ持つために必要な遺伝子の突然変異を起こすかどうかである。

専門家は鳥インフルエンザウイルスが絶えず変異していることを知っている。たとえ鴨のように理想的な宿主内に安住しているときでも、常に遺伝子は再集合を行っている。専門家はこのウイルスが遺伝子を再集合させる時に、異例ともいえる広い範囲から遺伝子をかき集めてくることを理解している。同じ種としか交合できない人間などとは違い、鳥インフルエンザウイルスは、一つの種に結び付いたもの（鳥など）と、別の種に結び付いたもの（豚や人間など）の間で遺伝子を交換できる。このため鳥インフルエンザウイルスは、驚くべき新能力を持った（人と動物の間の垣根を飛び越えるような）子孫を生み出せるばかりか、次に出現すると予測される遺伝子の種類でさえあまりにも多く考えられるために、専門家によるそのような遺伝子の登場時期の予測も極めて難しくなっている。

この遺伝子が再集合する際の複雑さは、鳥インフルエンザの専門家が、人間のインフルエンザが流行する季節にひどく気を揉んでいる一つの理由である。人間のインフルエンザにかかった人が鳥インフルエンザにかかった鳥と接触すると、H5N1型のように単に致死性を持つだけでなく、次なるインフルエンザ大流行を引き起こせるだけの人間の遺伝子を持つ交配種のウイルスが生まれる可能性もある。実は、一九一九年のスペイン風邪の大流行の時に起きたのもそういう遺伝子の組み換えであり、一九五七年と一九六八年に、もっと小規模だが、十分に致死性の高いインフルエンザが流行した時も、同じようなことが起こっていた。調査の結果、そのようなウイルスを生み出すために必要な遺伝子変化は、それほど大規模である必要はないことがわかっている。一九一九年のスペイン風邪を引き起こしたインフルエンザウイルスを調べたCDCのテレンス・タンペイ（Terrence Tumpey）によると、遺伝子コードに二つの比較的小さな変化が起きただけで、鳥インフルエンザウイルスが一億人もの命を奪うことができる、人間が感染する病原菌に変わったのだという。

だが、ウイルスにはそれぞれ違いがあるので、H5N1型のような現代の変種が大流行を引き起こすような型に変化するのにどれほどの変異が必要か、また、その変化にどれくらいの時間を要するかは、研究者にも知るすべはない。ミネソタ大学感染症研究センターのマイケル・オスターホルム（Michael Osterholm）所長は二〇〇七年初頭のインタビューで、「必要な変異は極めて複雑なもので、起こらない可能性もあるが、いつでも起こり得るほんの一つか二つの変異かもしれない。問題なのは、そのどちらの推測が真実に近いかということだ」と語っている。

次なる鳥インフルエンザの大流行がどの程度の規模になるかについても、確かなことはわかっていない。一部には、スペイン風邪並みの大流行になり、今日の高い人口密度や世界中の人や物の流れの速さを考えると、死者の数や経済的損失は計り知れないほど大きなものになると予測する向きもある。世界銀行（World Bank）は世界中で七千万人が死亡すると試算しているし、何兆ドルもの経済的損失が発生するという予測もある。たとえ一九六八年に起きたややおとなしい流行と同程度のものでも、百四十万人が死亡し、三千三百億ドル（約二十五兆八百億円）の損失が発生すると予測されている。

一方、スリンゲンバーグらは、これからもＨ５Ｎ１型が鶏の群れを荒らし続けるだろうが、このウイルスが人間の間で大流行するために必要な効率的で持続可能な感染経路を見つけ出すまでには、何年も、いや、何十年もかかる可能性があるし、仮にそれを見つけ出せても、流行の規模はスペイン風邪よりかなり小さなものになるだろうと予測している。その理由は、一九一九年と比べると、現代の人間のインフルエンザウイルスは安定していて、鳥の体内にいるウイルスの親戚から遺伝子を補充する必要に迫られていないので、新しい変種は現在のインフルエンザウイルスと大きく違ったもの――つまり病原性の高いもの――にはならないと考えられるからである。

しかし、少なくとも次の三つの点については、インフルエンザの専門家の意見はほぼ一致している。第一は、鳥インフルエンザウイルスの強力な遺伝子の再集合能力を考えると、現在分布している

H5N1型、H7N3型などの鳥インフルエンザウイルスがはるかに危険なものに変化しないわけはないということ。

そして、第二は、これらのウイルスがアジアからヨーロッパやアフリカへあっさりと広まったことを考えると、いくらアメリカの鶏肉会社が厳重な安全対策を取り、アメリカ政府が感染した鳥の群れをスパイ衛星で追跡するような侵入防止策を行ったとしても、いずれ何らかの変種がアメリカ国内に侵入することは避けられないということだ。国民にツナと粉ミルクの備蓄を呼び掛けたマイケル・リービット（Michael Leavitt）保健福祉長官はこう語る。「アメリカ国内でH5N1型が発見されるのは時間の問題です。鳥の渡りのパターンを考えると、その日が来るのはほとんど避けようがありません。今、政府の保健担当者は、移動しながらインフルエンザの大流行を引き起こそうとしている猛毒のウイルスと必死で戦っています」。同じく、マイケル・ジョハンズ（Michael Johanns）農務長官も「アメリカ全体を巨大なかごに入れて、鳥が出たり入ったりするのを防がない限り、アメリカだけを無事なまま保護するのは無理です」と話している。

第三は、人間の活動が、たとえば鳥との接触や橋渡しの機会を増やすことによって、この競争を加速し、大流行の危険性を高めているとすると、食肉生産、とりわけ開発途上国の食肉生産が急速に拡大していることほど心配なことはないという点だ。欧米諸国では、昔から食肉生産は穀物が取れる農村地帯で行われてきたが、開発途上国の食肉生産の拡大は都市部で起きている現象だ。中国やベトナムやインドネシアのような国々では、国内産の穀物に余剰がないため、飼料の輸入によって、拡大する豚肉や鶏肉の生産を支えている（現に開発途上国で食肉の大量生産が可能になったのは、規格外の飼料を安く輸入しているからだ）。そのため鶏肉をはじめとする食肉生産農家は、（穀物や大豆を輸入する）港や豊かな都市部の消費者にも近い大都市周辺で事業を始めることが多い。その結果、上海、バンコク、香港、ジャカルタといった港を抱える東アジアや東南アジアの大都市やその周辺に食肉、特に豚肉や鶏肉の生産業者が集中している。

鳥インフルエンザについては、このように都市部で鶏肉生産が急速に拡大すると、主に二つの結果が予測される。

一つは、食肉用の鶏を飼っている農場では、遺伝子の同じ鶏が狭い所に閉じ込められて飼われているため、鳥インフルエンザウイルスが発生し、大量に増殖する可能性が高くなる。

もう一つは、鳥と人間の接触機会が大幅に増大することだ。アジア全体で見れば、主に鶏肉生産は、高度なウイルス対策を取る余裕のある大規模な事業者によって運営されているが、中国やベトナム、インドネシアやその近隣諸国における鶏肉生産の半分近くは、いまだに裏庭でちょっと鶏を飼うようなやり方で、三十〜一千羽という小規模な生産が行われている。残念ながら、鳥インフルエンザの植民地化の過程では、このような小規模生産者が主要な役割を果たす。生産者やその肉を売買する業者は頻繁に農場と地元市場の間を行き来し、鶏が感染症状を示すはるか以前に、簡単に群れから群れへ、市場から市場へと感染源を伝播させてしまうのだ。

安全より圧力で解決を図る中国

アジア各国の政府は何とか自国経済や輸出収益を守ろうと、二〇〇三年以降、これらの地域の農業収入を百億ドルも奪ったウイルスの封じ込めに積極的に動いている。二〇〇四年に鳥インフルエンザが再び発生して、輸出収益を百五十万ドル（約一億千四百万円）も失ったタイは、この地域における鳥インフルエンザ対策の先頭に立ち、全国に八十万人の相談員を配置し、病気の鳥や人はいないかを一軒ずつ聞いて回らせている。また、ベトナムはワクチン接種や新たな発生を集中的に監視するプログラムを立ち上げている。どこよりも多くの人が鳥インフルエンザに感染したインドネシアでは、政府が人口密度の高いジャカルタを対象に、裏庭で鶏を飼うことを禁止した。そして、この地域全体では、各国政府が二〇〇三年以降、二億羽以上の鶏を処分し、鳥インフルエンザの再発防止に努めている。

だが、このような努力も期待されたほど地域全体が一丸とはなっていないし、一貫性にも欠けている。大規模な生産業者は法的にも、また、自分たちの輸出業者としての評判を落とさないためにも、鳥インフルエンザが発生したら輸出を停止し、鶏を処分することが義務付けられているが、小規模な生産業者は通常そのような対策を取る余裕がないので、鶏の処分を逃れようとする可能性が大きい。ベトナムでは、鶏の流通を規制しようとした結果、裏庭で鶏を飼っている農家がその鶏を――ある時はオートバイの荷台に乗せて――町の市場まで売りに行くようになり、結局闇市場ができただけで終わった。「ベトナムは、ワクチン接種については優等生のような対策を取りましたが、この二年半の間に打ち出したほかの対策については、もう一度よく効果をチェックしてみる必要があります。そして、すでにベトナム南部で起こっている鳥インフルエンザに感染した鴨の大量発生が何かの予兆だとすれば、これから大変なことになるかもしれません」。ミネソタ大学獣医畜産学部のアンドレ・ジーグラー（Andre Ziegler）教授はそう語る。

だが、どこよりも心配なのは、一九九六年に鳥インフルエンザが発生したにもかかわらず、その拡大を阻止しようとする努力をほとんど行っていない中国である。世界中のメディアが中国農業省は何年も前から鳥インフルエンザを収拾がつかなくなるまで放置してきたと非難しているが、当の中国は、いまだに自分たちが事態を掌握しているように見せかけるために、発生した数を少なく報告するようなことが日常化している。

それに、たとえ政府が対策を取っても、その権限は厳しく制限されている。中国の研究者も積極的に新しいワクチンの製造を開始していて、中には非常に効果的なものもあるが、政府には現場でウイルスがどう変化しているかを追跡しながら、毎年必要な百億回以上のワクチン接種をこなす能力がない。スリンゲンバーグも、「中国のインフルエンザ研究者はとても優れた科学者たちだが、明らかに自分たちの身の丈を超えた課題に直面している」と語っている。

食の安全性に関して中国が遅れているのはウイルスの研究ばかりではない。どう少なめに見積もっても、このアジアの巨人が、その食システムを欧米諸国が受け入れ可能なレベルまで安全なものにするには、十年の歳月と一千億ドル（約七兆六千億円）以上の費用がかかる。ある意味で、中国製食品の価格の安さは、それだけの金を安全性の向上に費やしていないからこそ実現しているともいえる。

しかし、中国政府がそれだけの費用を投じて、自ら進んで食品輸出の急速な拡大に歯止めをかけ、食品の品質や安全性向上に努めると思っている外国の専門家はほとんどいない。それどころか、中国政府は攻撃こそ最大の防御と判断したようにさえ見える。中国は自国食品の悪いイメージを払拭するために大々的なＰＲキャンペーンを開始し、アメリカ政府が中国からの輸入食品に制限を加えようとする動きを阻止するために、ワシントンでのロビー活動の戦力を倍増した。中国の海産物は残らず検査すべきだと主張したアメリカ政府のＦＤＡを、中国は貿易に不公正な制限を加えようとしているとして、激しく攻撃したこともあった。

結局のところ、中国の最大の問題は、医療や科学の遅れや、政治指導者の非協力的な姿勢ではなく、ますます勢いを増す食経済の膨張にある。人口が増大する一方で、人口一人当たりの食肉消費量は急速に伸びていて、安価なタンパク質に対する需要は今後数十年にわたって増え続けると見られている。つまり、すでに鳥インフルエンザ騒動で世界から非難を浴びている食肉産業に、今後さらに大きな重圧がかかってくることが予想されているのだ。この流れでいくと、アメリカからの穀物輸入量を増やし、それを使って、アメリカに還流する鶏肉を生産するという最近の中国の計画は、ますます危険なものになってくる。中国のこの現状は「インフルエンザの大流行を引き起こすウイルスと戦っている」というアメリカ政府の主張とは、とても相容れるものではない。

食経済が痛ましいほど機能不全に陥った中国製食品の持つ健康リスクを横に置いたとしても、すでに過負荷状態に陥っている中国の食肉生産システムをさらに焚きつけるようなことをしていれば、H5N1型の問題を悪化させるだけだ。輸出される食肉の大半は大規模な〝生物学的安全措置を施した〟養鶏場から来ているとはいえ、そうした輸出は国内における鶏肉の供給不足をもたらし、その不足分は近い将来、少なくとも一部は小規模生産者によって補填されることになる。FAOの統計によると、現在、中国では、五億人以上の人が鶏を飼っており、その数は徐々に減少傾向にあるが、小規模生産者はこれから数十年にわたって中国の鶏肉生産量において大きなシェアを占めると見られている。

スリンゲンバーグが語る。「農村開発は時間のかかる遅々としたプロセスです。私たちには、二〇三〇年にどれほどの小規模農家が鶏肉を生産しているか、だいたいわかっています。また、その時もまだたくさんのウイルスが出回っていることもわかっています。この先中国があふれんばかりの人口を抱え、国内で商業や工業が発展していくことをすべて考え合わせると、もはや問題は単純明快です。それは、鳥インフルエンザのリスクが不可避だということです。にもかかわらずアメリカは、すでにとんでもない量の鶏肉を生産している中国に大量の飼料を供給して、中国の鶏肉生産量をさらに増やそうとしています。アメリカはこれを見直す必要があります。今私たちが自問自答すべきことは、本当に中国は年間に千二百万トンもの鶏肉を生産すべき場所なのかということなのです」

第8章　肉、その罪深きもの

アメリカ西海岸、ワシントン州サニーサイド郊外の丘陵地に、一平方マイル（約二・六平方キロ）にわたって広がるバン・デ・グラーフ（Van de Graaff）牧場は、これまで資本主義に忠実に従った健全な経営を行ってきたが、今は最悪の状態にある。三月初旬のこと。例年なら、四十九歳の牧場主ロッド・バン・デ・グラーフは、ひと冬越して十分に太った二万頭もの肉牛の一部を、食肉処理工場へと出荷するためにトラックに詰め込んでいるはずだが、今年は少し事情が違った。近くの町パスコにある大手食肉加工会社タイソン（Tyson）が機械の保守点検のため休業に入っていたため、いつもより出荷を遅らせなければならず、その分だけ牛に余計に餌を与えなければならなかった。

この類の遅れがコスト高につながるのは珍しいことではないが、今年は特に最悪だった。中西部でエタノールブームが起きたおかげで、普段は一ブッシェル（約二十五・四キロ）一ドル八十セント（約百三十七円）だった飼料用トウモロコシの価格が、今年は四ドル五十七セント（約三百四十七円）に跳ね上がっていたからだ。五分で一トンのトウモロコシを平らげてしまう家畜の群れを飼う男にとって、これはあまりに酷なニュースだった。

「穀物ブローカーは、『いつまでも値上がり続けるわけじゃない』とか、『しばらくは静観するしかない』とか言っていたよ」。長身に白い口髭をたくわえ、野性的な雰囲気を漂わせるバン・デ・グラーフが言う。「結局、連中の言うことはまるで見当外れだったね」

実際、その外れ方は大きく、バン・デ・グラーフ牧場の損益分岐点は今や牛の買い手が支払う金額を、出荷量一ポンド（約〇・四五キロ）当たり、十セント（約七・六円）前後も上回っている。千三百五十ポンド（約六百十二キロ）の去勢牛で考えると、一頭当たり百四十ドル（約一万六百四十円）近い赤字が出ることになる。「この仕事は時に三十ドルや四十ドル、場合によっては七十ドルの損が出ることだってあり得ないことじゃない。だけど、百四十ドルともなると、もう尋常じゃない。どうやってその損を取り返せというんだい？」

バン・デ・グラーフのような大規模畜産業者が、それだけの損失をすぐに取り戻せると本気で考えているわけではない。連邦政府がエタノール精製業者に補助金を出したために、精製所の数が急増し、トウモロコシ需要が跳ね上がったばかりか、その相場も従来の価格をはるかに上回る水準にまで上昇しているからだ。

この出来事は一九九五年以降、価格低迷に悩まされてきたトウモロコシ農家にとっては朗報だったが、安い穀物価格を前提に作られたサプライチェーンの下流側に押し寄せるその余波は、いやがおうにも痛みを伴ったものとなる。食品・飲料メーカー、とりわけ食肉・乳製品加工業者はどこも利幅が小さく、タイソンの場合、トウモロコシの値段が十セント上がるたびに千七百万ドル（約十二億九千二百万円）の利益が失われる。長年、食品価格は下がり続けるという固定観念を刷り込まれてきた消費者も、スーパーのレジで支払う金額が以前より多くなっていることに気付き始めている。

こうした事態を前に、関連業界の幹部は、トウモロコシを燃料として使うアメリカの新しいエネルギー政策が自国の食料安全保障を窮地に追い込んでいるとして、一斉に批判の声を上げ始めた。アメリカ食肉協会（AMI＝American Meat Institute）のパトリック・ボイル（Patrick Boyle）会長は、「エネルギー安全保障というのは立派な目標だが、エタノールがもたらす便益はその影響と比較衡量する必要がある」と注文を付けている。タイソンのCEOリチャード・ボンド（Richard Bond）も、エタノールはアメリカに「トウモロコシは飼料用作物か、それとも燃料用原料か」の選択を迫っていると発言している。

飼料となる穀物生産の限界

バイオ燃料に対する不平不満はいろいろあるだろうが、それを〝食料か、燃料か〟の論争にしてしまうと、現代の食経済が抱える〝より大きく、より重要な問題〟を見失ってしまう。確かに、エタノール精製所が大量のトウモロコシを消費するのは事実かもしれない。アメリカのトウモロコシ生産量全体に占めるエタノール用トウモロコシの比率は、二〇〇二年には十パーセントにすぎなかったが、今や三十パーセントまで増えている。しかし、穀物価格上昇の背景には、ほかにより根本的な原因がある。オーストラリアの干ばつに起因する不作も影響しているが、何といっても注目すべきは、中国を含む開発途上国における食肉消費量の急増だ。

燃料としてのトウモロコシには、燃料効率の低さなど様々な問題があるが、とはいえ食肉業界がそれを「トウモロコシの横流し」だとか、「食料安全保障を脅かしている」などと言って批判している様は、かなり皮肉な光景と言わざるを得ない。エタノール産業の規模など畜産業に比べれば、ほんのちっぽけなものだからだ。事実、畜産業はそれ以外の産業すべてを合わせたよりも多くのトウモロコシを飼料として消費しており（二〇〇六年に世界中で生産された穀物二十億トンのうち三分の一以上が動物用飼料として消費されている）、その支配的地位は今後何十年も変わりそうにない。

トウモロコシから作られたエタノールの大流行は（たとえば、トウモロコシ価格の上昇や、もっと望ましいのは非食用作物を原料とする新しいバイオ燃料の発見などによって）、いずれ下火になるだろう。しかし、食肉消費にはそのような終わりが来ない。今世紀半ばまでに予想される三十億人前後の人口増の大半は開発途上国によるものだと考えられている。ほとんどの開発途上国の食生活が、豊かな欧米諸国のレベルにまだ遠く追い付いていないことを考えると、食肉のような穀物集約型食料に対する需要は、実際には人口の増加よりはるかに急速に広がることが予想される。世界の人口は二〇七〇年の九十五億人でピークに達すると見られているが、世界の食肉需要はその頃、現在の二倍から三倍に達していると予測されている。

それだけの食肉生産に必要な穀物をどこで手に入れるのか、ほとんど見通しが立っていない現状では、このような予測を前にしてもただ戸惑うしかない。今日の世界の穀物備蓄量は、記録的といってよいほどの豊作が続いたにもかかわらず、過去三十年で最低の水準にある。一方で、世界中の農家が未曽有のペースで作付面積を増やしている。たとえば、近年、アメリカ農家のトウモロコシの作付面積は第二次世界大戦後で最大である。にもかかわらず、市場では穀物需要――エタノール業界だけでなく、世界中の畜産部門からの需要も含め――の増大によって、世界の穀物価格は二〇一七年までに過去の平均より五十パーセントも押し上げられると予想されている。それは、タイソンやコカ・コーラ（Coca-Cola）のような大企業にしてみれば、少々の痛手で済むかもしれないが、食料の安定確保に苦しむ中、輸入穀物への依存度を高めているあまり豊かでない国々にとっては、壊滅的な事態につながりかねない。実際、メキシコでは二〇〇六年にトウモロコシ価格の暴騰を受けて数万人の消費者が街頭で怒りを爆発させる大規模なデモが起きている。アースポリシー研究所（Earth Policy Institute）のレスター・ブラウン（Lester Brown）代表は、世界的な食料価格の上昇が、思うように食料の確保を進められない国の政府を不安定な状態に追い込むような光景が、世界の至る所で見られるようになるのではないかと心配している。

事実、世界の主な食料機関は相変わらず、これからも穀物収穫量や供給量は増大を続け、不安定な食料需給は解消され、人口一人当たりの食肉消費量も着実に増えていくという未来像ばかりを描いているが、今やそうしたバラ色の未来は、食経済の最前線から届く報告によって日々否定されていると言っていい。

二〇〇七年七月、ＷＦＰ（World Food Program＝国連世界食糧計画）は穀物価格の高騰により、食料を支援できる困窮者の数を、二〇〇二年から毎年維持してきた九千万人より大幅に減らさざるを得なくなったと発表した。何十年にもわたる飽食の時代を経て、生産者も消費者も食べるものがなくなる時代が再来する可能性に気付き始めている。国連のジョゼット・シーラン（Josette Sheeran）は、二〇〇七年半ばに『ファイナンシャル・タイムズ（Financial Times）』のインタビューに答え、「私たちが直面している農業市場は過去数十年間で最も厳しい局面にあり、ものによっては史上最悪となっている。私たちはもはや食物が余っている世界の住人ではなくなったのだ」と語っている。

もちろん、世界はこれまで、このようなマルサス流の予想を何度も聞かされてきたし、そのたびに市場の力と技術の進歩を組み合わせて破局を回避してきた。しかし、今回ばかりは、食経済の調整が困難になりつつあるという現実を突きつけられている。コスト削減や増産ばかりを追い求めて地球上に住む十億もの人口を肥満化させる一方で、別の十億人を飢餓へと追いやり、食品を介して感染する病原菌をわざわざ取り込んで、それを世界中にばら撒くために出来上がったかのような巨大なシステムが、今や究極の問題に直面しようとしているのだ。

耕作可能な土地はますます減っているし、農薬や化学肥料といった投入資源の価格も値上がりを続けている。超集約的農法がもたらした土壌の劣化や侵食によって失われていく土地は、毎年何百万エーカー（数千平方キロ）にも上る。世界のあちこちで水資源が急速に枯渇しつつあり、それと同時に、工業化された農業の生命線である石油の価格上昇が、アグリビジネスのビジネスモデルを根底から揺るがしている。さらに最近では、気候のごくわずかな変動が、安定した気温と一定の降雨条件を前提に築き上げられた食システムに、どれほどのダメージを与えるかを予測しようという動きも出ている。こうした心配から資源の専門家の多くは、世界人口が九十五億人でピークを迎える二〇七〇年はもとより、現在の需要をいつまで満たせるかについても、疑問を投げ掛け始めているのだ。

「緑の革命」の産みの親として知られるノーマン・ボーローグ（Norman Borlaug）のような楽観論者は、遺伝子組み換え技術などの新しい農業技術にその答えがあると主張する。実際、将来の食料供給に関する楽観的な予想の大半は、かなり大規模な技術革新が起きることを前提としている。しかし、そうした見方をする人でさえ、前提となる技術革新を実現させられなければ、あるいはそれが間に合わなければ、食経済全体がまた大昔の不均衡な状態へと逆戻りする可能性があることを認めている。それは、人口の増加を懸命に生産性が追いかけなければならない世界であると同時に、それはかつて大国の間で繰り広げられてきた石油争奪戦と同じように、大国同士が余剰の食料をめぐって争う世界が再び到来することを意味する。

飼料効率化の限界

その意味では、昨今のエタノールをめぐる議論を、より大きなテーマのプロローグと見るとわかりやすい。そしてその大きなテーマとは、現在の食システムが果たして持続可能なものかという問いにほかならない。より具体的に言えば、前世紀に起きた食生活の劇的な改善——とりわけ、目を見張るばかりの食肉消費量の増大——を二十一世紀も維持していくことができるかどうかという問いである。

現代の食システムの持続可能性をめぐる議論の中心にあるのは、〝タンパク質のパラドックス（逆説）〟と呼ばれるものだ。第二次世界大戦以降、食肉や乳製品などのタンパク質製品の生産能力は、同じくタンパク質の塊である人間の増加率を上回った。より安価な穀物、より高い繁殖効率、より大規模で効率的な畜産経営などによって、食品産業は四オンス（約百十三グラム）の肉を清涼飲料水一缶またはパン一斤と変わらない安さで生産できるようになった。それは世界中で何十億という人々の生活を向上させたが、その一方で、消費者はかなりの代償も払わされてきた。

その代償の一部は、よく知られているものだ。すなわち、平均的なアメリカ人は現在、一日当たり約九オンス（約二百五十五グラム）の肉を食べているが、これは政府が推奨する一日のタンパク質摂取量の四倍近くに相当し、アメリカ人の肥満率上昇の主要因の一つとして考えられている。しかし、もっと捉えどころのない代償もある。それは、どんどん安くなる食肉価格によって、より多くの人が頻繁に肉を食べるようになったというだけでなく、食肉があまりにも食経済の中に深く入り込んだために、もはや消費者は肉なしではやっていけなくなってしまったことだ。これは一世紀にわたって下がり続けたガソリン価格に後押しされる形で、ガソリンエンジン車が急速に普及した分だけ、代替燃料や代替技術への移行が難しくなったのとよく似ている。食肉生産の合理化は、世界の食肉消費量が一定水準に到達するのを助けると同時に、いつでも肉が手に入るという期待を私たちに与えた。しかし、その結果、今や私たちの食生活は、それを維持することも変えることも非常に難しくなりつつある。将来の食料需要が持続的に満たされる可能性を多少なりとも改善するためには、私たちの食肉消費量を大幅に減らすことが絶対的に必要であることは、信頼できるほとんどすべての予想が示している。

このジレンマを理解するため、バン・デ・グラーフ牧場に送り込まれては出ていく牛のことを考えてみよう。バン・デ・グラーフ牧場では、生後六カ月で体重五百ポンド（約二百二十七キロ）の素牛（もとうし）を囲いに入れ、早く太らせて肉を霜降り化できるように、コンピュータの計算に基づいて配合された飼料で肥育し、およそ四カ月で食肉加工場に出荷するのにふさわしい千三百五十ポンド（約六百十二キロ）の去勢牛にする。これに対して、すべて牧草だけで育てていると（かつての畜牛はすべてそうして育てられていたが）、たかだか千百ポンド（約四百九十八キロ）の屠畜重量にするまでに二年もかかる。

アメリカ産肉牛の大半が、その一生の大半を集中家畜飼養施設（ＣＡＦＯ＝Concentrated Animal Feeding Operation）と呼ばれる肥育施設の中で過ごし、また原価割れのトウモロコシを食べさせていることが、一九五〇年以降、アメリカの牛肉産業が放牧地や牧草地の面積を五分の一以上削りながらも、牛の数を倍以上に増やすことができた大きな理由だった。それはまた、牛肉の価格が一九六〇年以降、ほぼ半値にまで下がった理由でもあり、アメリカで肉の人気にかげりが出てきているにもかかわらず、世界中で（比較的貧しく、一九八〇年以前は牛肉を食べる習慣すらほとんどなかった中国のような国でさえ）牛肉の消費量が劇的に増え、向こう十五年間で二十五パーセントもの増大が見込まれる理由となっている。

問題は、集中家畜飼養施設の素晴らしい効率性をもってしても、牛そのものが持つ効率の悪さを完全に埋め合わせることはできないことだ。最も優秀な集中家畜飼養施設でも、牛の体重を一ポンド（約〇・四五キロ）増やすために少なくとも七ポンド（約三・一八キロ）の飼料が必要とされ、その量は豚の約二倍、鶏の三倍以上に及ぶ。さらに悪いことに牛は、そうした小型の家畜と比べ、食用にならない部分が多く、体重の六十パーセントは骨と内臓と皮である。だから牛の場合、飼料からの実質的な転換率はさらに低くなり、牛肉一ポンドを得るために二十ポンド（約九・〇七キロ）の穀物が必要になる（鶏は四・五ポンド、豚は七・三ポンド）。つまり、牛肉消費量が一トン増えれば、世界の飼料需要が二十トン増えることになる。これは大変な話であり、アメリカ人が消費する穀物の九十パーセントが肉や乳製品に形を変えて消費者の口に入っている理由はこれで説明できる。

トウモロコシなどの飼料穀物が安価だった時には、この大型アメ車並みの燃費の悪さが問題視されることはなかった。しかし、穀物価格が上昇し、穀物の安さが実は補助金などによる人為的な操作の結果だったことが明らかになると、牛肉はより効率的な豚肉や鶏肉にその地位を脅かされるようになってきた。豚や鶏などの〝ホワイトミート（白身肉）〟は、すでに開発途上国における肉需要の増大分の大半を占めるようになっている。実際、この数十年間で着々と進んできた牛の〝レッドミート（赤身肉）〟から豚や鶏の〝ホワイトミート〟への世界的な移行は、より少ない飼料でより多くのタンパク質を生産できる効率的な食肉生産という展望を与えてくれるものとして、大いなる楽観論の源となっていた。

しかし、今やそうした楽観論も姿を消しつつある。豚肉も鶏肉もいまだに世界の市場でシェアを拡大しつつあるのに、その飼料効率の良さは、それを打ち消す二つの傾向によって確実に相殺されつつある。その傾向とは、第一に、消費されるホワイトミートの重量ベースでの実際の伸びが、食肉一ポンド当たりの効率性の向上をすでに上回るレベルにまで上がってきていることであり、第二に、一時は目を見張るばかりだった飼料効率の向上も、畜産家が生物学的な限界に逆らってそれを押し上げ続けた結果、すでに頭打ちとなっている。

非常に効率的な鶏の例で考えてみよう。鶏肉一ポンド当たりの飼料の転換率は一九二五年の四・五ポンド（約二・〇四キロ）から一九八五年には二ポンド（約〇・九一キロ）にまで改善したが、飼育技術の著しい進歩にもかかわらず、その後はほとんど向上していない（現在は一・九五ポンド）。養鶏専門家のポール・エイホ（Paul Aho）は「本当なら一・六ポンドか一・五ポンドくらいになっていてもいいところだが、飼料効率に関する限り、手が届く範囲の果実はすでに取り尽くされてしまった」と語っている。[1]豚肉についても、やはり効率は頭打ちになっている。

増え続ける世界の食肉消費量

上昇を続けてきた飼料効率の上昇ペースが鈍る一方で、世界の食肉の消費量は増え続けるという現状の下、業界の関係者たちは、今後、世界の人口一人当たりの食肉消費量がどのくらいの水準で落ち着くのか、そして、その数字が長期的に何を意味するのかを懸命に見極めようとしている。しかし、そこから見えてくる結論は誰の目にも明らかだ。それは、この先どのようなモデルを想定したとしても、現在の欧米、特にアメリカのような肉食主体の食生活を持続可能かつ公平な食システムによって支えることは、どう見ても不可能だということだ。もしも今、世界の食肉消費量がアメリカ並み——年間一人当たり約二百十七ポンド（約九十八キロ）——になったとしたら、現在の世界の穀物収穫量で支えることができる人口は二十六億人にすぎない。それは現在の世界人口の四十パーセントにも満たないものだし、二〇七〇年の時点で予想される人口の四分の一程度でしかない。

もちろん、楽観的な牛肉産業のロビイストでさえ、世界の食肉の消費レベルが、現在のアメリカ並みになる時代が現実に訪れるとは思っていない。しかし、人口一人当たりの食肉消費量がアメリカの約八十パーセントであるイタリアのような、欧米諸国の基準ではそれほど多くないレベルの食肉消費量を想定しても、現在の世界の穀物供給量では、せいぜい五十億人分を賄える程度の食肉しか生産できない。実際、前出のアースポリシー研究所のブラウンによれば、現在の穀物供給能力で九十五億人を養うためには、世界中の人がインド人並みの食生活を送らなければならないという。それはすなわち、食肉消費量を年間十二ポンド（約五・四四キロ）に抑えるということだ（インド人がそれだけの食肉消費で済んでいるのは、穀物の九十パーセントをパンなどの形で直接消費しているからであり、いまだにインドには、十分なカロリーを取ることができていない人が数千万人もいることも忘れてはならない）。

ブラウンの予想には、世界がこれから生み出せると楽観論者が考えているまだ見ぬ穀物の山が（後で見るが、これはまったく不確かなものだ）、計算に含まれていないのは確かだ。しかし、現状では先進国と開発途上国の食肉消費量には大きな開きがあることを指摘した上で、貧しい国が豊かな国に追い付くときに想定される世界全体での食肉需要量の増加を考えると、ブラウンの予想には重要な意味がある。一九六〇年から二〇〇二年までに、開発途上国における人口一人当たりの年間食肉消費量は二十二ポンド（約十キロ）から五十六ポンド（約二十五キロ）へと倍以上に増え、二〇三〇年には七十四ポンド（約三十四キロ）に到達する。それでも、先進国の消費者が二〇三〇年に食べていると予想される二百二十ポンド（約九十九キロ）という圧倒的な量と比べると、まだはるかに少ない。しかし、開発途上国は人口の多さとその伸びの早さから、一人当たりの食肉消費量がわずかに増えただけでも、世界全体では驚くほど急激な伸びにつながる。トータルすれば、世界の人口一人当たりの食肉消費量は二〇三〇年までに二十五パーセント（約九十九ポンド（約四十五キロ）まで）増えると見られ、食肉需要全体では二億二千九百万トンから三億七千六百万トンに七十パーセント以上増えると予想されている。

さらに、二十一世紀半ばには、世界の食肉需要は四億六千五百万トンに達し、現行水準の倍以上になると見られるため、飼料用穀物十億トンの増産が必要となる。これほど急激な増え方になると、科学や農業のみならず、人口や食料安全保障、そして、ひいては私たちの未来に関する哲学までが試される。かつて農務省で世界の食料の需要予測を担当していたブラウンは、「私たちは長年にわたって毎年新たに七千万人以上の人に食料を供給してきた実績がある」としながらも、「五十億もの人々が一斉に食の連鎖の上位を目指すという事態は、いまだかって世界が経験したことがないものだ」と述べている。

鈍化する収穫量

バン・デ・グラーフ牧場から東に数マイルも行けば、この食肉ブームにあやかろうとしている世界の現状を目の当たりにすることができる。トウモロコシ価格の高騰を見て、この地域の農家の多くは、牧草地をトウモロコシ畑に切り換えている。これは市場の素直な反応と見ることもできるが、ジョハンズ（Mike Johanns）農務長官のような楽観論者は、こうした動きについて、過熱した穀物市場もじきに沈静化し、世界の食システムは再びスムーズな拡大基調に戻ると語っている。

しかし、バン・デ・グラーフのような生産者にとっては、話はやや趣を異にする。牧草からトウモロコシへの移行は、確かにトウモロコシの増産につながったが、それは同時に、バン・デ・グラーフが若い牛に与える牧草の価格を、一九八〇年代後半以来の高値に跳ね上げる結果をもたらしていたからだ。

そこで切り捨てられたのは牧草だけではなかった。アメリカのように、耕作可能な土地のほとんどがすでに開墾されていて、しかも成長に対するある種の強迫観念を共有している社会にあっては、もはや遊んでいる土地などほとんど存在しない。そのためトウモロコシ栽培の拡大は、ほぼ例外なくほかの作物の犠牲の上に成り立つ。中西部では、大豆を植えていた農家の多くがトウモロコシ栽培に切り替えたため、大豆価格が高騰し、今度は大豆がソルガム、小麦、ピーナツ、綿花といった作物から限られた畑を奪い取った。そして、それがさらに農業分野全体の連鎖反応を呼び、ありとあらゆる農産物の価格を押し上げた。これは、増大する需要への対応に追われる食経済の直面している課題が、どれほど大きなものであるかを、そのまま物語っている。

何世紀にもわたる急速な開墾地の拡大と人口増の時代を経て、土地を開墾して収穫量を増やす昔ながらの手法は年々通用しなくなっている。すでに世界中の開墾可能な土地はほとんどすべて耕され、わずかに残ったサハラ以南や南米などにある未開の土地の大半は森林や草原によって覆われている。人口が密集するアフリカや南アジア、北米などでは、市街地や工業地帯の拡大によって、耕作可能な土地が縮小しつつある。

アメリカ国内農業生産量の四分の一を生み出すカリフォルニア州セントラル・バレーでは、毎年一万五千エーカー（約六十平方キロ）の農地が、宅地化や商業開発のために消滅している。アメリカでは、子供や移民が一人増えるたびに一・七エーカー（約六千九百平方メートル）の農地が失われている。そのため、多くの調査が示しているように、二〇三〇年までに増産する必要がある穀物十億トンのうち、五分の四は作付面積の拡大ではなく、生産強化によって実現するしかない。これはつまり、現在の作付面積から今以上の食料を得なければならないということである。FAO（Food and Agriculture Organization of the United Nations＝国連食糧農業機関）によれば、二〇三〇年までに平均収穫量は現在の一エーカー（約四千平方メートル）当たり一・一トンから一・五トンに増えることになっている。

FAOの楽観論は、このような増産を既成事実として推計値に組み込んでいる結果だが、FAOを含むどこの調査機関も、そのような収穫量の増大がどのようにして可能になるのかまでは、はっきりと示していない。これまで数十年にわたり、単位面積当たりの収穫量は着実に増えてきたが、近年の収穫量は年率にして一・二パーセントしか増えていない。これは三十年前のペースの半分にすぎず、需要の伸びをはるかに下回る。それ以上に収穫量が伸びていない作物もある。今日のコメの収穫量の伸びは、一九七〇年代から一九八〇年代までの三分の一にとどまっている。アメリカ国内ですら、トウモロコシの収穫量は年に二パーセントしか増えていない。これでは将来の需要を満たすことはできない。

もともと「緑の革命」による爆発的な収穫量の伸びが永遠に続くことなど誰も期待していなかったとはいうものの、その後の落ち込みは驚くほど急で、将来の供給予想と需要予想との間に大きなギャップを生み出す結果となった。

肥料の原材料と土地の不足

なぜ収穫量の伸びがここまで鈍ってきたのか。一般的な説明では、開発途上国における種子や肥料や灌がい、機材またはインフラの不備など、投入資源の不足やその不適切な使用に原因があったとされている。その類の理論によれば、たとえば、ケニアのような肥料に対する国の補助金制度を立て直すなど、貧困国における投入資源の水準を欧米諸国並みに引き上げれば、世界的な収穫量格差を埋めるまではいかないにしても、少なくともそのギャップを大幅に狭めることができることになる。[2]それが本当に正しければ、これからの食料安全保障の課題は、人類が人口のピークと「肉食のピーク」の両方を切り抜けるために、長期にわたって十分な資源を投入し、収穫量の多い作物を開発し、残された土地を大切に管理することで、収穫量格差を埋めることになる。それができれば人口がピークを迎えた時点で、食料需要は横ばいとなり、食料危機の心配はなくなるはずだ。

しかし、収穫量の伸び悩みについてはより悲観的な見方もある。たとえば、植物の育種業者は、ある段階で必ず植物の収穫逓減の法則に突き当たる。これはある段階で収穫が伸びなくなる現象だが、その理由は、過去に収穫量が増大した原因の少なくとも一部が、茎や葉など植物の食べられない部分に対して、種や実などの食用可能な部分の比率を高めた結果だったため、この比率がある水準に達すると、もはや植物の生育能力を損なわずにこの比率を上げることができなくなるからだという。

収穫量増大の鈍化は土地の物理的限界にも関係している。ＦＡＯの推定によれば、世界の耕作地全体の三分の一近くは酸性度が高く、高収量作物の栽培には適していない。また、世界銀行（World Bank）の調査では、今日の世界の人口のうち約五億人が、起伏が多いために表土が流出しやすい土地で生活し、そこで農耕を行っているため、よほどのコストをかけない限り、今以上の生産量の拡大は難しい状況にあるという。

表土の流出は世界的に極めて深刻な問題であり、ある専門家によれば、二〇五〇年に世界は「二倍の人口を半分の表土で」養わなければならなくなる可能性があるという。

中国だけでも表土流出と土壌汚染によって、年間の穀物生産量が六百万トンも減少しているが、カナダのマニトバ大学の地理学者バーツラフ・スミル（Vaclav Smil）教授が著書『世界を養う（Feeding the World）』で指摘しているように、これは中国の一年間の食料需要の増加分に相当する。

さらに、本書でも見てきたように、世界の多くの地域では、自然のままの状態では土壌の質が悪く、少々肥料を増やしただけで元が取れるほど、作物の収穫量が増えるわけではない。正味の食料生産量が伸びる余地はほとんどないのだ。

もちろん、世界には、農地の土壌が資源投入の増加に十分応えられる所もある。とりわけ、サハラ以南のアフリカでは、向こう十五年間に施肥の量を五十パーセント増やせば、収穫量は大幅に増えると予想されている。しかし、そこでもまた、別の問題に突き当たる。現在、肥料の価格が急激に値上がりしているため、これ以上施肥量を増やすことが難しくなっているのだ。特に、換金作物の中でも最も多くの窒素を必要とするトウモロコシ由来のエタノールが流行して以来、窒素を豊富に含むアンモニア肥料の価格は倍以上に跳ね上がり、今では一トン当たり五百ドル（約三万八千円）もする。もう一つの主要栄養素であるリン酸も、世界最大のリン酸生産国にして輸出国であるアメリカで工場がフル操業しているにもかかわらず、値上がりが続いている。

肥料業界の関係者は、肥料不足は一時的なものであり、仮に肥料の価格が高騰しても、それを使えばすぐに生産を拡大できるので、十分な見返りが期待できると主張する。だが、肥料の原材料が足りなくなっている今、この主張を真に受けることは難しい。合成窒素は天然ガスが原料だが、その天然ガスの価格が二〇〇二年以降三倍以上に上昇していて、石油と同様、そう遠くない将来もっと高値になることが予想される。天然ガスの供給はすでに逼迫しており、世界でも有数の天然ガス産出国であるアメリカでも、掘削会社が新しく発見するガス田の数は毎年減り続けている。

その一方で、天然ガスの需要は急増している。それは、火力発電所の燃料に天然ガスが使われているからだ。たとえば、窒素肥料一トンを作るのに必要な三万三千立方フィート（約九百三十四立方メートル）の天然ガスがあれば、九千六百七十一キロワットの発電が可能となる。これはアメリカの平均的な家庭の十カ月半分の消費電力を賄うのに十分な量だ。言い換えれば、肥料会社や農家は、電力会社や電力を消費する事業者との天然ガス争奪戦に負けているのだ。天然ガス価格はすでにかなり高い水準になっている。そのため、多くのアメリカの肥料会社は自社の工場を天然ガスが安く手に入る国に移転している。その結果、過去十年間で国内における窒素生産能力の約三分の一を失ったアメリカは、今や窒素肥料の半分以上を輸入に頼らなければならなくなっている。

今日の工業化された食料生産モデルは、合成窒素を容易に利用できなければ成り立たない。世界の総人口の四十パーセントは合成窒素のおかげで増産された食料がもたらすカロリーで生活している状態で、その割合は二〇五〇年までに六十パーセントに増えると見られている。こうした輸入肥料への依存が懸念材料となるのは、何も開発途上国に限ったことではない。大きな農業部門を抱えるすべての国がその懸念を持っている。たとえば、中国では、二〇一一年に窒素の使用量が今より二十七パーセント増えると見られているが、その大半は国外から供給されることになる。すでに世界の合成窒素の八分の一を消費しているアメリカでも、その輸入量はさらに増える見通しだ。

もちろん、理想的な世界では、窒素をどこから輸入しようが問題はない。天然ガスの埋蔵量の豊富な国があれば、誰もが喜んでその国から肥料を買うだろう。しかし、第5章でも見たとおり、この世界は理想的でもなければ、資源が平等に分布しているわけでもない。まだ利用されていない余剰天然ガスを最も多く抱え、今後、世界の窒素市場で強力な仲介者となる可能性を秘めている国がイランとロシアだ。しかし、どちらもアメリカの消費者や農家に対して、好意的とは言い難い。ロシアとイランは、ＯＰＥＣ（Organization of the Petroleum Exporting Countries＝石油輸出国機構）のような価格統制カルテルを天然ガスの分野でも設けるべきだと、公然と主張している。これは食料安全保障のために肥料を輸入に頼っているアメリカのような国にとっては、由々しき問題である。

実際、アメリカが国内で使用する窒素の半分以上を輸入していることを考えると、エネルギー安全保障と同様に食料安全保障も、危なくなってきていると言わなければならない。そして、このような情報に、エタノール批判派が飛び付かないはずがない。当初〝外国産石油〟に対するアメリカの依存度を減らす有効な手段というふれこみだったはずのエタノールが、結果的に外国産の窒素に対する依存度を高めているではないかと彼らが主張するのは当然のことだった。

土中窒素の流出問題

肥料不足の皮肉なところは、それが現象として表面化する頃には、肥料が過剰になっているところだ。ただし、それは国際市場においてではなく、土の中の話である。土の中では肥料が触れるほとんどすべてのものに相当なリスクが生じる。高収量作物はかつてない量の肥料を必要とするが、農業従事者がその農地に施す肥料の多くは、作物に届かないまま土中に蓄積し、環境や住民の健康に深刻な影響をもたらす。

問題の一端は単純に使い過ぎから来るものだ。アジアでは、肥料に対する補助金と専門知識の不足が日常的な肥料の過剰投入をもたらしている。ヨーロッパやアメリカのような先進国の農業でも、肥料が過剰になっているのは同じだ。農家は収穫量が平年以下になるリスクより、余分に窒素に投資するほうを選ぶからだ。

この過剰な肥料の投入と合わせて事態をさらに悪くしているのは、新しい農法がそうした過剰な肥料の土壌流出を加速させていることだ。化学肥料に頼るようになった農家は、かつて換金作物の栽培の合間に植え付けていた被覆作物を植えなくなり、秋の収穫から春先の種まきまで、多くの畑は裸のまま放置されている。しかし、植物に覆われないまま畑が雨風にさらされると、土中の窒素は、それが化学合成による窒素であれ、自然に固定された窒素であれ、たちまち硝酸塩に変質してしまう。硝酸塩は流動性の高い化合物なので、雨水によって簡単に土から流れ出てしまうのだ。少なく見積もっても、アメリカのトウモロコシ畑一エーカーに施された二百三十ポンド（約百四キロ）の合成窒素のうち、五十ポンド（約二十三キロ）分は土から流出し、周辺環境に流れ込んでいる。それが広い牧場に溜まったり、しばしば周辺の水源に流入する。窒素肥料を毎年数億トン単位で投入する現代農業システムは、拡散することで周辺環境に破壊的な影響を及ぼす遊離窒素の最大の発生源となっているのだ。

農地から流出した窒素は河川や湖沼に至るまでの経路にあるものすべてに栄養を与え、水路を詰まらせるフサモや、岩、海岸、埠頭を緑の汚泥で覆う様々な藻などの繁茂を助ける。さらに悪いことにこれらの生物は、死んだ後に「富栄養化」と呼ばれる連鎖反応を引き起こし、湖沼や沿岸水域から酸素を奪い、魚介類の大量死をもたらす酸欠水域を作り出す。ＵＮＥＰ（United Nations Environment Programme＝国連環境計画）が二〇〇三年に出した報告書によれば、こうした酸欠水域は世界中に百五十カ所近く存在する。これは一九九〇年時点の倍以上に当たる数だ。

また、過剰な窒素は、流産やがんなど人間の健康にも大いに影響する。アイオワ州デモイン市が、市の上水道に供給する水から農業由来の硝酸塩を除去するために年間三十万ドル（約二千二百八十万円）の予算を費やしているのも、連邦や州の環境当局がこの国の水系における最大の汚染源の一つを農業と見なしているのも、そのためである。

しかし、窒素による影響が最も長期間にわたるのは水中ではない。窒素は移行の過程で、酸素と結合して亜酸化窒素となる。これがスモッグの原因となってオゾン層の消失をもたらすほか、温室効果ガスとして二酸化炭素の三百倍もの温暖化作用を持つ代表的な汚染物質となる。そして、人工的に生み出される亜酸化窒素の実に七十パーセントが農業に起因している。農業が工業化されて以来、土や水や大気の中を循環し、それぞれの領域で大混乱を引き起こしている過剰窒素の量は倍以上に増えていて、世界中の農家がより多くの食肉を得るためにより多くの穀物を育てようとする限り、その量が増え続けることは避けられない。

農薬という麻薬

過剰肥料がもたらす有害な影響は、工業化した農業が起こす好ましくない問題のほんの一つにすぎない。大半の高収量作物の生育に欠かせない除草剤や殺虫剤といった農薬もまた、日常的に土壌から流出して水源に入り込み、農薬特有の被害を生んでいる。アメリカで最も一般的に使われている除草剤の一つであるアトラジンは、両生類の大量死のほか、人間の心臓や肺の鬱血、筋攣縮、網膜の変性やがんとの関連が指摘されている。連邦政府や州の規制当局による長年の努力にもかかわらず、飲料用井戸水の中で検出される除草剤の中では、アトラジンがいまだに二番目に多い。

さらにリスクの高いものとして、新種の殺虫剤や殺菌剤がある。その多くは有機リン系として知られる錯体分子を主体とし、神経細胞を絶えず刺激することによって害虫の中枢神経系を撹乱させる。マラチオン、スプラサイド、モニター、サイゴン、スナイパーなど、様々な商品名で売られている有機リン系農薬とその関連化合物群であるカルバメート系農薬は、世界中で販売されている殺虫剤の売上高全体の約三分の一を占め、アルファルファ、アーモンド、ニンジン、ブドウ、リンゴ、イチゴ、モモ、クルミ、トウモロコシ、綿花などの栽培農家にとって、なくてはならないものとなっている。そして、こうした農家だけで有機リン系農薬を使用する農家全体の半分を占めている。

問題は有機リン系農薬が神経撹乱作用を及ぼす相手が、害虫だけとは限らないことだ。これは人間の皮膚や眼球、粘膜などを簡単に通り抜けることができるため、不整脈、胃腸および膀胱の激しい収縮、発作、精神障害、心肺機能の低下、筋肉の機能不全、昏睡などを引き起こす。一九二〇年代にドイツ軍が対人用の神経ガス兵器として有機リン酸エステルを試験していたのも、それから一世紀近くを経て、農作業がいまだに最も危険な仕事の一つと見なされているのも、このためだ。

二〇〇二年、米保健当局は、有機リン系物質による健康被害の症例九万七千件に関する報告書を公表したが、そのうちの半分以上は六歳未満の小児だった。また、有機リン系農薬もカルバメート系農薬も、アメリカ国内では少しずつ使われなくなってきてはいるが、アメリカがそれを積極的に輸出していることもあり、多くの国で今も大量に使用されている。

殺虫剤はそうした直接的な健康被害とは別に、潜在的な影響も食システムに与える。それは、たとえ目には見えにくくても、現代の食システムの持続を不可能にするかもしれない、より大きな問題をはらんでいる。たとえば、殺虫剤は私たちにとって好ましくない生物を駆除するが、同時に人間にとって好ましい生物まで殺してしまう。ハチや自然界で害虫を捕食するそのほかの益虫、さらには土の中に住む無数の微生物などである。そうした微生物は栄養素や水の循環を助けていて、多くの場合、その死滅は土壌の生産性低下の加速を意味する。

また、殺虫剤には、定期的に改良や交換を宿命づけられる場合が多い。人体や環境への危険性が表面化したことによる場合もあるが、どんなに強力な薬剤でも、それを使い続ければ次第に効かなくなって、成分を変えざるを得なくなることのほうが多い。

食品媒介性の病原体が抗生物質に対して抵抗力を持つのと同じように、昆虫、菌類、雑草なども、人間が投入するどんなに強い薬剤に対しても、次第に耐性を持つようになる。こうした事実は一九四〇年代から知られていたが、そのような抵抗力のために薬剤会社は次々と新しい世代の農薬を開発し、農家はそれを購入しなくてはならなくなっている。そこから生じるのは新技術の悪循環と呼ぶべき現象だ。つまり、農薬を提供する企業を儲けさせるのはいいが、そうしている間に土壌の健全性が低下し、もともと薬剤によって守られるはずだった農地の生産性がそのためにかえって低くなるといったことが起きているのだ。

薬剤メーカーは、適正な投入を心がければ、害虫が殺虫剤に対して耐性を獲得することは防げると主張する。しかし、かつて農務省の農業研究局にいた昆虫専門家のジョー・ルイス（Joe Lewis）は、それは不可能だと主張している。人間であれ、動物であれ、植物であれ、自然界のあらゆるシステムには、外部からの介入に適応する力が初めから組み込まれているからだ。ルイスによれば、殺虫剤がいかに強力であっても、あるいは狙いを定めたものであっても、最終的にはその致死性そのものが雑草や昆虫による自然の〝対抗手段〟を呼び起こし、それによっていずれは〝無力化〟され、結局、農業者は雑草や害虫による害の拡大を被るか、新しい殺虫剤を買うかのいずれかを選ばなければならなくなるという。

しかし、コストがかさむ上に結局は持続可能でなくなるこの薬剤依存の循環から脱却するのも、今となっては容易なことではない。食肉生産の工業化によって抗生物質が事実上必要不可欠になったのと同様に、商業作物とその栽培方法も、もはや薬剤の大量かつ継続的な投入なしでは、成り立たなくなっている。たとえば、有機リン系農薬の使用をやめた場合、小麦農家の収入は十パーセント減り、カリフォルニアの農業全体で年間五億ドル（約三百八十億円）の収入減となる。

このような、農薬中毒のような状況は、何も欧米諸国だけの問題ではない。開発途上国でも農業の工業化が進むにつれ、各国の固有作物や伝統的な作物に代わって、世界の作付面積を占有しつつある四つの「スーパー作物」――小麦、トウモロコシ、コメ、大豆――のいずれかを栽培するようになっている。しかし、そうした高収量作物は大きな収入をもたらしてくれる一方で、その土地固有のこれまで経験したことのない種類の害虫や菌類、ウイルスなどに初めてさらされるという意図しない結果を生んだ。そのような場合、伝統的な農法が通用しないため、開発途上国の農業者は殺虫剤を使用するしかない。彼らもまたそこから、薬剤使用の悪循環に嵌まることになるのだ。

ルイスは、作物と薬剤の相互関係がもたらす影響は広範囲に及ぶと主張する。農家が使う殺虫剤の量が増える一方で、虫害による収穫の損失も膨み続け、一九六〇年以降それは二十パーセントも増えている。さらに、世界中で栽培される品種が特定のものに集中する一方で、同じ品種が世界に広がっているような状態は、何かの拍子に発生した植物の病気が、瞬く間に世界に広がる危険性と隣り合わせだ。

一八〇〇年代、胴枯病菌によってジャガイモの収穫が壊滅的な打撃を被った時、アイルランドでは百万人以上の死者が出た。その後、育種家は様々な外敵の攻撃に対して抵抗力を持つ作物品種の開発に成功したが、栽培品種が減るにつれ、突発的な病害虫の発生によって世界の食料供給システムが破壊される危険性はこれまでになく高まっている。

しかも、そのような問題はすでに起きている可能性がある。一九九九年、ウガンダで黒さび病菌が発生した時、さび菌に負けないように作られたはずだった品種の小麦までもが、その菌に蝕まれているることが明らかになった。この新しい菌はいったん農地に広がれば、収穫量の四分の三を奪うばかりか、その胞子は風に乗って簡単に広がってしまう。その発生以来、Ｕｇ99と名付けられたこの菌は、ケニア、エチオピア、イエメンへと越境し、今や北と東に広がってインドや中国を脅かす勢いだ。やがては北米大陸まで巻き込んで、損失額が数十億ドルにも上る小麦の不作をもたらすかもしれない。そんなことになれば、世界の穀物供給にも大きなストレスが加わることになる。

外部費用の顕在化

経済学ではこうした予期せぬ副作用を「外部性」という。それはつまり、製品やサービスの値段には現れないが、最終的には誰かが支払わなければならないコストであり、ついには、その製品やサービスを持続不能にさせる可能性のあるものだ。外部コストはどこにでも存在するが（排気ガスはガソリンの外部コストの一つである）、工業化された農業では、外部コストの多さが一つの大きな特徴になっている。たとえば、窒素肥料の使用量の増加は収穫量を増やし、食料価格を下げるのに役立ったが、過剰なカロリー摂取や薬剤の流出のほか、藻でふさがった水路や海岸線に生じた酸欠水域、商業漁業の衰退などの問題を起こした。こうした問題を解決するためには、莫大な費用が必要になる。しかし、そうしたコストは、消費者が支払う食品価格には含まれていないので、消費者の目にも政策決定者の目にも見えにくい。私たちが食システムの効率性を評価したり、膨大な食料をこんなに安価に生産できる能力を褒め称えたりするとき、こうしたコストを顧みることはまずない。

持続可能性の観点から研究・調査を行う中道左派のシンクタンク、農業通商政策研究所（ＩＡＴ

P＝Institute for Agricultural and Trade Policy）のスティーブ・サッパン（Steve Suppan）研究部長は指摘する。「私たちは実際に安価な食料を生産しているわけではありません。多くのコストを外部化することによって、安価に見せているだけなのです」

現代の食料生産において不可視化された外部コストが生じていることは、古くから指摘されてきた。一九五〇年代には、一部の農業研究者やジャーナリストから、殺虫剤に対する耐性や薬剤流出などの問題を指摘する声が上がった。後に『沈黙の春（Silent Spring）』を著すレイチェル・カーソン（Rachel Carson）もその一人だった。主流派の農学者の多くが食品業界から手厚い助成を受けていたため、何十年かの間はそうした問題を放置できたが、一九八〇年代に入って、「外部性」がキーワードとなって脚光を浴びるようになると、もはやこれを握りつぶすことはできなくなった。一九八九年、米国科学アカデミー（NAS＝National Academy of Sciences）が現代農業のコストについて、詳細に踏み込んだ内容の報告書を公表した時、その沈黙は破られた。

四百六十五ページに及ぶこの報告書には、薬剤や表土の流出、食物への殺虫剤の残留といったアグリビジネスの影響が、生態系のみならず経済面にまでわたって言及されている。たとえば、地表水汚染については、その対策に毎年百六十億ドル（約一兆二千百六十億円）がかかるという試算が出されているが、水汚染の話はほんの序章にすぎなかった。この報告書が出てから二十年ほどの間に発表された数々の調査によって、そうした外部性をすべて考慮に入れた場合、現代の食料生産が驚くほど割高なビジネスであることが明らかになったのだ。たとえば、外部コストまで含めた家畜の本当の原価には、家畜がゲップなどで放出する大量の窒素やメタン（これもCO_2と並ぶ温室効果ガスの一つ）から、家畜革命以来、侵食されてきた何千万エーカーもの農地に至るまで、あらゆる問題に対処する費用も含まれる。中南米では、かつては森だった土地の四分の三近くが伐採されて牧草地になり、中国では、過放牧によって毎年千四百平方マイル（約三千六百平方キロ）の草地が砂漠に変わっている。

結局のところ、限りあるシステムではどんなにコストを外部化しても、いずれは支払いが必要となる。酸欠水域の拡大による漁業被害は、通常は何十億ドルもの失われた漁業収入を意味する。しかし、最近では、食料生産における外部費用は単に経済的なものにとどまらず、食料生産の減少、すなわち食料安全保障の低下という面にまで及んでいることがわかってきた。アジアでは、コメの収穫量の伸びが鈍っているが、そのかなりの部分は肥料や殺虫剤の使い過ぎによる土地劣化に原因があるとされていて、同様の現象はほかでも見られる。そうした落ち込みが続けば――そしてそれが続くことはほぼ確実だが――以前からミズーリ大学のジョン・イカード（John Ikerd）名誉教授のような批判的論客が主張してきたことの正しさが証明される。教授の主張とは以下のようなものだ。「工業化された農業が強調している高収量とは、本来は〝一時的〟なものだ。なぜなら、それは、長期的な生産性の基盤となる天然資源や人的資源を搾取することによって支えられているものだからである」

イカード名誉教授によれば、工業化された農業は、ほかの多くの工業化モデルと同様、「自然を使い果たし、社会を疲弊させる。そして、そうした自然資源と人的資源がなくなった後には、経済を持続させる手段は残っていない」。言い換えると、私たちが食生産システムというギアを高速に切り替えて安定走行に移ろうとしたまさにその歴史的な転換点で、農業というエンジンは壊れ始めていたのである。

工業化した農業の推進派は、そのように資源の疲弊を心配すること自体、技術や生産性の限界に対する時代遅れの発想だと言って反論してきた。一九二〇年代に農学者はもう穀物収穫量の横ばい状態が永遠に変わらないという暗い予想をしたが、結果は新しい育種技術の登場によって十年で収穫量は倍増し、かつてない食料生産の爆発的な伸びが起こった。それから一世紀近くを経て、遺伝子組み換え技術という新しい武器を手にした現代の育種家たちは、収穫量ばかりでなく、害虫に対する抵抗力や窒素効率などの面でも、資源に限りのあるこの世界に対応した画期的なものを作り出し、かつてない劇的なブレークスルーを起こすと豪語している。

この十年間の遺伝子科学や植物科学の急激な進歩を考えると、そうした主張にもそれなりに耳を傾けるだけの価値はありそうだが、それについては次章で取り上げることにしよう。ここでは、もし私たちが現在の生産システムを存続させるだけでなく、それを右肩上がりで存続させたいと本気で望むなら、収穫量を増大させ、窒素の取り込みを効率化させる以上のことが必要だということだけははっきりしている。近い将来、私たちの食システムは、肥料価格の上昇や作付面積の減少、農薬の流出といったおなじみの問題だけではなく、最近になって限界が見えてきたエネルギー、気候、水の三位一体のテーマにも取り組んでいかなければならなくなるだろう。この三つは収穫量を制限する決定的な要素になる可能性があり、恐らく最終的に私たちの食料生産の方法について全面的な再考を迫るものとなるだろう。

石油の限界が意味するもの

中でも、これからの食経済に大きな転換を迫ることが何よりはっきりしているのは、おそらく石油価格の上昇だろう。二〇〇一年九月に一バレル（約百五十九リットル）二十六ドル（約千九百七十六円）前後だった原油価格が、二〇〇七年には一バレル九〇ドル（約六千八百四十円）以上に跳ね上がり、最も希望的な観測ですら、少なくとも開発中の新油田が供給を開始する二〇一〇年までは高止まりすると見ている（訳者注：事実、原油価格の指標の一つWTIでは、二〇〇七年の最終価格は九十一ドル、二〇一一年は九十八ドルだった）。石油楽観論者は、じきに市場に出回る新油田の石油埋蔵量は世界の備蓄を再び満たして余りあるものであり、これまでの価格高騰時と同様、それによって原油価格がまた低値に落ち着くのは間違いないという。

しかし、悲観論者は、今回の高騰はこれまでとは訳が違い、このまま常態化する可能性が大きいと警告する。その理由は今回の価格高騰はアジアの巨大な新興勢力が石油需要を引っ張っているためであり、さらに大きな問題として、石油資源が底をつき始めていることも影響している。石油産業が現在の原油販売量——一日およそ八千五百万バレル（約百三十五億リットル）——を満たすために毎年新しく見つけ出す原油の量は次第に減っている。そう遠くない時期に世界の石油生産はピークに達し、そこから減少に転じるだろう（すでにその時期を迎えたとする見方もある）。イラン国営石油会社の元上級役員サムサム・バクチアリ（Samsam Bakhtiari）は、世界の石油産出量は二〇〇九年あたりをピークとして、二〇二〇年には五五〇〇万バレル（約八十七億リットル）にまで減少すると見ていて、その頃には、今の原油価格が大安売りのように思えるだろうと予想する。

現実には、そんな遠い未来を待つまでもなく、石油市場では、すでに需要と供給の激しい綱引きが始まっている。たとえば、トルコ・イラン国境で緊張が高まったり、ワシントンとテヘランの関係が悪化したり、世界最大の石油供給国サウジアラビアでテロが起きたりして、石油を取り巻く環境に混乱が生じれば、石油価格はたちまち際限なく上昇しかねない状況にある。石油市場アナリストのジョン・キルダフ（John Kilduff）は、ブルームバーグに寄稿した論文の中で「市場は膨れ上がった需要による圧力を絶えず受け続けた結果、縮んだバネのようになっており、石油が百ドルの大台に乗るのはもう時間の問題だ」と記している。ヒューストンの石油専門家で、ブッシュ（George W. Bush）政権の顧問でもあったマット・シモンズ（Matt Simmons）はさらに一歩踏み込んで、様々な政治的な出来事が重なれば、石油価格は年内にも一バレル二百ドル（約一万五千二百円）を大きく上回る水準にまで上昇する可能性があると語っている。

石油価格が二百ドルになれば、経済全体も大きな影響を受けるが、中でも安い石油に全面的に依存してきた農業部門では、その影響は壊滅的なものとなる。トラクターも、収穫機も、灌がい用ポンプも、すべて石油に依存しているし、農家に肥料や農薬（これらも石油の親戚である天然ガス製だが）を届け、収穫物を市場に運ぶトラックも、列車も、船も、すべて石油が頼りだ。食品の加工や包装もまた、信じられないほどエネルギー集約的な産業で、付加価値が一つ付け加えられるごとにエネルギー使用量がどんどん膨らんでいく。たとえば、小麦から朝食用シリアル一ポンドを作るために必要なエネルギーは、小麦粉一ポンドを作るのに必要なエネルギーの約三十二倍に相当する。しかも、メーカーは多くの場合、食品そのものを作るよりも多くのエネルギーをその容器や包装に費やしている。ある試算によれば、たかだか二百キロカロリーの炭酸飲料を一缶生産するために、二千二百キロカロリーの炭化水素エネルギー（石油や天然ガスや石炭）が必要となる。食料生産がアメリカにおけるエネルギー消費量の五分の一近くを占めている理由も、内実はこうしたエネルギー集約度の高さからくるものだ。

しかし、石油価格の上昇で影響を受けるのは、食料生産だけではない。二十世紀の間、ほぼ一貫して一バレル二十ドル（約千五百二十円）をかなり下回る水準にあった石油価格は、馬からトラクター、有機肥料から化学肥料への切り換えを可能にしただけでなく、農産品をはるかに遠くまで運ぶことも可能にした。安価な石油、つまり安価な輸送が可能になったことで、農家は近くで売れる作物の栽培だけに制約されなくなった。地球上のどこででも作物を販売できるようになったのである。

安価な石油がなければアメリカが、ちまちまと多様な作物を栽培する小規模農家の集合体から、作物であれ家畜であれ、とことん原価を切り詰めながら、互いに連携を取って販売する大規模で超効率的な広域アグリビジネスの専門家集団へこれほど早く変貌できたとは考えにくい[3]。

安価な石油は比較優位の概念を、単なる理論から経済的な現実に変えた。船そして飛行機の利用が拡大し、世界各地の生産農家はそれぞれ天から授かった優位を実際に生かせるようになった。石油のおかげで農家は地球上の誰よりも安く穀物や食肉、青果物を生産できるだけでなく、安く速い輸送手段を使い、遠方の買い手にその商品を、買い手の地元の競合相手とほとんど変わらない速さで供給できるようになった。

しかし、輸送の高速化の対価も大きかった。スピードが右肩上がりに速くなった分だけ、燃料の使用量は幾何級数的に上昇した。品物を二倍速く届けるためには、二倍以上のエネルギーが必要となるからだ。そのため、二十世紀に輸送手段が遅い船から速い船へ、さらに、飛行機へと変化する過程でスピードは増したが、そのために使うエネルギー量も飛躍的に増えた。つまり、世界中に広まりつつある〝必要な物を、必要なときに、必要な量だけ生産する〟というジャスト・イン・タイム食経済のおかげで、私たちは農産物や海産物を一年中いつでも買えるようになった半面、石油を大量に消費する構造から抜け出せなくなったのである。しかし、石油が安かった時代には可能だったそうした構造も、一バレル二百ドル（約一万五千二百円）という世界では成り立たなくなるかもしれない。

もっとも、新鮮なパイナップルや鮭が手に入らなくなることなど大した問題ではない。現在の食料生産を維持し、さらにそれを今世紀半ばまでに必要と見られる水準まで押し上げていこうとするなら、石油が食料の生産と輸送にどれだけ重要で、二十世紀における食流通の急速な拡大の裏で、安い石油がいかに決定的な役割を果たしてきたかを踏まえた上で、今私たちが迎えようとしている石油の限界が何を意味するかについては十分に自問してみる必要がある。

石油悲観論者の中でも辛口の一人、ダニエル・デイビス（Daniel Davis）が描いてみせる石油枯渇のシナリオはとても悲観的なものだ。前出のイランのバクチアリが世界の石油生産量が日産五千五百万バレルまで落ちると予言している二〇二〇年に、国連の推計によれば、世界の人口は七十五億人に達している。日産五千五百万バレルというのは一九八五年の水準だが、その当時、世界の人口は四十七億五千万人にすぎなかった。確かに二〇二〇年には、一九八五年に比べて、農地の生産性ははるかに高くなっているだろうし、石油消費量一バレルにつき生産できる食料の量も多くなっているだろう。しかし、その時期に危機が訪れるとするデイビスの説は、耕作面積や土壌、水などの投入資源が年々減少する中で、より多くの人口を養っていかなければならないという迫り来る課題を考える上で、貴重な視座を提供している。

地球温暖化がもたらすリスク

仮に石油不足が起こらないとしても（また、石油楽観論者が言うように、石炭やタールサンド、そしてもちろん、バイオマスからも、使いものになる代替エネルギーがちゃんと生み出されたとしても）、石油をめぐる問題は単に資源の欠乏にとどまらない。石油は石炭などの化石燃料につきものの外部性を持っていて、そこには、地球温暖化ガスの中でも最も広く分布する二酸化炭素のような汚染物質の排出などが含まれる。産業革命当時二百七十ｐｐｍだった大気中の二酸化炭素濃度は今日、三百七十ｐｐｍ以上に上昇しており、このまま行けば、今世紀中頃には五百五十ｐｐｍに達する勢いで増え続けている。そして、大方の予測モデルによれば、その水準に達した頃から気候変動によって壊滅的で回復不能となるかもしれない作用が世界各地の生態系に及び始めるが、その中には、現在の食生産が依存している生態系も含まれている。

気候変動が食料にもたらす影響が、一部の政治家たちの間でようやく認識されるようになったのは良いことだが、どんなに高い志を抱いた政治家がいても、短期的、あるいは長期的に彼らが気候変動を緩和するためにできることはわずかしかない。たとえ、世界が二酸化炭素の排出量削減のための抜本的な対策に着手したとしても（急速に工業化するアジア諸国の石油や石炭の消費量の伸びや、アメリカなどの成熟した経済圏が自らの排出量抑制に消極的であることを考えると、それさえも実現しそうもないシナリオだが）、気候変動による影響は避けられないと考えられている。特にアフリカのように、すでに深刻な気候問題に苦しめられ、農業システムの基盤が揺らいでいる地域への影響は深刻だ。

さらに悪いことに、過剰な二酸化炭素が大気中から消失するまでには数十年もの年月を要するので、仮に明日、化石燃料からクリーンエネルギーへの切り替えが多少進んだとしても、大気中の温室効果ガスの濃度はその後数十年にわたって増え続ける。つまり、ある程度の気候変動とそれに伴う食料生産能力への被害はもはや避けられないのである。

では、その被害はどの程度のものなのか？　栽培する作物の種類から、種まきや収穫の時期、経営や資金調達のモデルに至るまで、世界の農業はこれまで特定の気候を想定して行われてきた。そのため気候の変化は、たとえそう極端なものでなくとも、収穫量や収入に大きな影響を及ぼす。特定の雨量や温度を想定して栽培されている作物の場合、より高温で乾燥した天候の下では、収穫量に劇的な変化が生じる。

しかし、単純な気候の変化は、気候変動が世界の食料生産に及ぼす影響の一つにすぎない。気候変動のモデルにはより頻繁な干ばつや暴風雨、雹（ひょう）、鉄砲水などの異常気象も含まれており、これらも収穫量に打撃を与える。気温の上昇は病害虫を一気に増殖させ、それまで被害を受けていなかった農地にまで昆虫や菌類、雑草などをはびこらせ、作物に甚大な被害を及ぼす。また、温度の上昇によって刺激を受けた地中のバクテリアは、土壌に含まれている有機物の分解を早め、その結果、栄養素や水を保持したり、運んだりする土壌の能力が低下する。そうなると、土壌は侵食を受けやすくなり、また収穫量を維持するために、より多くの肥料が必要となる。その肥料を保持するための有機物も減少した土壌では、投入された窒素の余剰分が地下水へと流出してしまう。

こうした影響は、農業が国の経済を支えている開発途上国でとりわけ深刻なものになる。それらの国々には、財政的にも政治的にも、地球温暖化や気候変動に対して適応力のある新しい作物への転換などの適切な対応策を講じる能力が無い。エール大学で気候と農業を研究するロバート・メンデルゾーン（Robert Mendelsohn）教授のグループによれば、サハラ以南のアフリカにあるザンビア、ニジェール、チャド、ブルキナファソ、トーゴ、ボツワナ、ギニアビサウ、ガンビアの八カ国では、今後、農業生産が四分の三近くも低下する可能性があり、アフリカ大陸全体でも食料生産高が千九百四十億ドル（約十四兆七千四百四十円）も減少すると予想している。それは食料安全保障そのものも危うくする可能性がある。また別の報告書は、気候変動によって二〇八〇年までに栄養不良の人口が五千五百万人増加し、そのほとんどはアフリカになると予測している。

ここまでは主に貧しい国々における気候と食料安全保障の問題点を見てきた。しかし、豊かで食料が余っているような国においても、わずかな気候変動で食料生産に悪い影響が出る可能性がある。アメリカの農業は安定した降雨と適度な気温に支えられている。トウモロコシや大豆の生産については特にそれが重要となる。この二つは、農地面積、総生産量、輸出収入のどれをとってもアメリカを代表する高収量品種だが、気候変動に対してはそれほど強くはない。

実際、肥料や補助金、さらには安価な石油といった追い風があったとはいえ、二十世紀の気候が安定していなければ、アメリカが穀物大国になることはなかっただろう。しかし、アイオワ州エームズのレオポルド・センターで地球環境の持続可能性を専門に研究をしているフレデリック・カーシェンマン（Frederick Kirschenmann）によれば、二十世紀の安定した気候のほうがむしろ異例なことで、その根拠も十分にそろっているという。大方の見方によれば、過去百年間の気温と降水量は、それ以前と比べてはるかに安定していて、将来の気候が二十世紀の気候ほど安定したものにならないことはほぼ間違いないようだ。

「これは、アメリカ農業の主流である、優れた遺伝子を持つ品種を集中的に育てるシステムにとっては由々しきことです」と、カーシェンマンは言う。たった一度の異常気象でも収穫に大きく影響する——たとえば、アメリカ中西部で干ばつが起きると、その年のトウモロコシの収穫量は三十パーセント減ると予想されている——ことを考えれば、異常気象が頻発するという将来の見通しは、世界で消費される穀物の大部分を生産し、気候変動によって食料不足に陥る国々から食料援助を求められるアメリカのような国にとって、これは深刻な懸念材料と言っていいだろう。

これまで三十年にわたってオルタナティブな食システムの研究を行ってきたカーシェンマンは、気候変動を従来の危機とは別の次元で捉えている。これは、単にある種の肥料や燃料を別のものに置き換えればいいというものではなく、食料の生産方法そのものをもっと深く考え直さなければならない問題だからだ。薬剤流出であれ、エネルギー不足であれ、従来の外部性に関する問題は、新しい技術や農法の改善、さらには単なる経費節減の積み重ねなどで対処できた。しかし、気候変動の場合は、技術革新を限界まで、いや、それ以上に推し進めなければならない。カーシェンマンは次のように語っている。「私たちは石油の値段が上がり過ぎたら、昔のやり方に戻ればよいことを知っています。でも、気候が相手の場合、大気中の二酸化炭素濃度が五百五十ｐｐｍに到達した時点で、簡単には引き返すことのできない限界点を超えることになります。気候変動はこれから私たちが本当に注意を払っていかなければならない問題なのです」

深刻化する水資源不足

残念ながら、気候変動が政治家たちの注目を集める頃、その隣には、食料安全保障にさらに大きな影響を及ぼすもう一つの問題も登場しているだろう。それは水である。穀物の栽培には一トン当たり平均千トンの水が必要になる。そのため、農業は人類が使う淡水全体の約四分の三を消費している。

アメリカ中西部のように、十分な雨を期待できる地域もある。しかし、それ以外の大半の地域では、農業は全面的に灌がいに依存している。開発途上国の穀物の半分は灌がい農地で栽培されていて、インドや東南アジアにおける「緑の革命」の成功も、灌がい農地の面積が一九六〇年以降倍増していなければ起こり得なかった。将来の食料供給に関する予想の大半が、水利用が増え続けることを前提としているのも、水と作物のこの決定的な関係による。たとえば、ＦＡＯは、二〇三〇年までに灌がい農地が二十パーセント増えると想定している。しかし、そのほかの重要な投入資源と同様、水資源がそこまで増えると断言できる要素は何もない。多くの研究は、二十パーセントの増大が非現実的なものであるばかりか、現在の利用状況ですら持続可能な水準を大幅に上回っていて、すでにそれが世界の農業生産に影響し始めていることを示している。さらに、エネルギーや肥料と違い、水は代替が利かない。この水不足という新たな問題は食料供給に対して、ある意味で、石油や気候よりも決定的な制約を科すものとなる。水の問題は需要と供給の両面で捉える必要がある。

需要面では、今日、農業の水需要が増したため、工業や一般家庭と水の奪い合いをしなければならなくなっている。すでに中国の沿岸部からアメリカ西部に至るまで、世界各地の都市化が進む地域では、水の争奪戦が始まっている。中でも、農業が州内の水の五分の四を使っているカリフォルニア州ではそれが特に深刻だ。

供給面では、この構図がもっと複雑になる。農業用水にもいろいろな種類があるからだ。農場に入ってくる水には、雨のように直接入ってくる水と、河川や湖沼、氷河、貯水池、地下帯水層などにいったん蓄えられる水の二種類がある。この二つの違いは決定的だ。

雨水として入ってくる水――水文学的用語では「グリーン・ウォーター」――は、自由財と見なされ、空から降ってくるので、高価な貯水池も、ダムも、灌がい用の水路も、井戸も必要としない。また、雨で育つ作物は蓄えられた水で育てられる作物より水効率が良い場合が多い。蓄えられた水――「ブルー・ウォーター」――は、輸送しなければならず、その間に大量の水が漏れたり、蒸発したりして失われる。さらに地下水には、塩を含む、微量のミネラルが溶け込んでいることも多く、そうしたミネラルは農地の土壌中に蓄積し、作柄を悪くする可能性がある。こうした違いから、グリーン・ウォーター農業は、ブルー・ウォーター農業と比べて、同じ量の水から最大で五倍のカロリーを生み出すことができるといわれている。

グリーン・ウォーター、つまり雨水の欠点は、量に限りがあることだ。一度降ってしまえばそれきりで、再利用することはできない。不足分はブルー・ウォーターで補わなければならない。その必要性が二十世紀における灌がいシステムの普及を後押しした。ブルー・ウォーター資源の活用は、私たちがこれだけ多くの人口を養えるようになった理由の一つだが、もう一方でそれが今日、私たちを苦境に追い込んでいる。グリーン・ウォーターの供給は自然任せで、降った分だけ使ってしまえばそれまでだが、ブルー・ウォーターは降った雨よりも多くの量を使うことができる。ただし、川の水は大量にポンプで吸い上げられると、流れを維持することができなくなり、完全に干上がってしまうこともある。帯水層の水も、雨水による補給が追い付かないほど汲み上げられてしまう可能性がある。化石帯水層と呼ばれる帯水層は補給を受けることもできず、一度枯渇してしまえば、それきりだ。

基本的にブルー・ウォーターを過剰に汲み上げることで食料自給を実現しているインドでは、地下水利用の急激な拡大によって、多いときには年に六メートルも地下水位が下がっている。北アフリカでは、補給量の五倍のペースで地下水が汲み上げられていて、今や農家は一マイル（約一・六キロ）近くも井戸を掘り下げなければならなくなっている。雨に恵まれているはずのアメリカですら、国内の灌がい農地の五分の一に水を供給している巨大なオガラーラ帯水層が、年に一億七千万トンのペースで過剰揚水されていて、乾燥地向け作物に転作するか、農業自体をあきらめるかの選択を迫られている農家が増えているのだ。

しかし、そうした中にあって、世界で最も水の過剰使用が深刻なのは中国東部だろう。三つの河のローマ字表記の頭文字を取って三H地方と呼ばれる黄河、海河、淮河流域の広大な地帯は、中国の総人口の四割を抱え、国内の穀物生産量の半分を産出しているが、水資源は国全体の十分の一しかない。二〇〇一年の世銀の報告書によれば、この地域は持続可能な水の年間利用量を六億トン以上も超えるペースで水を消費しているという。その度を超した汲み上げ方は深刻なもので、地下水位は最高で三百フィート（約九十一メートル）下がり、地盤沈下も起きているほか（現に北京の標高は数メートル下がっている）、沿岸地域では地盤沈下の影響で井戸から海水が湧き出るようなことまで起きている。その結果として、ある研究によると中国は今日、全人口の六分の一前後に当たるおよそ二億人が、持続可能ではない水の使い方によって養われているという。

もちろん、アメリカ、中国、インドなどの水利用大国でも、廃水量を減らせば水不足を緩和できる可能性はある。地域によっては、灌がいシステムの設計上の欠陥から、水の四分の三が捨てられている所もある。そのような損失は、ドリップ灌がい（訳者注：畝の間を水が流れる間に蒸発したり、地中にしみ込んだりすることを防ぐために、農地の地表または地中に小さなプラスチック管を張り巡らせて散水する手法）などの技術的改善や政策変更によって劇的に減らすことが可能だ。たとえば、政府が農家に水利用の補助金を出すのをやめれば、水の価値が上がり、放っておいても水を節約する様々な取り組みが進むはずである。[4]

しかし、そうした対策にも限界がある。一部のブルー・ウォーター資源はもはや回復不能なまでに枯渇している。世銀の調査が指摘しているように、たとえ中国が積極的な対策を取り続けたとしても、十年前の地下水位まで帯水層を回復させることは、ほとんど不可能になっている。できることはと言えば、これ以上の水位と水圧の低下を食い止めることぐらいしかない。さらに、大半の国々は単に現在の食料生産レベルを維持したいのでなく、食料生産を大幅に増やす必要に迫られているので、今後、水資源の不足がさらに深刻化するのは目に見えている。より多くの食料を生産するためには、農家はますます多くの水を必要とするようになる。そして、大方の予想では、もはやその水がどこにもない状況になりつつあるのだ。世銀によれば、中国がたとえ積極的な対策――より高い経済的インセンティブの付与や、システム効率の改善、廃水のリサイクル、比較的水資源の豊かな南部から乏しい北部への大量の（年間一億七千万トンもの）水の移動など――を取り入れたとしても、三H地方はなお六億トン前後の水不足に直面するものと見られている。これは黄河の年間流量のおよそ三分の二に相当する。しかも、中国は、遠からず深刻な水不足に陥る数多くの国の一つにすぎず、そうした国の数はどんどん増えている。

従来の経済学の見方では、近々やって来る水不足は莫大な出費を生み、中国は水不足で農業収入を年間八十億ドル（約六千八十億円）以上も失うものと考えられている。だが、このように大きな数字でもまだ、水不足問題の深刻さは十分に表現し切れていない。水の供給量の減少は中国の穀物生産量の減少の大きな理由の一つだが、それは水不足のために農地の生産力が落ちているためであるとともに、農家が穀物栽培をやめ、より付加価値が高く、水集約度の低い温室作物に切り換えているためでもある。言い換えれば、中国では、水不足が主な要因となって穀物生産が減少し、輸入穀物への依存度が増しているのだ。中国が国際市場で穀物を一トン買うごとに、中国の農家は千トンの水をこれまで過剰揚水してきた帯水層から吸い上げずに済み、政府関係者も同量の水を国内の他地域から持ってくる必要がなくなるのだ。

穀物などの食品に含まれるこのいわゆる〝バーチャルウォーター（仮想水）〟は、これまで穀物取引の中で不可視な存在だった。アメリカのような国が余剰穀物を輸出するときは、同時に水も輸出していることになる。しかし、食品エコノミストが指摘するように、将来は仮想水も世界の食経済の中で今よりはるかに目に見える形で顕れてくる。増大する人口を養う水が不足しつつあるアジアやアフリカの国々は、その不足を現在形成され始めている国際水市場から調達せざるを得なくなる。世界の食システムでは、水を世界規模で取引される商品にすることで、ひどく不均衡なものとなっている水資源のバランスを取り戻すことが求められているのだ。

このような観点から見ると、毎年世界中に輸出される何百万トンもの穀物は、同様に取引される食肉や青果物とともに、約九千八百億トンの水を再配分するものにほかならない。それだけ大掛かりな資源の再分配が、ほとんど意識されることのないまま進行しているのである。

しかし、現在のような世界の水取引がいつまで続くかは極めて不透明である。チューリヒにあるスイス連邦工科大学のアレクサンダー・ツェンダー（Alexander Zehnder）は、アメリカ、ヨーロッパ、ブラジル、アルゼンチン、オーストラリアなどの水輸出国の数は二十年先までほとんど変わらないが、輸入国のほうは人口が増え、地下水位が下がるにつれ、劇的に増加すると見ている。さらに、これはすでに認識されていることだが、世界の食料需要と利用可能な水の量との間にはギャップがあることから、世界の水市場で水資源を均衡化させる機能は限られたものにならざるを得ない。世界水委員会によれば、仮に灌がい農業が最大限に効率化されても、「人類がその食料需要を満たすためには、少なくとも現在より十七パーセント多くの淡水が必要になる」という。実際、二〇五〇年に世界が必要とする穀物を生産するだけでも、新たに一兆トン近い水が必要になる。それを実現することは、技術的にも、政治的にも、物理的にも、不可能のように思われる。

前出のアースポリシー研究所のブラウンはこう指摘する。「人口統計学者が将来の人口を予測するとき、男女比率や女性一人当たりの子供の数のようなことばかりを問題にします。そして、世界の人口は現在の六十五億人から二〇五〇年には九十億人に達するなどと予測していますが、彼らは根本的な問題を忘れています。地球に九十億人を支えるだけの水はあるのか、という問題です」

間近に迫る破たんのXデー

ブラウンが指摘する問題は、真剣に検討する価値がある。公式な予測は、常に過去の生産性向上のパターンが将来も続くと仮定し、投入資源や収穫量や技術革新の要件もタイミング良く満たされるという前提の下で行われている。

そのため、ＦＡＯのようなところでは、前途にとてつもない難問が待ち構えていることを認識していながら、終始一貫して、世界の人口一人当たりの食料供給は現在の二千八百キロカロリーから二〇三〇年には三千キロカロリーに増え、一人当たりの肉の消費量も二十五パーセント増えるなどと予測している。こうした予測はいずれも、過去の成長がそのまま続くことを前提としたものだ。

しかし、そのような予測に対して、科学者や政治家に加え、実業界からも公然と異論が唱えられるようになってきた。最近では、各種委員会や審議機関から、窒素汚染やエネルギー価格の上昇、水不足の深刻化などが世界の食システムや食料安全保障に及ぼそうとしている影響などについて、次々と報告書が提出されている。マルサスの再来として長年冷遇されてきたブラウンのような論客も、ようやく当局の議論に加われるようになってきている。ブラウンが一九九五年に書いた何とも悲観的な著書『だれが中国を養うのか?(Who Will Feed China?)』は、今や中国政府の当局者や一般の中国人にも広く読まれているという。

資源の専門家も、農業が環境に及ぼす影響を分析する手段を考え始めている。中でも、エネルギーや化学薬品や廃棄物処分といった特定の活動や製品が、地球の生命維持能力にどれだけの負担をかけているかを示す概念「エコロジカル・フットプリント(EF＝Ecological Footprint/訳者注:人間の活動が環境に与える負荷を、資源の再生産と廃棄物の浄化に必要な面積として示した数値)」は大変興味深い。世界自然保護基金(WWF＝World Wide Fund for Nature)のような団体は、現代の私たちの生活におけるフットプリントは、すでに地球の生命維持能力を約二十五パーセントも上回っていると主張する。そして、最悪なのは食料、とりわけ食肉の生産だという。しかし、家畜を育てるために必要とされる膨大な土地やエネルギー、水、化学薬品などのことを考えれば、これは何ら驚くべき指摘ではない。

次に必要なのは、土地やエネルギー、水などの様々な資源の限界が、どのように相互に関連し合って作用するかを包括的に理解することだ。科学は総じて焦点を絞り、水不足やエネルギー不足、気候変動などの問題も、個別に切り離して扱いがちである。しかし、これらの問題は相互に深く関連していることが多い。ある投入資源の危機が、別の分野で何かの不足によるマイナスを増幅させ、思いもかけない形で食料安全保障を脅かす可能性がある。

たとえば、気候変動はアフリカやアジアの水不足や虫害を悪化させ、それが作物の収穫量の減少につながる。そうなるとそれらの国々は外国からの穀物輸入を増やさなくてはならなくなる。しかし、気候変動や水不足は世界全体の穀物生産も低下させる可能性が高く、国際食糧政策機構（ＩＦＰＲＩ＝International Food Policy Research Institute）の予測では、世界の穀物価格は二〇二五年までに現在の二倍近い水準に上昇すると見られている。そうなると、開発途上国は穀物を外国から買う余裕がますますなくなることになる。必要性が増せば増すほど、それを手に入れる余裕がなくなるというこの現象は、水以外でも、エネルギーや肥料などの投入資源の分野で起こることが予想されている。

今求められているのは、これほど多面的かつ多くの難題に対して、現代の食経済はどう対応していくのか、また、そもそも対応は可能なのか、そして、もしそれが不可能だとしたら、どのような代案が可能なのかを提示することだ。それを探るために、経済学者や持続可能性を声高に叫ぶ活動家だけでなく、食品会社や科学者、食料政策の専門家なども含めた食システムに関わるすべてのプレイヤーが積極的かつ協調的にこの問題に取り組むことが求められている。前出のカーシェンマンはこう語った。「私たちは気候変動が起こっていることを知っているし、中東が火を噴けば、明日にでも原油が一バレル二百五十ドルに跳ね上がることも知っています。だから、もし私たちが本当に科学者なら、原油が一バレル二百五十ドルもして、二倍も過酷な天候にさらされながら、水が現在の半分しかない世界で、どんな農業システムであれば私たちが必要としている食物や繊維を作り出せるかについて、少なくとも自分自身に問い掛けてみるべきです。私たちは新しくどんな農業を作り出せるのか？　これはごく当然な疑問のはずですが、誰もそれを考えようとしません。考えようにも、どこから手を付けたらよいかがわからないからです」

とはいえ、六十五億人を持続的に養うことさえ難しくなっている食モデルを使って、百億もの人を養っていこうとしているのだから、その程度の戸惑いは乗り越えなければならない。私たちは向こう五十年間に、より少ない資源でより多くのものを生み出す方法、つまり悪い影響を最小限にとどめながら、より多くの人々を養う方法を学ぶ必要がある。そしてそれは、仮に現状が正確に把握できたとしても、とても難しい注文であり、投入資源の問題がますます複雑になっている現状では、その難しさは想像を絶するものとなるだろう。

実際、科学者も企業も、次章で見るように、新世代の技術や手法を使ってこの問題に対処しようとしているが、いくら画期的で有望な方法でも、直面する技術的なハードルは高く、また経済的、政治的、文化的抵抗も根強い。大手食品会社の大半は、儲からない話にはほとんど興味を示さないし、消費者もこれまでの食習慣を改めることにはあまり乗り気でない。何といっても、最悪とされる問題の多くが、消費者が最も好む食品や食習慣に根ざしているからだ。

新たな調査をするまでもなく、食料生産現場の「過剰揚水」の原因が肉食化の方向に突き進む世界の食習慣にあることは間違いない。第10章で見るように、投入資源や外部費用を少なく抑えながら食肉を生産する方法はあるが、仮にそうした方法を用いたとしても、私たちが人口一人当たりの食肉消費量の伸びを鈍らせるか、場合によってはこれを減少に転じさせる必要があることに変わりはない。さらに、これからは世界をより持続可能な食経済へ転換するために開発途上国が犠牲になってくれることが期待できない限り、先進国、とりわけ欧米の消費者がその食習慣を変えるしかないが、それが自発的に起こるとは考えにくい。マスコミが何度、肥満や食の安全の問題を取り上げても、アメリカにおける人口一人当たりの食肉消費量は毎年一ポンド（約〇・四五キロ）ずつ増え続けていて、ヨーロッパでも、それは同様だ。

しかし、私たちが一年また一年と方向転換を先送りしていると、解決しなければならない問題はますます大きくなり、それがいよいよ手に負えないものになってしまうことが懸念される。事実、現在講じられている対策は、実際には事態を悪化させているものばかりだ。多くの生産者や政治家は持続不可能な食システムの上に生じた表面的な症状に対して、ひたすら対症療法を施すだけで、その根底にある問題には手を付けていない。そのため、そこで提供される解決策は、そもそも現在の症状をもたらすことになった持続不可能なシステムそのものには触れない、小手先の修正にすぎない。

実際に、逼迫の度合いを強める穀物市場からの警告のサインに対して、アメリカがどのように対応しているかを考えてみよう。

穀物農家は高価格に乗じて利益を上げようとして、ほかの作物から転作しただけでなく、これまで生態系を守る目的で、保全の対象に指定されてきた何千万エーカーにも上る土地をも開墾するようになった。それでもなおアメリカの農家は多額の補助金を受けている。本来、保全指定対象の農地に作付けを行えば、その農家は連邦政府からの農業補助金を失うことになっていたはずだった。

しかし、二〇〇七年末に、アメリカ食肉協会、全米肉牛生産者・牛肉協会（ＮＣＢＡ＝National Cattlemen's Beef Association）、全米豚肉生産者協議会（ＮＰＰＣ＝National Pork Producers Council）、全米鶏肉協議会（ＮＣＣ＝National Chicken Council）などの食肉業界の業界団体は農務省に対して、指定対象農地における農作を〝ペナルティなし〟で許可するように申し入れていた。この申し入れが通れば、一九七〇年代の「フェンスの端から端まで（２２１ページ参照）」政策によって生じた悲惨な結果にも匹敵する表土流出と土壌劣化の連鎖を引き起こすことが懸念されている。

将来を心配しているのは土壌の専門家ばかりではない。デモイン市水道局で働く科学者のクリス・ジョーンズ（Chris Jones）によれば、同水道局では現在、水源の二つの川の水から、過去に例のない量の硝酸塩を除去し続けているという。ジョーンズは断定することこそ避けてはいるが、硝酸塩の濃度が上がっている原因を、川の上流で生産量を急増させているトウモロコシ栽培にあると見ている。「二〇〇七年一月は過去最高で、二月も同様だった。今年はもっと悪くなるのではないかと心配している」

穀物需要の増大がアメリカの消費者や環境に与える影響ばかりに目を向けてきたが、今後農地が拡大することの影響の多くは、土地の値段が極端に高く、環境保護の面でも比較的厳しいアメリカなどの先進国ではなく、価格も法規制の水準も低い開発途上国で起こると予想されている。エタノールブームが起こる前から、開発途上国が二〇三〇年までに農地をおよそ四十六万八千平方マイル（約百二十一万二千平方キロ）拡大させることは予想されていた。しかし、その予測は甘かったようだ。とりわけ、世界に残る数少ない潜在的な耕作地の大半を保有し、その農業基盤を輸出指向型の農業に転換する政策を積極的に推進している南米では、それが顕著だ。

このような急速な拡大は何十億ドルもの輸出収入を（多くは旺盛な食肉需要を抱える中国から）獲得できる半面、法外な対価も生んでいる。アメリカ中西部でトウモロコシがほかの作物を押しのけているように、ブラジルの大豆畑は年に五千平方マイル（約一万三千平方キロ）の割合で広がっているが、その大部分はそれまで生活を支えていた零細な農地や放牧地をつぶす形で進められ、追い出された農家や牧畜業者は残された森のさらに奥へと移動せざるを得なくなっている。結果として、ブラジルにあるアマゾン熱帯雨林の五分の一近く——すなわち、アマゾン流域全体の約八分の一——の森林はすでに刈り取られ、残された森も年に約八千平方マイル（約二万一千平方キロ）のペースで伐採されたり、燃やされたりしている。

しかし、南米のこの状況も、増大する人口と食生活の変化によって、低コストの高収量生産モデルが勢いを増しつつある開発途上国で起きようとしている、より大きな変化の前触れにすぎない。世界自然保護基金によれば、一九八〇年以降、インドの国土面積を上回る百十万平方マイル（約二百八十四万九千平方キロ）以上の森林が伐採され、その多くは放牧地や農耕地、とりわけ大豆畑やトウモロコシ畑やパーム油のプランテーションに姿を変えたという。その結果、野生生物のような無形の財産が影響を受けているばかりでなく（生物種が絶滅するペースは三十年前と比べて十～百倍も加速している）、そうした農地拡大が果たして期待どおりの生産拡大に結び付くかどうかも定かではない。

農家がいまだに分厚い表土の恩恵を受けているアメリカ中西部や黒海地方とは違い、南米の森林地帯の多くは表土が薄く、有機物の少ない強酸性の土壌であるため、開墾され作付けが行われても、ほかの地域で行われてきたような集約的農業に十分に耐えられない。そのような土地では、有機物の消失が急速に進み、それによって収穫量が徐々に落ち込み、表土流出の危険性が高まると、農家はその土地を放棄して新しい土地に移るしかないが、そのためにまた新たな森林伐採が必要となる。言ってみれば、ブラジルは輸出する大豆の袋や冷凍鶏肉の箱の中に、安い労働力やすでに逼迫している水資源や土資源を一緒に詰めて輸出しているようなものなのだ。

育種の専門家で、中南米で調査を行ったジョージア大学のチャールズ・ブラマー（Charles Brummer）教授は言う。「ブラジルが次の百年も作付面積を増やせると考えるのは馬鹿げている。彼らは沼地を干拓したり、森林の伐採をさらに進めたりすることはできるだろう。しかし、それはすでに彼らが、延命措置によって生きていることを意味している」

第Ⅲ部 食システムの未来

第9章 遺伝子組み換えかオーガニックか

アイオワ州エイムズにあるアイオワ州立大学（ＩＳＵ）のキャンパスの一角に、レンガとガラス造りの新築ビルがある。ここでは、植物遺伝学者パトリック・シュネイブル（Patrick Schnable）が、チャーリー・ブラマー（Charlie Brummer）やレスター・ブラウン（Lester Brown）といった悲観論者の誤りを証明するために、日々、研究に勤しんでいる。トウモロコシのＤＮＡの青写真を作るという連邦政府の大規模なプログラムと、同大学のトウモロコシ遺伝子マッピングプロジェクトの責任者という立場にあるシュネイブルは、黒髪の小柄な痩せ型の男で、顔には細いメタルフレームのメガネをかけ、ややせっかちなところはあるが、親しみやすい人物だった。

ヒトゲノムの遺伝子の数がおよそ二万六千個であるのに対し、トウモロコシの遺伝子は五万個以上もある。その仕組みを解き明かすためには、まったく新しい分析手法とツールが必要になる上に、何千万ドルもの資金がかかる。そこからも、シュネイブルの携わっている計画が極めて壮大なものであることがわかる。しかし、その分見返りも大きいとシュネイブルは言う。

シュネイブルによれば、トウモロコシの遺伝子が人間よりもずっと多いのは、動物は環境の変化に対して、外的な手段を使って順応する能力を持っているが、「植物は一つひとつの環境の偶発性に対して、異なる反応」――つまり、温度や湿度の変化や虫害による侵食など、植物の出来を左右する何千もの条件に対して、それぞれあらかじめプログラムされた個別の反応――をする必要があるからだという。また、こうした個別の反応や形質は、単一の遺伝子か一まとまりの遺伝子群に支配されるが、シュネイブルのような科学者はこれらを分子レベルで操作することで、個別の形質（表現型）と特定の遺伝子の関連性を読み解き、最終的には、植物の行動を制御して、市場のニーズにぴったり合った植物（および動物などの生命体）の設計を可能にすることを目指している。「コーン・ゲノムはコンピュータ・プログラムのようなものです」とシュネイブルは言う。「ひとたびマッピングが完成すれば、大抵のことはできるようになります」

事実、遺伝子操作や遺伝子組み換えが行われている食物は珍しくない。今日遺伝子操作を施したハイテク作物は、世界のトウモロコシ作付面積全体の四分の一以上、また大豆作付面積の半分以上を占めている。シュネイブルのような遺伝子科学の信奉者は、この技術が食料生産を一変させる革新をもたらすと考えている。たとえば、医薬品を生産するための植物や、より脂肪分の少ない動物も作れるようになるとシュネイブルは言う。

より具体的に言うと、トウモロコシや大豆などの穀物の場合、将来的な食料生産の制約に合わせた品種――暑さや干ばつに強い、塩分の多い土に耐えられる、窒素の利用効率が高い、可食部分が劇的に多いなどの植物――を、従来の品種よりもずっと早く、しかも安価で提供できるようになるという。一例を挙げると、二〇三五年のアメリカにおけるトウモロコシの一エーカー（約四千平方メートル）当たりの予想平均収穫量は二百ブッシェル（約五・一トン）に届くかどうかだが、遺伝子組み換え市場を牽引するモンサント（Monsanto Company）の研究者は、遺伝子操作技術を使えばこれを、三百ブッシェル（約七・六トン）を超えるレベルまで簡単に引き上げられると見ている。

しかし、すべての人がこの新しい技術の恩恵を受け入れる用意ができているわけではない。アメリカ初の商業的遺伝子組み換え食品となった「フレーバーセーバー（Flavr Savr＝風味が長持ちするの意）」と呼ばれるトマトが一九九四年に生産されて以来、こうしたハイテク食品は、過去に妊娠中絶や戦争といった問題が扱われたときと同じように議論の的となってきた。

ハイテク食品に批判的な人たちは、遺伝子組み換え植物や動物には、人体に害を及ぼす可能性のある未知の物質が含まれていたり、在来種と混ざり合うことで、これを破壊すると警告する。直接行動を好む反対派は遺伝子組み換え作物の畑を荒らしたり、研究施設を破壊する活動までするようになった。このため、ヨーロッパやアフリカでは、遺伝子組み換え食品の生産や輸入を政府が禁止している国も多い。

これに対し、遺伝子組み換え食品の支持派は、反対派がこの技術の危険性を誇張したり、でっち上げただけでなく、二〇五〇年までの数十億人もの人口増加に対処できる唯一の技術の出現を妨害していると反論する。遺伝子組み換えに対する"盲目的な反対論"は、「理性に対する教条主義の勝利」だと、ある組み換え支持者は書いている。

遺伝子革命の誕生

このような遺伝子組み換え食品に対する論争から、食料問題の行く末をめぐる、はるかに根深く、より根本的な意見の対立の構図を読み取ることができる。まず、両者とも、今の食生産システムの弱体化、つまり経済面や環境面だけでなく、栄養面の基盤もこれまで思われていたほど堅固ではないという点において、ある種の見解の一致はあるようだ。また、今後の課題は、人口の増加に応じて単にカロリーの高い食物を作ることではなく、少量の水とエネルギー、そしてやせた土地で、気候の変動に対応できるかどうかにあることも、お互いに認めているようでもある。にもかかわらず、両者の意見が分かれ、議論の対立や二極化が生じているのは、「どのように未来の食システムを構築すべきか」という一点においてである。

近代的な食システムの出現以来、経済学者や食料政策の立案者の間では、食経済には多少なりとも自動調整機能があると見るのが一般的だった。それはヨーロッパやその一世紀後のアジアの工業化時代、当時の生産能力を超える割合で人口が増加したように、経済成長に不均衡が生じると、そのセクターが不安定になり、価格上昇が消費者を苦しめることになる。しかし、最終的には、こうした歪みが、種子の品種改良や化学肥料などの新しい技術を生み、それが供給を増やし、マルサスの悪魔を封じ込めるというものだ。

そうした観点に立つと、今日の食料価格の高騰や外部コストの上昇は、単なる生産力の頭打ちによるものではなく、現行の農耕技術が限界に達したことで、遺伝子組み換え技術のような、生産性向上を飛躍的に成し遂げる次世代技術が求められていることを示唆している。「周囲を見回して、私たちをそこに到達させてくれる技術は何かと言えば、遺伝子組み換え技術ほど可能性を秘めたものはそうありません」と、米バイオテクノロジー産業協会（ＢＩＯ＝Biotechnology Industry Orgnization）のマイク・フィリップス（Mike Phillips）は言う。

しかし、必ずしもこのような見解が、食料問題の将来に対する考え方を代表しているわけではない。工業的農業の自動調節機能が礼賛されているのとほぼ同じだけ、これを批判する者は極めて厳しい見方を示してきた。それは、自動調節機能を生み出す技術そのものが、食経済を破壊するという考え方だ。自然界は確かに不均衡を調整する能力を持っているが、その能力は一世紀にわたる工業的農業による介入によって、確実に侵食されてきた。ひいき目に見ても、近年の食経済の成功は一時的なものにすぎない。なぜならば、それはエネルギーも水も土壌も、いずれも持続性のない自然資本に依存しているからだ。

オーガニック農業や持続的農業の見地に立てば、食の安全性への疑問や生産性の低下など、食に関わる諸問題が同時に発生したことは、工業的農業が自然界が本来持つ基本的な修復能力をほぼ完全に枯渇させてしまったことを示している。今求められているのは、単に問題を手短に解決してくれる新しい技術ではなく（カリフォルニア州ベンチュラ郡で小規模農家を手助けしているラリー・イー（Larry Yee）は、これを何でも一発で問題を解決してくれる答えを求める〝特効薬症候群〟と呼んでいる）、技術革新に対する私たちの強迫観念を和らげてくれるような、自然の限界や外部コストに配慮したまったく新しい形態の持続的農業だ。イーは言う。「第二次世界大戦後、食料問題は化学の力で解決できると考えられてきました。しかし、化学による解決が行き詰まり、バイオテクノロジーがこれに取って代わったものの、現在も基本的な枠組みは変わっていません。人々は今もあらゆる問題を解決できる特効薬を待ち望んでいるのです」

こうした論争は経済成長の持続性の議論と似ていて、できれば膠着状態のまま放っておきたくもなるが、もはや私たちにそんな余裕はない。食システムが直面する課題の緊急性や複雑さを考えれば、一発で問題を解決してくれる魔法の薬を見つけるか、さもなくば、ハイテクか否かに関係なく、確実に機能する何らかの解決策が必要であることだけでは間違いない。

今の世の中には、私たちが必要とするだけの食料を供給する技術が存在するのだろうか？　あるとすれば、それはこれまでと大きく異なるアプローチを取るものなのか？　それともまた問題をすり替えているだけなのか？　より端的に言えば、バイオ技術や有機栽培などのオルタナティブ農業は、限られた資源でより多くの食料を生産するという大きな課題に本当に対処できるのか？　それとも最後の審判の日を先延ばしにしているだけなのか？

ある意味で工業化された食経済は、常にこの〝万能の特効薬〟を求めてきた。十九世紀以降、高収率ハイブリッド種や高スピード加工など、新しい技術が着実に成功を収めてきたことで、私たちはどんな食料危機も解決できるものと考えるようになった。また、それと同時に私たちの生活水準はさらに向上し、より大きな利益が生まれ、より経済的にカロリーの高い食物を生産できるようになる――私たちは常にそんな解決策を期待するようになっていた。

この点において、科学と商業の狭間で成長を続け、一九七〇年代には科学、商業の両面で究極の突破口となると考えられてきた遺伝子工学ほど、高い期待が寄せられている分野はない。一九七四年に人工的にＤＮＡを組み換える技術が発明されると、遺伝子学者は遺伝子とその遺伝子が支配するどんな形質も、ある生命体から別の生命体へ移植できるようになった。さらには、一つの種からまったく異なる種――バクテリアから植物や動物へでも――遺伝子の移植が可能となり、これまで育種家を悩ませてきた様々な障害を取り払うことができるようになった。組み換えＤＮＡ（ｒＤＮＡ）を使えば、科学者は理論的には、考え得るすべての目的に合わせた無数の新しい生命体を作れるようになったのだ。そしてその数年後、アメリカの最高裁判所が生命体に特許をかけることは可能であるとの判決を下したことで、こうした新しい生命体を所有したり、売ったりすることも可能となった。ここに遺伝子革命が誕生したのである。

旧来型品種改良の限界

最初に登場した遺伝子組み換え商品は医薬品の合成インスリンだったが、遺伝子組み換え食品もすぐこれに続き、一九八〇年代にはモンサントが遺伝子を組み換えたウシ成長ホルモンを開発し、搾乳量を二十五パーセント引き上げた。その後まもなく、モンサントは天然殺虫剤のバチルス菌の遺伝子を取り出してトウモロコシに組み込むことに成功し、害虫抵抗性を持つＢｔトウモロコシを誕生させた。

しかし、モンサントの最強商品となったのは、除草剤として広く利用されているグリホサート（商品名『ラウンドアップ』）に対する耐性を持たせた植物だった。これにより、農家は苗木一つひとつを避けて除草剤を撒く必要がなくなり、遺伝子の組み換えによってラウンドアップに対する耐性を持った『ラウンドアップ・レディ』と呼ばれるトウモロコシや大豆に直接除草剤のラウンドアップを散布できるようになった。

その結果、雑草駆除が大幅に簡略化され、農業効率が向上した。コストを下げて収穫量を増やせる理想的な農業モデルを提案する除草剤耐性種苗は、現在アメリカで生産されるトウモロコシの半分、また大豆の全耕作面積の九十三パーセント以上を占めている。これらの種苗は、一世紀前にハイブリッド種が農業を一変させたのと同様に、遺伝子工学によって生まれたスーパークロップが切り開く、新たな時代の第一歩にすぎないと業界関係者は口をそろえて言う。

遺伝子組み換えは極めて複雑な技術だが、それが植物育種家の支配力を高めるという一点において、その構造はいたって単純だ。通常の品種改良では、育種家は望ましい形質を持った子孫を作るために、既存の植物や動物を交配させる。そして、強い茎や大きな苗、スピーディな成長といった形質が十分に表れるまで交配・再交配を繰り返す。この手法は目覚ましい成果を見せ、現代のトウモロコシの収穫量は一九三〇年代の六倍近くまで増えている。

ただし、この手法には大きな制約がある。第一に、その過程の大部分が不規則であることだ。育種家には強い茎のような、結果として生じる形質しか見えず、そうした形質を根本的に左右する遺伝子は見えない。そのため、実験結果に対するコントロールもほとんどできない。交配のたびに何万もの遺伝子が不規則に混ざり合うため、遺伝子のさいころを投げるようなものである。それも、さいころ自体は目に見えず、勝ったか負けたかしかわからないというものだ。

第二の制約は、品種改良に多大な時間がかかることだ。一番出来の良い子孫を選ぶには、どれがどう発達するかを見極めるまで待たなければならず、植物なら数カ月、動物なら数年かかることもある。さらに、育種家は一世紀以上も同じ遺伝物質から何百万もの交配種を作っているため、収穫量を飛躍的に増やしたり、干ばつに対する耐性に富んだりするなど、ほかの形質を生む可能性のある遺伝子の組み合わせを発見する可能性は年々低下している。トウモロコシがその良い例だ。当初は収穫量が急速に伸び、ハイブリッド技術の完成後十年間で二倍まで膨らんだが、その後は年に二パーセント程度の伸びにとどまっている。トウモロコシはこの分野では主要商品であり、ほかのどの穀物よりも高い研究費を得ているにもかかわらずだ。

この点では、本章の冒頭で名前を挙げたシュネイブルのように、遺伝子組み換え技術がこうした限界を克服できると考えている遺伝学者の興奮ぶりも理解できるだろう。遺伝学者は思いつきで交配させるのではなく、実際に遺伝子そのものを見た上で、優れた両親を選び、それらを交配して、優れた子孫ができる可能性を劇的に高めることに成功した。そして、従来の育種家が遺伝物質の交配・再交配を繰り返さなければならないのに対して、遺伝子組み換えを行う企業は、ある生命体のＤＮＡをほかの生命体の遺伝物質で補ったり、ＤＮＡそのものを操作することによって、その遺伝物質そのものをアップグレードできるようになった。シアトルの企業ターゲティッド・グロウス（Targeted Growth）の研究者によれば、トウモロコシの遺伝子を細胞分裂が盛んに行われるように改良する方法はすでに解明されていて、収穫量を現在の一エーカー当たり百五十ブッシェル（約三・八トン）から百九十五ブッシェル（約五トン）近くまで、パーセンテージで言えば二十五～三十パーセント引き上げられるという。

遺伝子組み換えを支持する人々は、長期的には、収穫量は必ず飛躍的に増加すると主張する。モンサント社グローバル品種改良部門バイスプレジデントのセオドア・クロスビー（Theodore Crosbie）は言う。「分子技術がもたらした収穫量の増加に、第二世代、第三世代のバイオ技術から期待できる影響を加えると、私たちの計算では、アメリカのトウモロコシの平均収穫量は現在の約二倍にあたる一エーカー当たり三百ブッシェル（約七・六トン）になります」。

ただし、これは単なる平均値にすぎない。現在でも、トップレベルの農家は普通に一エーカー当たり三百ブッシェルを生産しているが、遺伝子組み換え種子により、一般的なアメリカの農家でも四百ブッシェル（約十・二トン）台後半まで生産できるようになる可能性は高いという[1]。クロスビーは「光合成速度を基に割り出したトウモロコシの理論上の最大収穫量は六百ブッシェル（約十五・二トン）前後」と推測している。

こうした予測は、除草剤耐性などの商業的成功と合わせて、遺伝子組み換え技術に強力な推進力を与えてきた。アメリカとイギリスの政府は共に、この技術を未来の食料難に対処する上で必須のものと位置づけたばかりか、それに疑問を差し挟む懐疑派を、次世代を危険にさらす人々として非難までしている。ダン・グリックマン（Dan Glickman）農務長官は「バイオ技術に背を向けようとする国は、その行動が世界にどのような結果をもたらすことになるかを認識すべきだ」と、一九九七年の世界食料サミットで警告している。また、消費者保護団体による一貫した抗議とは裏腹に、FAO（Food and Agriculture Organization of the United Nations＝国連食糧農業機関）やWHO（World Health Organization＝世界保健機関）、米国科学アカデミー（NAS＝National Academy of Sciences）など信頼性の高い科学組織は、遺伝子組み換え食品が人体に悪影響を及ぼしたという証拠は何も発見されていないという。

もちろん、モンサント、デュポン（DuPont）、ダウ（Dow）などの大手化学企業や、スイスのシンジェンタ（Syngenta）のような農薬や種子を扱う企業の側も、市場の成長をただ期待するだけでなく（種子の売上は一九九五年の四億五千万ドル（約三百四十二億円）から、二〇一〇年には二百億ドル（二兆五千二百億円）に跳ね上がる見込み）、環境保護に役立ち、貧困問題にも対処できる商品とうたうなどして、市場参入に躍起となっている。特にセントルイスを拠点とする大手化学会社モンサントのように、PCBや枯葉剤によって壊滅的なイメージダウンを招いた企業は、これを絶好のチャンスと捉えている。『英エコノミスト（The Economist）』誌も、「モンサントは今や、毒物の流出ではなく、世界の食料問題を論じるようになった」と報じている。

確かに、未来へと続く道は平坦ではない。たとえば、二〇〇一年にモンサントは、遺伝子組み換えジャガイモの購入をマクドナルド（McDonald's）、バーガーキング（Burger King）、プリングルズ（Pringles）に拒否されたため、その生産を見送らなければならなかった。さらに、数年に及ぶ反対派の抗議や、組み換え商品の輸入を数カ国から拒否されたことを受けて、一部の業界アナリストは、遺伝子組み換え技術の経済的なリスクが大きいことを懸念している。化学企業の株主の中には、遺伝子組み換え事業から完全に手を引くよう求める者も出てきている。

しかし、こうした障害にもかかわらず、農薬・種子関連企業の大半は、農業への遺伝子組み換えの導入を逃してはならない好機と捉えている。ダウケミカル社（Dow Chemical）の遺伝子組み換えプログラムについて、一部の株主が異議を唱えた時も、同社のバイオ技術部門責任者ピーター・シジェルコ（Peter Siggelko）はひるまなかった。シジェルコはあるインタビューで自社の決定をこう正当化している。「私たちの決定を変えるつもりはありません。農家にとって、こちらのほうがより良い上に、より安全なのですから」

社会的要素としてのオルタナティブ農業

シュネイブルの研究室からわずか五分離れたところで、農学者キャスリーン・ディレート（Kathleen Delate）が遺伝子組み換え技術のアンチテーゼに挑戦している。ディレートはアイオワ州立大学オーガニック農業研究室の責任者である。彼女はこの十年間、遺伝子組み換え種子が、農家だけでなく消費者にとっても、安全とは言い切れないことを農家に説得するために多大な努力を払ってきた。

もちろんそれが少数派の意見であることは、彼女自身も認めている。アイオワ州内で栽培されている大豆やトウモロコシのほとんどすべてが遺伝子組み換えであり、大学の農業研究費もその大部分が、シュネイブルが指揮するプログラムに吸い取られてしまう。一方、ディレートが取り組んでいるようなオーガニック農業のプログラムは、予算確保はおろか、まともに取り合ってもらうのも容易ではない。

オーガニック農業一筋でやってきた四十七歳のディレートが、最初にアイオワ州立大学に赴任してきたのは一九九六年で、それは最初の遺伝子組み換え大豆が植えられたのと同じ年だった。新しい技術に対する彼女の拒絶反応は「技術が嫌いなだけでなく、遺伝子組み換えを推進する彼らの生き方そのものを拒絶している」と、同僚の多くに受け止められた。ディレートは「今日でも、アイオワ州立大全体で公的に『オーガニック』という言葉を使う教授はせいぜい十人くらいしかいませんね」と、こぼす。

しかし、ディレートをはじめ、オーガニック運動を推進する何百、何千という農家が、農業に対する考え方を変える気配はまったくない。彼らは遺伝子組み換え食品が安全だと納得していないからだ。遺伝子組み換え食品の安全性に疑問を呈する懐疑派は、これまで健康面の悪影響が報告されていないのは、ロビイストの活動によって遺伝子組み換え食品を示すラベル表示が義務付けられていないため、仮に消費者に害が出ていても、その原因が遺伝子組み換えにあるとは認識できないからだと主張する。

また、遺伝子操作が行われる際に、細胞内で発生するすべての物質を研究者が完全に把握しているとはとても思えず、健康面、環境面の影響を漏れなく予測するのは不可能だと彼らは考えている。

農家にとっては非持続的な工業的農業システムによって、少数の巨大企業の繁栄を助ける商品には感情的にも抵抗がある。遺伝子組み換え種子は「古くからあるアグリビジネスの延長にすぎない」とディレートは言う。

このような反発はオーガニックコミュニティに限定されたものではない。「オーガニック農業」または単に「オーガニック」は、オルタナティブな食料生産の方法として最も普及し、かつ商業的にも成功した、より大規模でより複雑な社会運動の一面と見ることができる。それは一世紀以上前から相次いで発生してきた農薬や添加剤などの工業的農業が引き起こした被害に対抗して生まれたものだ。これ以前に出現した、小規模農業の再興を想定した農地改革などは衰退したが、有機栽培や持続的農業は今でも実践者が極めて多く、文献や学会も増え、ビジネスチャンスも高まるなど依然として勢いを保っている。その道の支持者たちの間で、技術の〝正しい〟使用法をめぐり、哲学的な不一致が生じることはあっても、アグリビジネスの方法論や理想を嫌っているという点で彼らは一致している。

表面的にはこの嫌悪は、農薬や化学肥料、遺伝子組み換え種子といった人工的な投入の拒絶という行動に表れる。しかし、オルタナティブ農業の支持派は、より深い次元で工業的農業に反対している場合が多い。その多くは、「食料もほかの商品と同様、効率とコストを優先的な指針として生産できるし、そうすべきだ」というアグリビジネスの姿勢に怒りさえ感じている。また、農業の合理化が土と食料生産のプロセスから人間を切り離し、現地生産をグローバルな供給過程に変えてしまったと批判する。より端的に言うと、オルタナティブ農業支持派の大半は、アグリビジネスの経済的な正当性を認めておらず、農業は分野ごとに分割してそれぞれに特化させれば、極めて効率良く、生産的で、優れた産業になり得ると主張する分離論者の考え（家畜、作物、肥料などに分け、その一つひとつを工業規模に成長させるというもの）には、特に否定的だ。

厳密に経済的側面だけを見れば、確かに工業的農業のほうが効率的かもしれない。トウモロコシや豚など単一種のみを育てる農家や、低価格の農薬や種子（インプット）を購入して、収穫された作物（アウトプット）を低価格の加工業者に売る農家のほうが、独自に食料生産の全サイクルを行う（トウモロコシを栽培して豚に食べさせ、その堆肥をトウモロコシ畑に撒くといった）農家よりも、低コストでより多くのカロリーを生産できるのは事実である。しかし、工業的農業の反対派が主張するように、大規模な工業的農業のほうが効率的でコストもかからないというのは、極めて限定的な意味においてのみいえることである。たとえば、水の汚染や土壌侵食といった外部コストはそこから除外されている。実際には、こうした外部コストが、すべての食料生産が依存している自然資本を侵食することは避けられないため、それも計算に含めると、工業的農業が効率的であり得るのは極めて短期的なものに限られる。

そして、こうした批判は必ずしも農業に限定されるものではない。ジョン・イカード（John Ikerd）やハーマン・ダリー（Herman Daly）といったオルタナティブ経済学者は現在の産業システム全体を、非持続的かつ近視眼的なものとして長年非難している。この批判は、大規模で超効率的な工場式農業が、これに取って代わられた何百万もの多様な小規模農場より、実際は効率が悪いとしている点で、アグリビジネスに反対する人々からも強い支持を得ている。

アグリビジネスに反対する人々の中には、イカードやダリーらのような主張を、農業を昔の形態に逆行させるものとして批判する者もいる。だが、より実利主義的な人たちは、工業化以前の農業形態も決して望ましいものではなく、小規模農場のほうが効率的と考えることも不自然であることを認識している。今日、化学肥料やトラクターや化学農薬などを使わない農家は、閉ざされたシステムの中で農業を行うことになる。農具の移動や堆肥作りのために家畜を飼い、手作業で肥料を撒き、雑草を取り、収穫するという作業は、いずれもひどく手間がかかり、その割に生産性は高くない。しかし、オルタナティブ農業を支持する人の多くは、過去の農業慣行には今でも十分通用する英知がたくさんあり、研究を重ね、慎重にその技術を使えば、今でも十分利用できるし、また利用すべきだと主張している。

たとえば、古代に活用されていた被覆作物は化学肥料の登場によって姿を消したが、決してこれが時代遅れの作物というわけではない。換金作物をアルファルファのような、根が土壌中のバクテリアと共生し、大気中の窒素を取り込んで土中で固定するような作物に切り替えれば、尿素と同様の補給効果が得られる場合もある（超工業的なトウモロコシ農場でも、大豆の代わりに窒素固定効果のある豆類で交互作を行っている）。また、同じ畑で同じ作物を何年も育て続けると、必ず雑草や害虫が定着し、農薬に頼らざるを得なくなるが、三、四種の異なる作物を栽培すると、そうした定着を遅らせられるという副次的な利点もある。

この閉ざされた循環はランド研究所のウェス・ジャクソン（Wes Jackson）が〝自然体系を利用した農業〟と呼ぶもので、それは、単に化学肥料や農薬をより地球に優しいものに切り替えることを意味しているのではない。むしろ、化学肥料や農薬を必要とするシステムから、これを必要としないシステム、すなわちエネルギーや栄養素を循環させ、害虫の繁殖を抑えて内部的なバランスを保つという、自然が本来持つ力を利用するシステムへの転換を目的としている。そのようなモデルの下では家畜と作物は再び統合され、動物から出る堆肥が作物の肥料となり、そうしてできた作物が再び家畜の飼料になる。農家は収穫量を最大化するためだけではなく、植物と土壌の間や土壌とバクテリアの間の複雑な養分循環を促す目的で作物を選択する。要するに、アグリビジネスが工場の方法論と構造を模倣しているのに対し、次世代農場は「自然界に見出されるパターンや関係を意識的に模倣して設計される」と、パーマカルチャーと呼ばれる代替システムの共同開発者デイビット・ホルムグレン（David Holmgren）は言う。

この新しい農業形態が基盤としているのが、生態系だけではないという点は重要だ。工業的農業には社会的に有害な側面があるが、代替システムの支持派は農業に極めて社会的な要素を求めていて、新しいモデルも共同体内における生産と消費を強調している。農家が自分で生産できないインプットは何であれ、できる限り現地調達し、そうしてできた作物の大半がその地域の市場で販売される。そのような昔から農業に備わっている社会的側面の復興は、エネルギーの節約になるだけでなく、消費者と生産者の関係と、食べ物は人の手で人のために作られるものであるという考えを復活させるのに役立つだろう。農業は「生物学、生態学および社会的な理念から再定義されるべきであり、現在、工業的農業が基盤としている化学や物理学的理念だけを重視すべきではない」と、オーガニック農業の専門家フレッド・カースチェンマン（Fred Kirschenmann）は言う。

もちろんこのような転換は痛みを伴う。低コストモデルからの脱皮――たとえば、農薬の代わりにより多くの労働力を使ったり、他所で育てたほうが安くても現地生産を優先したりすることなど――により、新しい農業は大規模な工業的農業がもたらす短期的な経済的利益を一部放棄しなければならなくなる。これは、消費者にとっては食品価格の値上げや、一年中同じ作物を手に入れることが難しくなることを意味する。

さらに、工業的な大規模農場がより多くの中小農場に置き代われば、必要とする労働量も増える。その要件を満たすには、農業が現在のような、親が進んで子供に継がせることのできない職業から、世の中から尊敬される魅力的な職業として、その名誉を挽回することが必要になるだろう。「本当に生産性を高めたければ、農耕社会を再構築する必要があります。実際にやってみれば農業を好きになる人はたくさんいると思いますが、どういうわけか社会が農業をあまり好ましくない職業と決めつけてしまいました。消防士やエンジニアや債券トレーダーになりたい人は大勢いても、なぜか農家は駄目なのです」と、ブリティッシュコロンビア州クワントレン大学の園芸専門家ケント・マリニクス（Kent Mullinix）は残念がる。

オーガニック産業と遺伝子組み換え支持者の戦い

コスト高や重労働といった前提条件を考慮すれば、これだけ長い間、オルタナティブ農業が社会の片隅に追いやられていたのも納得できる。工業化から数十年を経て、生産者と同様に消費者も、便利さ、目新しさ、値段の安さをもたらす食システムの成功と効率性を肯定的に評価するようになった。しかし、一九七〇年代から一九八〇年代にかけて、一般消費者の中にも工業的農業に不安を覚える人が現れ、メディアは工業的農業の下で使われている食品添加物が健康に与える危険性や、農薬が生態系に及ぼす影響を競って取り上げるようになった。

また、農場労働者の劣悪な労働条件にも注目が集まり始めた。こうした中で、一九八九年に米国科学アカデミーが発表したアグリビジネス批判を、消費者がどこまで理解できたかは不明だが、少なくともレッドデリシャスアップルと呼ばれる真っ赤なリンゴの赤い色に、発がん性が指摘されるエイラーが使われていたという報道には、多くの関心が集まった。

この報道以来、一夜にして多くのアメリカ人が、オルタナティブ農業に強い興味を持つようになった。こうして生まれた新しいタイプの消費者たちは、持続可能性や自然サイクル、工業的農業の真の欠陥などについて、必ずしも十分理解していたわけではなかったかもしれない。しかし、彼らは農薬の使用に敏感で、農薬を使用していない食品を求めるようになったし、より重要なこととして、彼らは進んでその対価を払うようになった。そうして、オルタナティブ農業の運動全体がゆっくりとではあるが確実に主流派の地位を占めるようになる中で、その目標を達成でき、利益も生み出せるものとして、具体的な商品を提供できたのがオーガニック農業だった。

しかし、これには一定の犠牲も伴った。オーガニック食品の需要が年間二十パーセント増、つまり四十八カ月で倍増したため、初期のオーガニック農業はその需要を満たすことができなくなっていた。また、不作と豊作が繰り返される中で、作物の質にもばらつきが生まれ、当初はアメリカでも東西沿岸部の大都市でしかオーガニック作物は入手できなかった。あるオーガニック支持者は、当初オーガニック食品というのは「自給自足生活を送るヒッピーや都市に住む特殊な人種しか買わないような、不格好なリンゴや虫のついたカブ」を意味していたと指摘する。また、何がオーガニックで何がオーガニックでないかの基準についても議論が白熱し、三十以上の組織が相容れない基準を提示していた時期もあった。

一九九〇年代の初頭に農務省は、オーガニック農業の統一基準を定めるための諮問委員会を設立し、一九九七年にようやくこの基準が実施されると、大手企業がオーガニック農業に参加するようになり、投資も増え、商品の種類もずっと豊富になった。また、ドール（Dole Food Company）のような大手食品加工会社も、小売業者（今ではウォルマート〈Wal-Mart〉もオーガニック食品を販売している）と同様にこれを好機と捉え、何百もの多種多様なオーガニック食品を開発した。それまで「オーガニック」は野菜と果物に限定されていた概念だったが、オーガニックの加工食品やオーガニック肉の出現で、オーガニック穀類への需要にも拍車が掛かり、アイオワ州のような保守的な地域の農家もオーガニック農業に関心を持つようになった。

こうした需要を背景に技術革新が急速に進んだ点も重要だ。初期のオーガニック栽培の収穫量は従来の方法で育てられた作物と比べれば、話にならないほど少なかったが、栽培技術が急速に向上し、作物によっては、オーガニック農家の収穫量が一般の農家とほぼ同水準まで上がってきた。前出のディレートの調査によれば、アイオワ州のオーガニック・トウモロコシの収穫量は、従来型トウモロコシの収穫量の九十〜九十二パーセント、大豆は同九十四パーセントとなっている。また、高価な有機肥料を用いるため、オーガニック作物のほうが割高だとしても、オーガニック・トウモロコシに消費者が支払う割増部分（オーガニック・トウモロコシは普通のトウモロコシの約二倍の値段で売られている）がこうしたコストをカバーし、一エーカー当たりの利益は、オーガニックが通常のトウモロコシや農薬耐性品種のものを上回るようになった。イリノイ州でオーガニック穀物を栽培するリン・クラークソン（Lynn Clarkson）は、二〇〇七年に行われたオーガニック農業に関する議会聴聞会でこう語っている。「オーガニック・トウモロコシを定期的に一エーカー当たり二百ブッシェル（約五・一トン）、総売上が千ドル（約七万六千円）を超すレベルで栽培できれば、アメリカで最も幸福な農家になることができるでしょう。環境を汚染せずに利益が出せるのですから」

農家がオーガニックに向かった理由は利益以外にもあるとディレートは言う。ディレートはたくさんの同業者をガンでなくしているが、その多くが農薬と関連付けられている農業地帯特有のガンだという。また、特に土壌の質の低下など、物理的な農場の状態を心配する声も根強い。さらに、農家が一ブッシェル当たり数セントの利益を競い合う一方、大手の仲介業者は独占的に価格を決定できるという現在の農業モデルに対し、多くのオーガニック農家が怒りを感じているのは言うまでもない。「従来型の農業では買い手が価格を決定し、農家はそれを受け入れるしかありませんでした。しかし、オーガニック農家は自分たちが作る物の価格を、自分たちでコントロールできるのです」と、ディレートは言う。

工業的な農業でさえ、一般的に嫌悪感を持たれていることを考えれば、オーガニック農家が遺伝子組み換え食品に対して敵意を抱くのも意外なことではない。実用面での懸念（オーガニック農家のトウモロコシが近くの遺伝子組み換えのトウモロコシ畑から飛んできた花粉に汚染される、など）は言うに及ばず、彼らにとって遺伝子組み換えは、〝工業的農業連合体〟が食物連鎖全体を自分たちの支配下に置くための新たな企てと捉えることができる。

また、アメリカ政府が組み換え作物を推進するのは、より安全だからでもより品質が高いからでもなく、これが政治的権力を持つ化学薬品会社や種苗会社のビジネス戦略の中核だからだと見ているオーガニック農家も多い。たとえば、一九九七年に農務省がオーガニックの基準を決定した際、政府は遺伝子組み換え種子もオーガニックとして承認しようとしたが、これは主に組み換え作物の輸出の減少を回避するための措置だったことが後に判明している。ヨーロッパ政府に対してアメリカ産組み換え作物の輸入を受け入れるよう交渉していたあるアメリカ政府高官から、「組み換え作物を農務省のオーガニック基準から除外すれば、農務省がバイオ技術を使った食品の安全性に対して懸念を抱いていると、貿易相手国に指摘されるのではないかと心配した」と記された農務省の内部メモがリークされたこともある。

こうした動きに対し、遺伝子組み換え食品の擁護派は、オーガニック産業こそ嘘と欺瞞に満ちていると反論する。オーガニックの業界団体の中には、「憂慮する科学者同盟（UCS＝Union of Concerned Scientists）」など遺伝子組み換え作物について懐疑的な立場を取る組織でさえ、科学的根拠がないと断定した健康被害に対する警告を、いまだにパンフレットやウェブサイトに載せているところがある。また、自らの商業的利益のために、遺伝子組み換え食品に対する消費者の不安を煽っているオーガニック農家も多い。一九九〇年代初め、マサチューセッツ州のバイオ技術企業が成長の早い遺伝子組み換え鮭の販売計画を発表した際、多くの食品チェーン店や高級レストランがこの〝フランケンフィッシュ〟の購入を拒否する一方で、「オーガニック」鮭の販売は活況を呈した。しかし、オーガニック魚に対する正式な基準がなかったため、小売業者やレストランは好きな値段でこのオーガニック鮭を売ることができた。

とはいえ、遺伝子組み換えに対する反発については、遺伝子組み換え産業が自ら招いた面もある。実際、遺伝子組み換え種子を扱う大手企業は、オーガニック農業を遺伝子組み換えやそれを利用する農家に対するアンチテーゼと捉えていたし、オーガニックに対する否定的な情報を流して、オーガニック市場の弱体化を図ろうとする企業もあった。一九九九年には、業界から資金援助を受けているハドソン研究所のアナリストが、「オーガニック食品の隠れた危険性」と題する論文の中で、CDC（Centers for Disease Control＝疾病管理予防センター）のデータを挙げて、オーガニックや自然食品の消費者は普通の食品の消費者に比べて、大腸菌O157に感染する確率が八倍も高いと主張する論文を発表した。しかし、CDCに確認したところ、そのようなデータは存在せず、論文は真実ではないということだった。

実際、大手の農業資本は遺伝子組み換え技術を批判する者に対し常に高圧的な態度を取ってきた。モンサントは〝rBST（訳者注：遺伝子組み換えにより開発された牛の乳量を増やす成長ホルモン）未使用〟とうたった乳製品の製造会社を、「人を惑わし」「誤解を招く」との理由からこれを訴えたこともある。また、同社は非協力的な研究者に対する中傷キャンペーンにも関与したことが指摘されている。『ネイチャー（Nature）』誌がメキシコ産トウモロコシに組み換え種が混入していた（人為的に作られたDNAが組み換え作物から別種の作物へ移行することを示唆する）事例として論争を呼んだバークレーの科学者二名による研究論文を掲載した際、その論文に抗議する手紙を送ってきた〝専門家〟数人は、実は学者ではなく、モンサントが雇った広告会社の職員だったことが後に判明している。

遺伝子組み換え食品は安全か？

仮に遺伝子組み換えの懐疑論者や有機農家が、組み換え食品の危険性を誇張している面があったとしても、彼らが政府や企業が公表していない組み換え技術の問題点を明らかにしてきたことは事実だ。たとえば、よく指摘されるある遺伝子を別の植物または生物に移植した場合、それを食べた人間がアレルギーまたは中毒反応を引き起こす危険性などは、まったく根拠のない懸念ではない。実際、一九八〇年代初め、ブラジルナッツの遺伝子を組み込んだ大豆にナッツのアレルゲンが移行した例もある。その後、このプロジェクトは中止となり、遺伝子組み換えを行う企業は既知のアレルゲンの移行は避けるようになったし、すべての組み換え食品に対して、アレルゲンや毒素の検査を徹底するようにもなった。

遺伝子組み換えの支持派は、遺伝子組み換えを行う企業がきちんと安全策を講じていることは、遺伝子組み換え食品の摂取による明確な健康被害の報告がないことや、ＷＨＯやＦＡＯ、米国科学アカデミー、アメリカ医師会（ＡＭＡ＝American Medical Association）といった権威ある組織がそれを認めていることからも明らかだと主張する。

しかし、警戒すべき点もいくつかある。まず、こうした専門組織の多くは、今のところＢｔトウモロコシや除草剤耐性大豆など、一つか二つの形質の操作を伴う既存の組み換え商品のみを承認しているにすぎず、現在議論されている複数の形質の操作を伴う、より大掛かりな組み換え商品は必ずしも保証していない。次に、より基本的なことだが、遺伝子は生物化学的に極めて複雑な方法で細胞行動を支配するため、遺伝子を一つ組み換えることにより、その影響が実際に目標とする形質を超えて発現してしまう懸念もある。

それは、組み換え遺伝子によって新しい宿主細胞内で産生されるタンパク質に対する懸念である。タンパク質とは遺伝子の物理的発現であり、遺伝子のＤＮＡコードが細胞内の様々な構成単位からタンパク質を合成するよう細胞に指令を出した結果だ。この「合成されたタンパク質」が分子内部で連鎖的な分子現象を開始することで、何らかの形質が現れるが、その中には技術者たちが影響を与えようとしている成長などの形質も含まれる。

ここで面倒なのは、この合成と連鎖の過程は様々な要素によって司られていることだ。その要素の中には無論、ＤＮＡが決定するタンパク質の構造も含まれるが、ほかにもタンパク質が細胞に到達した時点で細胞内に含まれる糖分や脂肪やそのほかの化合物など、細胞ごとに異なる〝化学的なスープ〟にも影響を受ける。異なる種類の細胞には異なる化合物が含まれているため、同じタンパク質でも、異なる細胞で合成されると極めて異なる結果をもたらす可能性もある。

したがって、ある種から別の種へ一つの遺伝子を移したり、通常一つの細胞内で合成されるタンパク質をまったく異なる細胞環境で合成した場合、遺伝子組み換えは元の生物内にはなかった予想外の動きをする可能性があり、それは潜在的に望ましくないものになる危険性もある。そうした予想外の現象が起きる可能性は、二〇〇五年、研究者バネッサ・プリスコット（Vanessa Prescott）とその同僚が、インゲンマメの遺伝子一つをエンドウ豆に移した際に、それまでインゲンマメにはなかった、そしてその存在が予期されてもいなかったアレルゲンが、エンドウ豆に顕れたことを発見した際に明らかになっている。

遺伝子組み換え食品の支持派は、遺伝子組み換えが引き起こす可能性をすべて予測するのが困難なことは認めているが、事前にすべての商品を検査すればその危険性を把握できると主張している。だが、その確信も絶対的なものではない。米国科学アカデミーの医学研究所が二〇〇四年に発表した論文では、検査の技術や疫学的な技術は進歩しているが、「遺伝子組み換えがもたらす生物の組成変化を特定する能力や、そのような変化と人間の健康との生物学的関連性を判断する能力、さらに健康への悪影響を予測、評価できる適切な科学的手法を編み出す能力にはまだ大きな不足がある」と報告されている。

特にアメリカでは、遺伝子組み換え食品の規制が政府の三つの部門に分かれているため、科学アカデミーなどの専門組織は、それを問題にしている。たとえば、農務省は遺伝子組み換え作物の試験を監督するだけで、遺伝子と遺伝子組み換え商品については、組み換え作物から作られた除草剤（Ｂｔトウモロコシの指摘〝Ｂｔ〟など）を管轄している環境保護庁（ＥＰＡ＝Environmental Protection Agency）が監視し、人体への影響についてはＦＤＡ（Food and Drug Administration＝食品医薬品局）の管轄下にあるといった具合だ。

しかもＦＤＡは、遺伝子組み換え食品を食品添加物とみなし、商品が市場に出る前に試験を義務付けているヨーロッパの規制当局とは異なり、発売前に試験を実施していない。反対に、ＦＤＡは遺伝子組み換え食品についても非組み換え食品とほぼ同等に扱っており、企業は独自に安全検査を行った後、その安全性についてＦＤＡに意見を求めればいいことになっている。つまり、実際にＦＤＡが動くのは、食物が原因で病気になるなど、市場流通後に問題が発覚してからとなる。ＦＤＡのバイオ技術の責任者エリック・フラム（Eric Flamm）は、市場流通後に問題が発覚すれば企業側のコストは膨大なものとなるため、流通前の検査を義務付けなくても、遺伝子組み換えを行う企業は問題の芽を必ず排除しようとするはずだと言う。

これに対し、憂慮する科学者同盟の植物病理学者ジェーン・リスラー（Jane Rissler）は、市場流通後に遺伝子組み換え食品に対処するのは無意味であると反論する。ある遺伝子組み換え食品が流通に組み込まれた後では、健康被害を含む問題の発生を阻止するのはほぼ不可能となる。このことは、一九九八年にアメリカ政府が〝スターリンク〟の名で知られるＢｔトウモロコシの一種について、食品としてではなく飼料としての販売を認可した際に浮き彫りとなった。この時ＦＤＡは、Ｂｔトウモロコシの人体への影響に関する研究結果を待っている段階だったが、現代の商品市場では、商品の流れの特定部分だけを分離することはほぼ不可能なため、クラフト社（Kraft）のタコシェル（訳者注：タコスの皮）をはじめ、食料品店で売られる商品三百点以上にスターリンクＢｔの毒素が混入していたことが判明している。

スターリンクの失敗を受けて、この商品を開発したアベンティス社（Aventis）は、工場の閉鎖のほか、輸出禁止や商品回収などに推定十億ドル（約七百六十億円）もの大金を費やすことを余儀なくされた。また、この事件は遺伝子組み換え作物を避けたいと考えている生産業者や消費者も、現行の法律の下では、それができないことを明らかにした。今日に至っても、九割の消費者が遺伝子組み換え食品の表示を望んでいるにもかかわらず、業界がその義務付けを阻止しているため、組み換え食品を避けたいと考える消費者も、これを避けることができないのだ。

遺伝子組み換え技術の自然環境への影響も不透明だ。長い間、組み換え作物は除草剤や殺虫剤の使用量を減らし、持続可能性を促すものとうたわれてきたが、それを裏付ける証拠は明白ではない。組み換え作物が農薬の使用量を大幅に低減させるのは確かだが、除草剤の使用量は逆に増えたとする研究結果もある。ラウンドアップ・レディの大豆など、除草剤耐性のある作物を扱う農家は、作物にグリホサート（ラウンドアップの有効成分名）のような特定の除草剤しか使わない場合が多いため、時間とともに雑草が除草剤に対して耐性を持ってしまうためだ。このような耐性をつけたスーパー雑草（ラウンドアップ・レディの登場以来、一九九六年には十四種類の雑草のうち十三種はグリホサート耐性を示したという）の出現とともに、農家は新たな除草剤を見つけなければならなくなり、パラコートや２，４-Ｄといった、昔ながらの強力な除草剤に戻る農家も出てきている。

次に、遺伝子の流動化も環境面のリスクとして挙げられる。当初組み換えの懐疑派は、遺伝子操作された植物が在来種などの作物と異種交配すると、遺伝子組み換え植物の形質をその子孫に継承されてしまうため、いったんこれが自然界に解き放たれれば、もはやコントロールが利かなくなると主張していた。

現実には、異種交配は遺伝子組み換え作物が同類の在来種の近くで栽培されている場合に限定されるため、在来種への遺伝子の流入はそれほど大きな問題ではなかった。しかし、種子や花粉が畑から畑へと運ばれれば、同じ農場内で遺伝子組み換え種と非遺伝子組み換え種の間の遺伝子の交雑は確実に発生する。このような交雑は重大な問題であり、その対象は有機農家だけに限定されるものではない。遺伝子組み換え食品に対する消費者の不安を考えれば、遺伝子組み換え種の混入による予期せぬ影響をすべての農家が心配するのは当然のことだ。特に遺伝子組み換え植物には食用以外にも医薬品の成分として作られているものもあるため、米国科学アカデミーは、「医薬品用または工業用の遺伝子組み換え作物が食用の作物と交配し、人間の食物チェーンに予期せぬ新種の化学物質を引き込む可能性がある」と報告している。また、ある医薬品会社ファイザー（Pfizer）の役員は農務省の研究会で、「ワクチンでも、遺伝子組み換え種子が迷い出て、ほかの製品に表れた例はある」と説明している。

種子の特許保護と種子産業の統合

在来種を含むどんな食用植物にも多少の危険性はある。未来の食システムが直面する大きな課題や、その解決策の発見が急務であること、また従来型農業が健康や環境へ影響を及ぼす危険性などを考え合わせると、収穫量の飛躍的な伸びや塩分耐性の強化、窒素効率の向上など、遺伝子組み換え作物が持つ可能性を従来の作物と比較することも重要だ。

ただし、その可能性を実際に実現するのは、必ずしも容易ではないかもしれない。たとえば、遺伝子組み換え作物の収穫量は通常の作物よりわずかに多い程度で、むしろ少ないこともある。これに対し、遺伝子組み換えの支持派は、農家が組み換え作物を扱うべき理由は、収穫量を引き上げるためではなく、除草剤耐性などのおかげで農家が負担しなければならない〝金銭的〟な負担が軽くなるという利点があるからだと反論する。収穫量については、今後穀物価格が高騰し、政策立案者の間で食料に対する不安が広がってくれれば、収穫量を増加させるための研究にもより多くの力が注がれるようになり、次第に結果もそれについてくるだろうという発想だ。

しかし、ここにも疑いの目を向ける余地はある。アイオワ州立大学の育種の専門家ケンドール・ラムキー（Kendall Lamkey）農学部長は、業界が約束する収穫量の飛躍的な向上にはかなりの技術的熟練が必要であり、遺伝子組み換え技術をもってしても、その達成は困難だと主張する。これまで遺伝子組み換えが達成してきた除草剤耐性などは一個か二個の遺伝子を操作するだけだが、収穫量のような高度な特性を実現するためには、はるかに複雑な操作が必要になる。収穫量というのは、植物の再生能力を指数化したものであり、再生には発芽から穂をつけるまで何千もの連続した過程を踏む必要がある。その間、植物は養分を取り込んだり、気温の変化に順応したりするなど、遺伝子に組み込まれたありとあらゆる生物学的技術を駆使しなければならない。収穫量とは、「その再生能力に関連したあらゆる資源を駆使して、植物全体が機能した結果」だと、ラムキーは言う。

つまり、ラムキーによれば、企業が収穫量を大幅かつ持続的に伸ばすためには、トウモロコシの遺伝子を二、三個どころか、トウモロコシが持つ五万個もの遺伝子の大部分を操作する必要がある。

さらに、組み換えによってできた新しい形質を安定させ、それが研究室だけでなく自然界の畑でも実現できるようにしなければならない。しかし、今日までそのような安定性は実現できていない。これは形質が複雑化すれば、形質の安定性も必然的に低下するためだと考えられている。

遺伝子数個の組み換えとそれに関連した化学反応を数回しか伴わない除草剤耐性などの単純な形質では、遺伝子と形質のつながりは電源スイッチのオンとオフのようなもので、ほとんど条件を問わずにその形質を現わす。たとえば、ラウンドアップ・レディ種子の除草剤耐性は気温が変化したり、天候が雨天になっても持続する。これとは対照的に収穫量は、あまりにも多くの異なる形質や化学的な過程が関係してくるため、遺伝子操作による引き上げは、今のところ研究所内か、条件を限定した畑でしか実現できていないようだ。「研究所で収穫量の増加に成功した植物を別の環境に移せば、収穫量の増加は見られなくなってしまうでしょう」と、ラムキーは言う。

こうした問題が明らかになるにつれ、業界ウォッチャーの中には、遺伝子革命が食経済の救世主になるとの見方を疑問視し、資本の統合とリスクの軽減を指向する組み換え業界の動向に即した、より現実的な提案をする者も出てきた。食品の安全性を主張する市民団体ＥＴＣ（The Action Group on Erosion, Technology, and Concentration）の役員で、種子産業を長年追っている業界ウォッチャーでもあるパット・ムーニー（Pat Mooney）は、農薬・種子会社が収穫量のような高次の形質を操作するのは、極めて困難であることはずっと前からわかっていたという。遺伝子組み換え技術が真に目指すべき目標は高次の形質を操作することではなく、種子産業をほかの食品部門で高い収益を上げている付加価値型ビジネスモデルに移行させることだったと、ムーニーは主張する。

ムーニーによると、二十世紀後半まで、世界の種子産業は工業的農業とは正反対の状況にあり、七千を超す企業のうち、市場シェアが一パーセントを超える企業は一つもなかった。一九八〇年代に入り、大手農薬会社は、種苗、肥料、農薬を一手に農家に供給できる総合サプライヤーを目指し、何百という単位で種子企業を買収し始めた。また主力製品だった農薬の薄い利幅を補う手段として、農薬企業も種子に目を付けた。実際、モンサントはかつて高い収益性を誇ったラウンドアップのために損失を出すようになっていた。このような状況下で、遺伝子革命は、彼らの戦略的目標の達成を大いに助ける結果となった。

まず、遺伝子組み換え技術には膨大な費用がかかるため、遺伝子革命がまもなく到来するという執拗な宣伝によって、中小の種子会社に勝ち目はないと思い込ませることで、大手の農薬・種子会社による買収を通じた市場シェアの統合が容易になったとムーニーは言う。

次に、数十年間、種子自体はほとんど変わっていなかったが、遺伝子組み換え技術により、農薬・種子会社は除草剤耐性などまったく新しい形質を獲得したことで、価格の引き上げを正当化できるようになった。さらに、遺伝子組み換えにより、ラウンドアップとラウンドアップ・レディ（ラウンドアップ耐性）大豆のように、企業は自社の農薬に対応する種子の形質を獲得し、種子と化学薬品の〝プラットフォーム〟をセットにして販売できるようになった。ラウンドアップのような農薬を新たに開発するには何億ドルもかかるが、既存の化学薬品に合わせて単一の種子の形質を変えるコストはずっと低くて済むところが鍵となる。

こうした種子と化学薬品のプラットフォームが市場で受け入れられるようになると、農薬・種子会社は、ラウンドアップ・レディ綿花など、新しい遺伝子組み換え作物を次々に生み出すことで、（ラウンドアップの場合のように、化学薬品自体の特許期間が満了した後も）農薬の商品寿命を大幅に延ばし、市場シェアを急拡大させることができた。

しかし、遺伝子組み換え技術がもたらした最大の利点は極めて見えにくいところにある。それは農薬・種子会社が、種子の所有を通じて、食物連鎖の一部に食い込むことができるようになったことだ。農耕機や除草剤のような製剤と異なり、種子には長年、特許保護というものがなかった。しかし、種子の新しい形質が市場に出ると、農家や育種家はこれに飛び付いた。

これまで種子に特許保護を認めていなかったのには、意図的な面もあった。食料の安定性を確保する手段として、各国政府は種子の形質を公益と見なし、農家によって保存され、また取引されるものとしてきた。また、技術的な面でも、遺伝子革命以前には、育種家は自分が特定の形質を作ったことを証明する手立てがなかった。[2] だが、遺伝子組み換え技術がこれを一変させた。企業は種子のDNAを改良し、その改良部分を正確に証明できるようになった。[3] 本やソフトウェアと同じく、形質もその権利を保護すべき生物学的な知的財産となったのだ。

新形質を獲得するために農薬・種子会社が負う莫大な経済的リスクを考えれば、これは当然のことだった。また、種子の権利保護の強化を求めるようになってきた欧米の特許当局にも、この考えは説得力のある主張として受け止められた。同様に重要なのは国際貿易交渉の場で、農薬・種子会社からの強い要請を受けた欧米の政府が、貿易相手国に対して種子に対する特許保護を尊重するよう要求するようになったことだ。

農薬・種子産業にとって、この権利保護は極めて重要だ。一例を挙げれば、二〇〇七年にモンサントが得た利益の四分の三近くが、遺伝子組み換え種子や組み換え作物によるものだった。ラウンドアップ耐性のような形質に関する権利を完全所有している同社にとって、この影響は決して小さくない。なぜなら、同社はこの形質を自社製の種子に与えるだけでなく、シンジェンタなど他社に使用を許可することもできるからだ。

また、ラウンドアップ・レディの形質を購入する農家に対し、種子を保存しないことを契約で義務付け、契約に違反した農家を訴えることもできた（実際にそのような訴訟が行われている）。種子に対する権利保護の強化と、種子の権利所有を目的とした買収による資本統合の推進により、モンサントは現在、二百億ドル（約一兆五千二百億円）規模のグローバル種子権利市場において、その五分の一を掌握するに至っている（モンサント、デュポン、シンジェンタの上位三社で市場全体の四十四パーセントを占める）。モンサントはまた、多様なライセンス契約により、世界中で販売されている遺伝子組み換え形質の九十パーセントを所有している。

もし、一九八〇年代以前に、食料安全保障に直結する産業でここまで経営資源の集中が進めば、当局は企業の独占を禁止する反トラスト法の適用を考えたに違いない。しかし、一九八〇年代に入り、レーガン（Ronald Reagan）政権が反トラストに後ろ向きな姿勢を明確に打ち出すと（これは表向きは、大企業のほうが効率が良いため、消費者により多くのメリットをもたらすとの考えに基づいたものだが）、種子産業の統合は好意的に受け止められるようになった。一九九八年、モンサントがトウモロコシの種子生産で国内二位だったデカルブ（DeKalb）の株式を取得した後、さらにもう一社の買収計画を公表すると、ある業界アナリストは「モンサントは綿花、大豆、菜種、トウモロコシ市場の入り口に巨大な料金所を作った」との表現で、これを賞賛した。

一方、業界ウォッチャーは、遺伝子組み換え食品が健康に及ぼす影響よりも、このような資本の集中のほうにはるかに強い懸念を示した。ＥＴＣグループのアナリスト、ホープ・シャンド（Hope Shand）もその一人だった。「種子は食物連鎖の最初の鎖です。だから、種子を掌握する者は食料供給全体を手中に収めることになります。私たちはソフトウェアや機械の話をしているのではありません。これは食システムの根幹に関わる問題です。にもかかわらず、種子を扱う担い手の数が日に日に減っているという事実は、誰もが憂慮すべきことです」

遺伝子組み換え技術の推進派は、当然のことながらモンサントの成功に対して、これとは異なる見方を示す。農業・種子産業の関係者は、モンサントのような企業が圧倒的な市場シェアや経済力を獲得し、種子に関連する特許を取得してその力をさらに強めていくことが、新しい形質を持った多くの種子を開発するための財政的な基盤になるという。そして、そこで獲得した種子の新しい形質が、ムーニーやラムキーのような組み換え懐疑論者を追い詰めていくことになるだろうとも述べる。昨今のモンサントをはじめとする企業やシュネイブルのような科学者の取り組みぶりを考えれば、その可能性は決して排除できない。

その一方で、収穫量の大幅な増加がほぼ確実に期待できるとしても、それがいつ、どのような経済的条件下で発生するかわからないことは、組み換え推進派も認めている。単一の形質を与えた種子でも、市場に出るまでに六〜十三年を要する。収穫量の増加や干ばつ耐性の強化などの複雑な形質なら、それよりさらに長い時間がかかる可能性がある。モンサントのクロスビーに、トウモロコシの収穫量が二〇三〇年までに三百ブッシェル（約七・六トン）を超えるために必要な収穫量の急増は、いつ始まると予測しているかを尋ねてみたところ、彼は、それは誰にもわからないと答えた。「収穫量をグラフにしても、伸びは直線でなく、階段のようにある時期に急伸するため、次がいつになるかは実際にそうなってみないとわかりません」

収穫量など複雑な高次元の形質を獲得するためには、膨大な開発費がかかることは想像に難くないが、これは、ラウンドアップのような既存の農薬に対応するだけの最も安上がりな形質の開発に注力している現在の遺伝子組み換え産業のビジネスモデルとは相容れない。従来型の戦略では、「化学薬品が市場に受け入れられれば、後は作付地域を広げることに注力するだけだった」と、ムーニーは言う。

これはつまり、ラウンドアップのような農薬の開発に費やした費用を回収し、その見返りを最大化しようとする企業は、自らが開発した農薬に適した、そして、トウモロコシや大豆のような最も広範に栽培されている商業的穀物に導入可能な種子の形質を選んで開発するだろうということだ。

そうした作物の多くが、高い売上が見込めるだけでなく、除草剤や遺伝子組み換え種子などのハイテク農薬や種子の購入が可能な大規模農場で栽培されていることも忘れてはならない。ケニヤのマティスヤ夫妻のような農家は、モンサントの遺伝子組み換え種子戦略の主な対象とはなり得ないのだ。

現在、遺伝子組み換え作物がアメリカ、アルゼンチン、ブラジル、カナダ、中国、南アフリカのわずか六カ国でしか栽培されておらず、農薬や種子を買えない後発開発途上国ではまったく栽培されていない主な原因がここにある。また、ＦＡＯによれば、世界で栽培されている遺伝子組み換え作物の九十九パーセントを、トウモロコシ、菜種、綿花、大豆のわずか四種類の作物と、除草剤耐性と害虫抵抗性の二つの形質をもった作物が占めているのもこのためだ。

その一方で、遺伝子組み換えの研究開発は大半が民間企業の手で行われているため、大豆やトウモロコシより商業価値は低いものの、ソルガム、キビ、キマメ、ヒヨコ豆、ピーナツなど、サハラ以南のアフリカやインドなど半乾燥熱帯地域のより貧しい農家の間で上位五種を占める作物の遺伝子組み換え技術の開発には、「ほとんど投資が行われていない」とＦＡＯは言う。

遺伝子組み換えでは解決できない開発途上国の問題

種子産業自体も、遺伝子組み換え食品について、これまでとは異なる姿勢を見せつつある。種子企業のトップは今でも議会聴聞会の場で、組み換え技術が世界を救うことを約束し、そして議会はこれに対し引き続き何億ドルもの研究資金で応えているが、その一方で、企業は組み換え技術に対して、これまでよりもずっと慎重なアプローチを取り始めている。

最近モンサントが財政難から立ち直れたのは、ロバート・Ｂ・シャピロ（Robert B. Shapiro）ＣＥＯの辞任と同時に、シャピロが提唱してきた〝世界を救う使命〟のスローガンを降ろしたことが主な要因だったと、『フォーブス（Forbes）』誌のマーク・タッジ（Mark Tatge）記者は述べている。それ以降、モンサントは「内向きになった」とタッジは言う。これはまた、モンサントの新ＣＥＯヒュー・グラント（Hugh Grant）の「短期的には、大半の作物が栽培されるアメリカ大陸が、弊社の最大の対象となるだろう」という発言にも通じる。実際、民間、政府を含め、遺伝子組み換え開発用の研究資金の多くは、新種の作物を作るためではなく、より効率良くエタノールに変えられるトウモロコシの品種を作ることに充てられている。

遺伝子組み換えに反対する活動家の多くは、依然として、特許保護を貧しい農家に対する最大の脅威と捉える姿勢を崩していないが、実際はむしろ遺伝子組み換え産業が開発途上国を相手にしなくなることのほうが、より大きな危険性を孕んでいる。もともと遺伝子組み換え作物は、「大規模な生産システムの中で農薬・種子や労働にかかるコストを削減するために開発されたものであり、開発途上国の食料難を救うためでも、食品の品質を向上するためでもなかった」と、元FAOのルイーズ・フレスコ（Louise Fresco）は指摘する。フレスコはまた、遺伝子組み換えの研究が貧しい国の作物を除外しているだけでなく、干ばつや塩分耐性、熱帯病に対する抵抗力など、開発途上国で求められる形質を回避していることも指摘している。

近年では、ロックフェラー財団（Rockefeller Foundation）やゲイツ財団（Gates Foundation）をはじめとする慈善団体が、開発途上国向けの遺伝子組み換え作物の研究を含むプログラムに数百万ドル単位の寄付を約束している。しかし、遺伝子組み換えの推進派はここでも、新しい形質獲得のために必要な金額と実際に使える金額とのギャップに悩まされることになる。「要は経済的な問題なのです」とアイオワ大学のシュネイブルは言う。遺伝子工学の進歩によって、新しい形質という意味では「ほとんど何でもできる」ようになった半面、企業は「限りある研究開発費をどこにつぎ込むべきかで頭を悩ませています」と、シュネイブルは説明する。シュネイブルはまた、営利目的の企業では、投資を必ず回収できそうな、最も高い収益性の見込まれる商品に資金が充てられることを指摘した上で、「お金のない開発途上国向けの形質を作っても、種子会社は投資を回収できないでしょう」と語る。

種子産業の中には、世界を救うような次世代型の形質を獲得するためには、緑の革命のときのような巨額な公的資金が必要になることを認めている者もいる。前出の米バイオテクノロジー産業協会のフィリップス（Mike Phillips）は、今後種子会社がネブラスカ州のトウモロコシ農家向けに干ばつ耐性の形質を、ユタ州の農家向けには塩分耐性形質を開発し、それを販売して利益を出せる可能性はあっても、「開発途上国がそうした形質を入手できるようにするには、政府の関与が必要になる」と語っている。

この現実は、遺伝子革命がアフリカや南アジアなどの食料安全保障を解決するという、しばしば公言されてきた見通しと矛盾している。批判的な人々の間では、種子業界は開発途上国の飢餓を利用して、政府の援助を得た上で、実際には貧しい国の人々には買えない遺伝子組み換え技術を開発しているという見方が広がっている。

その一方で、実際にもたらすものが何であれ、特効薬として期待されていた遺伝子組み換え技術自体が、その期待に押しつぶされそうになっているのも事実である。遺伝子組み換え技術は食料不足や干ばつ耐性、化学薬品への過剰依存といった複雑な問題を解決できるとうたわれてきたが、もともとこうした問題の根本原因は高品質の種子の有無などという単純なものではなかった。飢餓とは、社会的、政治的、経済的および生物学的な要素が複雑に絡み合った結果であり、遺伝子工学だけで解決できるものではない。干ばつ耐性は、わずかでも降雨が期待される場合に限って意味を持つものであって、決してオールマイティなものではない。

また、真に持続的な農業を構築することは、単に除草剤や窒素をあまり使わないで済むトウモロコシの品種を作ることとは次元が異なる。アイオワ州立大学のラムキーは、遺伝子組み換えで窒素効率の高いトウモロコシは作れるが、そもそもアイオワ州のような地域における窒素流失の原因は植物にあるのではなく、トウモロコシや大豆だけを栽培することで、冬の間、露出した土壌が雨や雪にさらされることや、土中の水と窒素が地下水に流れ出てしまう排水システムに主な原因があると言う。「遺伝子組み換えはいくらでもできますが、それでは問題の解決にはならないのです」

工業農業化するオーガニック農業

遺伝子組み換え技術の神話が崩壊すると、これまで遺伝子組み換え産業が目を向けてこなかった農業の持続可能性や社会的重要性といった課題と向かい合っていたオーガニック運動が、再び脚光を集めるのが自然と思うかもしれない。ところが、奇妙なことに、今やオーガニック運動は遺伝子組み換え産業と、それほど大きく変わらない立場に立たされている。これは、オーガニックの中心的価値である「オルタナティブ性」が、収益性にしか目を向けない現在の政治・経済モデルに適合することを余儀なくされているためだ。

ウォルマートのような大規模小売業者の出現によって、かつては零細で家族経営的だったオーガニック産業がおなじみのサプライチェーン方式に組み込まれるようになった。その結果、大手小売業者が価格圧力をかければ、コスト効率の低い小規模農家は生き残りが難しくなり、市場にはコスト効率の高い大規模農場だけが残るようになる。長年オーガニック農業を行ってきた農家が、規模を拡大して大規模オーガニック農場となるケースも出てきた。オーガニック農業に詳しい農業経済学者のデイビッド・スウェンソン（David Swenson）は、今後、オーガニック農業の大半は、単にその生産方法をアメリカ政府のオーガニック基準に適合させただけの、従来型の大規模農場と同じようなものになるだろうと予想する。それらの大規模農場はオーガニック食品の割増価格と、規模の経済にあわせた工業モデルによるコスト削減の両方を受け入れる能力が求められることになる。

また、今はオーガニック食品に価格の上乗せができるため、小規模な農家でも当面はやっていけるかもしれないが、オーガニックが〝当たり前〟になり、大規模農家が売上と市場シェアを最大化するためにぎりぎりまで値下げを行うようになれば、この割増部分もいずれ縮小してしまうだろう。「大規模農家が安定的な利益をあげられるようになる頃には、オーガニック食品の価格は著しく低下してしまうため、小規模農家が生き残るのは難しくなるだろう」と、スウェンソンは語る。

オーガニック農業に忍び寄る影は資本の集中だけではない。もともと地産地消運動の中核だったオーガニック農業は、すでにカリフォルニア州セントラル・バレーのような、一部の農業地域にそれが集中するといった地域特化の従来型パターンを繰り返しつつある。実際、ウォルマート、ゼネラルミルズ（General Mills）、ディーンフーズ（Dean Foods）などの大手バイヤーは、国内農家には太刀打ちできないところまでオーガニック食品の価格を下げて需要を拡大させているだけでなく、ブラジル、アルゼンチン、中国といった国々で低コストの大規模なオーガニック農場を展開している。こうした国々からの輸入が拡大すれば、オーガニック食品の国内価格はさらに押し下げられる。消費者には嬉しいことかもしれないが、これによってオーガニック産業の大規模化・低コスト化の流れも加速し、元来オーガニック運動が重視してきた小規模農家による地産地消といった利点は、入り込む余地がなくなりそうだ。

ある意味では、これは予測されていた不可避な展開ともいえる。オーガニックが一般の市場に入り込むにつれ、オーガニック農家も市場原理にさらされる。しかも市場は、「地元産」や「小規模」であることに価格を上乗せする術を知らない。除草剤未使用の食品に付加価値を見出す消費者は増えつつあるが、地元産や小規模農家が生産した食品に割増価格を払う消費者はまだほとんどいないからだ。

一九九〇年初め、農務省がオーガニック基準を設定した際、一部のオーガニック擁護派は、「地元産」と「小規模」を基準に含め、その価値を正式なものにしようとロビー活動を行った。しかし、農務省のオーガニック基準諮問委員会に出席したレオポルド・センター（Leopold Center）の前出フレッド・カースチェンマンは、具体的な数値で基準を設定することに慣れている政府機関には、数字で表せない価値をどうしてよいかわからないようだったと当時を振り返る。「農務省の弁護士陣は、規制は〝イエス〟か〝ノー〟を基準に決める必要があると言っていた」とカースチェンマンは語る。

農務省というところは主に、農薬の最低残留基準値など具体的で測定可能な基準を求める大手食品会社を相手にしているため、これも驚くには当たらない。いったん数値が設定されれば、企業は大規模生産をしたり、海外から安く購入したりするなど、手段を問わず好きなだけ価格を引き下げることができる。そのような体制の下では、「地元産」や「自営農場」などの数量化しにくい概念は、せいぜい〝自家製〟くらいの意味しか持たない。

市場に高次元の持続可能性を包摂できない欠点があることは事実だとしても、オーガニック農業の側に問題がないわけではない。たとえば、オーガニック農家は除草剤を使えないため、雑草の除去に機械を使う場合が多い。しかし、雑草を除去するために、作付け前と収穫後に機械を使って繰り返し土壌を掘り返すことで、土壌構造が破壊され、土壌侵食や窒素の損失が加速する。これによって、土壌の劣化が進む一方で、農耕機械の燃料使用が増え、気候変動にもマイナスの影響を与えるという悪循環を生む。しかし、アメリカ・オーガニック基準には、土壌侵食や気候変動への影響、燃料使用などの条件は含まれていないため、オーガニック農家はこれらの外的要素をあまり気にしなくても済むようになっているのだ。

また、アメリカ政府のオーガニック基準は、オーガニック農場での合成肥料の使用を禁じているが、土壌中の栄養分の回復といった、合成肥料が象徴する農業システムのより高次元な問題までは論じていない。伝統的な農業では、被覆作物を植えたり、堆肥を撒いたりすることで、土壌中の窒素を入れ替えてきた。しかし、現代の超効率的市場では、オーガニック農家の多くが多角的経営には乗り気ではない。商業目的の野菜を育てる小規模なオーガニック農家には、堆肥を作るために家畜を育てる時間的余裕も物理的な余裕もないからだ。彼らもまた、従来型農業と同じように特定の作物に特化することを迫られているのだ。このため、儲かる作物と窒素を定着させる効果のある被覆作物を交互に植えれば、それだけ儲かる作物の〝回転〟が悪くなるため、そこまでやろうとする有オーガニック農家は少ない。

「農家は売れるものなら何でも作っている状態にあり、被覆作物を植える余裕などないと言います。被覆作物を植えるよりも、その期間に別の穀物を植え、堆肥は遠く離れた別の業者から買ったほうが、彼らにとっては安上がりなのです」と、アイオワ州立大学のディレイトは言う。

ここに問題の核心がある。それは、遠隔地から調達した堆肥を使うことは、オルタナティブ農業の重要な基本理念には反するが、「オーガニック基準」には違反しないということだ。遠隔地の堆肥に依存すれば、その農家は持続可能性の擁護派が非難する投入資源の代用、つまり、問題ある一つの投入資源を、問題の度合いがやや低い別の資源に取り替えたことになる。堆肥は合成肥料ではないが、家畜の地域特化が進む中、その家畜が近くで飼育されていなければ、それは相当量の燃料を使って遠隔地からトラックで運ばなければならない。これでは、遠隔地からの投入資源への依存という根本的な問題は変わらず、堆肥による合成肥料の代替は、あくまで一時的な解決策でしかない。

西シドニー大学の持続的農業の専門家スチュアート・ヒル（Stuart Hill）は、投入資源の代用は現代のオーガニック農業や持続的農業と呼ばれるものが持つ重大な欠陥の一つであると指摘する。なぜなら、投入資源を別のもので代用することは、目先の問題解決にしかならないばかりか、むしろ状況を悪化させている場合もあるからだ。ヒルは、この〝代用戦略〟が高度化すればするほど、「私たちの意図に反して、現在の農業経済システムの底流にある根本的な問題を温存し、持続させることになる」と言う。

数あるオーガニック批判の中でもとりわけ厳しいものの中に、すでにオーガニック運動は魂を売ってしまったというものがある。それは、オーガニック運動が一巡した結果、オーガニック食品は今や、かつてそれが激しく対抗してきた既存の食品産業の商品ラインと、それほど代わり映えがしないものになってしまったというものだ。あるワシントン在住の持続的農業の推進派ロビイストは、「現在、オーガニックがこれほど成功しているのは、食品産業がオーガニックをまったく脅威と思わなくなったからです。農務省のオーガニック基準は甘いし、今や大手食品会社はどこでもオーガニック食品を扱っていて、オーガニックであることはもはや先進的なものではなくなってしまいました。今や〝オーガニック〟という言葉は、環境活動家がガチガチの右翼議員の関心を引くためのネタ以上の意味はなくなってしまったのです」とまで言う。

農業への新しい考え方が未来を変える

ここまで皮肉な意見でなくても、市場の圧力にさらされたオーガニック運動が、オーガニック基準というものに固執し過ぎるあまり、より新鮮で柔軟なアプローチに欠けたものになってしまったという指摘は根強い。「オーガニック運動は、決められた基準さえ満たしていれば万事ＯＫと農家に思わせてしまうような〝基準の罠〟にはまってしまいました。しかし、それは間違いでした」と、前出の小規模農業の擁護論者イーは言う。

つまるところ、オーガニック農業やほかのすべてのオルタナティブ農業が抱える喫緊の課題は、その概念的ルーツを守り続けられるかということではなく、人口が急増する一方で資源が激減する時代の到来を目前にして、形式は何であれ、地球のニーズに応えられるかどうかにあるはずだ。オーガニック農業は急成長しているが、食品産業における市場シェアはまだまだわずかで、アメリカでは二パーセントにも満たない。また、現在の伸び率が続けば、市場シェアは五年ごとに倍増するが、オーガニックの拡大には当然ながら一定の限界もあるだろう。

現代のオーガニック農業の手法の多くは、燃料や労働力を余計に必要とするだけでなく、肥料などほかの投入資源も大量に必要としているが、この点に対する懸念もある。工業的な畜産産業が下水の汚染問題を引き起こすほど、今、堆肥は供給過剰状態にあるが、それでも、オーガニック農業が従来型の農業の規模まで成長すれば、糞尿が不足することは明らかだ。マニトバ大学の資源経済学者バツラフ・スミル（Vaclav Smil）は、堆肥や被覆作物を主たる原料とする天然肥料を使って百億人分の食料を作るためには、全世界の農地面積を現在の二倍から三倍に拡大する必要があると計算している。しかし、現在、世界では耕作可能な土地がすでに不足状態にあり、もしこれを実現するには、森林など生態学的に重要な土地の相当部分を農地に転用しなければならない。

ただし、スミルの説に異論を唱える研究者もいる。彼らは、スミルが重要な窒素源となり得る天然肥料を過小評価していると言う。また、現在の被覆作物よりもずっと短期間で窒素を固定できる作物や作付システムの可能性を示唆する心強い研究報告もある（これについては次章で詳しく述べる）。

しかし、こうした楽観主義者も、今後、肥料の供給が今よりも少なくなることは間違いないため、食料の生産・消費のあり方が大きく変わっていくことは避けられないことを認めている。たとえば、未来の持続的食料生産のシナリオはほぼすべて、食肉消費を減らすことを前提としている。これは、根っからの持続性農業の擁護論者を別にすると、一般消費者や農家にはなかなか受け入れられにくい考えである可能性が高い。現在のオーガニック市場でも、オーガニック食肉が売れ筋商品であることを考えれば、肉が食べられなくなる未来というものは、そう簡単に受け入れられるものではなさそうだ。

その意味で、オーガニックをはじめとするオルタナティブ食料の生産は今、ハイテクを駆使したライバルである遺伝子組み換え産業がすでに直面したのと同じような壁にぶつかっている。つまり、遺伝子組み換えと同じようにオルタナティブ農業も、ある特定の考え方しか認めないような、異論や妥協の入り込む余地のないある種のイデオロギー的な純血主義にはまっているのだ。

さらにオーガニック運動は、自分たちが変えようと試みたはずの市場に、逆に吸収されてしまった面もある。仮に、オーガニック農業などのオルタナティブ農業が注目を高め、その作付面積を増やしても、オーガニックやオルタナティブだけで迫り来る食料問題を乗り切ることはできない。そして、未来の食料問題――人口増加や土壌の悪化、エネルギーと水の減少、不安定な気候や食品が及ぼす多くの健康問題など――が、単一の技術や考え方では対処できないことは、日をますごとに明らかになっている。

むしろ、これらの課題を乗り越えるためには、新しい技術や手法を求めるだけでなく、数十年前、多くの消費者や政治家にとって、遺伝子組み換え食品やオーガニック農業がなじみにくいものであったのと同じように、今日の私たちにとって何が成功で何が失敗を意味するかに対する柔軟な発想を持つことが求められているのかもしれない。そして、来たるべき時代の新しい食経済を構築するためには、その新しい考え方の受け皿を作ることこそが、最も重大な課題となるに違いない。

第10章　新しい食システムを求めて

二〇〇六年九月十三日の朝、スコットランド、キルメルフォード村にあるケイムズ水産養殖場内で、オヒョウ（訳者注：カレイに似た大型の魚）の巨大養殖池が昨夜、何者かに荒らされているのを出勤した従業員が発見した。事務所には物色された跡があり、船と大型クレーンが破壊されていた。さらに特筆すべきは、巨大水槽がこじ開けられ、イギリスの大手食料品店に卸す予定だった一匹当たり四十ポンド（約十八キロ）もあるオヒョウ一万五千尾がすべて姿を消していたことだった。警察によれば、今のところ実行犯の目星はついておらず、唯一の目撃情報は、秋の暗い夜空の下、青もしくは赤褐色のマイクロバスが近くの道路を走り去って行ったというものだけだった。

しかし、誰の目にも犯人は明らかだった。壁にスプレーで動物解放戦線（Animal Liberation Front）の頭字語である「ＡＬＦ」の文字が吹きつけられていたからだ。指紋を消すために消火器を使うなど、犯行の手口もＡＬＦの常套手段だった。ＡＬＦが大規模な組織であることはわかっているが、その実態は謎に満ちている。ただ、食用、研究用を問わず、動物に対する人間の残虐行為に抗議するという目的で、ＡＬＦは自らの破壊活動を正当化している。実際、同日、カナダの動物権利保護団体のウェブサイトに、ＡＬＦの下部組織による以下のような犯行声明文が掲載された。

「私たちは水槽をすべて破壊し、自由を獲得した何百という魚は海へ泳いでいった」

しかし、その声明文は、解放されたオヒョウが現実には、自由を長く満喫できないことには触れていなかった。水槽で養殖された魚は大海に出ると方向感覚を失い、海辺の近くから動けずにそのまま死んでしまう。海草に絡まったり、カモメやカワウソに食べられたりして死んだ魚もいるだろう。専門家は、ほかの動物に食べられたり、餓死してしまった魚も多かったはずだと推測する。

ケイムズ水産養殖場の経営者スチュアート・キャノン（Stuart Cannon）は「彼らは魚を海に逃がしたと言いますが、残念なことに、養殖された動物が自然の中で生きていけないことは、誰もが知っていることです。魚も例外ではありません」と、『ロンドン・タイムズ紙（The London Times）』に語っている。キャノンはさらに、こうも付け加えている。「私たちは魚の生態系を一番に考えて、持続可能な方法で養殖を行っています。激減している魚を海から捕るよりも、養殖したほうが魚にとってもいいことだと思いませんか？」

キャノンが本当に魚のことを思いやっているかどうかはさておき、彼の養殖場に対する襲撃事件は、新しい食システムの構築には、多くの面倒な問題がついて回ることを示している。世界の天然漁業が乱獲により、枯渇寸前まで追い込まれているという点で、キャノンの発言は正しい。肉不足の中、魚の養殖がタンパク質を安価に供給できる魅力的な手段となっていることも事実である。たとえば、キャノンが養殖しているオヒョウは、一・二五ポンド（約〇・五六キロ）の餌をやるだけで体重を一ポンド（約〇・四五キロ）増やすことができ、養殖鮭はそれよりさらに少ない餌で済む。この点では、魚は鶏よりもはるかに効率的なタンパク源であり、これが水産養殖産業の著しい成長の裏付けでもある。すでに世界に供給される魚の三分の一以上を養殖魚が占めていて、今後の水産資源の減少スピードや、キャノンのような人間がいかに養殖魚を〝未来の食料〟として位置づけられるかによって、二〇二五年までにこの割合が半分以上にまで増える可能性もある。

しかし、キャノンは水産養殖産業推進の陰に隠された深刻な外部コストの問題に言及していない。そして、この問題こそが、ＡＬＦのようなグループが自分たちの過激な活動に免罪符を与える根拠となっている。魚は極めて効率的に餌を体に取り込むことができるが、鮭やオヒョウのような肉食魚の餌はニシンなどの小魚から作られる魚肉である。これら小魚は、今もほかの魚を枯渇させたのと同じ工業的手法によって捕獲され、商業漁業における全漁獲量のうち六分の一近くは養殖魚の餌となっている。

問題は餌だけではない。養魚場はいわば、水中に浮かぶ集中家畜飼養施設（ＣＡＦＯ＝Concentrated Animal Feeding Operation）のようなものだ。規模の大きいところでは、そこから人口六万五千人の町と同レベルの窒素に富んだ糞便が排出され、当然のことながら、養殖用水槽が設置されている湾や入り江付近の水質を著しく悪化させる。狭い水槽内での養殖は病気も伝染しやすく、粗雑な取り扱いや処理が行われることも多い。「これでは魚の生息環境が向上したとはいえない」と、動物の権利保護の擁護派は訴える。

水産養殖の外部コストには、手法の改善により対処できるものもある。たとえば、水槽を海中に設置すれば、海流が汚染された水を薄めてくれる。だが、現代の水産養殖産業は食肉生産と同じ極端な低コストモデルを採用しているため、養殖業者は海岸付近に水槽を設置してコストを下げ、水質問題は陸の家畜の場合と同様に、チリのような比較的規制の甘い国へ移すことによって、〝解決〟を図っている。さらに、世界が安く効率的なタンパク質を求める中で、水産養殖産業は今後三十年間、ますます無理な経営を進めていくことになるとの見方が大勢を占めている。

ＡＬＦのようなグループの過激な活動を正当化することはできないが、真っ当な方法では変化を起こせないことへの苛立ちは理解できる。二〇〇六年に制作されたドキュメンタリーの中で、ＡＬＦのイギリス人活動家キース・マン（Keith Mann）はこう説明している。「私たちはできれば法の力で動物虐待を止めたいと思っていますが、それは叶いません。投資家や企業の大株主がこの国の政府を牛耳っているからです。彼らに手紙を書いて『こんなことはやめて下さい』と訴えても、何も変わりません」

持続可能な食システムへの乗り換えに必要なもの

無論、ＡＬＦに同調する必要はないし、彼らの過激な活動がほとんどの消費者の支持を得ていないことも確かだが、現代の食経済の暴走に対して彼らが抱いている不満は理解できる。昨今、現代の食システムの弱点や脆弱性が日々明らかになっているにもかかわらず、その成長は加速の一途をたどり、それが新たな代替システムの出現を邪魔する役目まで果たしているからだ。

この暴走を後押ししているのは、純粋な経済的論理だ。食料需要は急速に高まっており、それに応えるには、代替システムなどを構築するよりも、すでに存在する生産システムを利用したほうがはるかに手っ取り早いからである。

加えて、〝オーガニック 対 遺伝子組み換え〟論争からも明らかなように、新しい考え方や代替モデルが受け入れられない理由はほかにもある。たとえば、現行システムの下で、商品や加工施設などのインフラ整備に何十億ドルも投資している大手食品メーカーや農薬・種子会社は、強大な経済力や政治力に物を言わせて、代替モデルの出現を阻止したり、これをのみ込むような行為を当たり前のことのように繰り返している。アメリカ議会が農業政策の改革に何度となく失敗しているのは、こうした食システムの主役たちが多くの議員を買収していたり、買収に応じなかった議員でさえも、これだけ大規模かつ経済的に重要な産業を性急に変えることに乗り気ではないからだ。

それに、現行の食システムが暴走を続ける背景には、必ずしも非難できない事情もある。大半の消費者は目先の新しさや変化を求める一方で、外部コストを賄うための食品価格の値上げや、肉などの好物の消費を抑えなければならないような食経済は受け入れない。

さらに、この暴走を食品業界の構造的な事情が後押ししている。食品メーカーや食品加工会社は言うに及ばず、食品業界に対して新しいアイデアを考案したり、実施したりする立場にある科学者や技術者でさえ、現行の食システムに代わる新たなシステム像を想像することが難しくなっている。また、財政難で補助金などの公的な助成が先細りする中、食品産業が大学や政府系研究機関などに落とす巨額の研究費やノウハウへの依存度を高める研究者たちは、食品業界の主流の考え方を批判しづらくなっているという一面もある。

しかし、知性の停滞はもっと深いレベルで起きている。極めてコスト意識の高い食品メーカーはいかに革新的であっても、リスクの高い方法は避け、投資を確実に回収できる慣れ親しんだ技術に研究資金を回す傾向がある。また、周知のように、現在の食品産業の中にあって、既存の食システムが崩壊していることを認識できている関係者は多くはない。過去百年の間に食システムが劇的な成功を収める過程で確立された安全な手法や原則を捨ててまで、代替的手法に賭けることへの抵抗感は根強い。

このような状況の下で、大規模な単一栽培が常に優れているとは限らないとか、効率性の向上は手段であって目的ではないとか、外部コストの問題をいつまでも後回しにはできないとか、持続的食システムはコスト削減以外の目的に従って機能すべきであるなどと提案することは、ガリレオが教会に対して、「宇宙の中心は地球ではない」と宣言したのと同じようなものである。

ここで重要なのは、食料生産をより持続的なものに変えるためには、ある投入資源を単に別のものに替えたり、新技術を発見するだけではなく、食料と食料生産に対する考え方を根本から変える試みが必要だということだ。また、既存システムの裏に政治や知性の怠慢があることを考えれば、次世代の食経済をめぐる論争は経済学だけでなく、そのほか多くの分野の英知が必要になるだろう。と同時に、真に持続可能な食システムを構築する試みは、多くの抵抗に遭うことになるだろう。

古野の循環式生産モデル

日本の九州にある七エーカー（約二万八千平方メートル）の水田では、一見、次世代の食経済の構築に逆行するかのような面白い試みが行われている。毎年六月になると、古野隆雄は田植えが済んだばかりの水田に何百羽もの合鴨を放す。合鴨は日本人の好みに合わせてシリカ鉱物を大量に含ませてある稲の苗には見向きもせず、もっぱら虫や雑草を食べる。合鴨の糞はコメの肥料となるし、鴨が歩き回ることで水田の水が対流し、苗の成長も促進される。夏になると古野は淡水魚であるドジョウを水田に放つが、合鴨に食べられてしまわないように、鴨が好んで食べる浮き草の水生シダを植える。浮き草は太陽熱を利用して窒素を水田の土壌に固定し、コメの養分となるだけでなく、藍藻の繁殖を助け、これを食べたミミズ類が今度はドジョウの餌となり、そのドジョウから出た糞がまたコメの肥料となる。そして、秋になると古野は実った稲を合鴨に食べさせないようにするため、合鴨を水田から出し、納屋に入れ、卵を産ませ、市場で売れる重さになるまで飼育する。コメを収穫した後は、田んぼに被覆作物として麦の種を撒き、これと交互に何十種類もの野菜を所狭しと集約的に栽培する。古野はこうして栽培した野菜を、コメ、合鴨、卵、魚とあわせて近隣で販売している。

合鴨農法と呼ばれる古野のやり方は、太陽熱を利用した循環式の農法で（肥料はすべてその場で生産される）、除草剤や農薬も使わない。また合鴨を肥やすために穀物を与えることと、労働力の一部をアルバイトの学生が担っている以外は、外部からの投入資源を必要としないなど、まさにオルタナティブな食料生産モデルのあるべき姿といえる。そして何よりも、この手法は驚くほど生産的だ。統合的農業、順応型管理あるいは複合農業などと称されるこのシステムが環境に優しいと賞賛を浴びる一方で、古野は（近所の普通農家の収穫量とほぼ同じ）一エーカー（約四千平方メートル）当たり三・五トンのコメを収穫しながら、年間を通じて近隣の百世帯に売れるだけの、十分な野菜や鴨肉、鴨の卵、そしてドジョウを育てている。これらの恵みから得られる一年間の収入は十三万六千ドル（約千三十三万六千円）に上る。古野の名刺に「一羽の鴨が無限の可能性を作る世界へ」と書いてあるのも頷ける。

つまり、古野は単一栽培でなければ高収量は出せないというこれまでの食経済の常識を、真っ向から打ち破ろうとしているのだ。その過程で古野は、食の未来像をめぐる最も基本的な問いを投げ掛けている。それは、未来の食システムは現在の画一的なシステムになるのか、それとも昔ながらの多角的システムを変形させたものになるのか、という問いだ。そして、古野をはじめとする複合農業の信奉者にとって、その答えは明らかになっている。それは、限りある資源で莫大な外部コストをかけずに必要な食料を作るには、多角的農業に移行する以外の選択肢はないというものだ。

しかし、これだけの可能性を秘めているにもかかわらず、昔ながらの農業に回帰するという考えを受け入れられる農家は、まだまだほんの一握りしかいない。そこには食システムの変革の前に立ちはだかる障害と同じ構造がある。この種の集約的農業には小規模農家のほうが適しているが、これは何百万もの現存の零細農家（現在の平均規模は三エーカー〈約一万二千平方メートル〉）を、より管理が容易な大規模農場に統合していこうとしている現在の日本政府の方針とは相容れない。また、多くの労働力を必要とする複合農業は、農業労働者が余っている中国やアフリカのような地域には向いているが、工業が地方の労働力を吸収し尽くしてしまった日本のような先進国では困難だ。日本では地方の労働者人口が極めて少なく、農家の多くは学生やボランティア、退職者などによって支えられているのが実情だ。日本では何世紀も複合農業が行われていたにもかかわらず（また山の多い地形や人口密度の高さも複合農業を行う理由となった）、これを本当に実践している農家は二十件につきわずか一件しかない。

「こうした農家のビニールハウス内で働いている人の多くは七十代、八十代の女性です。彼らは農業について豊かな知識を持っていますが、持続可能な労働力とはとてもいえません」と、米農務省の経済調査局でアジア地域を担当するジョン・ダイク（John Dyck）は言う。

複合農業回帰を阻むもの

だが、労働力は潜在的な問題の一つにすぎない。工業的な単一栽培農業のメッカとも呼ぶべきアイオワ州ブーン郡では、アイオワ州立大学の農学者マット・リーブマン（Matt Liebman）と彼の同僚たちが、農薬や化学肥料の使用量を大きく減らしつつ土壌侵食を最小限に抑えることを可能にする、古野の合鴨農法のアメリカ版とも呼ぶべきモデルを作り上げることに成功した。四年周期でトウモロコシと大豆を輪作するのはよくあるパターンだが、その後にアルファロファのような窒素を土壌に固定する効果のある被覆作物を植え、さらに、雑草の種子を餌とするシロアシネズミやコオロギなどを繁殖させることで、リーブマンは除草剤の使用量を八十五パーセント、窒素使用量を七十五パーセント削減することに成功したという。投入資源のコストが上昇する中、収穫量を変えずにこれを成し遂げたのは快挙といえる。また、土壌は被覆作物により一年中保護されるため、窒素の浸出や蒸発も縮小できる。集約的に豆を輪作すれば、農業による地球温暖化の影響を六十パーセント以上低減できるという研究結果もある。

しかしここにも、リーブマンの発想と衝突する現実がある。彼のモデルだと、少量とはいえ常に除草剤や化学肥料を使用する可能性があるため、作物はオーガニック食品としての割増価格を享受できなくなり、一般の農家がわざわざこのようなことを実践する動機づけが低減してしまう。また、こうした多角的農場は多様な商品を扱うが、そのすべてが市場や政府の援助を受けられるわけではないため、経済面で不利になる場合もある。アメリカでは、アルファルファのような被覆作物は助成金の対象外のため、アルファルファを栽培するよりも、十分な助成金を貰って販売しやすい大豆やトウモロコシを栽培したほうが一エーカー当たりの利益は高くなる。

結局、リーブマンや古野が提唱するような統合的農業システムは、現代の工業的農業の大原則である〝単純化〟に大きく反するのだ。リーブマンは、大半の複合農業モデルは労働力だけでなく、「頭も使う」と言う。複合農業とは、肥料、家畜、作付けといった、一世紀近く分離されてきた工程を再び統合する試みでもあるため、単一農業よりもはるかに複雑であり、なおかつ実験的なものにならざるを得ない。たとえば、古野は各作物の成長を注意深く観測し、季節ごとに新たな対策を講じなければならない。また、雑草を好むネズミを捕食動物として利用する農家は、ネズミがタカに襲われないよう、作物に十分な覆いをする必要がある。

これらのモデルはいずれも長時間労働を必要とするため、薄利多売式の現代の農業には向かないという問題もある。今日の農業では商品の利幅があまりにも小さいため、アメリカの平均的な農家は収入の大半を農業以外の活動から得ているのが実情だ。だが、農業以外の仕事ができるのも、除草剤や化学肥料を利用することで労働力を節約でき、機械を使うことで畑に拘束される時間が劇的に減ったおかげである。単一栽培の農業モデルを支える技術的革新によって、「年に三カ月間だけ働く農業が現実に可能になりました。しかし、農場が多角化すればするほど、一年中管理が必要になっていくのです」と、ワシントンの市民団体である持続的農業連合（SAC＝Sustainable Agriculture Coalition）のファード・ホフナー（Ferd Hoefner）は言う。ホフナーはまた、農家が統合的モデルを採るか、シンプルな単一栽培のままでいくかを検討する際、農外労働ができなくなる可能性は「大きな決定要素」になると言う。

最後に、複合農業は従来型の農業よりずっとリスクが高いことも指摘しておかなければならない。現代の通常農業は農家が抱える問題を、不作、虫害、雑草といった具合に、比較的予想しやすいものに細分化した上で、合成窒素やマラチオンなど簡単に実施できる解決策を農家に提供している。これとは対照的に、各要素が連動し、循環、回転を繰り返す複合農業は、単に複雑というだけでなく、標準的な商品契約を結び、農薬会社が指定した分量の肥料や除草剤をそのまま使用すれば済むというわけにはいかない。これでは普通の農家にとってのメリットはほとんどないに等しい。農業が今ある形に進化したのは、農業は常に不確定要素がつきまとうため、様々な面で「農家がリスクとうまく付き合う方法を模索してきた結果」だと、リーブマンは言う。「それはたとえば、あなたの住む地域で多くの人たちが使ってきた手法だったり、あなたのご両親が長年使ってきた手法だったり、あなた自身が自分に合うように改良した手法だったりします。それをある時、『では、それを全部やめて今日からこちらに変えてください』と言えば、嫌がられるのは当然です」

複合農業の支持派の中には、複合農業が科学的に進化して、研究者が広範な技術や手法を一つのまとまった体系にして提供できるようになれば、農薬や化学肥料を多用する現在のモデルから農家は離れやすくなると期待する向きもある。しかし、リーブマンはこの考えに否定的だ。工業的農業が、食料生産にオールマイティな解を提供できるという半ば虚構の概念に基づいているのに対し、複合農業はその定義からして、そのような解を用意することは不可能だと主張する。なぜならば、ほかのあらゆる生態系と同様に、畑は人間と生物と環境の絶妙な組み合わせの上に存在するものであり、常に進化し続けている。持続的農業は、畑の地質や季節やそのほかの条件に適応し、しかも、これらの条件の変化にも適応できなければならない。「順応型管理をパッケージ化することはできません。ですから、農家がそのプロセスにかかわりたいと望み、なおかつそれに必要な情報や技術援助がなければ、コーンベルト一帯に複合農業を採用することは無理でしょう」

また、仮に科学がオルタナティブ農業のリスクや複雑さを緩和することに成功して、アイオワ州の一般農家の関心を集めることができたとしても、リスクを嫌うアフリカのような地域で、それと同じことを実行するのはより難しいとリーブマンは言う。世界的に見て、農業分野の問題解決策は〝雑多に混在〟している場合が多い。そのため、「それが実現できる可能性はサヘル（サハラ砂漠南縁部に広がる半乾燥地域）よりもアイオワのほうがはるかに高いだろう」とリーブマンは言う。

持続的農業の成功例

ロッド・ヴァン・グラフ（Rod Van Graff）の肥育場から北東に向かって数時間の所にあるワシントン州リアドンの近郊で、小麦農家のフレッド・フレミング（Fred Fleming）は彼の考え出した〝世界救済計画〟なるものを私に見せてくれるという。私を乗せた彼のピックアップトラックは高速道路を降り、畑作地帯へと向かった。三月初旬の畑には、パン店が好む硬くて白い種類の冬小麦の葉が早くも緑色に色づき始めていた。エタノールブームの波及効果もあって、今年は数十年ぶりに利益が期待できそうだという。

フレミングの畑がほかの畑と違う点は栽培している作物ではなく、その栽培方法にあった。近隣の農家は収穫の後、次の種まきに備えて畑をきれいに耕しておくが、フレミングは前年の収穫時に残った切り株や残留物をそのまま放置しておき、翌年種を植える時に〝直播機〟と呼ばれる機械を使って、種子を土の中に撒き込むように植えていた。この「不耕起農法」を行えば、畑の見てくれは当然悪くなる。一九二〇年代から先祖代々小麦栽培を営んでいる五十九歳のフレミングが不耕起農法に切り替えたのは二〇〇〇年のことだったが、「車で通りかかった近所の人たちは荒れ果てた畑を見て、家庭内で何か重大な問題が起きているのではないかと心配していたそうです」と、フレミングは当時を振り返り笑う。

しかし、見た目だけではわからないこともある。不耕起農法は基本的に土をいじらない。そのため、フレミングの畑の表土は、根、茎、昆虫、イモムシ、腐りかけの有機物などによって厚い層が形成され、それが土中に養分や水分を閉じ込める。そして、この表土が高収量を維持するとともに、土壌を侵食から守っている。ここがまだ草原地帯だった頃は、雑草が同じような役割を果たしていた。

フレミングの農法は、見た目には普通の農法とそれほど変わらないように感じられたが、ほかの畑と見比べると、確かにその違いは歴然としていた。通常農法を実践している農家の畑は定期的に耕されているため、その土は死んだも同然な状態にある。その畑の土を掴んでみると、茶色い粉のような土が手の中で砕けて粉々になってしまう。その手触りは砕けたクッキーのようで、虫もいないし、ほとんど匂いもしない。にもかかわらず、フレミングが〝畑の薬〟と呼ぶ化学肥料のおかげで、この哀れな土は大したコストもかけずに今も高収量を維持している。

このような過労状態の土壌はもはや土本来の構造を失っているため、極めて侵食されやすくなっている。この地域は今もダストストーム（砂嵐）で飛行場が閉鎖されることが多いし、冬の大雨でも大きな被害を出している。私が到着する三週間前にも、大雨で畑の水路が崩れ、何トンもの土が流失した。「こうして土壌も農薬も最後はすべてスポケイン川に流れ込んでしまうのです」とフレミングは言う。

フレミングによると、この地域は過去百年間で土壌侵食により何千トンもの表土を失っているという。フレミングが指さした畝の方向にある、政府が保有する数十年間使われていない土地を見ると、フレミングの土地がそこよりも盛り上がっているのがわかる。この光景を見るまではそんなことが現実に起きているとはにわかに信じられなかったが、遠目にも、フレミングの畑は政府の土地よりも二フィート（約六十センチ）以上盛り上がっているのだ。

不耕起農法による小麦栽培の利点を主張しているのはフレミングだけではない。ワシントン州立大学周辺の土壌研究者たちは、不耕起農法を数年行ってできた草の層は土地を侵食から守るだけでなく、土壌からの窒素の流出も防ぐという。また、これは経済的に持続可能な手法であり、フレミングは昨今の穀物ブームが始まる以前から、都会の高級パン店に足をはこぶ〝本物志向〟の消費者は、〝持続可能な方法で生産された〟小麦粉に一定程度の割増料金を払う意思があることに目を付けていた。

二〇〇二年、フレミングは数人の仲間と、大手取引業者を介さずにパン店などに小麦粉を直販する協同組合、シェパーズ・グレイン（Shepherd's Grain）を設立した。彼らは、「不耕起農法で作られたシェパーズ・グレインの小麦粉はオーガニックより安いだけでなく、オーガニックより土壌にも優しい」と、いたってシンプルな宣伝文句をうたっている。しかし、この宣伝文句が世の関心を引き、シェパーズ・グレインの売上は発足後四年で一万ブッシェル（約二百七十二トン）から五十万ブッシェル（約一万三千六百七トン）近くまで急拡大した。「しかも、生態系を守りながらですよ」と、フレミングは得意げに語る。

持続的食料生産の支持者たちは、シェパーズ・グレインの成功は商業的な食料生産を転換させたり、軌道修正させたりすることが可能であることを証明したと主張する。フレミングとそのパートナーたちは、穀物を消費者に直接販売することにより、小麦を低コスト商品から富裕層向けの高級商品に生まれ変わらせ、その割増分で生態学的に持続可能な方法で小麦を生産することに成功したのだ。

また、大手企業が勢力を拡大する食品市場において、中小農家でも競い合えることを証明した点も重要だ。フレミングたちは生協での販売を通じて、これまで中小農家を締め付け、圧迫してきた既存のサプライチェーンを相手に、買い手が喜ぶ商取引を提供できるような規模と販売力を獲得した。フレミングは言う。「私たち一人ひとりはちっぽけな存在ですが、力を結集させれば、誰にも負けません」

脱「仲介業者」の成功条件

シェパーズ・グレインの成功は、食経済の進化で二つ目のカギとなる「規模」の問題を浮き彫りにしている。単一農業より複合農業のほうが外部コストを抑えられるのと同じように、生産規模が多様化すれば、市場における経済的需要と、その土地に適した経営規模と生態系とのバランスも取りやすくなる。しかし、現実の生産規模はこれとは逆の方向に進んでいる。先進工業国でも開発途上国でも、農業の担い手は少数の超大規模農場と多数の超小規模農家に二極化しつつあり、いずれも持続的食料生産には向いていない。

大規模農場の弱点はよく知られるとおりだ。安価な食料を大量生産することにかけては申し分ないが（たとえば、アメリカではわずか十六万三千件のメガファームが全農地の約三分の一を占め、全農業の六十パーセントを生産している）、常にコストの削減を迫られるため、構造的に外部コストを内部に組み込むことが難しいばかりか、その存在すら認めたがらない。そして、低コスト生産を行う海外の農家との競争が激しくなるにつれて、その傾向はさらに強まりそうだ。[1]

一方、小規模農家や食品メーカーも、持続的な食料生産を長期的に行うには課題を抱えている。

確かに小規模農家は持続可能な方法で食料を生産できるし、実際それはよく行われている。小規模農家はまた、持続性というコンセプトを主流派に示し、地方と都市を結び付け、食料の作り手は人間であることを消費者に思い出させる点で、極めて重要な役割を果たしている。

だが、中小農家は構造的に、人類が数十年後には必要となる大量の食物を生産する能力に欠けている。また、古野のような新しい方法を開発する時間と技術のある小規模農家も少ない。アメリカでは、百三十万の小規模農家の大半は副業か趣味で農業を営んでいる兼業農家であり、主に農業以外から得る収入で生活している。仮に小規模農家が何とか努力して、収穫量を大幅に引き上げたとしても、何十万件もの小規模農家の作物を小売企業や消費者に供給する流通システムは、すでにこの国には存在しない。さらに、小規模農家はアメリカで最も急速に伸びている産業ではあるが、その収穫量は全食料供給の十パーセントにも満たない。

「私たちはとかく小規模農家をもてはやす傾向があります。ファーマーズ・マーケットやレストラン、新規市場など、小規模農家が消費者に直販する機会は確かにありますが、そこで実際に行われている生産や消費はごくわずかです」と、オレゴン州ポートランドの非営利団体で、持続的農家の認定を行う第三者機関、フードアライアンス（Food Alliance）のエグゼクティブ・ディレクター、スコット・エグゾ（Scott Exo）は言う。持続的食料生産の支持者たちが、大規模農場と小規模農家の中間に目をつけているのはこのためだ。

中規模農家の規模（五十〜五百エーカー（約〇・二〜二平方キロ））と数（アメリカだけで五十万件）は理論上、持続的食料生産の理想的な基盤となる。これらの農場や牧場の多くは手ごろなコストで十分な量を生産できる規模ながら、一エーカーごとの土地の性質を知り、丹念に栽培するようなタイプの農業を行うこともできる。持続的農業の擁護派のウェンデル・ベリー（Wendell Berry）は、農家がその土地を「知り、愛する」ことなしに持続的食料生産は実現しないと主張する。農業経済学者ジョン・イカード（John Ikerd）も「農家であれば、自分の土地を知り、とことん愛せるはずだ」と指摘している。中規模農家や牧場経営者自身はこうした言い回しはしないかもしれないが、土壌の質や水の循環パターンなど、その土地の強みや弱みを熟知すれば、作物の種類を問わず、持続的な食料生産を実現しやすくなることには同意するだろう。シェパーズ・グレインをはじめ、中規模農家に販売力を与えつつ管理能力もきちんと残しているベンチャー企業の成功に、持続的農業の支持者たちが興奮しているのも納得できる。

このように、中規模な食料生産モデルには大きな可能性が感じられるが、現実にこれを実現するのは容易ではない。半世紀もの間、商品価格が低下し続けたことで、大規模農場と競い合えなくなった中規模農家の多くが大規模農場に買収されてしまっているからだ。一九七〇年以降、大規模農場と小規模農家の数が増える一方で、中規模農家の数は激減し、農業の世界では〝中間層の空洞化〟が懸念される事態に陥った。農産物価格が上昇した現在でも、大規模農場は規模の経済と販売力によって、引き続き利益を独占しようとしている。また、政府が作付面積や出荷量に応じて出す助成金は、大量生産農家には大きなプラスとなっているが、土地やそのほかの天然資源を保護しながら生産する中小の農家や酪農家の手には、ほとんど渡っていない。

さらに、一部の意欲的な中規模農家は、これまでの手法から持続的農業に切り替ることで、その分の価格を割増しているが、持続的農業の導入は農家の仕事を極めて複雑なものにする。フレミングは、汎用小麦から持続可能で高価な小麦に切り替える際に、新しい生産手法をマスターすることが最大の課題になると思っていたが、実際には割高の商品を消費者に売る方法をマスターするほうがはるかに難しかったという。これはこれまで、大手穀物商社や食品加工メーカーに任せておけばよかった仕事だった。

フレミングはサプライチェーン全体を把握し、食品小売市場について勉強した上で、商品のブランド化や価値を売り込むストーリー作りに励むだけでなく、これまでは考える必要もなかった「消費者」について熟知しなければならなくなった。その結果、この保守的な農家の四代目は、都会の高級スーパーに日参して、リベラルな本物志向の買い物客が、何を基準に小麦を買っているかを理解できるようになった。「私にとってこれは新しい外国語を覚えるようなものでした。生産者が小売のことまで考えるには、発想の切り替えが必要でした」と、フレミングは述懐する。

時代の先端を行くことの代償はほかにもあった。フレミングの代替的農業の手法は、工業的農業を実践する農家からは、自らが信ずる生産方法の否定と受け止められる一方で、持続的農業の信奉者からも必ずしも歓迎されなかったのだ。多くの有機農家は土地を掘り返すことで雑草の生長を防いでいるが、フレミングのような不耕起農家は、少量ながらもラウンドアップなどの除草剤や合成窒素を使わなければならない。その結果、フレミングの小麦はオーガニック市場から除外された上に、代替的農業の推進派からも見下されることがあった。最近、フレミングがオルタナティブ農家の会合で講演をした際、保守的な共和党員の彼は、自分が自分とは違う人種の中で一人孤立しているような思いを持ったという。「彼らは一見礼儀正しく接してくれているようで、実はよそよそしい態度でした」とフレミングは言う。

フレミングのような付加価値型農業の生産者は、基本的にサプライチェーンの末端まで自分たちの商品を所有し続けることになるため、仲介業者任せの農家とは異なり、付加価値分の対価の大部分を自ら回収できる。たとえば、オレゴン州の協同組合牧場カントリー・ナチュラルビーフ（Country Natural Beef）では、化学的に処理されていない自然の有機飼料を使って、牧場から食肉処理場を経て食肉売場に並べられるまで一頭ずつ注意深く育て、管理することで、卸売価格の九十六パーセントの利益を得ている。

しかし、それはまた生産者を新たなリスクにさらすことになる。これまで酪農家や農家は強欲な仲介業者とだけ付き合っていれば商売ができたが、この生産方法を取り入れた農家は、はるかに激しい競争が繰り広げられる小売市場にまで進出しなければならなくなる。大手食料品チェーンは「オーガニック」のような新しい付加価値を最初は喜んで受け入れてくれるが、次第に大規模農場を使って同じものをより安く生産しようとすることは目に見えている。さらに、自然食品市場の統合が急速に進む中（二〇〇七年には、自然食品チェーン最大手のホールフーズ（Whole Foods）が、最強の競合相手だったワイルドオーツ（Wild Oats）を五億ドル（約三百八十億円）で買収すると発表している）、消費者を重視するこれらの小売業者は、生産者に対して価格面でますます影響力を持つようになるだろう。

最後に、農家は農産物市場のことを、価格が不安定で先行きを予測できないと思っているかもしれないが、消費者の移り気な心も、実はこれと何ら変わりはない。カントリー・ナチュラルビーフの共同創設者であり、消費者トレンドがどれだけ急速に変わるかを知り尽くしているドク・ハットフィールド（Doc Hatfield）はこれを、「今日の付加価値は明日の当たり前」と表現する。カントリー・ナチュラルビーフは、従来型オーガニックビーフに対抗するために何年もの時間を費やし、生態学的に持続可能な方法で生産された牛肉という、これまでにない価値を提案したが、消費者の好みは瞬く間に環境に優しい食品から地産地消へと移り変わっていった。

ハットフィールドは地産地消には大賛成だが、草食動物である牛を地産地消するには困難がつきまとうことも指摘する。オレゴン州ポートランドのような都市で一年中新鮮な牛肉を売るためには、カントリー・ナチュラルビーフは州内の牧場だけでなく、時には冬の間も牧草が育ち、持続的放牧ができるカリフォルニア北部からも家畜を調達しなければならない。しかし、このような複雑な状況を〝悪意なき中流の消費者〟に理解させるのは必ずしも容易ではない。「今やローカルとオーガニックは同義語です。しかし、本当に環境に優しい放牧場はポートランドから最低百マイル離れなければ見つからないのです」と、ハットフィールドは苛立ち混じりに語った。

地産池消のメリット・デメリット

スイスとの国境からわずか数マイル南に下ったイタリアのサンブカーノという小さな山村で、私は広大な高山草原を見下ろすレストランの椅子に腰掛け、地元産のラム肉と赤ワインを楽しみながら、おいしい食べ物には消費者を地方に呼び戻す力があることを実感していた。

私を招待してくれたのは、国際組織スローフード（Slow Food）のメンバーだ。スローフードとは、もともとはマクドナルドのようなファストフードに対して冗談半分に付けられた呼称だったが、今では〝その土地の食べ物を食べる運動〟を推進する大組織に成長している。十年前に絶滅しかけたサンブカーノのラムは、地元の気候や土、その土地に降り注ぐ日光で育った草だけを食べるため、地球上のほかの地域では味わえない深みがあると、小柄で碧眼、白髪の農学者アントニオ・ブリノン（Antonio Brignone）が説明してくれた。「ニューヨークではサンブカーノのラムは食べられませんよ。食べたければ、ここに来るしかありません」

ブリグノンの言わんとすることは、その食べ物固有の味は生産地と切り離せないものであり、消費者がその味を守りたいと思うなら、まずその生産地を守らなければならないということだ。「おいしい物がいかに作られているかがわかると、その食べ物の生産地の生態系を守らなければならないことに気付くでしょう」と、スローフード元役員のレナト・サルド（Renato Sardo）は言う。

確かに、絶滅に瀕しているサンブカーノのラムは、次世代の食経済の主役ではないかもしれない。しかし、地産地消運動がブームになると（より熱烈な信奉者、いわゆる〝ローカルボア（localvores）〟は、フードマイルの値が最も小さい食料を買うことに意欲的だ）、逆に現代の食経済が抱える問題が浮き彫りとなる。その問題とは、私たちが地球の反対側から輸送される食料への依存をますます強めているということだ。

遠隔地から食料を輸送すれば燃料も消費するし、それを埋め合わせるために低賃金労働者たちも搾取されることになる。地産地消への回帰は外部コストを下げ、生産者と消費者の間の不均衡を緩和することなどから、食経済に持続可能な基盤を与えるものとしてもてはやされることが多い。ローカルボア運動の指導的役割を担うイギリスのエコロジーと文化のための国際協会（ＩＳＥＣ＝International Society for Ecology and Culture）は、「現地生産にシフトすれば、化学肥料を使った単一栽培で破壊された土地に多様性が戻り、地元の深刻な雇用不足は解消され、共同体の再建が可能になる。加えて、農家は生活が楽になる一方で、消費者は新鮮で安全な食料を安く買えるようになる」と主張する。

確かにローカルボアは理論としては素晴らしいが、実践するのは極めて困難だ。まず、何をローカル（地産）とするかの定義があいまいである。たとえば、「テキサス産」のような行政区分で分けることもあれば、より地理的区分に近い「フードシェッド（食料庫）」のような考え方もある。やや恣意的だが、半径百五十～五百マイル（約二百四十～八百キロ）のフードサークル（食態系）で線が引かれる場合もある。また、地産地消が比較的容易な地域（たとえば、ワシントン州では、五十マイル（約八十キロ）以内にトウモロコシ、小麦、牛肉、牛乳といった生鮮食品がすべて大量生産されている場合が多い）もある一方で、遠くから食品を調達しなければならない地域や国もある。また、ローカルの食品を得るためには、消費者は食品を生産者から直接購入しなければならないのだろうか？　アメリカの農業プログラムを尊重して定期的に現地生産者を紹介しているウォルマート（Wal-Mart）のような大量販売業者を経由したら、もうローカルではなくなるのだろうか？

より大きな問題は、地産地消による食システムの分散化が百年前のアメリカや今日の地方分権的な開発途上国では機能するかもしれないが、都市化が進んだ現代社会には適していないことだ。食料生産の集中を助けた経済的な力が人口にも同じ影響を及ぼした結果、今日アメリカでは総人口の八十パーセントが人口の密集した都市に住んでいる。これら都市の多くは沿岸部に位置しているため、食料生産の主要拠点からは何百マイル、場合によっては何千マイルと離れていることが多い。

農経済学者の中には、成長著しいアジア諸国によく見られるように、食料生産の拠点を都市近郊に移すことを提唱する者もいる。そうすれば輸送にかかる燃料費を大幅に削減できるが、これを実現するためにクリアしなければならない技術面、経済面の課題は多い。食料生産地と人口の密集地が入り混じっている開発途上国では、そのことが鳥インフルエンザの蔓延の原因になっていると考えられている。また、バイオセキュリティ（生物学的安全性）の高いアメリカのような成熟した経済国では、地価の高い都心で農業を行えば、とてつもなく高価な食料を生産することになってしまう。これは、急速に都市化が進むサリナス渓谷の農地の大半が、付加価値の低い牧場経営から、ホウレンソウやトマトなど高付加価値の作物栽培にシフトした一因でもある。反対にトウモロコシや大豆など付加価値の低い作物が地価の低い地方で栽培されるのも、このためだ。

かつて農業地帯と都市を結んでいた道路や鉄道などの短距離サプライチェーンは、都市近郊の農地でも、全国的もしくは世界的なサプライチェーンに取って代わられていて、それは何百、何千もの地元の生産者より、遠隔地の大手サプライヤーから購入することを好む小売会社や販売会社によって管理されている。こうした経済的な論理はいずれも、地産地消とは反対の方向に向かっている。

ローカルフードをより現実的に支持する人々は、自分たちは地元や近郊での大量生産を求めているわけではないと主張する。「あらゆる食物を小規模農場で作れるわけではないのは重々承知しています。しかし、どこかで始めなければならないのです」と、サルドは言う。

やや異なる地産地消主義の考え方として、少なくとも当面は地元で生産されていない食物を切り捨てるのではなく、地域的多様性を一部復活させながら、中国産の大豆や南米から空輸されてくる季節感のない生鮮食品の消費を徐々に減らしていくことを提案する人もいる。

しかしここでも、地産地消によるメリットは必ずしも明確ではない。食品の輸送距離を短縮すれば自動的に持続的農業を達成できるかと言えば、そうとは限らない。たとえば、サリナス渓谷の巨大農場からネバダ州リノのウォルマートに何トンかの生鮮食品を運ぶのに、トレーラーで三百十二マイル（約五百二キロ）もの距離を運転するのは、エネルギーの無駄使いに思えるだろう。だが実際には、わずか二十マイル（約三十二キロ）離れた近所の農場からリノのファーマーズ・マーケットまで同量の生鮮食品を何十台ものピックアップトラックで運ぶよりも、このほうが燃料の消費は少なくて済むのだ。入念な納期の管理や執拗なまでの効率性の追求により、輸送にかかる燃料費を低減できるのは、集中型の工業的食システムが持つ利点の一つにほかならない。

フードマイルという概念の根本的な問題は、オーガニックと同様に、極めて複雑な問題に対して、単純な解決策しか提供できていないことだ。たとえば、除草剤を使わずに作ったレタスが環境に優しいとは限らないのと同様に、ある食物の持続可能性を決定するのに、輸送距離は必ずしも最重要な要素ではない。チリでオーガニック食品を作ってアメリカに空輸すれば相当なフードマイルとなるが、除草剤や化学肥料の使用を減らすといった農業慣行にシフトしていけば、チリの環境保全にはプラスになる場合もある。

このような不明瞭かつ数量化しにくい社会的利益は無視して、エネルギーの節約、気候への影響、水の使用量といった目に見えるコストだけを考えた場合においても、「ローカル」のほうが優れているとは限らない。ウェールズ大学研究所（University of Wales Institute）の研究によれば、ある食品が環境に与える影響のうち、農場から食料品店への輸送が占める割合は平均して二パーセントにすぎない。一方、加工、包装そして特に栽培による影響はこれよりはるかに大きい。現代の農業や酪農がエネルギーを多用し、環境に良いとは思えない化学肥料や灌がい用水、輸入穀物に過度に依存しているためだ。

この複雑さを理解しようと、持続的農業の擁護派の多くは基準となる指標をフードマイルよりも細かい概念であるエコロジカル・フットプリントに切り替えようとしている。これは、ある食品にかかるトータルコストを客体化する手法で、通常、ある食品の生産やエネルギー、植物などのインプットを生産するのに必要な土地面積で表される。ウェールズ大学がエコロジカル・フットプリントについて発表した論文の共著者ルース・フェアチャイルド（Ruth Fairchild）は、「フードマイル論争は消費者に間違った考えを啓蒙していて問題です」と、イギリスの『ガーディアン紙（The Guardian）』に語っている。「それは極めて短絡的な考えです。フードマイルだけでは全体のほんの一部しか見えません」

フードマイルはイギリスのローカルフードの擁護論者たちが、自国がニュージーランドから肉や乳製品を輸入していることを非難した際に展開した主張だ。これに対して、ニュージーランドのリンカーン大学の研究者らは、ニュージーランドの農家はイギリスの農家よりもずっと少量の化学肥料しか使用していないだけでなく、イギリスの家畜が主に穀物を飼料としているのに対し、ニュージーランドの羊はほとんど草だけで育っていることから、ニュージーランドからマトンや乳製品を輸入することによって、イギリスの消費者は現地産と比較して燃料使用量を七十五パーセント、環境への影響を五十パーセント、削減できると主張している。

もちろん、商品や商慣行の持続性を測る尺度として、距離は重要でないと言っているのでもなければ、地産地消の推進が無意味だと言っているわけでもない。消費者と生産者を再び結び付けることで、食物の産地やその伝統に対する消費者の意識を高められれば、画一化と分業が進む食システムがバランスを取り戻す一助となるかもしれない。また、ローカルフード運動の勢いが、活気を失った環境運動を再び活性化してくれるかもしれない。「美食家は同時にエコロジストでなければなりません。正しい生態系なくして美食はあり得ないからです。その一方で、エコロジストも美食家となり、あまり悲観的になったり、終末論を述べたりしないように気をつけるべきです」と、サルドは言う。

食品を世界中から調達したほうがコスト効率も良く、持続性もありそうに思えるかもしれないが、必ずしもそうとばかりは言えない面もある。中国などで食品の安全性に疑問を投げ掛ける事件が発覚したことは記憶に新しいが、今後エネルギー価格が急騰したり、二酸化炭素排出の規制が強化されたりすれば、現在の収支計算は急速に崩れる可能性もある。そうなれば世界中から食料を調達することが当たり前になっている現在の食システムは崩れ、アイオワやネブラスカでリンゴやジャガイモを栽培しても採算が取れる日が、再びやって来るかもしれない。

しかし、ここまで述べた利点をすべて考慮に入れても、ローカルフードをめぐる論争は複雑だ。「速さと便利さだけに目を奪われた結果、ローカルフードのスローガンさえ掲げれば、すべてがうまくいくと、私たちの多くが錯覚してしまいました」と、フードアライアンスのエグゾは言う。「しかし、それでも消費者はいろいろ考え続けなくてはならないのです」

消費者心理というハードル

食システムの改革戦略の大半は、問題意識を持った〝考える消費者〟に依存している。食問題に携わる団体の多くは、持続的食システムの構築や栄養改善など、より多くの人々が食料問題への理解を深め、正しい対策を講じてもらいたいという思いから、食に関する様々な教育キャンペーンを実施する。これらの取り組みには、企業に対して原材料だけでなく、原料の産地やそれが公平で持続可能な方法で生産されたかどうかを表示させる効果もある。シエラクラブ（Sierra Club／訳者注：

アメリカに本部を置く自然保護団体）は『食費の本当のコストを知ろう』と銘打ったウェブサイトで、「食料消費は需要に供給が後から追い付いていくものなので、個人の意思決定が大きな影響力を持つ」と説き、「私たち消費者は、食品の選択を通じて、健康、地球環境および生活の質を脅かす慣行を阻止します」と、宣言するよう市民に呼び掛けている。

しかし問題は、どれだけの消費者が宣言したとおりに行動できるかだ。需要に供給が付いていくのは確かであり、消費者が究極の決定者であるのも事実だが、実際に消費者にどれだけの選択肢があるかは定かではない。消費者の多くは持続可能性の問題をある程度意識しており、シアトルのハートマングループ（Hartman Group）の研究によると、消費者の九十六パーセントが「持続可能性について問題意識を持っている」との結果が出ている。ただし、本当にその意識により、食品の選択基準を変えようという消費者の割合はもっと少ないだろう。オーガニック食品は注目を集めているが、実際にアメリカで買われているオーガニック食品の割合は食品全体の二パーセントにも満たない。そしてまた、オーガニック食品のすべてが〝持続可能な方法〟で生産されているわけでもない。

予算の大半を持続的食システムの推進に充てているケロッグ財団（Kellogg Foundation）は、「持続的食システムとは、安全で栄養価の高い食品を、環境に優しい方法で生産し、なおかつ価格が良心的であること」と定義しているが、同財団によれば、アメリカ産でこの基準を満たしている食品は全体の一パーセント超にすぎない。さらに、同財団は十年以内にこの割合を十パーセントに拡大することを目標としているが、そのためには年間三十パーセントの割合で持続可能な方法で生産される食品が増加していく必要がある。これはオーガニック食品の伸び率の約半分に相当する。

なぜ消費者の心を変えるのが、そんなに難しいのだろうか。一つには、持続可能な方法で食物を生産するには、当然ながら余分にコストがかかることだ。農家の支援団体が主張するように、トマト一ポンドにつき一セント余分に払うだけで、トマトの生産農家が生活できるようになるというのは本当だろう。そして、この程度の金額を出し惜しみする消費者もあまりいないように思われる。しかし、生産者だけでなく、梱包業者や肉の加工業者など、ありとあらゆる食品労働者を生活できるようにするためには、あといくら消費者は払う必要があるのだろうか。これらの重労働を、尊敬され、やり甲斐のある安全な仕事に改善したり、食品産業が長年にわたって移民労働者の労働力に依存している状況を解消したりできるほどの金額を、消費者は惜しまずに払うだろうか。

しかも、現代の食システムにおいて、低賃金の労働力は外部コストの中でも負担が軽いほうで、それよりもはるかに大きな外部コストが多数ある。コーンベルトの農家が被覆作物として窒素固定効果のあるアルファルファをより多く栽培するようになれば、必然的にトウモロコシの栽培量は減り、全般的なトウモロコシの供給量は縮小する。そうなると、昨今のエタノールブームに見られるように、トウモロコシを原料とするあらゆるものの値段を引き上げることになる。

確かに、一部の消費者は持続可能な方法で生産された食品には、惜しまず割増料金を払うかもしれない。そして、本物の食べ物を口にするためには、食費の値上がりが避けられないことを、より多くの消費者が理解することが大切だと考える活動家も多い。つまるところ、このキャンペーンの目的は、「食品にはもっとお金を払うべきであり、鶏肉が一ドルで販売されていたら、それは恐らく鶏肉ではない」ことを、消費者に理解してもらうことだとサルドは言う。

しかしここでも、どれだけの消費者がこの論理を受け入れるかは不明である。高所得層を別にすると、消費者が食品を選択する際の基準は今でも価格であり、それが低所得者の間で生鮮食品の消費が少なく、それよりずっと安いジャンクフードの消費が多い理由の一つでもある。消費者意識の指標ともいえるウォルマートが大々的に始めたオーガニック事業を、六カ月もたたないうちに縮小したのも、このためだと業界ウォッチャーは言う。高所得者層をターゲットとするホールフーズと違い、ウォルマートの顧客は十パーセント余分にお金を払ってまでオーガニック食品を買おうとは思わないのだ。メイン州でオーガニックのリンゴを栽培し、ウォルマートに卸している果樹生産者のピーター・リッカー（Peter Ricker）は『ビジネスウィーク（Business Week）』誌にこうこぼしている。「ホールフーズの客はオーガニック食品を買うために店に来て、栽培方法まで気にしますが、ウォルマートには電卓を持って買い物をするような客が来るのです」

しかし、ウォルマートの十パーセントの上乗せ分はまだ良心的なほうである。前出のカーディフ大学のフェアチャイルドは、消費者がオーガニックフードに乗り換えれば、一世帯当たりの食費は三十一パーセント上昇すると予想している。

持続可能な食システムに移行する代償はほかにもある。たとえば、生鮮食品を一年中手に入れるにはエネルギー多消費型の巨大サプライチェーンが必要であり、それはエネルギー価格の上昇を引き起こす。二酸化炭素排出による地球温暖化も懸念される中、そのような贅沢をいつまでも続けられるとは考えにくい。だからといって、ファーマーズ・マーケットに足繁く通うような環境意識の高い高所得層の消費者にとっても、生鮮食品が一年中いつでも手に入らなくなるような事態は受け入れ難いはずだ。それは食料品店も同じだろう。「国産の食品が手に入るときは売っています」と、ホールフーズのスポークスパーソン、エイミー・シェーファー（Amy Schaefer）は言う。「でも、国産だけに頼れば、生鮮食品コーナーは一年のうち何カ月にもわたって、ほとんど空になってしまうでしょう」。国産にこだわるイタリアでも、スペインやモロッコから低価格で、通年生産の生鮮食品を輸入する食料品店が顧客獲得に成功している。

では、肉はどうか。嬉しいことに、持続可能な方法で食肉を生産することは可能だ。放牧と農業を統合する多角的経営を行えば、家畜による穀物の消費量が減るため、化学薬品を多用した穀物の需要も減り、糞による水の汚染や窒素の大量浸出といった外部コストを減らしながら、はるかに栄養価の高い肉を生産することが可能になる。カントリー・ナチュラルビーフが通常の牛肉を上回る脂肪含有率を達成したのがその一例だ。とはいえ、持続可能な方法で肉を生産した場合、今と同じ生産量を維持できるとは考えにくい。

実際、持続的食肉生産による肉の生産量は現在の水準に遠く及ばない。たとえば、アリゾナ州プリスコット・カレッジのティム・クルーズ（Tim Crews）とオーストラリア連邦科学産業研究機構（CSIRO＝Commonwealth Scientific and Industrial Research Organisation）プラント業界部門のマーク・ピープルズ（Mark Peoples）が国内食肉産業向けに合成窒素を必要としない生産モデルを開発した際、生産量に歴然とした差が表れた。彼らの推定では、アメリカで合成窒素から自然の窒素に切り替えるには、最低でも現在穀物を栽培している農地の半分を窒素固定効果のある豆類に変える必要があるということだ。そうすれば、穀物の生産量は激減するため、穀物の輸出をなくすか、一人当たりの食料供給量を二十五パーセント削減しなければならなくなる。

穀物の輸出停止は無理だとしても（穀物が世界的に不足している現状、輸出を停止すれば深刻な地政学的影響を及ぼすことになる）、食料供給を二十五パーセント減らしてもアメリカ人は生きていけるだろうか。それはまず無理だろう。確かに、現在アメリカ人一人当たりの食料供給量は彼らに必要な栄養分を約四十四パーセント超えており、その〝余剰分〟の大半が収穫や加工の際、あるいはレストランや家庭で無駄になっている点を考えれば、現在生産している量よりも少ないカロリーでアメリカ人が生存することは可能かもしれない。

しかし、クルーズやピープルズの計算では、アメリカ人が食品の無駄をなくしたとしても、穀物の生産量を減らせば、食肉の消費量は現在の八分の一近くまで減らさなければならない。そしてその分、必要なタンパク質の大半を植物から摂取しなければならなくなるという。これが、穀物農家や食肉加工会社、小売店および外食チェーンから猛烈な反対に遭うのは当然だが、仮に活動家たちが「今のペースで肉を食べ続けることは、まるで自殺行為だ」と、言葉巧みに消費者を説得しようとしても、ベジタリアンでもない消費者が自主的に肉の消費をこれだけ減らすとはとても思えない。

こうした心理が食経済を構築する上で重要な要素となる。喫煙や暴飲や怠惰な生活が寿命を縮めるとわかっていても、何十億もの人間がそれをやめられないのと同じように、食物にかかる真のコストを知りさえすれば、消費者は自ずとそのコストを減らすようになるというのは極端に飛躍した考えと言わなければならないだろう。

それがわかっているからこそ、何が持続可能な方法で生産された食品で、何がそうでないかを、せっせと定義している研究者の多くも、自分たちの計算が徒労に終わる可能性は十分に理解しているようだ。フェアチャイルドのエコロジカル・フットプリント理論では、真に持続可能な食生活を実践しようとすれば、肉だけでなく、ワインなどのアルコール類のほか、チョコレート、チーズ、アイスクリームなどの摂取も減らすか完全にやめる必要があり、フェアチャイルド自身も極めて控えめな表現ではあるが、「多くの人にとって、そのような食生活を実践するのは不可能かもしれない」と分析している。

食料政策の現実

結局、持続的農業推進派の大半は、十分な働きかけがなければ消費者は変わらないと考えているということだ。たとえば、コーネル大学の生態学者デイビット・ピメンテル（David Pimentel）は、外部コストを基準にした「持続性特別税」の導入を提唱している。これは肉、乳製品、卵など最も外部コストの高い（そしてピメンテルの主張では最も医療コストがかかる）食品には、最も高い税率を適用し、穀物、豆類、野菜、ナッツなど、食物連鎖の末端にある食品は非課税にするというものだ。しかしこのような考え方は、改革派の支持は得にくい。なぜなら今のアメリカでは少しでも増税を連想させるものは政治的に実現不可能だからだ。しかし、市場を持続可能性と健康問題に〝強制的に〟向き合わせるには、消費者に対する集中教育プログラムと併せて、食品メーカーや農家に新たな規制を課したり、生産過剰を招く助成金を撤廃したりするなど、何らかの政府介入が必要だという見方には、改革派の大半が賛成している。

現実問題として市場は強制されなければ動かないだろう。多角的農業にせよ、現地生産や栄養価の高いスナックにせよ、その目標が何であれ自由市場にできることには限りがあり、持続可能で健康的な食経済の基準を満たす食品に余分なお金を払う消費者の割合は決して多くはない。また、その需要がいったん満たされ、さらに多くの需要を創出するためには、市場の外から追加的なインセンティブを持ち込まなければならないが、通常、こうしたインセンティブは政策によってもたらされる。ルーズベルト（Franklin Roosevelt）政権の下で、政府が市場操作（この場合は供給制限）を通じて不安定な価格変動を緩和しようとしたのと同じように、収益性が低くても、より持続可能な生産形態に食システムが向かうよう、政府が慎重に食品市場を操作しなければならなくなるだろう。つまり、食システムを変えるには食料政策を変革する必要があり、問題の複雑さや現在の政策下ですでになされた多くの投資を考えると、これを成し遂げるのは極めて困難だといえる。

食料政策がこれほど複雑で困難なのは、食品には農業慣行から食品取引、消費者の健康から栄養に至るまで、ありとあらゆる要素が絡んでいるためでもある。食料政策に取り組む勇気のある政治家は、遺伝子組み換えや成長ホルモン、食品取引、新しい技術などに加え、バイオ燃料ブームにおける食品ビジネスとエネルギー業界の関係など、いくつもの異なるセクターを把握しておかなければならない。しかもそれを、食経済に介入しようとする食品業界のロビイストの政治的・経済的圧力の下で行わなければならない。この市場は絶大な資金力と政治力を持つ企業や業界団体によって牛耳られているため、持続可能な農業や食品安全を推進する市民団体がどれだけ頑張っても、市場はそれとは反対の方向へ進もうとする。

彼らの影響力の源泉として最も知られているのは当然ながら政治献金である。この点について食品産業は最も気前が良い業界とはいえないが、決してケチなわけでもない。政治献金の監視団体CRP（Center for Responsive Politics）によると、一九九〇年から二〇〇六年の間の、種子販売会社や外食チェーン、食料品チェーンなど、飲食物の加工や販売に直接関わる企業の政治献金額は四億五千九百万ドル（三百四十八億八千四百万円）に達しているという。この中で献金額が最も多かったセクターは「未加工農産物」の生産者の九千百万ドル（約六十九億千六百万円）で、続いて「家畜〕三千百万ドル（約二三億五千六百万円）、「食品加工」二千七百万ドル（約二十億五千二百万円）となっている。また、単一企業としては、食品とタバコを販売するフィリップ・モリス（Philip Morris／アルトリア・グループ）が最高で二千万ドル（約十五億二千万円）、後はＡＤＭが（Archer Daniel Midland Company）七百六十万ドル（約五億七千七百六十万円）、製糖会社のアメリカンクリスタルが（American Crystal Sugar Company）五百六十万ドル（約四億二千五百六十万円）と続いている。一方、食料品小売セクターは業界団体、食品マーケティング協会（ＦＭＩ＝Food Marketing Institute）を通じて四百八十五万ドル（約三億六千八百六十万円）を献金している。

こうした多額の献金によって、企業が具体的にどんな恩恵を享受しているかを明示することはできない。しかし、献金額の多い業界ほど規制、政策面で極めて有利な待遇を受けていることだけは事実である。たとえば、二〇〇〇年、リチャード・ポンボ（Richard Pombo）下院議員が出した農薬の規制緩和に関連する法案は、もともと除草剤メーカーのロビイストが提案していたものとほぼ同じ内容だった。また、大統領や州知事が食品業界を管轄する政府の担当者を選任する際、食品会社や業界団体は甚大な影響力を発揮する。農務省やＦＤＡ（Food and Drug Administration＝食品医薬品局）の幹部クラスが、彼らが規制すべき食品業界の出身者によって占められていることもよくある話である。レーガン（Ronald Reagan）政権の農務長官ジョン・ブロック（John Block）は、イリノイ州で工業的規模の養豚場を所有していたし、ブロックの後任には種苗業界の重鎮リチャード・リン（Richard Lyng）が就任している。また、ジョージ・Ｗ・ブッシュ（George W. Bush）政権の農務長官アン・ベネマン（Ann Veneman）は、後に遺伝子組み換えトマト、フレーバーセーバーを生んだカルジーン社（Calgene／後にモンサント（Monsanto Company）の一部となる）

の役員だった。ケロッグ（Kellogg）の前社長カルロス・グティエレス（Carlos Gutierrez）はコカ・コーラ社（Coca-Cola）のトップのオファーを蹴って、ジョージ・W・ブッシュ政権の商務長官になっている。

ほかにも政界進出が特に目立つ業界や企業は多い。モンタノ（Montano）の元重役らは、WTO（World Trade Organization＝世界貿易機関）のアメリカ代表や環境保護庁（EPA＝Environmental Protection Agency）副長官、FDAの動物用新薬審査部長などの要職に就いている。有力者が政府と企業の間を行き来するのはよくあることだが、ブッシュ（父）政権のクレイトン・ヤイター（Clayton Yuetter）農務長官は、後に取締役としてコナグラ（ConAgra）に迎えられている。また、クリントン政権時、食品安全検査局（FSIS＝Food Safety and Inspection Service）の局長だったマイケル・テイラー（Michael Taylor）は、退任後、モンサントの顧問弁護士を務めた後、再び政府に戻り、その後再度、ロビイストとしてモンサントに戻っている。下院農業委員会の元職員チャールズ・コナー（Charles Conner）のように、業界団体のトウモロコシ精製業協会（CRA＝Corn Refiners Association）に四年間務めた後、二〇〇五年に農務次官に就任し、バイオテクノロジー政策を指揮した者もいる。

議会やホワイトハウスをはじめとする様々な政府機関と食品業界の間で、これだけ金銭的、職務的つながりがあれば、政策に影響を与えることはたやすい。そのすべてを把握することはできないが、いくつかの事例からどのような影響を与えているかは、おおよその見当はつく。食肉業界のロビイストは、ジャック・イン・ザ・ボックスの食中毒事件で国民の怒りが爆発した後も、O157を汚染微生物に指定する動きを阻止してきたし、今も農務省がサルモネラ菌を汚染物質に指定しないように働きかけている。また、種苗・農薬会社や医薬品業界は、遺伝子組み換え原料の表示の義務付けを国民の大半が望んでいるにもかかわらず、これを阻止し続けている。同様に彼らは、食品の原産地表示を義務付ける法案も、何度となく頓挫させている。肉と生鮮農産物の原産地表示の義務付けは二〇〇七年に法律が成立したが、その実施は二〇一〇年まで延期された。これは、輸入品に強く依存している食品会社が国内産を使う競合相手に負けるのを恐れたことが大きな理由だった。ちなみに農務省はこの延期について、ラベル表示が食肉業界にとって「コスト負担となる」ことや、「期限切れのラベルが必要以上に消費者の目に触れる」ことを避けるためだと説明している。

小売業界も政治的コネクションをフルに利用している。行き過ぎた業界の統合を阻止するためには反トラスト法の強化が唯一の確実な方法だと言われて久しいが、現実には反トラスト法の強化は実現していないし、そのような方針すら示されていない。ウォルマートの競合他社数社が価格決定力の濫用で政府に訴えられた際も、政治的コネクションの強いウォルマートに対しては「政府は好きなだけシェアを拡大できるように計らった」と、雑誌『ハーパーズ（Harper's）』の記者バリー・リン（Barry Lynn）は記している。実際、ウォルマートのリー・スコット（Lee Scott）CEOは、もはやアメリカ政府は心配に値しないと思ったのか、最近ではイギリス小売大手テスコ（Tesco）の過剰な拡大をイギリス規制当局に警告している。一企業の市場シェアが三十パーセントに接近したら「政府が介入せざるを得ない」とスコットは言うが、ならばウォルマートのアメリカ食品市場におけるシェアが三十パーセントを超えていることについて、彼はどう説明するのだろうか。さらに、民主党政権になるとウォルマートがどんな影響を受けるかが気になるのであれば、ヒラリー・クリントン（Hillary Clinton）がウォルマートの取締役だったという事実をリンは指摘する。

食料政策に甚大な影響力を及ぼしているもう一つの分野は食品貿易である。政府で貿易を担当する高官の多くがかつて医薬品や農薬・種苗業界の重役を務めていた。現在の農業交渉責任者リチャード・クラウダー（Richard Crowder）は、アメリカ種子取引協会（ASTA＝American Seed Trade Association）の前会長だったことに加えて、コナグラ、ピルスベリー（Pillsbury）、モンサント傘下のデカルブ・ジェネティクス（DeKalb Genetics Corporation）に勤務していた経歴を持つ。これは、ワシントンが積極的に遺伝子組み換え食品の貿易を推進していることや、遺伝子組み換え食品の輸入を阻もうとする国に対して、アメリカ政府が厳しい態度で臨んでいることと無関係ではないだろう。二〇〇三年に、遺伝子組み換え食品の輸入を禁止しているEUをアメリカが提訴しようとした時、エジプト政府はワシントンの圧力を受けて一度はこれを支持したが、ヨーロッパの貿易相手国の怒りを買うことを恐れ、後に支持を撤回した。するとアメリカはその報復として、ロバート・ゼーリック（Robert Zoellick）アメリカ通商代表（現世銀総裁）が、いったんは約束していたエジプトとの貿易協定の締結を破棄している。

最近は、政府と大手食品会社との緊密な関係が、中国からの汚染食品の輸入を規制するどころか、安全性が疑問視されている鶏肉などの中国産食品の輸入を、さらに推進しかねないと懸念されている。FDAの元長官で食品の安全性についての論客でもあるレスター・クロフォード（Lester Crawford）は、アメリカ政府も以前は食品の安全性が保証されていない国は即座に制裁していたと指摘する。一九八〇年代と二〇〇〇年代初頭にメキシコから輸入された食肉と生鮮食品の安全性に重大な問題があることが判明した際、「メキシコは主要貿易相手国だが、アメリカは躊躇なく貿易を停止した。アメリカは中国に対しても同じことをすべきだ」とクロフォードは言う。一方、元アメリカ通商代表部のロバート・キャシディー（Robert Cassidy）は、『ワシントン・ポスト紙（The Washington Post）』のインタビューで「今日、あまりにも多くのアメリカ企業が直接的、間接的に中国と関わるようになっているため、できるだけ早く、スムーズに中国からの輸入品を受け入れることがアメリカの商業的利益となっている」と語っている。その結果、アメリカ政府は「中国にペコペコしている」とキャシディーは言う。

助成金の功罪と食の未来

究極的にはこのような変化への抵抗は、現行の食経済だけでなく、今後の食経済の形にも影響を及ぼすだろう。たとえば、アメリカの農業政策とその助成金が、過剰生産や不自然に安価な食品、単一栽培の推進など、持続可能性に逆らう一連の慣行を存続させ、変化をもたらしにくくしているのは広く知られるところだ。もう何十年にもわたり議会は農業政策の改革を約束しているが、最近の政界・経済界の緊密な連携をもってしても、その実現は不可能に見える。

二〇〇七年、アメリカの連邦議会は農家への助成制度を改めることについて両党から広い支持を得た。その時は穀物価格が上昇していたため政府の援助が減っても、農家への影響はさほど大きなものにはならない状況だったからだ。また、公衆衛生団体も、助成を受けた安い穀物が安価なジャンクフードの販売を可能にし、その結果、肥満が増えているとして、助成の削減に向けて強い圧力をかけていた。さらにブッシュ政権は、農業助成は貿易交渉の妨げとなるだけでなく、開発途上国に対して極めて不公平と見なして（この点は正しい）、この改革を強く支持していた。こうして改革の勢いに拍車が掛かる中、同年夏には、議会は年収二十万ドル（約千五百二十万円）以上の農場には国からの援助を一切行わないことも検討した。これは百万ドル（約七千六百万円）を上限としている現在の水準を大幅に下回るものだった。

しかし、これだけ広い支持がありながら、議会は農業助成の廃止につながる法案は何一つ可決できなかった。その背景には、まず大手アグリビジネス企業や穀物取引業者、家畜生産者に加え、現在助成金の恩恵を受けている州政府や地方自治体（国からの助成金の半分以上がわずか二十選挙区の農家に集中している）からの猛烈な抵抗があったと考えられる。また、次の選挙で農業地域出身の新人議員を失うことで下院を掌握できなくなることを恐れた民主党の党内事情も一因だった。そうして、二〇〇七年末には、議会は現行の農業プログラムを五年延長するだけでなく、追加資金を投入し、これまで政府の助成なしにやってこれた果物や野菜まで助成対象に加えた。

政府の食料政策の中でも、悪い慣行を奨励し、代替的農業の可能性を摘み取るものとして最も知られているのが助成金である。たとえば、政府の環境改善奨励事業（ＥＱＩＰ＝Environmental Quality Incentives Program）は、大規模放牧農場の巨大肥溜めを改良するために税金を使っている。こうした資金は、一九九五年にノースカロライナで起きたような堆肥の大量流出を防ぐことに役立ったため、環境団体からも強い支持を得ている。しかし、助成金で大規模畜産設備の外部コストを賄うことによって、この十年間で予算が二億ドル（約百五十二億円）から十億ドル（約七百六十億円）に拡大している環境改善奨励事業は、あらゆる面で持続的でない食料生産モデルの存続を助けることにもなると、持続的農業連合の前出ホフナーは指摘する。

また、政府の農業研究資金もオルタナティブ農業の開発ではなく、従来の大規模な普通農業に充てられている。研究資金が未来の食システムの性質や成功を大きく左右することを考えれば、これは危険な傾向といえる。植物や動物の育種、土壌科学や環境の保全、輸送技術など、食料生産にかかる技術革新は一世紀以上にわたり、少なからず公的研究プログラムと公的資金に後押しされてきた。そして、現代の食システムを批判する人の多くは、この公的資金が今ある問題の原因になっていると糾弾する一方で、公的資金の増額なくして代替モデルの構築はあり得ないことも理解している。

オルタナティブ農業モデルの推進派は、窒素を土壌に固定しやすい品種や、効率的な灌がい技術など、代替モデルを実現可能かつ収益性の高いものにする作物や手法を開発するためには、研究資金が絶対に必要だと言うが、こうした研究が市場の関心を引くようになるまでには、かなりの資金と時間を要する。「長期的な変革のためには、研究のために公的な予算が投入されることが何よりも重要だ」とホフナーは言う。「そのために公的資金が投入されるかどうかは、そのテクノロジーの完成が十年後になるのか、一世代以上後になるのかを決めるカギとなります」

食システムの改革に対する強烈な抵抗や政治的、経済的、文化的な様々な勢力が、現状維持を求めている今日の農業の現状を考えれば、改革推進論者たちが、真の変革は食システム外部からの〝危機〟という形でもたらされる以外にあり得ないと考えるようになるのも、無理のないことかもしれない。食品業界をより厳しく批判する者は、消費者が一般大衆も食品産業も無視できないレベルまで激しく抵抗することで、意図的にこの〝危機〟を作り出し、問題を公にしていくべきだと主張する。

一方、より現実的な立場を取る人たちは、私たちが望む望まないにかかわらず、危機は鳥インフルエンザの大発生や、インドや中国での大凶作、または北アフリカでの河川の氾濫や、原油価格の高騰など、何らかの予期せぬ形で表面化し、それが食品流通を遮断し、食システムに壊滅的な影響を与えるだろうと予想する。いずれもあり得るシナリオであり、そのうちどれが起きたとしても、私たちが食品を生産し消費している現在のシステムは、急速かつ強引に変化を強いられる可能性が高い。

しかし、現行のシステムが今後も惰性で続くことになった場合、そのシステムに、もし私たちが何らかの変更を加えることができるとすれば、それは私たちが食の未来のあるべき姿を見据えて様々な選択肢を慎重に検討した結果ではなく、これからシステム自身が引き起こすであろう数々の緊急事態への対処を繰り返した結果になる可能性が極めて高いだろう。

エピローグ

アメリカ合衆国のような先進国でさえ、消費者や政策立案者がいまだに食経済の改革を成し遂げられずにいるのは、少なくとも今日まで食品業界が表面上は、食経済が健全な状態にあるように見せかけてきた努力の賜物だった。

本書の取材を通じて、食システムの現実についてこれだけのことを知った今でも、私はこれまでどおりなじみのスーパーマーケットに車で乗りつけ、店内に足を踏み入れた途端、この豊かさや安心感が永遠に続くという確信めいた感覚を捨てられないでいる。

スーパーの食料品売場は、今日も多くの商品であふれ返っている。肉や魚の棚は満杯で、ガラスのショーケースにも食品がぎっしりと詰まっている。店内の広々とした通路を行き交う買い物客の大半が肥満気味の体型をしていることさえ気にしなければ、少なくともここには食システムの崩壊を示す兆候は見あたらない。空になった棚もなければ、生鮮食料品売場に〝在庫切れ〟の貼り紙もない。最近起きた牛乳へのメラミン混入事件や、大腸菌やサルモネラ菌に対する不安を思い起こさせるものもない。ここには、来週も来年も、そして百年後もこの豊かさが消えてしまうことを暗示するものは、何一つないと言っていい。

しかし、もし、棚やショーケースの裏側をのぞき込み、熟れたメロンや焼きたてのベーグルやシリアルの箱や骨と皮を取り除いた鶏肉のパックなどの流通チェーンの内情を見ることができたなら、その安心感は瞬く間に消えてしまうだろう。一見永遠に続くかに見えるこの光景の背後で起きていることを知った瞬間、そこにはその認識をがらりと変えなければならない実態があることを今、私たちは知っている。

そこで私たちが目にするものは、来る日も来る日も、より新鮮でより多種多様な商品を、市場の要求に応えて少しでも安く供給するために限界まで働き続ける巨大システムの姿だ。

それはたとえば、まったく同じ外見をした動物が何千頭も飼われている飼育場や、同じ植物が何エーカーもの土地を埋め尽くす広大な工場式農場。農場に流れ込んではこぼれ出す大量の飼料や肥料、アトラジンやラウンドアップなどの農業用化学物質。侵食が進む土壌、農薬耐性を持つ害虫。森が農地に変わり、農地がショッピングセンターに変わる姿。低下する地下水面を追いかけるようにますます深く掘られる灌がい用井戸、低賃金の労働力を求めてどこまでも延びる貨物用航空路。低い利益率や少ない在庫、そして時間当たりの処理能力の要求レベルがどんどん上がり、失敗の余地がなくなっていく中で、細く長く延びていくサプライチェーン……。

このような極限状態に置かれた食経済が、もしも許容限度を超える〝万が一の事態〟に遭遇したとき、瞬時にこのシステムは機能不全に陥り、棚やショーケースはあっという間に空になってしまうだろう。

仮に鳥インフルエンザが大流行したとする。すでに極限状態にある食肉業界の現状から、これは近い将来、避けられないものだと多くの専門家は言う。ウイルス学的に現実に起きる可能性が最も高いのは、何千万人もの死者を出したスペインかぜよりも、一九五七年に世界を席巻したアジアかぜに近いものになるだろう。シドニーにあるローウィー国際政策研究所（Lowy Institute for International Policy）が立てた現実的な筋書きでは、発生源となる可能性が高いのはアジア地域のアヒルの飼育場で、アジアかぜと同程度に流行した場合、死者は世界で千四百万人。同時に、重大な経済的被害を引き起こし、しかもその被害は食料部門に集中するという。

この惨事の影響は、人口が集中し、行政や医療システムがほとんど整備されていない、サハラ以南のアフリカとアジアで特にひどくなると考えられている。開発途上国ではサハラ以南のアフリカを中心に、三百万人ほどが死亡するだろう。中国とインドの死者は合わせて五百万人を超え、労働者たちは家から出られなくなり、工場は閉鎖。変わり身の速い投資家たちは資金を引き揚げ、比較的安全なヨーロッパや北米に資本を移すため、地域の経済成長は著しく減速するだろう。

だが、安全な避難先であるはずのヨーロッパと北米も、決して無傷ではいられない。アメリカの死者数は前記の国々に比べるとはるかに少ないと思われるが（ローウィーの研究はアメリカの死者数を二十万人と想定）、それでも十分に深刻な経済的代償を払うことになる。消費者の信頼や消費が少し下がっただけでも影響を受けがちなアメリカのサービス経済特有の脆弱さのためだ。サービス部門は全般にわたって大打撃を受け、中でも食品部門については、生鮮食品の膨大な生産能力への過度な依存と、グローバルに広がり過ぎた供給システムと、消費者が食品に対して抱いている安全面への過敏な不安さゆえに、その影響は壊滅的なものとなるだろう。

公共の場で食事を取ることを消費者が避けるようになれば、レストランは必然的に店を閉じるしかなくなる。アメリカ議会予算局（CBO＝Congressional Budget Office）が行ったある調査では、外食産業の売上は現在の五分の一まで下がると見られている。一方、食料品店では商品の在庫を維持できなくなる。トラック運転手や倉庫の働き手などの重要な役割を担う従業員が軒並み出勤を拒み始め、人手のかからないジャスト・イン・タイム型のサプライチェーンは行き詰まる。各地で店頭から商品が消えるため、食品メーカーは倉庫の襲撃やトラックのハイジャックを防ぐために警備を強化せざるを得なくなる。鳥インフルエンザの発生によって、アメリカ経済が被る損害は国民総生産の約二パーセントになるとローウィーは推定し、アメリカ議会予算局は一世帯当たり二千二百ドル（約十六万七千二百円）の損失を受けると見積もっている。

楽観的な見方をする人たちは、ウイルス自体が昔より安定していることや、今と昔では医学的知識や戦争などの条件が大きく異なるため、過去に起きたような病気の大流行が発生する可能性は比較的小さいと主張する。加えて、西ヨーロッパ市場との取引を維持し続けたいと願うアジア各国政府は、徐々にバイオセーフティの向上に成果を上げ始めている。こうした努力のおかげで、大流行の発生が遅れれば遅れるほど、各国は生産システムの近代化を進めてバイオセキュリティ対策を強化できるので、最終的には鳥インフルエンザの攻撃を未然に防げる可能性もある。

しかし、この主張は鳥インフルエンザが、現代の食システムを襲う可能性のある数々の時限爆弾の一つにすぎないという事実を無視している。石油価格の急騰、数々の異常気象、新たな植物病害の大発生、重要な帯水層の枯渇等々、現代の食システムはどれを取ってもバイオセキュリティ技術の発展だけではとても太刀打ちできないほど壊滅的な衝撃を、受けやすい状態にある。しかも、時間は私たちの味方をしてくれない。年々パンデミックを回避していけば、確かにワクチンを備蓄していけるだろう。しかしそれは同時に、私たちが直面するほかの脅威の増大も意味する。たとえば、気候変動による温暖化が進めば、害虫、洪水、干ばつなどによる大規模な不作のリスクが高まる。そしてリスクの種類が増えれば増えるほど、これらの〝爆弾〟が、私たちを直撃する可能性も高まるのだ。

もう一つ明らかなのは、ここまで拡大した食システムを崩壊させるためには、一発の爆弾すら必要ないということである。パンデミックあるいは何か特定の出来事がきっかけとなって、食システムを崩壊へと導くことはあり得るが、そのようなことがなくても、食システムはすでに崩壊に向かって動き始めている。H５N１型鳥インフルエンザの助けを借りるまでもなく、ますます私たちの体型は太くなり（そしてますます食欲は旺盛になり）、ますます土壌内の有機物は失われ、地下水面は低下し、肥料と農薬の使用量は増え、森と農地の面積は減っている。私たちの食システムはすでに、このまま放っておくだけで（放置シナリオと呼ぶ）、遅かれ早かれ、致命的で取り返しのつかないことになる方向に向かっているのだ。

その結果、崩れるのは食システムの一部分だけかもしれないし、一カ国だけかもしれない。少なくとも最初はそうかもしれない。だが、工業化されたグローバルな食システムは今や互いに固く結び付き、相互に依存し合い、地域から地域への規則的な物の流れや、投入資源産業と生産者、加工業者、販売業者などの間の絶え間ない取引に過度に依存しているため、もしもその一部分が崩壊した場合、その影響がそこだけにとどまる可能性はほとんどない。システムの一部分で崩壊が起きれば、ほかのすべての部分にも甚大な影響が及ぶことは避けられないのだ。

別の言い方をすれば、今、私たちが住んでいる世界はもはや、食経済に対する脅威がほとんど存在しないような美しい世界ではないということだ。年を追うごとに、この世界のどこかで崩壊が起こる可能性は高まっている。また、その一方で水が滝から流れ落ちるかのように私たちの食システムが、不可抗力によって次々と引き起こされる結果に対処できなくなっていることを思うと、私たちは同時多発的に発生する食の大惨事という最悪な事態に向かって、着々と進んでいるのかもしれない。そうなれば、食料安全保障を維持するために私たちがこれまでに尽くしてきた努力は、根本から覆される。

Xデー

この最悪な事態の発生地となるのは恐らくアジアだろう。崩壊のきっかけが地球上のどこで生まれても不思議ではないが、アジアが抱える膨大な人口とその食品部門の急成長ぶり、そしてこの地域の食品部門と医療システムや政治体制が持つ能力の間にある大きなギャップは、アジアがドミノ倒しの最初の牌となる可能性がかなり高いことを示唆している。これまでは鳥インフルエンザに対する脅威ばかりに注目が集まっていたが、実際には、中国、インド、ベトナム、インドネシアなどの国々における逼迫した食品市場の現状と備えの甘さを考えると、この地域で食の連鎖的な惨禍が発生するきっかけは、いくらでもあるのだ。

たとえば、世界がH5N1型鳥インフルエンザの突然変異に身構えている間に、ウガンダで最初に発見され、現在東アフリカの収穫量に大打撃を与えている小麦さび病が、専門家の予想どおりにアラビア半島からパキスタン、インド、バングラデシュの小麦地帯へ、そして徐々に中国へと広がっていったとしよう。過去のさび病の伝播の速度から考えて、この真菌は早ければ二〇一三年にも中国に到達する可能性があるが、その時までにはさび病に耐性を持つ新しい品種の開発は間に合わない。育種家が中国向けにそのような耐性を持った新品種を開発するために与えられた時間は長くて五年、パキスタンとインドの猶予期限はさらに短い。

作物を壊滅させる破壊力を持つウガンダの小麦さび病は、特にインドと中国の小麦中心の食経済に大打撃を与える。もしこれが現実のものとなれば、何年にもわたる家畜産業の急拡大の結果、すでに逼迫状態にあるアジアの穀物市場は爆発寸前となり、価格は記録的水準まで押し上げられ、世界の市場に衝撃を走らせることになる。そして、価格の上昇は世界中で小麦の生産ブームに火をつけるだろう。

しかし、この未来のシナリオが今までと同じような結末を迎えるとは限らない。地球温暖化や気候変動によって増産の努力が無力化されてしまう可能性が高いためだ。オーストラリアやアメリカ中西部や南ヨーロッパでは干ばつが続き、収穫は次々と不作のうちに終わる。中国では地球温暖化が異常気象の悪化を招き、ひどい干ばつと大洪水に見舞われてトウモロコシも不作に苦しむ。穀物価格は上がるばかりで、アジア全域の畜産業者にコスト削減圧力がますます重くのし掛かり、今でも十分遅れている安全対策がさらに後退する。しかし、こうした食の安全問題への対応は、不安定な穀物市場を、何とか安定させようと必死になる中国政府とインド政府にとっては当然二の次となる。中国の中央政府は穀物輸出をすべて停止し、国の穀物生産に対する統制力を復活させようとするため、それが北京の中央政府と地方政府間の政治的緊張を引き起こす。二〇一五年までに中国、インドおよび近隣諸国は世界市場からの穀物輸入を大幅に増やし、その世界市場もすでに需要に追い付けずに肉、牛乳などの主要な食品の消費者価格を押し上げることになるだろう。

アメリカでは議会が、穀物供給を増やすための緊急措置を発動するだろう。エタノール生産に対する補助金は中断され、各地の休耕地はすべて開放され、農業生産者はアメリカ史上最大の穀物作付面積をもってそれに応える。しかし、徐々に進む地球温暖化が、中国同様、アメリカの農業にも大きな被害をもたらす。気温の上昇は、通常ならトウモロコシなど中西部の作物にとってプラスとなるはずだが、気候変動はエルニーニョ南方振動をさらに活発化させることが予想されるため、それが干ばつや暴風雨、広範囲にわたる洪水などを次々と引き起こし、コーンベルト地帯に大打撃を及ぼす結果、収穫量は二十〜三十パーセント下落する。農家は肥料の散布量を増やして対処しようとするが、効果は上がらない。気温上昇が土壌内にある有機物の喪失を加速させ、肥料の吸収能力が低下してしまったためだ。

一方、西部の州では、積雪の減少と都市水の需要急増によって農地面積が激減し、食品輸入の需要が急増する。食品価格の上昇を受けて、大手スーパーマーケット・チェーンは、もともと値段が高いオーガニック食品や自然に優しい食品の販売を中止する。

穀物市場の供給不足が続く中、WFP（World Food Program ＝国連食糧計画）は、もはや援助が必要なサハラ以南のアフリカ諸国を中心とした一億二千万人の人々を養うことができなくなったと宣言する。アメリカ、カナダおよびフランスは、世界の穀物市場と救援活動を連携させるために国際組織の立ち上げを推し進めるが、中国、インドなどのアジアの輸入大国がそれに水をさす。これらの国々がブラジルとアルゼンチンに、その穀物と大豆の優先的な取引を求めて圧力をかけるためだ。その間にもブラジルとアルゼンチンの農家は、史上最高の持続的な穀物価格の高騰に駆り立てられ（そして中国とインドからの財政的支援を受け）、作付面積の大幅な拡大に乗り出す。アマゾンの森林や脆弱な土壌を持った土地に対する既存の規制はすべて取り払われ、土地の喪失による気候変動の悪化を危惧する抗議の声も届かない。マレーシア、インドネシア、アフリカの一部地域でも同様の農地拡大が進み、世界の森林被覆は現時点での最も悲観的な予想（この先五年間で、残された森林約一千万平方マイル（約二千五百九十万平方キロ）のおよそ半分が、農地を作るために焼き払われ、または伐採され、南アフリカとアジアの大部分が煙で包まれる）よりも、さらに速いスピードで減少する。

一方、アメリカでは、侵食しやすい土地への急速な農地拡大と、降雨量の増加が、甚大な土壌侵食を引き起こす。化学物質の流出は風土病を引き起こす。地球温暖化によって害虫の大発生が一層深刻になり、農業者は殺虫剤の散布量を増やして対処するが、湿った気候のせいで、化学物質の多くは窒素肥料とともに、地下水と地表水に流れ出てしまう。これが家畜飼育施設からの汚水流出と相まって、飲料水システムは中西部全域にわたって大規模に汚染され、主要な水路や河口域すべてで富栄養化による水の汚染が一段と進む。

こうした環境の悪化はついには食料生産に打撃を与えることになるが、アメリカなどの先進国が、開発途上国における穀物価格の高騰に始まった人道的危機の解決を優先するために、こうした問題への対応はますます遅れていく。中米では、何百万人もの都市住民がアメリカ国境を目指して北上を始める。南アジアとアフリカでは、すでに弱体化した食経済が気候変動による大災害の襲撃を次々と受ける。

絶え間ない干ばつと害虫の大発生の狭間で、サハラ以南のアフリカでは穀物生産量が急減する。それに伴い食料輸入の需要が急増するが、アフリカの消費者と政府はその代金を支払うことができない。その間に、農業労働者の栄養状態がもはや農作業に耐えることができないほどに劣悪になり、飢えと貧困の悪循環が始まる。各地で救援活動が始まるが、飢えが広がるにつれ、治安が悪化したスラム街は危険過ぎて外部の人間が足を踏み入れられない場所と化し、地方では水と放牧地をめぐる争いが急速に部族間の、そしてついには国家間の対立へと発展するため、ぎりぎりまで活動を続けていた救援団体もいよいよ撤退を余儀なくされる。その結果、二〇二〇年にアフリカは史上最悪の大飢饉に襲われることになる。

アジアも大差はない。特に中国とインドでは、食品価格の上昇が経済成長を大きく阻害するために失業者が急増する。何百万もの人が都市部を去り、農場での仕事を求めて田舎に帰る。投入資源コストの高騰と需要の低下でどうにもならなくなった畜産業と酪農業は破綻をきたし、大規模な家畜飼育施設は中央政府が運営を引き継ぐことになるが、急速に分散化が進んだ食肉産業にあって、何千万というバイオセキュリティとは無縁の狭小なローテク施設で豚や鶏を育てている畜産農家までは支援の手は届かない。

そのような混乱の中、二〇一八年九月下旬、ベトナムの公衆衛生当局は、重度のインフルエンザに似た症状で数十人の人間の死亡を発表。一週間後、ハノイの国立小児病院（National Pediatric Hospital）の研究員はその死因を、鳥が発生源と思われる高病原性、高感染性ウイルスと断定する——。

もちろん、このようなシナリオには無数のバリエーションが考えられる。事の始まり方が違ったり、もたらされる苦難がより大きかったり小さかったりする可能性もある。また、食物生産は今や化石燃料と密接に結び付いていることから、石油生産量がピークに達した後、食物供給量も減少し、その後二十年間で、世界の総人口は数十億人減るとの予測もある。

いる。

このような恐ろしいシナリオは、私たちの食システムの危機が現実に起こり得ることを認識させるという点では、確かに役立つかもしれない。しかし、崩壊が現実にあり得るのだと納得した後、私たちが本当に必要としているのは、崩壊を回避するシナリオ、すなわち現在の政治的、経済的、文化的惰性に何とか打ち勝って私たちの食システムを維持するか、または、せめて崩壊の影響を最小限に食い止めるシナリオのはずだ。しかし、ここでもまた、多くの未来図が考えられる。

キューバの成功

ストックホルム環境研究所（Stockholm Environmental Institute）、サンタフェ研究所（Santa Fe Institute）、ブルッキングス研究所（Brookings Institution）は、世界的な食システムの崩壊は争いと混乱を招き、そこから復興できるかどうかは「政府や多国籍企業、国際機関、軍隊などの支配者側がどれだけ表面上の秩序を維持できるか」にかかっているという共同研究の結果を発表している。

これまで世界でただ一カ国、キューバだけが、持続可能なモデルに沿って、自国の食経済を作り変えるための包括的な努力を真剣に行ってきた。きっかけは疫病でも環境的要因でもなく、ソ連の崩壊という地政学的なものだったが、食システムに与える影響は同じだった。ソ連は砂糖や柑橘類と引き換えに、キューバに石油や肥料、殺虫剤など大規模農業に必要な資源を供給していたが、一九九〇年代初めに突然それが止まってしまった。さらにソ連は穀物や農産物の供給も停止したが、その多くは、すでにキューバ人が作ることをやめている、人間用の食物だった。このカリブ海の島国は突如として、自国の農業と国際市場における比較優位性だけで、一千万の民を養わなくてはならない状況に追い込まれたのだ。

しかし、キューバの食システムは早晩、崩壊した。トラクターは使われなくなり、田畑には雑草が生い茂り、輸入穀物をむさぼり食うことに慣れてしまった家畜は、牧草地でゆっくりと飢えていった。食品価格は高騰し（食肉、食用油、卵の闇相場は年千パーセント上昇）、消費者はこのような状況に陥った際に誰もが行うように、財布の紐を締めた。一九八九年から一九九三年の間に、キューバ人の一日当たりのカロリー摂取量は三千キロカロリーから二千キロカロリー未満に低下し、カリブ海諸国の中で長年貧困に苦しむハイチよりも下位に落ちた。

非常時には非常手段で応じるしかない。産業用投入資源を失ったキューバには、これまで国が進めてきた工業的な食料生産モデルを捨て去る以外に選択肢はなかった。その答えが、機械と化学物質への依存がもっと低く、地元で消費するための食物栽培に重点的に取り組む今日のキューバの食料生産モデルだった。大規模な国営農場は解体されて共同農場となり、何十万もの労働者が都市や工場での仕事から、農場での仕事に〝再配置〟された。ある最近の調査では、キューバ人の四人に一人が食料生産に関わっているという。ハバナなどの都市では、大規模な集団農場から小さな中庭農場まで、何千もの農園が作付けされ、農業者たちが新しくできた農産物市場で余剰作物を売ることができるようになった。

一方、大学や研究所では科学者たちが、不足する大量の産業用農業投入資源を埋め合わせるための対応策を急いだ。トラクターの代わりになる牛の繁殖プログラムが拡大された。合成肥料や農薬の代わりに、農業と環境を融和した数多くの方法——家畜と作物の混合農業や輪作、混植、総合防除など——が取り入れられた。

結果は中国とほぼ同じだった。肉製品と乳製品はまだ不足しているものの、キューバの一人当たりのカロリー摂取量はすっかり回復し、栄養摂取と食料安全保障のほぼ全部門において、開発途上国の中でトップに立つまでになった。今やキューバでは、ソ連の崩壊で一時は中断していた肥満傾向が再発したことのほうが、より重大な問題になっているほどだ。

キューバが実践した工業的農業からの転換は、国外にいるオルタナティブ農業の提唱者の多くが、どこの従来型食システムでも実践可能な成功実例として挙げている。「キューバで現在進められているオルタナティブ農業の実験は、今までに例がない」と、食物活動家のピーター・ロセット（Peter Rosset）は述べている。「従来型農業生産の持続性の低下に苦しむ国々にとっては、将来的に計り知れないほど大きな意味を持っているかもしれません」

とはいえ、ロセットの予言は、キューバ特有の比較優位性を考慮に入れると、やや時期尚早かもしれない。キューバには周年栽培に理想的な温暖で湿潤な気候のほか、農業に再配置できる余剰労働力やその再配置を可能にする権威主義的な政治体制があった。環境ジャーナリストのビル・マッキベン（Bill McKibben）は二〇〇五年、『ハーパーズ（Harper's）』誌の記事に皮肉を込めてこう書いている。「キューバは、政治犯収容所がいっぱいある一党独裁の警察国家なので、国民の動員が可能だった。これは、ほかの国が真似られる〝優位性〟ではない」

とはいえ、キューバの経験が重要な教訓を提供していることは確かだ。アメリカやヨーロッパで今日、キューバの食料生産モデルを取り入れることは、自発的に食肉消費量をインド人と同レベルにすることと同じくらい難しそうだが、真の問題は豊かな国が自発的に何をするかではなく、用意された選択肢がどれも悪い場合にどうするかということなのだ。具体的には、工業化された食システムにおいて、何か重要な投入資源が足りなくなったり、土壌が疲弊してしまったり、生産上または安全上の壊滅的被害を被ったりしたとき、どう対応するかである。私たちの食システムが今、大変なペースで投入資源を消費していることや、自然資産を劣化させ、病原体や汚染物質に入り込む隙を与えていること、そして政策立案者にも産業界のリーダーたちにも消費者にも、積極的かつ実質的な改革を行う能力が欠如していることなどを考えると、食料に関連した大きな混乱が起きる時が、日に日に高まっていることは間違いない。このような状況に置かれたとき、「すでに誰かがこの試みをやり遂げたことを知ることは、どんな意味においてでも有益です」と、マッキベンは述べている。

地域重視の食システム

それでは、もしこれから私たちが、キューバのような持続可能な食物生産に取り組むとしたら、それはどのようなものになるだろうか。

仮にアジアからドミノ倒しが始まる前に、より身近な場所で起きた事件により、私たちが何か主体的な手段を講じなくてはならなくなったとする。たとえば、検査の目をくぐりぬけて出荷された中国製食品で大規模な中毒が発生したり、アメリカでH5N1型インフルエンザが発生して食システムに相当な経済的混乱(特に国内で九十億羽以上の鳥の個体数減少)を引き起こす場合などが考えられる。さらに、そのような事件が食システムに襲いかかっている間にも、エネルギーコストの上昇や、気候変動と食品安全性への懸念、伝統的な農業関連産業に対する不信感などにより、食料政策の本格的な改革を求める国民の声が高まり、もはや政策立案者は現状維持ができなくなり、より深く根本的な改革を余儀なくされたとしたら。もしくは、数十年に及ぶネガティブな広報活動によって改革の芽を摘み取ってきた食品業界と農業圧力団体が政治的能力を失ったとしたら……。仮にこのようなことが実現したとすると、私たちはどのような行動を取り得るのだろうか。

一つの明らかな方向性としては、国際的な食品業者や国内の供給業者に依存せず、できるだけ地域の食物資源に頼るような食システムを構築することだろう。それは慎重に築き上げれば、現在のモデルよりも安全で、地球に優しく、エネルギー効率の良いシステムとなるはずだ。すでに今も、燃料価格高騰の影響で、食品会社は包装や加工処理などの際に消費されるエネルギー量を削減するための工程の見直しを進めている。確かに地元で生産することが、省エネ効果の増大や気候の影響範囲を狭めるとは必ずしも言い切れないが、特定の地域における特定の食物は、地元かせめてその地域内で調達したほうが、企業にとっても費用効率が良くなることは確かだ。特に、食品の安全性や栄養価に対する不安から、従来の食物供給に代わるものを積極的に探し求める消費者が増えているような場合は、それが顕著になる。

しかし、地域に密着した食経済が生まれるとしたら、それは小規模農家が都市農家の市場や自治体の支援する農業団体に供給を行う現在の地域密着型モデルとはまったく異なったものになるだろう。それは、都市部の消費者がサプライチェーンを通じて、都市部、郊外、そして地方の様々な食物生産者とつながっている先進的な地域密着型の食システムから成り立つものになるのではないだろうか。

世界には、こうした近距離の地域密着型サプライチェーンがすでに根付いている所もある。ヨーロッパの消費者は今も、特に生鮮食料品については域内生産に大きく依存している。また、アジアでは地域型食システムの多くが、まだスーパーマーケットのような大型のサプライチェーンに取って代わられていない。たとえばベトナムのハノイの小売り業者は、生鮮農産物の八十パーセント、肉と魚の半分、卵の四十パーセントを市内または周辺地域の生産者から仕入れている。インドの東カルカッタには、水処理施設も兼ねた十三平方マイル（約三十四平方キロ）を超える養魚池があり、膨大な人口を抱える上海でも、農産物と肉の半分以上は市内または周辺地域で生産されたものだ。

それに引き換え、より発展した食経済を持つアメリカでは、昔からある地域的な食システムが全国的または全世界的なサプライチェーンに取って代わられてしまった。ある推計によると、アメリカの平均的な地域社会では、域内生産の割合は五パーセントにとどまるという。それは、「地域の気候や土壌がその品種の生産に不向きである」「水資源が限られる」など、農業生態学的な理由による場合もある。また、都市や郊外地域の発達によって近隣の農地が激減してしまったケースや、農場と市場をつなぐ道路や鉄道の支線、倉庫、そのほか流通や販売システムなどの重要な社会基盤が整備されていなかったり、廃止されてしまったりしたケースもある。

しかしそんなアメリカでも、昔ながらの地域的な食の流通システムが損なわれずに生き残っているところがあり、適切な経済環境と政治環境の下であれば、それをさらに大きく拡大させることができる。実際にアメリカの大都市の多くでは、新たな都市型農業を育成しようという意欲的な動きがすでに始まっている。裏庭や屋上庭園、レストランの野菜畑に始まり、緑地帯や工場用埋め立て地に果物、野菜、蜂蜜、家畜から養魚まで生産する大規模な共同体農場まで、その実施形態は様々だ。また、アジア諸国では、地産食品の支持者たちが都市周辺部に農業地帯を復元・拡大し、地域の生産者を地元都市の市場や学校、病院などの消費者と結び付ける取り組みを後押ししている。

その中には純粋に営利目的のものもあるが、その多くはドーナツ化現象を食い止めたり、学校給食に新鮮な食品を供給したり、都市の住民に手頃な価格の食品を提供したり、地方の暮らしを守ったりすることなどを基本方針としていて、そうした方針を社会に公表した上で運営されている場合が多い。最近までこのような非営利な試みは主流の食料政策の縁へと追いやられていた。だが、ここに来て食の安全への関心が高まる中、食物地域主義（food regionalism）の提唱者はこうした地域農業を、ハリケーンや輸入規制、テロ攻撃といった外部要因による供給停止から食の安全を守る手段と位置づけるようになり、その考えは問題意識を持った州議会議員や連邦議員から強い支持を得始めている。

「十年前、食料安全保障の主たる課題は、十分なカロリー量があるかどうかで、それがどこからもたらされたかは関係ありませんでした。それが今ではすっかり変わりました」と、コミュニティ食品安全保障連合（Community Food Security Coalition）のトム・フォースター（Tom Forster）は言う。この団体は、各コミュニティがその食料供給の少なくとも三分の一を地域内で生産できるようになるべきだと主張しており、ほかの多くの権利擁護団体と同じく、現代の食に対する不安を、地元産食品の意義に対する意識改革へとつなげたいと考えている。「市場は資金力のある農家のためにあるものではありません」とフォースターは言う。「私たちの次の重要な食料政策目標は、都市を養う力をいかにつけていくかです」

しかし、地域的な食システムの構築の前に立ちはだかる障壁は大きい。都市周辺の小規模農家には、開発に伴って、大きな経済的重圧がのし掛かる。流通システムは未発達か、存在すらしない。地元産食品の需要は伸びているが、その対象は富裕層と消費者意識の高い一部の市民に限られ、一般消費者に受け入れられるところまではいっていない。

とはいえ、今日のようにエネルギー価格が高く、消費者が依然として食の安全に対する不安を抱えたままでは、それほど遠くない未来にこれらの障壁はなくなるかもしれない。すでに多くの公立学校が、子供たちの肥満とお粗末な栄養状態を懸念して、給食事業に地産食品を取り入れ始めているし、地産食品の推進者はこの流れをさらに広げようと精力的な取り組みを続けている。近年、こうした努力は、ニューヨーク州やミシガン州を含む十七の州が、公立学校に地元生産者から食材を購入することを義務付ける法律を制定したことによって、大きく前進した。ニューヨークの公立学校全体では、一日に八十八万五千食も給食を配給している。これは軍を抱える米国防総省に次いで二番目に多い。議会では、地域の生産者から食品を調達する事業者に優遇措置を与える法律を検討している。通商政策の専門家の意見では、このように政府が地域産の食物を優遇することは、厳密な法解釈に従えば自由貿易に反することになるが、実際にそれが貿易相手国の怒りを買うとは考えにくいという。なぜならば相手国もまた、おそらく地域的な食料安全保障のてこ入れに懸命に取り組んでいるはずだからだ。

こうした結果、向こう十年のうちに、地産食品に対する大きな需要が新たに生まれるかもしれない。すでにソデクソ社（Sodexho）やボナペティ社（Bon Appetit）など多くの民間外食サービス企業が、新たな需要を見据えて、地元生産者からの仕入れを増やしている。

ただし現実的な問題として、需要の急激な伸びに伴うリスクもある。たとえば、もし本当に連邦調達規則が公約どおりに改正されたら、地元産食品に対する需要が一気に高まり、大規模供給業者でさえこれに対応し切れなくなってしまうだろう。そのような事態を避けるため、コミュニティ食品安全保障連合のような組織が、地域や地元の食品流通システムの拡大に充てる連邦資金を求めて、ロビー活動を行っている。そして、それが進めば、かつてアメリカのほとんどの都市と郊外で普通に見られた近距離サプライチェーンを復活させることにつながる。

無論このような新しい取り組みには多大な費用がかかる。現存の全国的および全世界的なサプライチェーンへの投資額はすでに何十億ドルにも上るが、このような大規模なシステムと並行して機能する食の流通システムを新たに地域で構築するためには、相当な資本が必要となる。おそらくその大部分は公的資金で賄われることになるだろう。しかし、このような支出に前例がないわけではない。初期の種子研究もそうだったし、農事相談事業やランドグラント大学、鉄道線路や湾岸施設の建設、最近の遺伝子組み換え食品へのてこ入れまで、現代のアメリカの食システムが進化する中で経てきた過去の一つひとつの段階が、巨額の公的資金の投入に頼ってきた。そして、これらの事業は国家の食料安全保障や経済安全保障に不可欠なものとして正当化されてきた。

ようやくこうしたメッセージが浸透し、緊縮財政下でも、食料安全保障は政策立案者の間で新しい影響力を持ち始めているとフォースターは語る。エネルギー、気候、栄養価の高い食品の減少、そして国際政治まで、様々な懸念が高まる中で、「どの地域でも食料生産能力をある程度は回復させる必要があると論じたほうが、ずっと簡単なのです」

青の革命

地域主義が食システムの安全と持続性を高める上で有効であるとすれば、次は、この食システムの生産力を大きく高めながら、その安全性と持続性を維持していくことが重要になる。これまで見てきたように、未来の課題は、単に外部コストを下げるだけでなく、現在の人口に加えてさらに三十億～四十億人を、この先半世紀にわたって養えるようにすることだ。特に私たちに必要なのは、現在よりもはるかに大量のタンパク質を、はるかに少ない外部コストで生産する方法である。けれども、私たちがたとえ飼育負担の大きい牛や豚から、比較的負担の少ない鶏に完全に切り換えたとしても、今の畜産モデルでは、将来の需要を満たすレベルまで外部コストを削減することは難しいだろう。ということは、私たちが現在の食肉の消費のあり方を、需要と供給の両面で大きく変革していかなければならないのは明らかである。

供給側の問題の解決法は極めて単純だ。陸生の家畜は生物学上および生態学上の制約を受けるため、より多くのタンパク質を、近年開拓が始まったばかりの領域である〝海〟から入手するというものだ。食料安全保障の楽観主義者たちはこれを「青の革命」と呼んでいる。魚は本質的に餌効率が高い。冷血生物で、水の力を利用して動き、体重を水で支えていることから、陸生生物と比べて体の維持に費やすカロリーがはるかに少ないため、結果的により太りやすいのだ。また、魚はほかのどの陸生動物よりも産業化に適している。大量養殖が可能で、品種改良しやすいからだ（わずか三十年間で養殖アトランティックサーモンの餌効率は約三倍になった）。

さらに魚やそのほかの海洋生物種は、陸生の家畜よりもはるかに多様である。陸を拠点としている食肉産業は片手で数えられるほどの数の種を軸に成り立っているが、商業用水産養殖業は比較的飼養化しやすいこともあって、魚、貝類、甲殻類など約四百四十種を飼育している。ほとんどの商業用種は二十世紀に飼養化されたもので、その四分の一はここ十年のうちに飼養化されている。一九五〇年にはゼロに近かった世界全体の水産養殖の漁獲量が、今では商業用総漁獲量の三分の一

（大半はアジア）を占めるまでになった理由はここにある。高需要シナリオの下では、水産養殖業は魚介類分野にとどまらず、より規模の大きい食肉という分野の中でも主役になり得ると、多くの食料安全保障の専門家が考えるのも、このためである。

しかし、今日実践されている水産養殖には重大な欠点がある。それは、汚水の問題や抗生物質への過度な依存、サーモンやオヒョウなど肉食性魚類向け飼料が持続可能な状態にないことなどだ。とはいえ、近年、深海養殖や外洋養殖などの新しい養殖方法や、植物由来の餌など、水産養殖における代替方法も発展しているので、条件さえそろえば、現時点では食肉よりも劣性な魚は食肉よりも外的影響を受けにくく、比較的低コストで高品質なタンパク質を大量にもたらす新たな供給源となり得るだろう。

この青の革命に火をつけるものは何だろうか。すでに部分的に革命は始まっている。はっきりとした食料危機が起こらなくても、安価なタンパク質に対する需要増は、天然魚の減少と相まって、水産養殖ブームを引き起こしている。飼料コストの上昇は業界の競争力を高め、それがさらに多くの投資を呼んでいる。

政府の政策担当者は、養殖業者に対する優遇税制措置や低金利融資、研究資金援助など、政府の助成金を使ってこうした動きをさらに促進できる。そして当然ながら、そこに何かしらかの災害、たとえば、アメリカでH５N１型鳥インフルエンザが発生したり、何十億羽もの鶏の処分やそれに起因する全食肉製品の価格高騰などが加われば、飼料効率で牛や豚を上回る魚の需要はさらに高まるだろう。

需要の高まりに対応する上で大きな課題となるのが、いかにこの新しいタンパク質革命を確実に前進させるかである。水産養殖業界の今のやり方では、とても持続可能とはいえない。多くの養殖漁業は沿岸地域を開発して行われていて、環境問題を引き起こしやすい。外洋養殖は商業用に展開されてはいるものの、市場のごく一部を占めるのみで、今はまだ技術開発に奮闘している最中である。餌も課題の一つだ。アジアで主流を占めるコイやテラピアなどの淡水魚は穀物や大豆を食べるが、ほかの地域で養殖されている肉食性魚類は、天然魚の資源を急激に食いつぶしている。しかし、もしすべての養殖魚に使える植物由来の餌を開発できれば、水産養殖業は理論上、餌の投入量が同じでも、陸生の家畜と比べて三倍も多くのタンパク質を産出できることになる。

水産養殖業を順調に軌道に乗せるためには、長期的に持続可能な生産を目指して、現行の法律や政策を変更する必要がある。すでに大きな水産養殖部門を持つ国は、現在沿岸での養殖を促進している税制優遇処置などの奨励策を段階的に廃止していくと同時に、汚水の流出限度などを定めた環境や安全性に関する規制を強化していかなくてはならない。養殖業者も、養殖魚が海に逃げ出して野生魚と混ざり合ったり、野生魚を弱体化させたりすることのないよう、しっかりとした囲いを整備しなければならない。日和見主義の養殖業者が規制の厳しい国を脱出して規制の緩やかな所で再び開業するのを防ぐためには、こうした規制改革を国際的な枠組みの中で行うことも必要である。

しかし青の革命の成功は、代替生産方法の一層の発展に頼るところが大きい。現在進行中の外洋養殖の研究プログラムには相当な額の資金投入が必要であり、同様に、植物由来の餌の開発、魚粉の切り換え、商業養殖向けの草食性魚種と雑食性魚種の拡充にも多額の資金を要する。また、同じように、水産養殖を現在の単一種養殖モデルから、アジアで長年行われてきたような統合の進んだ閉鎖循環型の混合養殖モデルに移行させる研究にも、真剣に取り組む必要がある。

こうした中で実用可能な、集約的で多種型の水産養殖モデルが開発されたことは大いに励みになる。このモデルでは、たとえば、サーモンやエビといった主要養殖生物からの老廃物が、貝類や海藻といった二次的養殖生物の餌としてリサイクルされる。規模の大小にかかわらず、ほとんどの場合に適用可能なこの方法であれば、窒素汚染量を大幅に減らしながら、大量のタンパク質を生産できることが研究によって示されている。あるケースでは、二・五エーカー（約一万平方メートル）の養殖場で一年間に魚類三十五トン、牡蠣百トン、海藻百二十五トンを生産している。

スペインのマヨルカにある地中海研究所高等研究センター（Instituto Mediterráneo de Estudios Avanzados）で働くカルロス・デュアルテ（Carlos Duarte）は、このシステムをうまく奨励していけば、この新しい水産養殖スタイルは陸上の資源への圧迫を軽減するだけでなく、「人間と海との関わり方に根本的な変化をもたらすだろう」と話す。

とはいえ、青の革命は前身の緑の革命と同様に、論争抜きというわけにはいかない。新しい海洋生物種を急速に飼養化し、急速に餌効率を向上させる必要性は、品種改良技術の向上を目指す養殖業界の取り組みを一新させる。遺伝子組み換え技術もその一つである。〝フランケン・フィッシュ（frankenfish）〟サーモンの開発を支援したエリオット・エンティス（Elliot Entis）は、遺伝子組み換えを使った繁殖技術を用いれば、養殖期間を三年から十八カ月に半減させることができるという。つまり、養殖農家の生産量を倍増させるだけでなく、手間暇のかかる高品質な魚を従来の繁殖方法の五分の一の時間で発育させられるというのだ。

しかし、遺伝子組み換え技術の反対派は、このような遺伝子組み換えによって得られる形質が人間にとって安全とは言い切れないし、遺伝子組み換え魚自体が、同じ種の天然魚の遺伝子と交雑する危険性もあるという理由から、これに反対し続けている。食料政策の周縁ですっかり勢いをなくした遺伝子組み換え技術の安全性や必要性をめぐる議論は、低価格タンパク質に対する需要が急増するにつれ、またしても表舞台へと引っ張り出され、そこで政策担当者たちは再び遺伝子組み換え技術の潜在的な利益と危険性を秤にかける状況に追い込まれるだろう。

遺伝子組み換え賛成派、反対派のどちらにも強い政治的圧力がかかっていることを考えると、政策担当者は中立的立場にある研究機関から情報を得たり、徹底した公開討論を行ったりするなど、信頼できる科学的根拠に基づいて、政治的要素を排除した形でこの問題に取り組む必要がある。ただし、残念ながら、今日のアメリカの食料政策が置かれた環境の下では、これはほとんどあり得ない話ではある。

それでも私たちはこれを想像だけで終わらせてはいけない。遺伝子組み換え食品をめぐる議論のほかにも、食システムにはこの先十年間のうちに解決しなくてはならない問題が山積しているからだ。たとえば、有機か合成か、企業農業か自営農場か、地元か世界か、多様性か単一栽培か、また、栄養と肥満、食の安全、そして食料安全保障に関する議論など、今まで政治運動と業界の圧力によって隠されてきた様々な問題が、真に公共的なプロセスの中で議論をされ、何らかの結論を得なければならない。これらの問題は単にコストと利益といった視点で論じられるものではなく、より大きな戦略的展望の中に組み入れられるべきものである。

開かれた対話なしには、いつまでたっても、私たちが直面している難題の対応策についての国民的合意を形成することも、首尾一貫した戦略を立てることもできないまま、場当たり的に問題への対応をくり返すことになるだけだ。遠い昔に農業をいくつかの構成要素に分解したために、今まさにその結果に苦しめられているように、私たちがこれまで取ってきた解決策は常に還元主義的、つまり個々の問題には個々の解決策で対処してしまう傾向があった。合成肥料に有機肥料で対処したのも、その一例である。しかし、私たちの抱える食料問題のほとんどが、様々な要因が複雑に絡み合っていたように、これからの私たちの解決策もまた、包括的でいつの時代でも適応可能なものでなければならない。

肉の需要を減らせるか

主な貿易問題について考えてみよう。近年、貿易改革論者たちはアメリカのような国々の輸入障壁を緩和して、貧しい国々の農業者に農産物の輸出機会を与えようと取り組んできた。確かに、公平さと利益の均衡を目指す、より広範な戦略の下であれば、貧しい農業者がより現実的な販路として地域市場に力を入れることを手助けすることは可能かもしれない。だが、最も楽観的な発展を前提とした計画でも、開発途上国の農業者がナッツなどの換金作物以外で、アメリカやヨーロッパの農業者と対等に渡り合う力を持つまでには、まだ長い歳月がかかる。

貿易改革論者は、後発開発途上国が自国の生産能力を向上させ、輸入穀物への依存度を下げ、ひいては穀物価格高騰の影響を最小限に抑えようと、昔から〝食料主権〟に一層の重きを置こうとしてきた。しかし、このような重要な目標は、水やそのほかの希少資源の地球全体でのバランスといった、より広範な目標と同時に検討されなくてはならない。

これまで見てきたように、水の効率性を考えた場合、アメリカのような水効率の良い生産国の穀物を、ケニアや中国北部のような水効率の悪い生産地域に輸送するほうが、より持続性を保ちやすい。ただ、このような比較優位がいつも成立するとは限らない。この先、節水ではカバーできないほど、エネルギー価格が高くなるかもしれない。そして今日の穀物大量輸入国が、ゆくゆくは無駄の多い灌がいシステムを改良したり、乾燥した環境により適合した雨水利用の作物を開発するなどして、自国の水効率を徐々に上げてくるかもしれない。しかし、「水効率の大幅な改善には膨大な時間、投資、そして教育を要します。これは数年間で実現できるものではありません」と、スイス連邦工科大学の水専門家、アレキサンダー・ツェンダー（Alexander Zehnder）は言う。

こうした改善には二十年、三十年という歳月がかかるかもしれない。それまでは、地球上の限りある水を分配する最も効率的な方法が、穀物貿易なのかもしれない。けれどもツェンダーは、世界的に持ち上がっている水をめぐる政治問題はまだ解決していないと警告する。事実上の五大水輸出国であるアメリカ、カナダ、アルゼンチン、オーストラリア、フランスのうち、四カ国はすでに工業化が進んだ先進国であり、これらの国々が輸出に政治的条件をつけることは有名だ。しかし向こう数十年間の課題は、〝政治的な要求抜き〟の世界的水市場を築くことだとツェンダーは語る。

最終的に、私たちの食システムの現状とあるべき姿との間に存在する根深い壁は、食物供給を増やすことではなく、食物、特に食肉需要を減らすことの難しさにほかならない。今の食肉消費の増加傾向が逆転し、一人当たりの食肉消費量の世界平均が下がり始めない限り、仮に極めて生産性の高い混合飼育農場や養殖漁業の大幅な拡大に成功したり、ノーベル賞クラスの遺伝子組み換え飼料穀物の登場などのおかげで、私たちが今後持続可能なタンパク質生産を飛躍的に増加させることに成功したとしても、将来にわたってすべての食肉需要を満たすことはできないだろう。

肉の消費を減らす提言は、今でこそ多くの支持を得られるようになり、多くの科学団体に広く受け入れられるようにもなってきた。だが、北米やヨーロッパなどでは、昔から肉を多く消費することが人々の望みであり、また企業戦略としても肉の消費を望んできた。これらの地域では、政治的、文化的問題が絡み、食肉需要は触れることのできない領域だった。だが今後の肉食の食システムへの圧力が増すにつれ、この問題が否応なく議論の中心になってくるだろう。

こうした動きへの弾みは、様々な方向からやって来るはずだ。穀物価格の高騰は肉の需要を低下させることに一役買うかもしれない。大腸菌やサルモネラ菌のような病原体や汚染された輸入食品、鳥インフルエンザなど、食物を原因とする病気の大発生も人々の肉離れを加速させるだろう。アメリカで本格的なパンデミックが発生すれば、「多くの人がベジタリアンになるだろう」と、『鳥インフルエンザ・インベスター』のブログには書かれている。だがそれは、一時的なものにすぎない。アメリカ人は結局、肉中心の生活をやめられない。ジャック・イン・ザ・ボックス（Jack in the Box）食中毒事件後の牛肉、特にひき肉消費量の回復を見れば、それは明らかだ。

今必要なのは、信頼できる公的機関が肉に大きく偏った食生活にかかる巨額の外部費用をすべて明らかにし、今の補助金制度と政府支援によって肉の値段が不自然に安く抑えられていることをはっきりと指摘することだ。食肉経済の大幅な縮小を支持する人々は、改革論者のこのメッセージを、健康上のメリットや温室効果ガスの削減という方法で表すことができると主張する。アメリカでは、最近は環境関連の話題を口にすると政策担当者の態度は従順になりやすい。また食肉と温室効果ガス排出量のつながりが注目を集めている今、家畜と安い飼料に補助金を出す法律を改正し、肉中心の食生活そのものに対する問題提起への糸口を見出そうとする団体もある。ＦＡＯが地球上で人為的に排出された温室効果ガスの約五分の一が家畜によるものだと発表した直後の二〇〇七年、農場動物改革運動（FARM＝Farm Animal Reform Movement）のドーン・モンクリーフ（Dawn Moncrief）事務局長は、「国連や米農務省のような食料政策を担う組織には、一人当たりの合計食肉消費量を下げた場合の『健康上、環境上のメリットは、これだ』とはっきり説明していただきたい」と、話している。「政府機関や国際機関がそれを公然と言うことができれば、前進への大きな第一歩となるだろう」

もちろん、これは今の政治情勢では想像し難い第一歩でもある。これまでに探究してきた、より地域に密着した食システムへの移行や養殖漁業の拡大などの改革は、今の状況でも起こり得ることだが、食肉経済が依然として揺るぎなくシステムの中核に存在しているため、その性質を変え、ましてやそれを縮小するような改革を実現するためには、相当な抵抗を受けることは必至である。これは単に、大規模な政治的影響力を持つ畜産業者や食肉企業が、そのような案に対して必死で抵抗するということだけが理由ではない。アメリカやヨーロッパ、またアジアでも発展している一部地域で生活する何億人もの裕福な消費者が、肉を大量に消費する食事を生まれながらにして持つ当然の権利と考えていること、そしてその一方で、十億人ほどの第三世界に暮らす、多くは非常に貧しい小規模農家が肉を重要な収入源として、また食料安全保障の源と見なしていることも大きく関係している。

食をめぐる状況がさらに悪化した十年から二十年後には、さすがの政策担当者たちも自らこの問題に取り組もうとするかもしれない。だが、彼らが現時点で、そうした行動を取るとは考えにくい。FAOなど主要機関の多くは、畜産業界の外部コストが将来的に深刻な問題を引き起こすことを認識しているが、そうした問題が実際に危機的状況に達するまでは、現状を大幅に変える提案は一切出しそうにない。ＦＡＯは、畜産業界が気候変動の〝犯人〟だと激しく非難した上で、産業排出を最小限に抑える一連の提案を畜産業界に推奨しているが、その時も食肉消費量自体を減らすことについては一切触れなかった。

そうした思いとは裏腹に、現代の食経済は肉という難題を抱えたまま再び振り出しに戻る。一九四〇年代、トーマス・ジュークス（Thomas Jukes）のような科学者たちは、この先、人口が増え、牧地が減少しても、人類は肉を中心とした食経済を維持し続けられるという期待を持たせてくれた。半世紀後、私たちはそのような展望が長続きしないことがわかった。それは、肉を中心とする経済に伴う「真の代償」を考慮していなかったからだ。だが、こうした代償の存在が明らかになっても、システムの経済的、政治的、文化的な側面があまりに強固に築き上げられているため、先を見越したタイムリーな改革は期待薄だ。

この肉中心の食経済下での改革に対する絶望感は、食システム全体を危機的な状況に追い込んでいる大きな力の変異した形にすぎない。肉中心の食経済と同様に、この大きな力は大企業の政治的影響力や不満を抱える消費者の無気力が生み出したものだ。しかし同時に、この力の源流に構造的な問題が控えていることにも目を向けなければならない。これは食経済が多様で分散化したシステムから、一元管理化され、高度に集約化されたシステムへと移行した結果でもあるのだ。

農場や工場など産業部門のどのレベルであれ、多様性の喪失がいかに経済的自立を難しくし、混乱に脆いシステムを作り上げてしまったかを私たちはこれまでに見てきた。そしてこの懸念が、食物生産の場に再び多様性を取り戻そうという新たな動きにつながってきた。しかし逆説的に、この多様性の欠如は、改革への大きな支障となっている。何百万人もの自営農家が数え切れないほどの方法や発想によって、何百種類もの農作物や畜産物を生産する農場経済は、一握りの技術とモデルによって公式化された大規模農場から成り立つ経済と比べて、商品の生産性という意味ではどれだけ非効率的であろうとも、はるかに弾力性と柔軟性と順応性に富んでいた。

同様に、ほぼ三社の手中にある世界の投入資源部門や、五社が支配する穀物業界と五つのチェーン店に分配される（そして次第に一社が独占しつつある）食料小売販売部門は、改革に対して消極的どころの話ではなく（彼らが現状の技術とモデルに莫大な投資をしているので）、その改革に大きな抵抗力を発揮するだろう。なぜなら、彼らには経済的、政治的影響力が集中しているため、改革についての議論そのものも事実上彼らが支配しているからだ。ウォルマート（Wal-Mart）、タイソン（Tyson）、モンサント（Monsanto Company）などの巨大企業は、今や単なる食料供給会社ではなく、食についての考えや態度を決定する存在であり、彼らにとって食の未来に関する議論はすべて、現状維持に始まり、現状維持に終わるのだ。

この巨大な組織的抵抗が改革に向けた政府の取り組みを阻害し、結果的に市民の恨みを買い、彼らの不満を爆発寸前の状態にまでふくらませた。市民活動家だけでなく、一般市民も食システムの現状に幻滅し、政府にこれらの問題の解決を委ねることをあきらめ、自分たちで動き出し始めている。そのうねりはかなり大規模なもので――作家ポール・ホーケン（Paul Hawken）は二百万もの組織が参加していると推測し、「主催者もメディアも未確認だが、おそらく、人類史上最大の社会運動」と名付けている――現在は食料生産に焦点を当てたものも含め、それらの多くが環境保護と社会正義に関する問題に奔走している。この大規模な動きがそのうち、ある種の臨界点に達し、頑強に抵抗する政治家や産業界のロビイストでさえ阻止できないほど、大きなうねりとなって、改革への原動力となることは十分に考えられる。

しかし、特に食料生産ほど莫大で複雑なシステムにおいては、ここでまた、タイミングの問題が重要となってくる。アメリカにおける農業計画の変更は少なくとも二〇一二年までは行われないし、たとえ政策担当者や官僚がそれまでに補助金制度を変更する政治的意志を奮い立たせたとしても、その改革が実際に成就するまでには何年もかかるだろう。

これは、食システムの持続性が問題となっているほとんどすべての地域についていえることだ。最善の状況下であっても、FDA（Food and Drug Administration＝食品医薬品局）が輸入食品をテストし、モニタリングする能力を確立するには何年もかかる。それまでは、主に各業界の独自調査に頼るしかない。しかし、中国のような国でこれは明らかに実現不可能な方法だ。

中国政府は食品安全基準の強化を急速に進めていると主張しており、産業界の楽観主義者は、輸出による収入を何としても維持したい中国はその約束を守るはずだと期待する。だが、これは絵空事だ。たとえアメリカ政府が中国に対して、食品業界をしっかりと監視するよう厳しく要求し、それまでは食料の輸入を中断すると警告しても、中国はそのような要求に迅速に対応する能力を単純に欠いているのだ。

「食」を自分の手に

これだけ組織的な惰性が蔓延している以上、私たちに残された選択肢はやはり、危機が訪れるのを受け身で待つ以外にないのかもしれない。アメリカ政府の態度はまさにそのもので、食の安全などの問題について政府高官は「消費者の自己責任」という言葉を口にする。保健福祉長官のマイケル・レヴィット（Michael Leavitt）は最近、鳥インフルエンザに関するスピーチでこう断言した。「最後の最後には、連邦政府や州政府が自分たちを助けに来てくれるだろうと期待して備えを怠ったコミュニティは、悲劇的な結末を迎えるだろう」

この率直さには、不謹慎ながらある種の解放感や増力感を感じさせるものがある。表面上はレヴィットの出したような警告は、〝インフルエンザの大流行に備えよ〟という具体的な忠告として受け取ることができ、その考え方も悪くはない。だがこの警告は、食システムへの新しいアプローチの処方箋とも受け取れる。食経済についてこれまで得た知識は、現代の食料生産のシステムが今後ますます混乱が生じやすい状態にあると同時に、そうした混乱を防ぐ力を持つ存在が、公共にも民間にも見つけられないことを教えてくれた。政府は特定の汚染食品の輸入を阻止したり、大腸菌の発生源がホウレンソウであることを特定することはできるかもしれないし、企業は原材料の産地を開示したり、自主的に小学校でのキャンディーやソーダ水の販売を中止することはできるだろう。しかし、どの政府も、どの企業も、どの活動家グループも、食システムを持続可能なものにしたり、食料品店の棚をいつでも商品で満杯にする保障はできないのだ。

この厳然たる事実は、少しずつ社会に浸透しつつあるようだ。自家栽培をテーマとした書籍や雑誌、インターネットのホームページやブログ、さらには視聴者参加型のリアリティ番組が増加する背景には、食料供給や病気の大流行に対する根強い不安がある。こうした〝自給自足〟ジャンルの成長は、現実的な必要性に迫られて引き起こされているというよりも、〝崩壊後の世界〟では、アパラチア山脈の奥深くに太陽電池を利用した農場を持つ者だけが生き残れるという、極めて生存主義的な空想によるところが大きいものかもしれない。だが、中にはより実践的だったり、やってみる気にさせる内容のものもある。たとえば、複数のウェブサイトが次のような提案をしている。今度、スーパーマーケットで食料を買ってきたときに、現代の食システムが一時的に停止したと仮定して、地元の食品で代替できたり、家の裏庭で栽培できたりするものがその中にどれだけあるか、頭の中で一覧表を描いてみるというものだ。私も実際にやってみたが、私自身の一覧表は落胆するほど短かった。

しかし、生存主義者の描く不吉な展望と、レヴィットのような役人が発する同じく不吉な警告の間には、理解され、奨励され、主流的考えとなるべき、より広い意味での生き残りをかけたメッセージが存在する。たとえ現代の食システムが問題なく何年、あるいは何十年と続いたとしても、たとえ小さな混乱しか起こらず、食経済が一層効率を上げて食料を生産していったとしても、私たちの肉体、精神、そして世界が負う代償は、とてつもなく大きくなることだけは間違いない。食の有益な面しか評価できない現在のシステムは、病原菌や飢饉やテロ攻撃と同じぐらい確実に、お金には代えられない食という重要な要素を軽視し、無視し、それを積極的に破壊し続けているのだ。そしてＦＤＡも、ネスレも、いや、動物解放戦線（ＡＬＦ＝Animal Liberation Front）さえも、誰一人として私たちをその脅威から守ってくれる者はいない。詰まるところ、その戦いは私たち自身のものなのだ。

何も養魚場を襲撃に行こうと勧めているわけではない。だが、一種の直接行動を起こそうという勧めではある。つまり、たとえ効果が出るまで何年かかろうが、農業計画の改革を議会に訴えかけ、オルタナティブ農業の研究に対する議会の財政支援を増やすよう求め、原産国表示など良識的な条例の制定を求めること。教育委員会に給食プログラムの改善とジャンクフードの排除を要望すること。すでに地域的な食システムを構築している、あふれるほどの地元団体や地域団体に参加することなどである。

そして究極的には、自分自身の食管理を、自分自身の手に取り戻すことだ。もちろん、森に移り住んでナッツやベリーを食べる生活を提唱しているわけでもなければ、収穫が少なく、病害が蔓延し、粗悪品が氾濫し、骨の折れるような労働がとめどなく続く、産業化以前の食経済こそが私たちの目指すべき方向などと言うつもりもない。ただ私が言いたいのは、食物生産を他者に任せたことや、自分が食べるものの特性や優先事項やそれについての思いを、遠く離れた経済モデルによって決められてもかまわないと思ったがゆえに、私たちは食の衰退を加速させ、それと同時に、人生にとって重要な何かを失ったのではないかということだ。

食は何千年もの間、人間と物質界と自然界をつなぐ〝へその緒〟のような役割を果たしてきた。この消費と生産の間のつながりを細くしたことで私たちは、自分たちを現実の世界から遠のかせ、その働きや状況を理解して気遣うことができなくなっていった。私たちの多くが、土壌の侵食や硝酸エステルの流出による被害、牛の放牧のために急速に失われるブラジルの森林、あるいはいまだに中国からアメリカに輸出される膨大な量の汚染食品のことを知って、驚きを覚えるという事実こそ、私たちが人間にとって最も重要な機能とのつながりを、どれだけ失ってしまったかを如実に物語っているのだ。

このゆっくりと進む分離による損失は、私たちが食べることによって及ぼす、あるいは及ぼすことを許している物質的、経済的影響をはるかに超える。私たちが今直面している社会的、文化的、精神的な問題は肥満かもしれないし、家族関係の荒廃かもしれない。また、もっと大きなものとの結び付きの欠如かもしれない。だが、それらの問題と、私たちが個別に、そして多くの場合、薬理学的に解決しようとしている問題のほとんどは、私たちの食卓で交差しているのだ。

私たちは自分たちの食料の管理をほか人の手に委ねたことにより、自分の人生の管理まで手放してしまったに等しい。逆に言えば、食料生産工程のほんの一部でも取り戻すことによって、そして今では受動的な存在となった食料をかつてのように活気があり、能動的な目的に変えることによって、失われていたバランスの大部分を自分たちの人生に取り戻せるはずだ。それは私たちに真に有益なものとのつながりを取り戻させ、かつては富と権力の象徴だった食料が、今や雑然と降って湧いてくるかのように思えてしまう今日の状況を、ある程度まで支配できるようにしてくれるだろう。

デザイナーのジョン・サッカラ（John Thackara）は、現代のもう一つの暗い影である都市のスプロール現象に関する批評の中で、食料危機にこの上なくぴったりなたとえを提供している。彼は「誰も都市のスプロール化など設計していない。これはただそこに降って湧いたもの、少なくともそう見えるのは確かだ」と、著書『イン・ザ・バブル（In the Bubble）』の中で書いている。「しかし、よく調べてみると、都市のスプロール化は少しも無秩序ではない。その拡大は決して避けられないものでもない。スプロール現象をもたらしたものは、議会が制定した区画法であり、宅地開発業者が設計した低密度ビルであり、広告代理店が立てた販売戦略であり、経済学者が計画した減税制度であり、銀行が定めた融資限度額だった。そしてそれはハンバーガー・チェーンが開発したデータマイニング・ソフトウェアであり、自動車設計士が設計した自動車でもあるのだ。こうしたすべてのシステムと人間の行動との相互作用は、複雑で理解するのは難しい。だが、政策は偶然の産物ではない。それが制御不能と考えるのはイデオロギーであって、事実ではない」と、サッカラは結論付ける。

食に対しても私たちは同様のアプローチを取る必要がある。まず、食システムに起きたこと、そしてその結果として私たちの身に起きたことが、偶然や必然ではなかったことを認識するのだ。食システムの変革は確かに、人間の力の中で最も強力かつ並外れて有効な力の一つである「市場」によって駆り立てられ、形成されてきた。しかし、このシステムはまだまだ発展途上で、人間が行ってきた何十億という選択の所産にすぎない。それらの選択の多くは、私たちの管理が遠く及ばない場所や状況で行われるが、私たちの地域やコミュニティ、自分の家の台所など、もっと身近なところでは、さらに多くの選択がなされていることも忘れてはならない。

何千年もの間、食は社会を忠実に映し出してきた。食は文明社会を生み出す物質とアイデアをもたらした。そして今、その文明社会を崩壊させようとしているのも、食がもたらした構造である。二十一世紀の始まりにあって、私たちにはかつてないほどその危機が迫っているが、最後には回避できる強い力も、おそらく私たちは持ち合わせているはずだ。飢えはいつの時代も、より良い世界を作り出すための契機だった。それは現代においても変わらない。

訳者解説

「食を見ればグローバリゼーションの本質が見える」

破綻に向かって邁進するグローバリゼーションの本質を、食の視点から鋭く突いた一冊である。本書を読み進めるうちに、二〇〇一年のノーベル経済学賞を受賞した経済学者ジョセフ・スティグリッツの「誰も幸せにしないグローバリゼーション」という言葉が何度も脳裏をよぎった。

本書は二〇〇四年のベストセラー『石油の終焉』で、すでに人類にとって石油の時代が終わっていることを指摘し一躍注目を集めた気鋭のアメリカ人ジャーナリスト、ポール・ロバーツが、今度は食をテーマに取り上げた「終焉」シリーズの第二弾だ。

「食経済」「食システム」という新しい言葉を使って、人間の食に関連する「農業」「加工」「流通」「消費」などの階層を相互に作用する一つの有機的なシステムと捉え、綿密な現場取材とリサーチに基づいて、それぞれの最前線で今何が起きているか、そしてそれらが相互にどのように作用し、どこに向かっているかを鋭く分析している。

自身も食料問題や食品安全をテーマの一つとして取材してきたジャーナリストの端くれとして、私が最初にこの本を手に取った時に感じたことは、まずは「すごい！」、そして「やられた！」だった。とにかく圧倒的な取材と綿密なリサーチの上に、今日の世界の食が抱える問題にありとあらゆる角度から鋭く切り込んでいる。こんなものを書かれてしまっては、今後、食全体をテーマにした本を新たに書くのは、少なくとも向こう十年くらいは難しそうだ。そう言っても過言ではないほど、この本は現代のグローバル化した食システムが抱える問題を包括的に、しかも一つひとつのテーマを実に深く掘り下げている。ならばせめてこの本を翻訳して出すしかないと考えたのは、そんな理由からだった。

この本の中で特に私が面白いと感じたのは、各章で焦点を当てている食の各階層で、必ずと言っていいほどヒール（悪者）と思しき存在が登場するところだ。それは巨大な食料商社であったり世界市場を支配する食品メーカーであったりメガ・スーパーマーケットだったりお馴染みのファストフード・チェーンだったりする。そのヒールのせいで、貧しい人が苦しんでいたり、食経済が不安定になっていたり、安全とは言えないものが食システムの中に持ち込まれたりしている。う－ん、けしからん、と各章ともに、そんな方向にストーリーが進みそうな予感を、一度は抱かせる。

ところが、食の話はそう簡単ではないし、映画のようなわかりやすい勧善懲悪物語では終わらない。さらに取材を進めるうちに、実はそのヒールは単なる小悪にすぎず、彼らも実は現在のシステムの下ではそのように行動することを強いられているだけの、見方次第ではそのヒールでさえ、自らが置かれた状況の中でもがき苦しむ哀れな存在であることが、次第に露わになってくる。そして、常にその悪者の上にはもう一段格上のヒールがいて、最初は無敵の巨悪に見えたヒールが、実はもう一段格上のヒールによって操られているだけの、とても小さな存在であることが明らかになる。

そして、困ったことに、そこから五段くらい上の段の、食システム全体の大奥に鎮座し、すべての問題の根本を作っている究極のヒールの顔を見た時に、ほとんどの読者は言葉を失うはずだ。その究極の極悪人は、なんと自分なのだから。

生活していくことも難しいほど困窮しているアフリカや発展途上国の農家がある。彼らの生活が苦しい理由はいくつかあるが、中でも最大の理由は、グローバル化、すなわち徹底的な貿易の自由化と規制緩和によって合併、統合を繰り返した末に登場した巨大な「アグリビジネス」によって、途上国の貧しい生産者たちが魂を削って収穫した農作物が、徹底的に買い叩かれているからだ。

しかし、そのアグリビジネスも、彼らの主要顧客である先進国の大手食品メーカーからの厳しい値下げ要求に晒されていた。統合を繰り返して巨大化し、価格決定力を握った食品メーカーの要求に答えるためには、アグリビジネスも、常に地球上のもっとも安い農産物を見つけてくる以外に、生き残る道はなかったのだ。

ここで出てくる食品メーカーには、ネッスル、ケロッグ、コカコーラといった、我々にも馴染みのあるブランドが多いのだが、彼らもまた最初のうちはヒールに見える。ところが、彼らの後ろにはさらにウォルマートやカルフールといった小売市場を支配するメガ小売店やスーパーマーケット・チェーンが控えている。世界の食料市場の大半を支配する巨大食品メーカーであっても、メガ小売店からの厳しい値下げ要求や、より売れる新製品の開発要求に晒され、その内実は限界を超えるまでに消耗していた。

なるほど、一番のワルはスーパーマーケットだったのかと思いきや、実はウォルマートのような巨大スーパーでさえ、安価で手軽にお腹を満たしてくれるマクドナルドのようなファストフード店との熾烈な顧客の奪い合いのただ中にあり、終わることのない消耗戦を戦っていた。

そう、そしてウォルマートやマックの後ろに控えている最後の黒幕が、実は私たち一般の消費者だというのが、この壮大な物語のオチなのだ。もし、我々がマックやウォルマートに対して、「あなたたちのせいで、途上国の農家が苦しめられ、食の安全が蔑ろにされ、健康に悪影響を及ぼす添加物や科学物質が食システムに入ってきているではないか。その責任をどう考えているのだ」などと言い寄ろうものならば、彼らは何と答えるだろうか。おそらく「だって、あなたたち消費者は、一円でも値段が高ければ、よその店から買ってしまうではないですか。一円でも安くしろと我々に命じているのは、あなたたち自身ではないのですか」と言い返してくるに違いない。

その言い分に、我々は反論できるだろうか。さしずめ「私たちだって生活は楽ではないのだ。一円でも安いところから買うのは消費者としての当然の権利ではないか」といったところだろうか。その一見もっともな反論こそが、実は、ほぼすべての階層でのヒールと擬せられたプレーヤーたちの主張や言い分と寸分も違わないものだということに、きっと多くの方がもうお気付きのはずだ。

世界の食経済が、食の安全や栄養価やその母体となる地球環境の保全といった、食本来が因って立つための基本的な条件を無視して、効率やコストなどの経済的な論理のみによって支配されるに至った原因は、実は食経済の各階層で各プレーヤーたちが自分たちの利益を守るために、あるいは自分たちが生き残るためにやむを得ないような選択を繰り返した結果にすぎないという、どうにも救いようのない現実を、本書はこれでもかと言わんばかりに繰り返し浮き彫りにしている。そしてそれこそが、まさにグローバリゼーションというものが、「誰も幸せにしない」と言われる所以にほかならない。

しかも、さらに不幸なことに、食経済の最上段に君臨する我々消費者の目には、そのような不幸の連鎖の構造が、できるだけ見えないような仕組みが出来上がっている。現在の食システムの下では、王様は自分が裸であることを知る術を持たないのだ。

各階層で食システムに参加するプレーヤーたちは、マスメディア市場で毎年膨大な額の広告費を使っているし、これまた手厚い政治献金によって、政治に対するロビーイング力も強い。そのため、マスメディアを通じて食経済の本当の姿を知ることはまず期待できないし、法制度もそれを正当化するものになっている。さらにこの食システムの擁護者たちは、大学や研究所への巨額の寄付を通じて、自分たちに有利な論文を書かせることまで可能になっているのだ。

要するに、我々はグローバル化という名の、日々自分で自分のクビを絞めていくゲームに知らない間に巻き込まれ、大勢の人を不幸にしながら、知らない間にそのゲームに夢中になっている。それが、本書が浮き彫りにしている現在の世界の食システムの偽らざる姿なのだ。これを「誰も幸せにしないシステム」と呼ばずに、何と呼べばいいだろうか。

これだけ明快に現在のグローバル食システムが抱える問題点の数々を指摘しながら、筆者は最後に、それでも我々は現在の食経済の問題を容易に変えることはできないだろうと、やや悲観的な見通しを語っている。そして、まずは食経済の最上段にいる我々消費者が、一見豊かに彩られたスーパーマーケットの棚の裏でどのような事態が進行しているかを知り、それぞれが

う。自分の問題として考えるところから、何か新しい解が出てくることに淡い期待をかけたいと言

私もおそらくそれ以外に解はないと思う。現在の経済構造の下では、世界は言うに及ばず、自分の周りでさえ、本当に何が起きているかを知ることがとても難しい。そのため我々は日々、自分たち自身や自分たちが愛する人や、自分たちが助けたいと思っている人たちを苦しめるような選択を、知らず知らずのうちに下してしまっているかもしれない。

しかし、事実を知った市民一人ひとりが、ほんの一ミリでも動けば、その動きがまた次の動きを誘発し、それが目に見えない形で限りなく世界に広がっていく可能性もある。そして、なぜそのようなことがあり得るかと言えば、そもそも今日のこの巨大な破滅型食システム自体が、誰かが意図して作ったものというよりも、その中で生きる我々一人ひとりの、わずかな無関心さや、ちょっとした無神経さが回りまわって、あるいは幾重にも度重なった結果生まれてきたものにほかならないことは、本書で筆者がはっきりと示しているからだ。そしてそれは決して食に限った現象ではない。

しかし、その一方で、それに気付いた我々が行動に起こし、少しずつ世の中が変わり始める前に、筆者が時間の問題としている食システムの破綻が、現実のものとなる可能性は否定できない。我々が人間として常識的なシステムを取り戻すのが早いか、それを待ち切れずに破綻が先に訪れてしまうかの、恐怖のチキンレースが、今まさに現在進行形で進んでいるという現実も我々は受け入れなければならないだろう。

効率と低コストを求めて世界中に限りなく薄く広く広がった食経済と食システムは、今やわ

ずかなストレスが加わっただけでも破綻を来すほど脆弱な状態にあると筆者は言い切る。そのきっかけはちょっとした食品汚染事件かもしれないし、鳥インフルエンザのような感染症かもしれない。あるいは燃料価格の変動や天災や紛争の類いかもしれない。今や我々の食システムは、いつどこで何が起きてもおかしくないほど危機的な状態にあることだけは間違いなさそうだ。

筆者はそもそも人間のもっとも基本的な営みであるはずの食を、純粋な経済行為として扱ったところに、最初のボタンの掛け違いがあったのではないかと指摘している。そして、その過程で、我々は自分が何を食べるかを決定する権利を自ら放棄してしまったとも言う。その通りだと思う。飽くなき効率の追求を身上とする経済学と、人間が生きるために不可欠な食には、どうしても相容れない領域がある。そしてそれは、我々一人ひとりが食を単なる経済行為ではない、人間が生きていく上での尊い営みとして捉え直し、その思いを何らかの形で行動に移していくことで、初めて何かが少しずつ変わり始めるに違いない。

この原稿を入稿したら、早速近くのスーパーマーケットをのぞいてみようと思う。

二〇一二年二月

神保哲生

牛は性的成熟に達するまでに時間がかかるため、畜産家が改善の効果を目にするようになるには、10年単位の時間を必要とする。ある専門家はこう語っている。「一定のペースで牛を選択していき、飼っている牛全体をできるだけ早く切り替えていったとしても、飼料効率に顕著な改善を見るには、少なくとも30年は必要だ。それでも1キロあたり5ポンドまで減らすことができれば、運が良かったと言わなければならない」

2（P366）
国連食糧農業機関（FAO）の調査によれば、将来の食料需要を満たすには、世界全体で肥料の使用量を年1パーセントずつ、また、アフリカのサハラ以南のように栄養が不足している地域では、3パーセント近い割合で増やしていく必要があるという。

3（P382）
漁業においても、安価な石油のおかげで、かつては行けなかった漁場まで漁船を送ることが可能になったが、その結果、水産資源の枯渇が進んでしまった。

4（P391）
こうした市場本位の対策は、農業関係者が強い政治的影響力を持つアメリカ中西部では強い反対を引き起こしたが、より専制的傾向の強い中国ではすでに実を結びつつある。

9章
1（P411）
2006年の最高収穫量を記録した農家は、ミズーリー州の農家キップカラーで1エイカー当たり347ブッシェルだった。

2（P433）
公益という概念は、大学、政府、研究所、国際農業研究協議グループ（CGIAR）のような国際コンソーシアムにおける初期の品種改良プログラムの原動力となってきた。これらの機関はいずれも種子を農家に無料で配布し、種子会社を驚愕させた。1970年、種子産業は種子に対する特許保護を議会に求めたが、ここでも農家による種子保存は認められた。農薬・種子会社はこのおかげで売上を何億ドルも奪われたと主張している。

3（P433）
1990年代、アメリカの種子会社デルタ&パインランド社（Delta & Pine Land）は、成長しても実の成らない形質を持つ植物を開発した。このいわゆる終結特性によって、農家はもはや種子を保存できず、毎年新しい種子を購入しなければならなくなった。これは、開発途上国に壊滅的な変化をもたらす可能性があった。デルタ&パインランド社を買収したモンサントは、NGOからひどい非難を受け、最終的には食用作物にこの終結特性を使わなことを約束した。

10章
1（P462）
重要な例外として、ワシントン州で穀物、野菜、果物を大量生産するアグリノースウェストは、最近コスト削減のために直播農法にシフトした。

6章

1（P265）

胴枯病、さび病、カビなど作物の病気がはびこる熱帯地方の農業にとって、病気に対する抵抗力は非常に重要だ。しかし植物学における真の大発見は、植物の窒素に対する耐性の発見だった。1950年代、世界銀行や米国際開発庁（USAID）、フォード財団などの組織は、インドやほかの食料不足の国に対し、肥料の投与量を増やすことを精力的に促進した。だが、伝統的な作物には、この新しい低価格の投入資源を活用できないことが判明した。

2（P271）

ETCのパット・ムーニー（Pat Mooney）によると、1960年代から1970年代にかけてエクソンは、フィリピンでガソリンや農薬、種子を提供するワンストップ農芸店を運営していたそうだ。緑の革命の科学者たち自身も、飢餓の克服に付随するビジネスチャンスに気づかないわけではなかった。1942年にロックフェラー財団のあるコンサルタントはこう言った。「戦いが終われば、食料を必要とする人、そして種子、肥料、機械や家畜を必要とする農場が何百万と出てくるはずだ」

3（P272）

研究者たちは、耐乾性のある小麦や米の品種改良には成功したが、トウモロコシはそのような改良にまったく適さないことが判明した。ほとんどの高収量品種は定期的な降雨を必要とした。それは、近年の気候変動による乾燥が始まる以前から、当てにならないものだった。

4（P299）

この件についてIMFは後に、備蓄の一部を売るように指導しただけだと主張したが、IMFが楽観的な収穫予想に惑わされたという見方が有力となっている。さらに、マラウィ政府はアフリカの中でも最も腐敗していると広く認識されている。穀物の備蓄を管理するマラウィの国立食糧備蓄局（National Food Reserve Agency）は、国有の穀物を民間の貿易商に販売することで常に非難を浴びている。民間の貿易商たちは、国が穀物不足に陥り価格が暴騰すると、買い溜めてあった穀物を再び消費者に売り戻すのだ。しかし崩壊は最悪な時に起きてしまった。収穫が予想をはるかに下回っただけでなく、国の穀物備蓄管理に疑念を抱いた大口の援助資金供与者が救援物資の輸送を延期したのだ。ようやく救援物資が送られてきても、輸送路の未整備のために配給には時間がかかってしまった。

7章

1（P316）

1994年、農務省食品安全検査局の新任の局長が初めて自分の席に着いた時、彼の机の上の電話機の短縮ダイヤルには全米牧畜業者牛肉協会（National Cattlemen's Beef Association）や食肉協会（American Meat Institute）の電話番号が登録されていたという。

8章

1（P361）

牛肉業界関係者は、牛も飼料効率を上げることは可能であると主張している。しかし、被験者は1日3回、11日間にわたって量の多い食事を与えられた。調査期間を通して、この被験者たちは、同じ食事を少ない量で与えられた被験者たちよりも16パーセント（1日あたり約400キロカロリー）多くのカロリーを摂取していた。同様の結果がポテトチップス、サンドイッチ、スープでも見られた。コーネル大学の調査では、量の多さに気付かれないために、中身が自動的に補充されるように細工されたボウルでスープを飲んだ被験者たちは、普通のボウルで飲んだ被験者よりも73パーセント多くのスープを飲んでいた。

4（P199）
食品会社は子供の生活の中に限りなく浸透してきている。ニューヨーク・タイムズ紙によると、マクドナルドは31,000校に資金を提供した上で、独自の体育プログラム「パスポート・トゥ・プレイ（Passport to Play）」を提供している。そこで使われる印刷物にはすべて、金色のマクドナルドのロゴが入っている。

5章
1（P218）
初期の余剰穀物の多くは、アメリカの同盟国の共産化を防ぐための食料支援として使われた。1950年代までに、アメリカ政府は発展途上国に対して、アメリカの余剰食料を買うために何十億ドルも融資していた。こうした政策に批判的な論者たちは、そのようなプログラムが、諸外国のアメリカへの依存度を高めることを懸念したが、当時のアメリカ政府は共産主義を牽制するための対価としては妥当なものと考えていた。主要な食糧支援の提案者で後に大統領候補にもなったヒュバート・ハンフリー（Hubert Humphrey）上院議員は、「アメリカの食料に依存させることはいいことだ。なぜならば、人は食べなければならない。もし、人を自分に頼らせ、依存させ、協力させたいのであれば、食料依存は"最善"の方法だと私は考える」と、語っている。

2（P234）
これ自体が十分に革新的だった。IMFは実質的には加盟国政府からの拠出金で運営されている。そして、アメリカはIMFの年間予算のおよそ5分の1を拠出している。IMFが途上国に債務保証を与えることは、もともと民間金融機関の債権だったものを、事実上公的債権に変質させることを意味する。その後何十年にもわたり、これが国際融資の特徴となった。

3（P242）
2003年、アムスタッツは記者たちに、社を去って以来「カーギルとは何の関係もない」と語っているが、公式記録によると、実際にはカーギルが出資する合弁企業の取締役を務めていた。

4（P246）
IMFが財政危機をさらに悪化させたと広く認識されていたため、これは特に、多くの東アジアの国々にとっては苦々しいできごとだった。IMFによって東アジアの国々は投資市場の規制緩和を強いられ、その結果、急速に流入した資本がバブルを引き起こし、1996年の東アジアの金融市場を揺るるできごとへとつながっていった。

トマン・グループ (Hartman Group) の調査によると、消費者は同じ豆乳製品では、冷蔵ケースに陳列してあるもののほうが常温棚に並んでいるものよりも、「ずっと新鮮」で「高品質」と受け止めていることがわかった。

2（P146）
ファストフード市場からの圧力を感じていたのは養鶏業者だけではなかった。ピザハット (Pizza Hut) のピザ用チーズはアメリカの牛乳総生産高の約３パーセントを消費しているため、同社は乳製品メーカーに対して、強力な交渉力を持っていた。ピザハットが1995年にチーズ入りピザを発売すると、モッツアレラチーズの需要は当時の国内供給量の半分以上となる1750万ポンド（約7,938トン）も跳ね上がった。

3（P147）
この慣行は鶏肉に限ったことではない。2006年12月、アメリカ有数の牛豚肉加工会社、スイフト・アンド・カンパニー (Swift and Company) が所有する6施設で、不法就労外国人労働者1,282名の身柄が拘束された。

4（P154）
興味深いことに、ＰＳＥは新種の成長の早い豚にも見られる。その肉は質感が悪く、驚くほどピンクがかった灰色に変色し、しみ出す水の量も多いため（加工業者はこれを「浄化（purge)」と呼ぶ）販売重量が減り、食肉加工業者の利益も減る。

４章
1（P166）
草を餌とする野生動物は、草がオメガ３脂肪酸を持つ数少ない自然資源の一つであるため、単飽和脂肪や多不飽和脂肪が多く、飽和脂肪が少ない。それに対してトウモロコシや大豆は有益な脂肪酸を含んでいない。

2（P186）
１日３回食べることや、決まった時間に家族や仲間と一緒に食事をするといった、食に関する昔からの決め事の多くは、いずれも料理人が決めたことだった。料理人の最大の関心事は労働の負荷を減らすことだが、彼らが調理器具や調理の知識を独占していたために、彼らは人々が何をいつ食べるかについて、絶大な決定権を持っていた。当時の世界では、人々は必ずしも空腹のときに食事にありつけるわけではなかった。人々は食事の用意ができたときに食べたのだ。そしてそれは、食べることや食欲の感じ方に影響を与えた。その時代には、多くの子供たちが、食事と食事の間に空腹感を味わったに違いない。しかし、当時それは当たり前のことであり、大騒ぎしたり苦しんだりすることもなければ、お菓子の自動販売機に飛び付く必要もないと教えられていた。

3（P194）
ニコール・ディルベルティ (Nicole Dilberti) らがカフェテリア形式のレストランで行った調査によると、13オンス（約369グラム）のパスタを出された客は、同じパスタを９オンス（約255グラム）出された客よりも43パーセント多くカロリーを摂取した。ペンシルバニア州立大学のバーバラ・ロールズ (Barbara Rolls) が行なった別の調査では、

原 註

1章

1（P50）

ここで重要なのは、肉の摂取量が増えたことで、体格がよくなったということだけではなく、体が大きくなって力が増したことにより、以前より容易に環境に適合できるようになったことだ。そして、一度大きな体を手に入れた私たちの祖先は、これを維持するために、より大きな獲物を求めるようになった。これらの大型動物はたくさんのカロリーを供給できることに加え、小さな動物より脂質の占める割合も大きかった。

2（P61）

16 世紀のヨーロッパの食料生産システムは、人口密度にして 1 平方マイル当たりおよそ 77 人の人間を優に養うことができた。しかし 1600 年までに各国の人口密度は、イタリアが 114 人、フランスが 88 人、オランダが 104 人に達していた。（Braudel, Civilization and Capitalism, 61.）

２章

1（P87）

当時、食産業を支配していたのは、大量の調理用油やコーヒー、砂糖のほか、その土地にないあらゆる食材を輸入し、それを手作業で梱包して売っていた卸売業者だった。

2（P89）

主婦が家事で楽をしていることに後ろめたさを感じないようにするため、食品メーカーは、あえて人の手で調理する工程を残した商品を作ったりもした。たとえば、ケーキミックスから卵の成分を取り除き、調理する人が自分で卵を入れられるようにすることで、料理をしているような気分にさせる工夫が加えられた。

3（P96）

多くの食料品メーカーは「過剰広告戦略」として知られる手法を使った。これは広告に莫大な費用をかけることで、事実上小さな食品会社を市場から締め出すというものだ。

4（P110）

アメリカは安価な砂糖の輸入を規制しているため、国内の砂糖価格は国際価格の約 2 倍の水準にある。

３章

1（P138）

小売店は新鮮さという付加価値を、店内で焼き上げるパンやクッキーのほか、総菜（大半は食品加工会社が製造したもの）やその他の冷蔵食品にまで広げた。市場調査会社ハー

物のジレンマ（上）（下）』東洋経済新報社、2009）
- Revel, Alain. *American Green Power*. Baltimore: Johns Hopkins University Press, 1981.
- Rosegrant,Mark, et al. "GlobalWater Outlook to 2025: Averting an Impending Crisis." International Food Policy Research Institute. Washington, DC, September 2002.
- Shouying, Lui, and Luo Dan, eds. *Can China Feed Itself? Chinese Scholars on China's Food Issue*. Beijing: Foreign Languages Press, 2004.
- Smil, Vaclav. *Feeding the World: A Challenge for the Twenty-first Century*. Cambridge, MA: MIT Press, 2000.（『世界を養う』食料農業政策研究センター国際部会、2003）
- Tannahill, Reay. *Food in History*. New York: Three Rivers Press, 1995 (revised edition).
- Thackara, John. *In the Bubble: Designing in a ComplexWorld*. Cambridge, MA: MIT Press, 2005.
- Trager, James. *The Great Grain Robbery*. New York: Ballantine Books, 1975.
- Watson, James, ed. *Golden Arches East:McDonald's in East Asia*. Stanford, CA: Stanford University Press, 1997.（『マクドナルドはグローバルか』新曜社、2003）

- Guthman, Julie. *Agrarian Dreams: The Paradox of Organic Farming in California*. Berkeley: University of California Press, 2004.
- Heer, Jean. *Nestlé: 125 Years—1866–1991*. Vevey, Switzerland: Nestlé, 1991.
- Hallberg,Milton. *Economic Trends in U.S. Agriculture and Food Systems SinceWorld War II*. Ames: Iowa State University Press, 2001.
- Jukes, T. "Antibiotics in Animal Feeds and Animal Production." *Journal of BioScience* 22: 526–34.
- Kahn, Barbara E., and Leigh M. McAlister. *Grocery Revolution: The New Focus on the Consumer*. Reading, MA: Addison-Wesley, 1997.
- Kiple, Kenneth, and Kriemhild Ornelas, eds. *The Cambridge World History of Food*. Cambridge, UK: Cambridge University Press, 2000.（『ケンブリッジ世界の食物史大百科事典（1）（2）』朝倉書店、2005、2004）
- Kloppenburg, Jack. *First the Seed*. Cambridge, UK: University of Cambridge, 1988.
- Kneen, Brewster. *Invisible Giant: Cargill and Its Transnational Strategies*. London: Pluto Press, 1995.（『カーギル』大月書店、1997）
- Lauden, Rachel. "A Plea for Culinary Modernism." Gastronomica 1, no. 1 (February 2001): 36–44.
- Levenstein, Harvey. *Paradox of Plenty: A Social History of Modern Eating*. Oxford, UK: Oxford University Press, 1993.

  ————. *Revolution at the Table: The Transformation of the American Diet*. Oxford, UK:Oxford University Press, 1988.
- Magdoff, Fred, et al., eds*Hungry for Profit*.New York:Monthly Review Press, 2000.（『利潤への渇望』大月書店、2004）
- Mamen, Katy. "Current Issues and Trends Connected to the Vivid Picture Goals for a Sustainable Food System." Report by the Vivid Picture Project 2004.
- Morgan, Dan. *Merchants of Grain*. Lincoln: iUniverse, 2000.
- National Research Council. *Alternative Agriculture*. A report for the National Academy of Sciences by the Committee on the Role of Alternative Farming Methods in Modern Production Agriculture. Washington, DC: National Academies Press, 1989.
- Nestle,Marion. *Food Politics*. Berkeley: University of California Press, 2002.（『フード・ポリティクス』新曜社、2005）

  ————. *Safe Food: Bacteria, Biotechnology, and Bioterrorism*. Berkeley: University of California Press, 2003.（『食の安全』岩波書店、2009）
- Orden, David, Robert Paarlberg, and Terry Roe. *Policy Reform in American Agriculture*: Analysis and Prognosis. Chicago: University of Chicago Press, 1999.
- Overton, Mark. *Agricultural Revolution in England*. Cambridge, UK: University of Cambridge Press, 1996.
- Perkins, John H. *Geopolitics and the Green Revolution: Wheat, Genes, and the Cold War*. New York: Oxford University press, 1997.
- Pinstrup-Andersen, Per, and Ebbe Schiøler. *Seeds of Contention: World Hunger and the Global Controversy over GM Crops*. Baltimore: Johns Hopkins University Press, 2000.（『遺伝子組換え作物』学会出版センター、2005）
- Pollan,Michael. *The Omnivore's Dilemma*. New York: Penguin Press, 2006.（『雑食動

参考文献

- Barkema, Alan, et al. “The New U.S.Meat Industry.” Federal Reserve Bank of Kansas City, 2001.
- Becker, Jasper. *Hungry Ghosts: Mao's Secret Famine.* New York: Holt, 1996.（『餓鬼』中央公論新社、1999）
- Bergsten, C. Fred, et al. *China: The Balance Sheet*. New York: PublicAffairs, 2006.
- Brown, Lester. *Plan B 2.0*. New York:W. W. Norton, 2006.（『プランB 2.0』ワールドウォッチジャパン、2006）

  ———. *Who Will Feed China?* New York:W. W. Norton, 1995.（『だれが中国を養うのか？』ダイヤモンド社、1995）
- Burnett, John. *Plenty and Want*. Middlesex, UK: Penguin, 1966.
- Braudel, Fernand. *Civilization and Capitalism, 15th–18th Century,* Vol. I: *The Structure of Everyday Life*. Berkeley: University of California Press, 1992.
- California Food Emergency Response Team. “Investigation of an E. coli O157:H7 Outbreak Associated with Dole Pre-Packaged Spinach,” Final. March 21, 2007. Department of Health Services, U.S. Food andDrug Administration, Sacramento, CA.
- Cohen, Mark. *The Food Crisis in Prehistory.* New Haven, CT: Yale University Press,1977.

  ———. *Health and the Rise of Civilization*. New Haven, CT: Yale University Press,1991.
- Connor, John, et al. *The FoodManufacturing Industries: Structure, Strategies, Performance, and Policies*. Lexington, MA: Lexington Books, 1985.

  ———. *Food Processing: An Industrial Powerhouse in Transition*. Lexington, MA: Lexington Books, 1988.
- Cordain, Loren. *The Paleo Diet*. Hoboken, NJ: John Wiley and Sons, 2002.
- Critser, Greg. *Fat Land: How Americans Became the Fattest People in the World*. Boston: Houghton Mifflin, 2003.（『デブの帝国』バジリコ、2003）
- Diamond, Jared. *Collapse*. New York: Viking, 2005.
- Dyson, Lowell. “American Cuisine in the Twentieth Century.” *Food Review* 23, no. 1 (January–April 2000): 2–7.
- Fogel, Robert. “New Findings about Trends in Life Expectation and Chronic Disease.” Graduate School of Business Selected Paper Series, no. 76. Chicago:University of Chicago, 1996.
- Gibbons, Ann. “Solving the Brain's Energy Crisis.” *Science* 280 (May 1998): 1345–47.
- Greig, W. Smith, et al. *Economics and Management of Food Processing*. Westport, CT: AVI Publishing, 1984.
- Gustafson, R. H., and R. E. Bowen. “Antibiotic Use in Animal Agriculture.”Agricultural ResearchDivision, American Cyanamid Co., Princeton, NJ.

[著者]

ポール・ロバーツ（Paul Roberts）

ジャーナリスト。ビジネスおよび環境に関する問題を長年取材。経済、技術、環境の複雑な相互関係を追求している。

ワシントン州在住。

［訳者］
神保哲生（じんぼう・てつお）
ジャーナリスト／『ビデオニュース・ドットコム』代表。1961年東京生まれ。15歳で渡米。国際基督教大学（ICU）教養学部社会科学科卒。コロンビア大学ジャーナリズム大学院修士課程修了。AP通信、クリスチャン・サイエンス・モニター紙などアメリカ報道機関の記者を経て1994年独立。以来、フリーのビデオジャーナリストとして日米を中心とする世界各国の放送局向けに映像リポートやドキュメンタリーを多数提供。2000年、日本初のニュース専門インターネット放送局『ビデオニュース・ドットコム』（http://www.videonews.com）を設立し代表に就任、現在に至る。専門は国際政治、地球環境問題、メディア倫理。
著書に『ツバル―地球温暖化に沈む国』（春秋社）、『地雷リポート』（築地書館）、『ビデオジャーナリズム―カメラを持って世界に飛びだそう』（明石書店）など。訳書に『オルタナティブ・メディア―変革のための市民メディア入門』（大月書店）、『粉飾戦争―ブッシュ政権と幻の大量破壊兵器』（インフォバーン）がある。

食の終焉
――グローバル経済がもたらしたもうひとつの危機

2012年3月8日　第1刷発行

著　者――ポール・ロバーツ
訳　者――神保哲生
発行所――ダイヤモンド社
〒150-8409　東京都渋谷区神宮前6-12-17
http://www.diamond.co.jp/
電話／03･5778･7232（編集）　03･5778･7240（販売）
装丁――――重原 隆
編集協力――Buisiness Train（株式会社ノート）
製作進行――ダイヤモンド・グラフィック社
印刷――――八光印刷（本文）・加藤文明社（カバー）
製本――――ブックアート
編集担当――笠井一暁

ISBN 978-4-478-00747-1